Nührmann
Der Weg zum Hobby-Elektroniker

In der Reihe
Franzis Elektronikbücher für jedermann
sind erschienen:

Fighiera, Spaß mit Elektronik
Heller, Fernsteueranlagen im Selbstbau
Heller, Modelleisenbahn-Elektronik von Anfang an
Heysinger, Die Welt der Elektronik
Kriebel, Signale, Weichen, Lokomotiven
Müller, Das elektronische Stellwerk
Nührmann, Elektronik – leichter als man denkt
Nührmann, Elektronik-Selbstbau für Profi-Bastler
Nührmann, Der Hobby-Elektroniker greift zum IC
Nührmann, Digitaltechnik in der Hobby-Praxis
Nührmann, Das Hobby-Labor für den Profi-Bastler
Nührmann, Schlüssel zum Mikrocomputer
Nührmann, Das Fernsehprogramm aus Deiner Hand
Nührmann, Elektronik – was ist das?
Wirsum, Elektronik-Selbstbau-Praktikum
Wirsum, Schalten, Steuern, Regeln, Stellen und Verstärken
Wirsum, FET's und VMOS
Wirsum, Praktizierte Elektronik

Dieter Nührmann

Der Weg zum Hobby-Elektroniker

Dioden und Transistoren –
Halbleiterpraxis leicht gemacht

Mit 331 Abbildungen, davon 44 vierfarbig
3., neu bearbeitete und erweiterte Auflage
24.–31.Tausend

Cip-Kurztitelaufnahme der Deutschen Bibliothek

Nührmann, Dieter:
Der Weg zum Hobby-Elektroniker : Dioden u. Transistoren — Halbleiterpraxis leicht gemacht /
Dieter Nührmann. — 3., neu bearb. u. erw. Aufl., 24.—31. Tsd. — München : Franzis, 1984.
(Franzis-Elektronikbuch für jedermann)
ISBN 3-7723-6323-7

Druck: Franzis-Druck GmbH
Printed in Germany. Imprimé en Allemagne.

ISBN 3-7723-6323-7

4

Vorwort

In der Elektronik beherrscht als kleinstes Elementarteilchen das Elektron die Schaltung – und manchmal auch den Erbauer. Dabei macht das Elektron zwischen uns und einem Diplom-Ingenieur, also dem Super-Profi, keinen Unterschied!

Das Elektron wird uns immer dann beherrschen, wenn es mehr weiß als wir, wenn wir ihm noch nicht gewachsen sind, seine Schliche und manchmal unangenehmen Angewohnheiten noch nicht kennen. So vermeidet es dann auch der Profi-Elektroniker, also Einer, der es kann, gleich zum Lötkolben zu greifen, um „mal eben schnell etwas zu probieren". Das endet allzuoft in einer Rauchwolke mit verschmorten Bauteilen. Das kann uns jede Freude an unserem Hobby nehmen.

Wir müssen deshalb diesem Elektron immer einen Schritt voraus sein. In diesem Buch „Der Weg zum Hobby-Elektroniker" wird der Umgang und die Praxis mit den elektronischen Bauelementen in den Vordergrund gestellt. Hier lernen wir viele elektronische Bauteile kennen, mit denen wir interessante Versuche aufbauen. In dem Anfangskapitel befindet sich eine umfangreiche Übersicht, anhand vieler aktueller Fotos zusammengestellt, damit wir bereits im Bilde sind, wenn das jeweilige Bauelement später angesprochen wird. Des weiteren sind im Mittelteil des Buches als Lexikon in Kurzübersicht die Bauteile mit ihren ungefähren Preisen und auch den möglichen Lieferanten vorgestellt. Das ist eine wirkungsvolle Hilfe für Sie beim Beschaffen der Teile für die Versuche.

Der Autor dankt den Firmen Telefunken-electronic, Bernstein, Grundig, Nordmende, Philips, Siemens und Vero-Electronics für die zur Verfügung gestellten Fotounterlagen.

Haben wir nun alles aus dem vorliegenden Buch in uns aufgenommen, dann verstehen wir, mit Widerständen, Dioden, Transistoren und vielen anderen Bauelementen sinnvoll umzugehen. Wir kennen Widerstände, die Licht messen können (LDR genannt), können schon ein Relais justieren und wissen Spule, Transformator und Schalter und vieles mehr richtig anzuwenden. Auch der Lautsprecher und das Mikrofon fehlen hier nicht.

Viele Tips aus der Praxis beantworten uns auftretende Fragen. Auch die Beschaffung der Bauteile findet ihre Beantwortung. Schnell erkennen wir:

Jetzt sind wir bereits Hobby-Elektroniker!

Viel Spaß und Erfolg

Achim/Bremen

Dieter Nührmann

PS: ... auch das Kapitel 11 ist wichtig!

Wichtiger Hinweis

Inhalt

Woher nehmen und nicht . . . also woher bekommen wir nun die Bauteile?

Die Elektronik kann ohne ihre Bauelemente nicht funktionieren. Sehen sie sich das Foto 0-1 an, dann erkennen sie auch gleich die Vielzahl von verschiedenen Bauformen und ihre enorme Stückzahl auf nur einer Platine. Der Elektroniker spricht hier von „Packungsdichte". Einige wenige Typen der Bauelemente auf dieser Abbildung veranschaulichen uns die beiden Fotos 0-2 und 0-5 noch genauer.

Diese Abbildungen machen uns sehr schnell verständlich, daß der Weg zu einer elektronischen Schaltung nur über die genaue Kenntnis ihrer Bauelemente geht. Grund genug, daß wir uns in diesem Buch jetzt eingehend damit beschäftigen.

Welche Voraussetzungen sollten wir noch zum schnellen und sicheren Verständnis mitbringen? Die hier vorliegenden Kapitel benutzen die Kenntnisse aus dem Buch
„Elektronik leichter als man denkt"
– Experimente mit Bauelementen, Strom und Spannung – (auch von Nührmann, auch aus dem Franzis-Verlag).

Dort sind die Zusammenhänge zwischen Strom, Spannung, Widerstand, Diode und Transistor beschrieben und bereits viele praktische Schaltungen aufgebaut worden. Ebenfalls haben wir dort bereits viele Tips aus der Praxis sowie Erfahrungen mit der Größenordnung verschiedener Spannungen und Ströme sammeln können. Dieses Wissen kann jetzt gut zur Anwendung kommen. Was auch nicht vergessen werden sollte: Die Beschaffung der Bauelemente für unsere Versuche ist dort ebenfalls ausführlich behandelt worden.

Diese Voraussetzungen sollen uns genügen, um die Bauelemente und ihr Zusammenwirken mit Strom und Spannung verstehen zu können.

Noch etwas zum Nachdenken am Anfang

Eines sollten wir auch bei diesem Buch befolgen. „Immer hübsch der Reihe nach" –
erst die Beschreibung und dann der Versuch. Das Kapitel 11 sagt uns früh genug, wie
es weitergeht.

Und nun los! Kapitel 1!

Abb. 0-1 Das ist etwas viel Elektronik...aber wir werden schon dahinter kommen

Abb. 0-2 So sehen integrierte
Schaltungen und auch ein Mikro-
prozessor aus (VALVO)

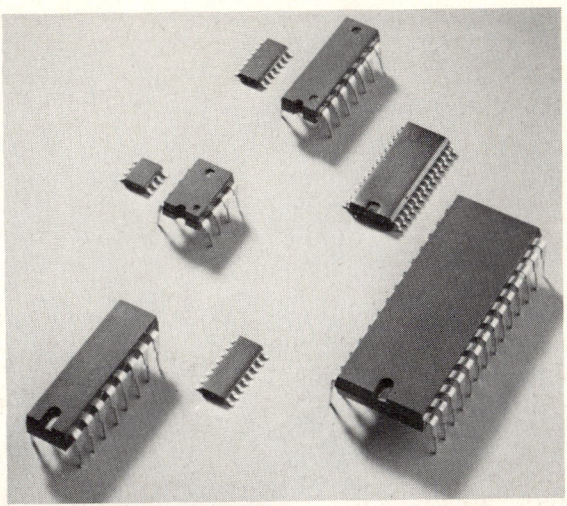

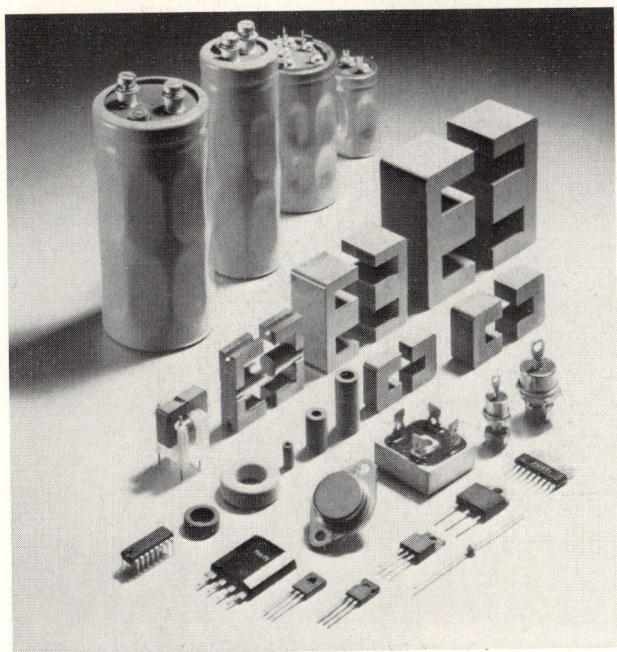

Abb. 0-3 Das sind ver-
schiedene Arten von
Bauelementen. Die bei-
den ersten Reihen zeigen
uns Transistoren und
Gleichrichter. Danach
zwei Reihen mit verschie-
denem Ferritmaterial für
Transformatorkerne. In
der letzten Reihe größere
Elektrolyt-Kondensatoren
(VALVO)

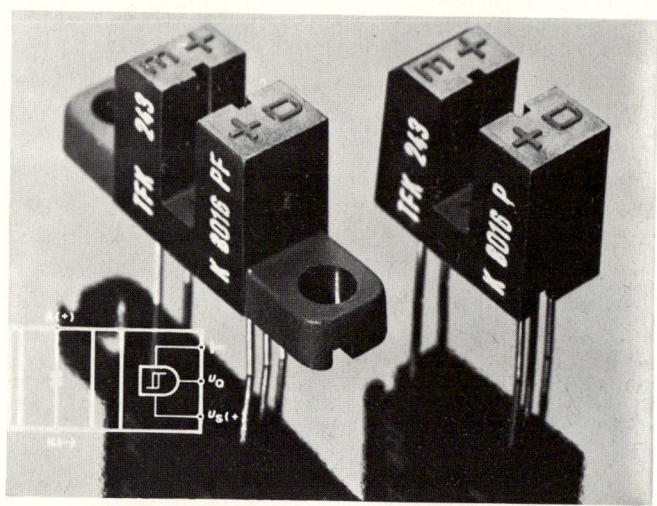

Abb. 0-4 Eine Gabellichtschranke von Telefunken-electronic für Stückzahlzählungen als Beispiel

Abb. 0-5 Ein Optokoppler von Telefunken-Electronic. Im Inneren werden über einen Lichtsender Signale zu einem Lichtempfänger übertragen. Der Zweck dieser Anordnung ist die elektrische Potentialtrennung zwischen Ein- und Ausgang

1 Der Theoretiker muß es wissen – der Praktiker muß wissen, wo es steht

Etwas über Dimensionen und Rechnen in der Elektronik

1.1 Warum steht das Kapitel am Anfang des Buches?

Viele Ereignisse in der Elektronik lassen sich theoretisch untermauern. Häufig genug steht der Praktiker erst dem Ereignis gegenüber, bevor er die Möglichkeit hat, dieses theoretisch zu ergründen. Viele Tatsachen prägen sich uns aus der Praxis heraus besser ein, als wenn wir versuchen wollten, diese von der Theorie her zu erlernen.

So ist es auch für den Elektronikpraktiker. Die Versuche der kommenden Kapitel werden uns genügend Stoff zum Nachdenken geben und dieses Nachdenken wird uns einfacher fallen, wenn wir uns die Mathematik etwas zur Hilfe nehmen, wenn wir kurze Überschlagsrechnungen machen können.

Nun sollten wir aber die Mathematik für unsere Hobby-elektronik nicht so tierisch ernst nehmen. Der Profi macht das auch nicht. Mathematiker unter uns mögen gern in Zahlenwertgleichungen auch noch die Einheiten wie V, A oder Hz mitschreiben. Ich tue das – auch in diesem Buch – nur selten, denn es „bläht" Zahlengleichungen oft auf eine recht unübersichtliche Weise auf. Besser ist es, ganz zu Anfang die Einheiten beim Schopfe zu fassen und sie auf Richtigkeit und Stellenwert zu untersuchen.

Dafür ein Beispiel, oder ... so sollte es richtig sein:

$$R = \frac{U}{I} \left[\Omega = \frac{V}{A} \right]; \quad R = \frac{0,015\ V}{0,000012\ A} \left[\Omega \right] =$$

$$\frac{1,5 \cdot 10^{-2}\ V}{1,2 \cdot 10^{-5}\ A} \left[\Omega \right] = 1250\ \Omega = 1,25\ k\Omega$$

Ich schreibe das nun oft unter Vernachlässigung der Einheiten, da hierüber am Anfang

Klarheit herrscht, wie folgt:

$$R = \frac{U}{I} \quad [\Omega = \frac{V}{A}]; \quad R = \frac{0,015}{0,000012} = \frac{1,5 \cdot 10^{-2}}{1,2 \cdot 10^{-5}} = 1250 = 1,25 \text{ k}\Omega$$

Suchen Sie sich den Weg, der Ihnen mehr liegt.

1.2 Etwas Rechenarbeit mit Potenzen

Hier wollen wir uns weniger mit der mathematischen Ableitung von Potenzen befassen, sondern vielmehr die Vereinfachung betrachten, die uns das Rechnen mit den Zehnerpotenzen bringt.

Die elektrischen Dimensionen der Elektronik bringen es mit sich, daß viele Einheiten wie die der Widerstände, Spannungen, Ströme, Kondensatoren usw. sehr starke Größensprünge machen. Dafür gleich einmal ein Beispiel. Der elektrische Widerstand in unserer Praxis weist Größen auf von z. B. 1 Ω bis 10 MΩ, das bedeutet ausgeschrieben:

1 Ω bis 10 000 000 Ω (10 Millionen Ohm).

Nehmen wir die elektrische Spannung. Hier messen wir Werte von z. B. 10 V bis hinab zu 1 μV, das bedeutet ausgeschrieben:

10 V bis 0,000 001 V.

Häufig genug müssen wir derartige Werte addieren, subtrahieren, dividieren und multiplizieren. Wollen wir z. B. ausrechnen, wie groß der elektrische Strom ist, der durch einen Widerstand von 33 kΩ fließt bei einer Spannung von 150 mV an diesem Widerstand.

Die Rechnung ohne Potenzschreibweise sieht nach dem Ohmschen Gesetz $I = \dfrac{U}{R}$

nun so aus: $\quad I = \dfrac{0,15}{33\,000}$

und nach einer langwierigen Division, in die wir sicherlich viele Kommastellenfehler mit eingebaut haben, erhalten wir das richtige Ergebnis mit

$$I = \frac{0,15}{33000} = 0,0000045 \text{ Ampere}.$$

Wir werden später noch feststellen, daß sich dahinter 4,5 μA verbergen.

Aber nun das Gegenstück. Rechnen wir das gleiche Beispiel in Potenzschreibweise, so steht da:

$$I = \frac{U}{R} = \frac{0{,}15 \text{ Volt}}{33 \text{ k}\Omega}$$, das schreiben wir um zu:

$$I = \frac{150 \cdot 10^{-3}}{33 \cdot 10^{3}}$$. Zuerst dividieren

1. Schritt: 150 : 33, das sind 4,5 und dann
2. Schritt: $10^{-3} : 10^{3}$, das sind 10^{-6}. Somit ist das Ergebnis
3. Schritt: $4{,}5 \cdot 10^{-6}$ Ampere.

Später ist noch zu lernen, daß sich hinter 10^{-6} die Einheit μ (mikro gesprochen) verbirgt und somit sind $4{,}5 \cdot 10^{-6}$ A eben

4. Schritt: $4{,}5\ \mu$A.

Das erscheint zuerst, da es neu für uns ist, etwas aufwendig. Sehr schnell wird aber erkannt, daß das Rechnen mit Zehnerpotenzen uns einen schnellen und vor allen Dingen genauen Überblick und Ergebnis über das Resultat und die Einheit gibt.

Die Hochzahl bei einer Zehnerpotenz gibt immer die Anzahl der Nullen vor dem Komma oder hinter dem Komma bekannt. Zehnerpotenzen lassen sich addieren, subtrahieren, multiplizieren und dividieren. Das wollen wir uns einmal ansehen, ohne daß wir uns jetzt über das Entstehen dieser Schreibweise im klaren sein müssen. Zehnerpotenzen werden geschrieben z. B. als 10^{-6} (wir sprechen 10 hoch minus sechs). Mit einer Zahl – dem sogenannten Faktor – verbunden steht da z. B. $1{,}5 \cdot 10^{4}$ (wir sprechen 1,5 mal 10 hoch plus vier) oder $17{,}8 \cdot 10^{-3}$ (wir sprechen 17,8 mal 10 hoch minus drei). Das zum Sprachgebrauch der Zehnerpotenzen. Nun wollen wir einmal ihre Werte näher kennenlernen. Wir fangen am besten mit der Zahl 1 an und vergrößern ihren Wert einmal bis zu einer Million – das bedeutet die Größenordnung eines Widerstandes von 1 MΩ.

Jetzt wird der Wert 1 verkleinert bis zu einem millionsten Teil. Das ist dann identisch z. B. mit dem Begriff 1 μA. Wir schreiben im ersten Fall für einen Widerstand:

Zehnerpotenz	Wert	Dimension	Abkürzung
$1 \cdot 10^{0}$	1	1 Ω	
$1 \cdot 10^{1}$	10	10 Ω	
$1 \cdot 10^{2}$	100	100 Ω	
$1 \cdot 10^{3}$	1000	1 Kilo Ohm	1 kΩ
$1 \cdot 10^{4}$	10000	10 Kilo Ohm	10 kΩ
$1 \cdot 10^{5}$	100000	100 Kilo Ohm	100 kΩ
$1 \cdot 10^{6}$	1000000	1 Meg Ohm	1 MΩ

Wir führen jetzt folgende Definitionen ein und nennen z. B. bei der Zahl

$4000 = 4 \cdot 10^3$:
- 4 Faktor oder Multiplikant
- 3 Hochzahl oder Exponent
- 10 Grundzahl oder Basis
- 10^3 Potenz

Wir erkennen schon:

1. Die Hochzahl gibt uns die Nullen an.

2. Die Zahl 1 vor der Zehnerpotenz kann durch einen beliebigen Zahlenwert ersetzt werden, so sind z. B. 12 kΩ = 12 $\cdot$ 10^3 Ω oder 1,2 $\cdot$ 10^4 Ω.

3. Viele Umwandlungen sind möglich:

$100 \ \Omega = 0{,}1 \cdot 10^3 \ \Omega = 0{,}1 \ k\Omega$
$33 \ k\Omega = 33 \cdot 10^3 \ \Omega = 3{,}3 \cdot 10^4 \ \Omega.$

4. Die Zahl 1 vor der Zehnerpotenz steht also in direkter Verbindung mit der Hochzahl. Also: 100 $\cdot$ 10^3 läßt sich auch schreiben als 1 $\cdot$ 10^5 oder 0,12 $\cdot$ 10^3 kann geschrieben werden als 1,2 $\cdot$ 10^2, auch 12 $\cdot$ 10^1 ist richtig. Übrigens, das „plus" vor der Potenzzahl wird nicht mitgeschrieben. Demnach ist 1 $\cdot$ 10^3 gleichwertig mit 1 $\cdot$ 10^{+3}.

Anders ist es bei Potenzen von Zahlen, die kleiner als 1 sind. Hier muß das Minuszeichen mitgeschrieben werden. Wählen wir hier im Gegensatz zu dem Widerstand die Potenzen, die sich bei den verschiedenen Werten der Spannung unter 1 V ergeben.

Schreibweise:

Zehnerpotenz	Wert	Dimension		Abkürzung
$1 \cdot 10^0$	1	1	V	
$1 \cdot 10^{-1}$	0,1	0,1	V	100 mV (Millivolt)
$1 \cdot 10^{-2}$	0,01	0,01	V	10 mV
$1 \cdot 10^{-3}$	0,001	1	mV	1 mV
$1 \cdot 10^{-4}$	0,0001	0,1	mV	100 μV (Mikrovolt)
$1 \cdot 10^{-5}$	0,00001	0,01	mV	10 μV
$1 \cdot 10^{-6}$	0.000001	1	μV	1 μV

Die gleichen Bedingungen gelten übrigens auch für Ströme. Bei Kondensatoren geht die Abstufung noch tiefer. Lesen wir es gleich einmal:

$1 \cdot 10^{-6}$	0,000001	1	µF	1 µF
$1 \cdot 10^{-7}$	0,0000001	0,1	µF	100 nF (Nanofarad)
$1 \cdot 10^{-8}$	0,00000001	0,01	µF	10 nF
$1 \cdot 10^{-9}$	0,000000001	1	nF	1 nF
$1 \cdot 10^{-10}$	0,0000000001	100	pF	100 pF (Picofarad)
$1 \cdot 10^{-11}$	0,00000000001	10	pF	10 pF
$1 \cdot 10^{-12}$	0.000000000001	1	pF	1 pF

Bei diesen vielen Nullen, von z. B. Kapazitätswerten zwischen 1 pF und 10 pF, mit denen der Elektroniker sehr oft Rechnungen ausführen muß, erkennen wir schon, wie sinnvoll die Potenzschreibweise ist.

Aber nun wollen wir mit den Potenzen einmal rechnen. Wir addieren einmal Zahlen mit Potenzen und lernen gleichzeitig folgenden Merksatz:

Zahlen in Potenzschreibweise können nur addiert werden, wenn ihre Hochzahlen, also die Exponenten, gleiche Vorzeichen und gleiche Werte haben. In dem Fall werden dann lediglich die Faktoren vor der Potenz addiert:

Richtiges Beispiel: $3,8 \cdot 10^3 + 16,1 \cdot 10^3 = 19,9 \cdot 10^3$.
Falsches Beispiel: $3,8 \cdot 10^3 + 1,61 \cdot 10^4 =$

In diesem Falle werden lediglich ihre Faktoren addiert.
In Fällen ungleicher Exponenten müssen diese zuerst alle gleich gemacht werden.
Beispiel: $1,2 \cdot 10^2 + 10 \cdot 10^3 + 2,4 \cdot 10^1$.
Das kann geschrieben werden als (wir gleichen an den mittleren Wert des Exponenten 2 an):
$1,2 \cdot 10^2 + 100 \cdot 10^2 + 0,24 \cdot 10^2 = 101,44 \cdot 10^2$.
Schreiben wir das als Zahl aus, so erhalten wir $101,44 \cdot 100 = 10\ 144$.
Dieser Wert – als Widerstand gesehen – gibt uns Veranlassung genug, die Abkürzung kΩ zu benutzen. Dann sind es 10,144 kΩ.
Subtrahieren wir einmal Zahlen mit Potenzen und lernen gleichzeitig folgenden Merksatz:

Zahlen in Potenzschreibweise können nur subtrahiert werden, wenn ihre Hochzahlen, also die Exponenten, gleiche Vorzeichen und gleiche Werte haben. In dem Fall werden dann lediglich die Faktoren vor der Potenz subtrahiert.

Etwas anders sieht es nun bei der Multiplikation und Division aus. Merksatz:

Zahlen in Potenzschreibweise werden multipliziert, indem ihre Hochzahlen, also die Exponenten, addiert und die Faktoren der Potenzen multipliziert werden.

Dafür gleich ein Beispiel: Wir wollen nach dem Ohmschen Gesetz eine Spannung ausrechnen und multiplizieren einen Strom von 150 µA mit einem Widerstand von 20 kΩ. Da heißt es:

$U = I \cdot R$, also $U = 150 \cdot 10^{-6} \cdot 20 \cdot 10^3$.

Das sind nach dem eben erklärten Merksatz nun $150 \cdot 20 \cdot 10^{(-6+3)}$, also $3000 \cdot 10^{-3}$. Das läßt sich noch einfacher schreiben, indem wir die drei Nullen der 3000 ebenfalls in den Exponenten schreiben und erhalten dann: $3 \cdot 10^3 \cdot 10^{-3} = 3 \cdot 10^0 = 3$ V. Damit steht unser Ergebnis mit 3 V fest.

Noch ein Beispiel:

$3 \cdot 10^3 \cdot 4 \cdot 10^5 = 12 \cdot 10^8$ oder

$3 \cdot 10^5 \cdot 4 \cdot 10^3 \cdot 2 \cdot 10^8 = 24 \cdot 10^{16}$ oder

$4 \cdot 10^4 \cdot 3 \cdot 10^{-2} = 12 \cdot 10^2$ oder

$4 \cdot 10^{-4} \cdot 3 \cdot 10^2 = 12 \cdot 10^{-2}$ oder

$4 \cdot 10^{-4} \cdot 3 \cdot 10^{-2} = 12 \cdot 10^{-6}$.

Ähnlich ist es nun beim Dividieren, wenn wir uns folgenden Merksatz zu eigen machen:

Zahlen in Potenzschreibweise werden dividiert, indem ihre Hochzahlen, also die Exponenten, subtrahiert und die Faktoren der Potenz dividiert werden.

Dafür auch gleich ein Beispiel:
4000 : 2000, also in Potenzschreibweise
$4 \cdot 10^3 : 2 \cdot 10^3 = (4 : 2) \cdot 10^{(3-3)} = 2 \cdot 10^0 = 2$
oder ein weiteres Beispiel
$16 \cdot 10^{-4} : 4 \cdot 10^2 = (16 : 4) \cdot 10^{(-4-2)} = 4 \cdot 10^{-6}$.

Dabei erkennen wir schon, daß sich das Vorzeichen des Exponenten, durch welchen dividiert wird, umkehrt. Beispiel:
$1 \cdot 10^3 : 1 \cdot 10^3 = 1 \cdot 10^{(3-3)} = 1$ oder
$1 \cdot 10^3 : 1 \cdot 10^{-3} = 1 \cdot 10^{(3+3)} = 1 \cdot 10^6$.

In der Praxis der Elektronik werden nun oft Divisionen und Multiplikationen als Brüche geschrieben. Also wir schreiben nicht

$16 \cdot 10^3 : 4 \cdot 10^3$, sondern $\dfrac{16 \cdot 10^3}{4 \cdot 10^3}$.

Nach dem eben Gelernten schreibt der Elektroniker dieses um zu:

$\dfrac{16}{4} \cdot 10^3 \cdot 10^{-3} = \dfrac{16}{4} \cdot 10^0 = 4$.

Komplizierte Rechnungen lassen sich so einfach lesen, wenn wir zuerst daran denken, die Exponenten sinnvoll von den Faktoren zu trennen und diese getrennt auszurechnen. Beispiel:

$$\frac{3 \cdot 10^{-3} \cdot 4 \cdot 10^6 \cdot 2,5 \cdot 10^4}{5 \cdot 10^2 \cdot 2 \cdot 10^{-5} \cdot 3 \cdot 10^{-3} \cdot 1 \cdot 10^2}$$

Dafür schreiben wir:

1. Schritt: Zähler vereinfachen

$$\frac{3 \cdot 4 \cdot 2,5 \cdot 10^{-3} \cdot 10^6 \cdot 10^4}{5 \cdot 10^2 \cdot 2 \cdot 10^{-5} \cdot 3 \cdot 10^{-3} \cdot 1 \cdot 10^2}$$

2. Schritt: Zähler ausrechnen

$$\frac{30 \cdot 10^7}{5 \cdot 10^2 \cdot 2 \cdot 10^{-5} \cdot 3 \cdot 10^{-3} \cdot 1 \cdot 10^2}$$

3. Schritt: Nenner vereinfachen

$$\frac{30 \cdot 10^7}{5 \cdot 2 \cdot 3 \cdot 1 \cdot 10^{-5} \cdot 10^{-3} \cdot 10^2 \cdot 10^2}$$

4. Schritt: Nenner ausrechnen

$$\frac{30 \cdot 10^7}{30 \cdot 10^{-4}}$$

5. Schritt: Division $\dfrac{30}{30} \cdot 10^7 \cdot 10^4 = 1 \cdot 10^{11}$.

Noch ein Merksatz zur Erweiterung unseres Wissens:

Hochzahlen können jederzeit vom Nenner in den Zähler gebracht werden oder umgekehrt. Lediglich das Vorzeichen des Exponenten muß dann geändert werden.

Beispiel:

$$\frac{1}{1 \cdot 10^{-3}} = 1 \cdot 10^3 \quad \text{oder} \quad 1 \cdot 10^{-4} = \frac{1}{1 \cdot 10^4} \quad \text{oder}$$

$$3 \cdot 10^{-2} = \frac{3}{1 \cdot 10^2} \quad \text{oder} \quad \frac{4}{2 \cdot 10^{-3}} = \frac{4 \cdot 10^3}{2} \ .$$

Wurzelberechnungen und das Quadrieren von Zahlen wird durch das Umrechnen auf Potenzbasis ebenfalls sehr einfach. Wollen wir z. B. die Zahl $15 \cdot 10^{-3}$ quadrieren, also schreiben: $(15 \cdot 10^{-3})^2$, so rechnen wir einfach $15^2 \cdot 10^{-3 \cdot 2}$ und erhalten so $225 \cdot 10^{-6}$. Soll die Zahl $9 \cdot 10^4$ quadriert werden, so rechnen wir $9^2 \cdot 10^{4 \cdot 2} = 81 \cdot 10^8$.

Auch Wurzeln lassen sich so leicht ziehen, wenn wir die Zahlen so umformen, daß in der Hochzahl jeweils eine gerade Zahl steht. Z. B.

$\sqrt{4 \cdot 10^6}$ ist $\sqrt{4} \cdot 10^{6:2} = 2 \cdot 10^3$ oder

$\sqrt{16 \cdot 10^{-4}}$ ist $\sqrt{16} \cdot 10^{-4:2} = 4 \cdot 10^{-2}$ oder

mit Umformen durch einen zusätzlichen Rechenvorgang

$\sqrt{2,5 \cdot 10^3} = \sqrt{25 \cdot 10^2} = \sqrt{25} \cdot 10^{2:2} = 5 \cdot 10^1$.

Wenn wir uns diese Rechenart mit Potenzen angewöhnen, dann wird schnell erkannt, daß sich bei Rechnungen in der Elektronik dadurch sehr viel Zeit gewinnen läßt. Ein Beispiel aus der Praxis soll uns das noch einmal verdeutlichen. Wir wollen den Wechselstromwiderstand eines Kondensators von 10 nF bei einer Frequenz von 16 kHz ausrechnen. Die Formel dafür heißt

$$X_c = \frac{1}{2 \cdot \pi \cdot f \cdot C}$$

Natürlich läßt sich die Aufgabe in herkömmlicher Weise ausrechnen. Die Schwierigkeiten stellen wir sofort fest, wenn wir für 10 nF = 0,00000001 F und für 16 kHz = 16 000 Hz schreiben müssen und dann noch richtig rechnen wollen. Einfacher wird geschrieben:

$$X_c = \frac{1}{2 \cdot \pi \cdot 16 \cdot 10^3 \cdot 1 \cdot 10^{-8}} = \frac{1}{2 \cdot 3,14 \cdot 16 \cdot 10^{-5}} =$$

$$\frac{1}{100,5 \cdot 10^{-5}} = \frac{1}{1,005 \cdot 10^{-3}} = 0,99 \cdot 10^3 \text{ und das sind dann } X_c = 990 \, \Omega.$$

1.3 Was sollten wir über Zahlen-Dimensionen wissen?

Wir werden recht früh erkennen, daß ein gut fundiertes Wissen über Dimensionen von Bauelementen, Spannungen, Strömen und weiteren Begriffen in der Elektronik unerläßlich ist, um Versuche und Funktionen von Schaltungen überschlägig berechnen und verstehen zu lernen. Es ist sehr von Nutzen, wenn wir uns bestimmte Größenordnungen von Dimensionen merken und mit ihnen richtig umgehen können.

1.3.1 Die Ströme und ihre praktischen Größen

Schauen wir uns die folgende Übersicht an:

1 A	1 A	$1 \cdot 10^0$ A	1 Ampere
0,1 A	100 mA	$1 \cdot 10^{-1}$ A	
0,01 A	10 mA	$1 \cdot 10^{-2}$ A	
0,001 A	1 mA	$1 \cdot 10^{-3}$ A	1 Milliampere
0,0001 A	100 µA	$1 \cdot 10^{-4}$ A	
0,00001 A	10 µA	$1 \cdot 10^{-5}$ A	
0,000001 A	1 µA	$1 \cdot 10^{-6}$ A	1 Mikroampere
0,0000001 A	100 nA	$1 \cdot 10^{-7}$ A	100 Nanoampere

Am häufigsten kommen für uns Ströme zwischen 10 µA und 100 mA vor.

1.3.2 Die Spannungen und ihre praktischen Größen

Auch hier erhalten wir mit einer Tabelle den besten Überblick:

100 V	100 V	$1 \cdot 10^2$ V	
10 V	10 V	$1 \cdot 10^1$ V	
1 V	1 V	$1 \cdot 10^0$ V	1 Volt
0,1 V	100 mV	$1 \cdot 10^{-1}$ V	
0,01 V	10 mV	$1 \cdot 10^{-2}$ V	
0,001 V	1 mV	$1 \cdot 10^{-3}$ V	1 Milli-Volt
0,0001 V	100 µV	$1 \cdot 10^{-4}$ V	
0,00001 V	10 µV	$1 \cdot 10^{-5}$ V	
0,000001 V	1 µV	$1 \cdot 10^{-6}$ V	1 Mikrovolt

Der Elektroniker hat es am häufigsten mit Spannungen zwischen 100 µV und 100 V zu tun. Auch hier sind wir in dem vorhergegangenen Buch „Elektronik leichter als man denkt" über die Praxis schon näher informiert worden.

1.3.3 Die Leistungen und ihre praktischen Größen

Die Tabelle zeigt den für die Elektronik wichtigen Bereich:

10 W	10 W	$1 \cdot 10^1$ W	
1 W	1 W	$1 \cdot 10^0$ W	1 Watt
0,1 W	100 mW	$1 \cdot 10^{-1}$ W	
0,01 W	10 mW	$1 \cdot 10^{-2}$ W	
0,001 W	1 mW	$1 \cdot 10^{-3}$ W	1 Milliwatt

25

Bei der Betrachtung der Leistungen sind die Verlustleistungen an Bauteilen wie Widerständen, Transistoren, Dioden oder Transformatoren interessant. Diese Verlustleistung bei den Bauelementen macht sich für den Elektroniker als oft unbequeme Wärmeentwicklung bemerkbar. Wärme beeinflußt eine Elektronikschaltung auf häufig unangenehme Weise. Der Elektroniker muß viele Vorkehrungen treffen, um einer nicht gewollten Wärmeentwicklung an Bauteilen entgegenzuwirken. Er muß für eine entsprechende Wärmeableitung (Kühlung) sorgen, damit sich stabile elektrische Verhältnisse in der Schaltung ergeben. Durch eine nicht beachtete Wärmeentwicklung kann eine elektronische Schaltung – besonders, wenn sie mit Transistoren und Dioden bestückt ist – völlig ungewollte und vor allen Dingen unkontrollierbare Ergebnisse bringen. Das kann so weit gehen, daß in der Schaltung Transistoren oder (und) Dioden defekt werden.

1.3.4 Die Frequenzen und ihre praktischen Größen

Auch hier orientieren wir uns anhand einer Tabelle:

1 Hz	1 Hz	$1 \cdot 10^0$ Hz	1 Hertz
10 Hz	10 Hz	$1 \cdot 10^1$ Hz	
100 Hz	100 Hz	$1 \cdot 10^2$ Hz	
1000 Hz	1 kHz	$1 \cdot 10^3$ Hz	1 Kilohertz
10 000 Hz	10 kHz	$1 \cdot 10^4$ Hz	
100 000 Hz	100 kHz	$1 \cdot 10^5$ Hz	
1 000 000 Hz	1 MHz	$1 \cdot 10^6$ Hz	1 Megahertz
10 000 000 Hz	10 MHz	$1 \cdot 10^7$ Hz	
100 000 000 Hz	100 MHz	$1 \cdot 10^8$ Hz	
1 000 000 000 Hz	1 GHz	$1 \cdot 10^9$ Hz	1 Gigahertz

Das ist nun ein sehr großes Frequenzspektrum. Aber wir können es unterteilen. Das Frequenzgebiet von ca. 20 Hz...20 kHz gehört den akustischen Schallwellen an. Es ist das Frequenzgebiet der Musik, welches ein gesundes Ohr hören kann. Ultraschallwellen für viele Anwendungsgebiete schließen sich dann an bis zu ca. 100 kHz. Dann beginnt bereits das breite Gebiet der Nachrichten- und Funkwellen. Die Radiowellen der Langwellen- und Mittelwellensender reichen bis ca. 1,5 MHz. Danach kommt das Frequenzgebiet des Kurzwellenfunkes. Fernsehsender schließlich strahlen Frequenzen bis fast 1 GHz aus. Das sind immerhin eine Milliarde Schwingungen po Sekunde!

2 Wie lernen wir am schnellsten die Bauelemente kennen?

Für den Elektroniker ist es äußerst wichtig, umfangreiche Kenntnisse über ein Bauteil, seinen Einsatz und sein Verhalten mit Strom und Spannung zu kennen. Nur so kann er kurzfristig Schaltungen sinnvoll aufbauen, abgleichen, Fehler suchen und vieles mehr.

Ein elektronisches Bauteil arbeitet mit Strom und Spannung. Das kennen wir bereits aus dem Buch „Elektronik leichter als man denkt", auch haben wir in Kapitel 1 eine kurze Übersicht über die Möglichkeit der Zahlendimensionen der Elektronik und das schnelle Rechnen mit ihr erhalten.

In dem Kapitel 3 sind sehr viele Bauelemente auf Fotos abgebildet mit einer entsprechenden Kurzbeschreibung sowie ihrem Schaltbild. Hierzu dient als wirkungsvolle Ergänzung noch das „Bauteilelexikon" nach Seite 144. Das Kapitel 3 sollten wir gründlich lesen und erlernen. Dann fallen uns die nachfolgenden Kapitel leichter, die sich ausführlich mit wichtigen Bauelementen der Elektronik befassen.

Fehlt uns einmal der Zusammenhang bei einem Bauteil, oder wissen wir bei einer Bauteilebestellung nicht, wie das Bauteil aussieht, dann ist unter Kapitel 3 bestimmt das richtige Foto zu finden oder das erwähnte bebilderte Bauteilelexikon.

2.1...ein Tip für meine Leser

Sie stellen mir oft zwei verständliche Fragen:
- Wie soll ein Fachbuch gelesen werden? Soll ich, wie bei einem Schulbuch, nachher alles wissen?

- Sind die Themen nur zu verstehen, wenn auch alle Versuchsschaltungen selbst aufgebaut werden?

Dazu meine Antworten:
- Lesen Sie ein Fachbuch zuerst flüssig durch, ohne alles gleich zu verstehen. Sie wissen danach, ,,wo was steht" und beim zweiten Lesen wird Ihnen vieles verständlich.

- Die vorgeschlagenen Versuche dienen der Vertiefung der Themen und besonders auch dazu, Sie mit der Praxis vertraut zu machen... somit liegt die Entscheidung bei Ihnen.

Das Kapitel 3 stellt ein kleines Nachschlage-
werk für uns dar. Schaltzeichen, Abbildungen
und eine kurze Beschreibung geben einen guten Überblick und auch eine Einführung in die
kommenden Kapitel. Nicht aufgeführt ist hier
die Herstellung und der Umgang mit einer
Printplatte. Das lesen wir nach in dem Buch
,,Elektronik leichter als man denkt" und in dem
Buch ,,Elektronik-Selbstbau macht Spaß".
Dort sind auch ausführliche Beschreibungen
und Abbildungen über das wichtigste Werk-
zeug, unser Vielfachmeßgerät für die Versuche und vieles mehr zu finden.

3 Die wichtigsten Bauelemente in Wort und Bild

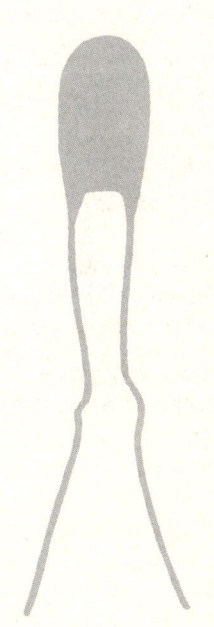

Hier die wichtigsten Bauteile für unsere Versuche in diesem Buch:

1. Vielfachmeßgerät (Multimeter) 50 kΩ/V
oder mehr

2. einfaches Vielfachmeßgerät zusätzlich, es
genügen 10 kΩ/V

3. 4,5-V-Flachbatterie, 1,5-V-Monozelle

4. Potentiometer 100 kΩ, 1 kΩ, 10 kΩ,
25 kΩ, 50 kΩ, 100 kΩ, 1 MΩ

5. LDR-Widerstand (Versuchsbeschrei-
bung)

6. NTC-Widerstand (Versuchsbeschrei-
bung)

7. Transistor BC 107B

8. Transistor BSY 86

9. Feldeffekttransistor, z. B. Typ BF 245
(Valvo)

10. Silizium-Kleinsignaldiode, z. B. 1 N 4148
oder ITT 600

11. Germanium-Kleinsignaldiode, z. B.
AA 143

12. Galliumarsenidleuchtdiode (Lumineszenzdiode) LED, rot oder grün leuchtend

13. Zenerdiode 1 W, 7,2 V

14. Klingeltransformator (Aufputzmontage)
    6...8 V sekundär
15. Lampe 6 V/0,1 A; 6 V/0,05 A
16. Glühlampenschraubfassung
17. Schalter, einpolig AUS
18. Schalter, 1 x Um
19. Kondensator (Elko) 1000 µF/15 V;
    100 µF/35 V; 500 µF/35 V
20. Kleinlautsprecher, z. B. 1 W/16 Ω
21. Mikrofonkapsel (dynamisch)
22. verschiedenes Kleinmaterial, Widerstände
    und Kondensatoren

3.1 Der Elektroniker kennt die Schaltzeichen für seine Bauelemente!

Wir sehen sie uns in der *Abb. 3.1-1* an und finden in den folgenden Kapiteln entsprechende Beschreibungen. Fertigen wir Schaltskizzen an, so sollten wir diese Schaltzeichen bereits benutzen. Sie machen die Schaltungen übersichtlich. Es ist eine verständliche Informationssprache unter Elektronikern. Je schneller die Schaltzeichen beherrscht werden, um so sicherer und verständlicher wird uns eine Schaltung. In der Abb. 3.1-1 sind bei einigen Schaltzeichen noch Buchstabenbezeichnungen, wie z. B. E für Emitter, B für Basis und C für Kollektor, angegeben. Das ist in der Schaltung nicht erforderlich und dient hier nur zur Hilfestellung.

Es werden bereits neue Schaltnormen berücksichtigt, soweit sie dem Verständnis dienlich sind. So wird es vorkommen, daß zukünftig z. B. das Diodendreieck nicht mehr schwarz ausgefüllt ist, sondern der Leitungsstrich sichtbar durch das Dreieck weitergeführt wird. Das Foto *Abb. 3.1-2* vermittelt uns bereits einen Überblick über die Gehäuseformen von Halbleiterbauelementen. Auch sind dort Bauteile aus der OPTO-Elektronik gezeigt.

Ist das Kapitel 3 durchgelesen worden, so können wir bereits versuchen, einmal Schaltungen zu „lesen", wie der Elektroniker sagt. Eine gute Möglichkeit dazu bietet das Buch „Elektronik-Selbstbau für Profi-Bastler".

Schaltzeichen	Benennung	Schaltzeichen	Benennung
	Anschluß, elektrische Leitung, Draht		N-P-N-Transistor Sockelanschluß Typ BC 107
	Leitungskreuzung (keine Verbindung)		N-P-N-Fototransistor
	Leitungsverbindung		P-N-P-Transistor
	Batterie		Feldeffekt-Transistor
	Glühlampe	oder	Spule
	(ohmscher) Widerstand	oder	Spule mit Hochfrequenzkern
	Einstell-Trimm-Widerstand	oder	Spule abgleichbar
	(Dreh-) Potentiometer (Lautstärkeregler)	primär sekundär	Trafo mit Eisenkern
	VDR/NTC/Widerstand PTC		Kondensator
	Feinsicherung		Elektrolyt-(Tantal)-Kondensator
	Fotowiderstand (LDR)		Drehkondensator
	Diode		Trimmer-(Kondensator)
	Zenerdiode	oder	Brückengleichrichter
	Leuchtdiode(LED) (Lumineszenzdiode)		

Abb. 3.1-1

31

Schaltzeichen	Benennung	Schaltzeichen	Benennung
	Einpoliger Schalter, Stellung: AUS		Relaisspule
	Einpoliger Schalter, Stellung: EIN	a ⊥ b ⏚	a Masse b Erde
	Zweipoliger Schalter	—o oder —c	Verbindungs-anschluß
	Einpoliger Umschalter		Lautsprecher
	Zweipoliger Umschalter		Mikrofon
	Mehrstufen-(Raster-) Schalter		Meßinstrument
		E1 o—[+ −]—o A E2 o—	Operations-verstärker
		a Y b ⊓	a Antenne b Dipolantenne

Abb. 3.1-1

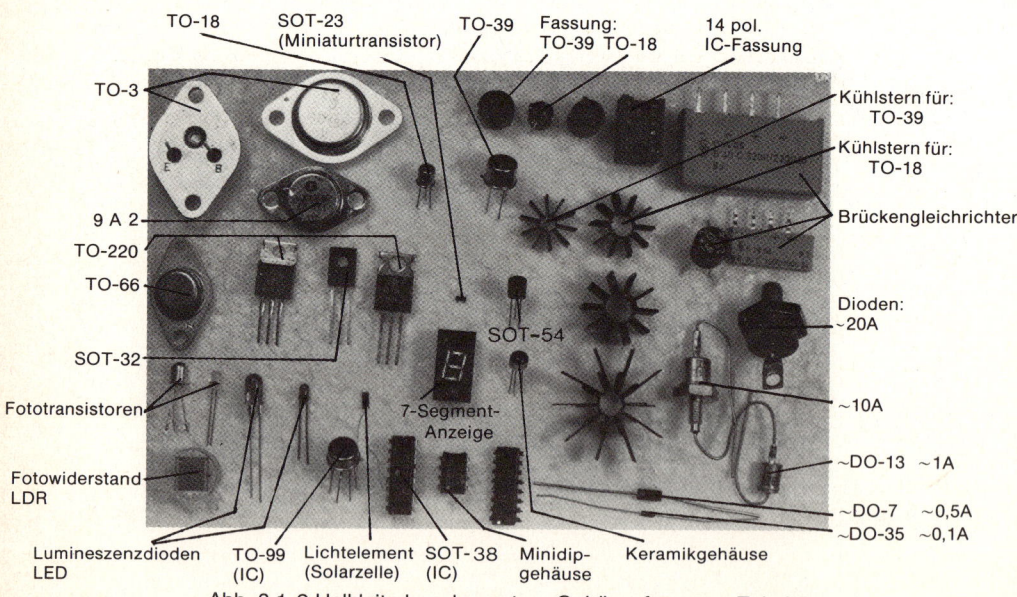

Abb. 3.1-2 Halbleiterbauelemente – Gehäuseformen – Zubehör

3.2 Der Schalter

Der Schalter dient dazu, einen elektrischen Stromkreis zu schließen oder zu trennen. Er schaltet den Strom ein – beide Schalterkontakte sind dann elektrisch leitend verbunden – oder aus. Im ausgeschalteten Zustand ist keine Verbindung mehr zwischen den beiden Schalterkontakten gegeben.

Den einfachen Schalter zeigt das Schaltbild nach *Abb. 3.2-1*. Dort ist er geöffnet gezeichnet. Ist der Stromkreis nicht unterbrochen, kann also Strom fließen, so gilt die *Abb. 3.2-2*. Nun gibt es auch Schalter, die durch einen Hebelgriff zwei Schaltsegmente steuern. Das sind die Doppelpolschalter oder Mehrpolschalter. Das Bild eines Doppelpolschalters ist in *Abb. 3.2-3* zu sehen. Die gestrichelte Linie zeigt an, daß beide Schaltersegmente mechanisch – nicht elektrisch – verkoppelt sind. Schaltet ein einpoliger Schalter einmal auf einen Pol und beim nächsten Mal auf einen zweiten Pol, so gilt die *Abb. 3.2-4*. Diese Schalter heißen Umschalter, denn sie schalten zu zwei Polen um. Ein derartiger Schalter ist als zweipoliger Umschalter in *Abb. 3.2-5* gezeigt.

Besitzt ein Schalter noch mehr Pole, so bezeichnen wir ihn als Stufen- oder Rastenschalter. Ein einpoliger Rastenschalter mit sechs Schaltpolen ist in *Abb. 3.2-6* gezeigt. Der Pfeil deutet die Drehrichtung an. Solche Schalter werden auf Segmenten (Ebenen) aufgebaut und können je nach Kontaktbestückung sehr komplizierte Schaltfunktionen ausführen. Einen doppelpoligen Rastenschalter mit zwei Schaltebenen zeigt die *Abb. 3.2-7*. Wird ein Schalter nur so lange geschlossen, wie wir ihn betätigen (Klingelknopf), so nennen wir ihn „Taster". Das Schaltbild hierzu zeigt die *Abb. 3.2-8*.

Abb. 3.2-1

Abb. 3.2-2

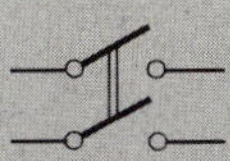

Abb. 3.2-3

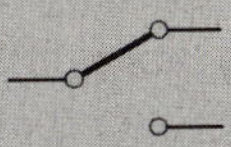

Abb. 3.2-4

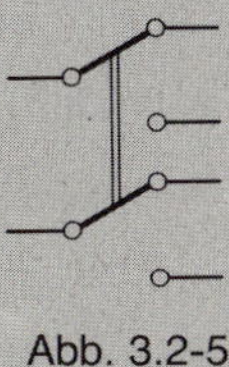

Abb. 3.2-5

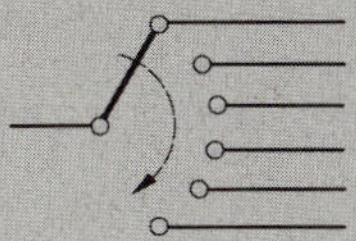

Abb. 3.2-6

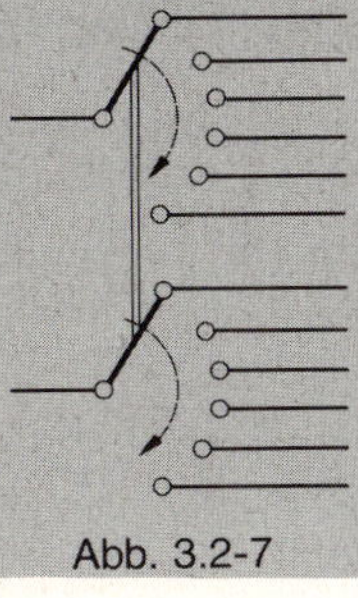

Abb. 3.2-7

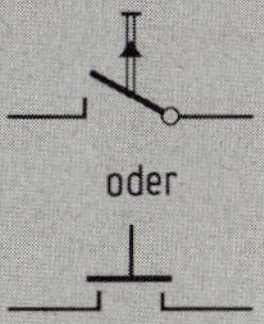

oder

Abb. 3.2-8

Die *Abb. 3.2-9* veranschaulicht uns eine Schalterauswahl. Bei dem Tastenschalter mit fünf Ebenen sind sehr viele mechanische Schaltmöglichkeiten gegeben. Einmal kann jede Taste sich selbst durch einen zweiten Druck wieder in die Ausgangsposition bringen. Dann ist es aber auch möglich, daß jede Taste, die vorher gedrückt wurde, wieder ausrastet. Auch sind Kombinationen untereinander möglich.

Ein Schalter ist nur für eine bestimmte Anwendung vorgesehen. Ein Schalter kann leicht durch zu hohen Strom überlastet werden. Die Kontakte verbrennen dann. Bei zu hoher Spannung gibt es Überschläge im Schalter. Jeder Hersteller gibt für seinen Schalter die maximale Spannung und den maximal zulässigen Strom an. Bei unseren Versuchen können keine Schalter überlastet werden.

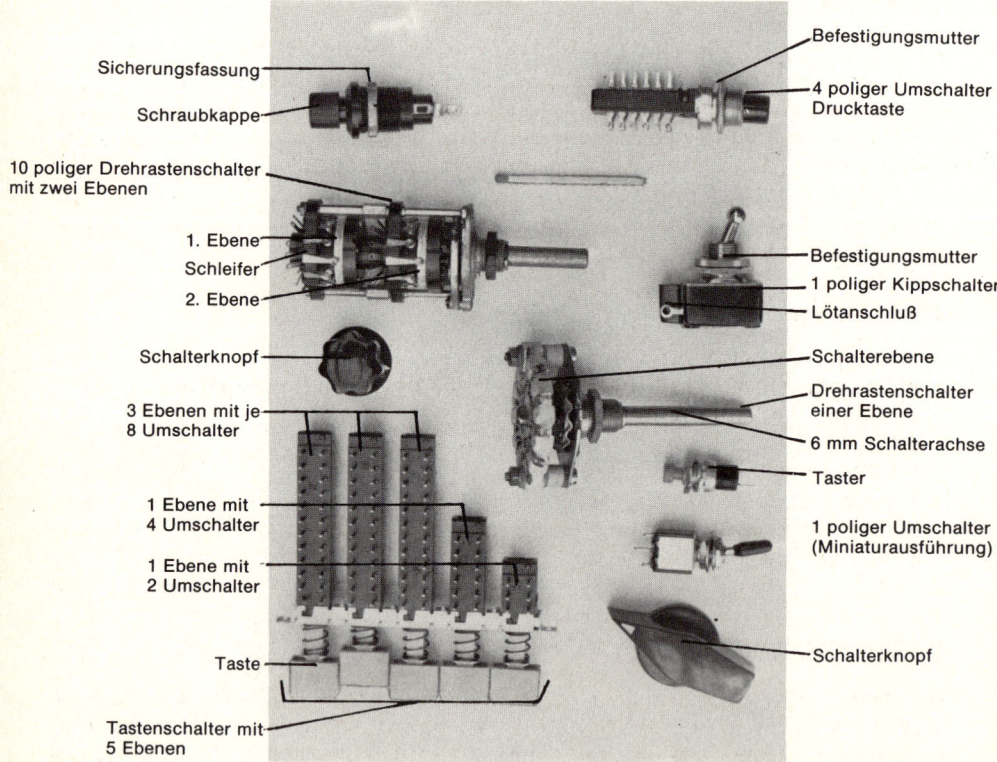

Abb. 3.2-9 Verschiedene Schalter in der Elektronik – der Elektroniker kennt alle Bauformen

3.2.1 ...und seine Anwendung

Der Elektroniker benötigt den Schalter, um:
- den Strom (die Spannung) ein- und auszuschalten,
- mehrere Meßbereiche eines Meßgerätes einzuschalten,
- verschiedene Funktionen eines Gerätes mit einem Rastenschalter oder Tastensatz zu ändern,
- seinen Laborplatz einzuschalten,
- die Spannungsversorgung eines Versuchsaufbaus zu ändern,
- nach Feierabend das Licht auszuschalten.

3.3 Die Batterie

Die Batterie – so, wie wir sie verstehen – spielt für den Elektroniker keine große Rolle. Der Grund ist darin zu sehen, daß der Elektroniker seine Spannungen für die Versorgung seiner Versuchsaufbauten aus einem Gleichspannungsversorgungsnetzteil bezieht. Es ist das sogenannte stabilisierte Netzteil. Ein derartiges Netzteil hat viele Vorteile gegenüber der Strom- und Spannungsversorgung aus einer Batterie. Die Spannung läßt sich regeln und ist bei Belastungsänderungen sehr konstant. Für unsere Versuche genügt uns aber die Batterie ... bis wir uns später ein elektronisch stabilisiertes Netzteil selbst gebaut haben.

3.3.1 ...und ihre Anwendung

Der Hobby-Elektroniker benötigt die Batterie, um:
- die Spannungsversorgung für seine Versuchsaufbauten zu erhalten,
- Spannungen zu vergrößern,
- Spannungen zu verringern,
- Hilfsspannungen zu erhalten,
- einen Motor anzutreiben,
- einen Vorgang auszulösen,
- sie wegzuwerfen ... wenn sie „leer" ist!

3.4 Der Widerstand

Der Ohmsche Widerstand ist für den Elektroniker das einfachste Bauelement. Er kann die Auswirkungen eines Widerstandes in einer elektronischen Schaltung sehr einfach vorausplanen und berechnen. Der Ohmsche Widerstand ist für den Elektroniker das häufigste und auch das billigste Bauelement. Es ist auch eines der wichtigsten Bauelemente.

Die *Abb. 3.4-1* zeigt einmal vier solcher Widerstände mittlerer Leistung. Diese Widerstände – sie haben alle den gleichen Wert – sind hier gegurtet (an den Drahtenden mit einem Klebestreifen gehalten). Das wird gemacht, wenn die Widerstände bei der Fertigung eines elektronischen Gerätes in großer Stückzahl benötigt werden und in eine Maschine geführt werden, welche die Drahtenden biegt und schneidet. Das wiederum ist erforderlich, um die Widerstände in die Löcher der Platine zu montieren.

Die *Abb. 3.4-2* gibt uns Aufschluß über verschiedene Baugrößen eines Widerstandes. Dort ist auch ein Streichholz als Größenverhältnis abgebildet. Alle in der Abb. 3.4-2 gezeigten Widerstände haben den gleichen Ohmwert, also z. B. 47 Ω. Sie unterscheiden sich jedoch stark in der Leistung. Der kleinste Widerstand – neben dem Streichholz kaum zu erkennen – kann dazu benutzt werden, um in einem kleinen Hörgerät oder einer kleinen elektronischen Belichtungsautomatik eines Fotoapparates eingebaut zu werden. Der größte Widerstand kann zu Strombegrenzungen bei großen Netzversorgungen Verwendung finden. Der für den Elektroniker gebräuchlichste Widerstand ist in der Abb. 3.4-2 ebenfalls gekennzeichnet. Überlegen wir noch einmal. Alle in der Abb. 3.4-2 gezeigten Widerstände haben den gleichen Ohmwert! Sie können jedoch unterschiedlich starke elektrische Stromstärken vertragen. Je größer die Bauform eines Widerstandes ist, je stärker kann er mit Strom belastet werden. Ein stark belasteter Widerstand wird sehr heiß – das ist erlaubt. Widerstände mit großer Leistung werden mit Widerstandsdraht (Konstantan) gewickelt. Auch das zeigt uns die Abb. 3.4-2. Der Widerstandsdraht muß nicht immer sichtbar sein. Er kann mit einer schützenden hitzebeständigen Glasur oder einer Keramikschicht überzogen werden. Kleinere Widerstände haben als Material eine Kohleschicht auf ihren Körper aufgebracht. Diese wird durch eine Lackierung geschützt. Bei Widerständen ab 4 W wird meistens von Draht als Widerstandsmaterial Gebrauch gemacht. Die *Abb. 3.4-3* zeigt das Schaltzeichen für den Widerstand.

3.4.1 ...und seine Anwendung

Der Elektroniker benötigt den Widerstand, um:

- einen Strom in einem Stromkreis zu verringern,
- eine Spannung in einem Stromkreis zu teilen,
- eine Spannungsänderung durch eine Stromänderung zu erhalten (Verstärkertechnik),
- Bauteile zu schützen,
- das Verhalten von elektrischen Verbrauchern zu simulieren,
- Ohmwerte meßtechnisch zu vergleichen (Meßwiderstände).

Wenn es keine Widerstände gäbe, könnte keine Elektronikschaltung funktionieren.

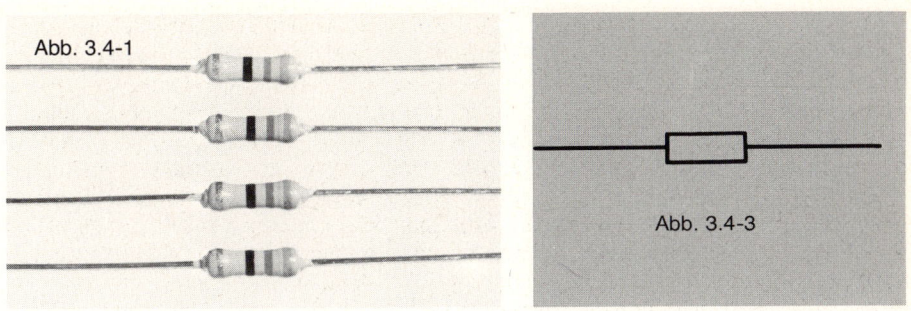

Abb. 3.4-1

Abb. 3.4-3

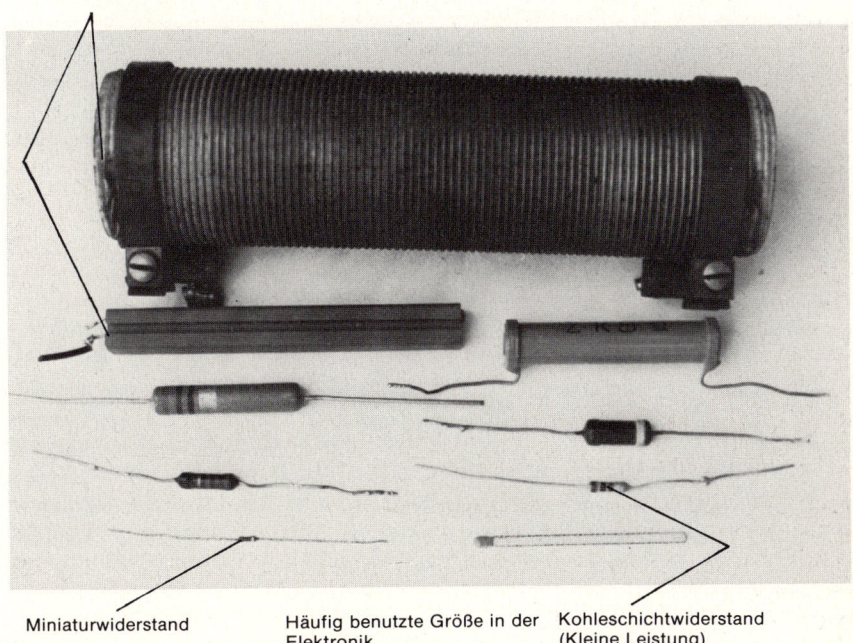

Drahtwiderstand (Widerstände
großer Leistung)

Miniaturwiderstand

Häufig benutzte Größe in der
Elektronik

Kohleschichtwiderstand
(Kleine Leistung)

Abb. 3.4-2 Widerstände verschiedener Leistung – viel Leistung, viel Wärme, große Bauformen

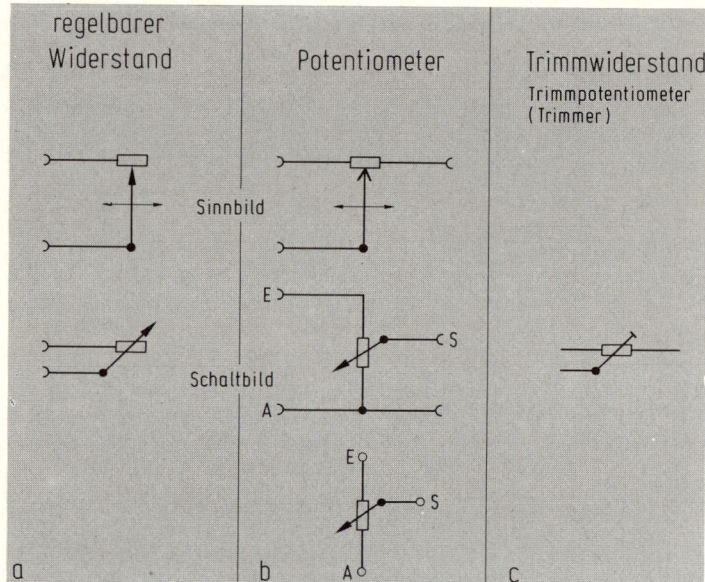

Abb. 3.5-1

3.5 Der von Hand veränderbare Widerstand

Wir haben bisher immer nur den mit einem festen Wert gegebenen Widerstand behandelt. Der Elektroniker benötigt aber sehr häufig einen regelbaren, also stetig einstellbaren Widerstand. Dafür ist die Schaltung in *Abb. 3.5-1a* und *b* wiedergegeben. Die Abb. 3.5-1a zeigt einen veränderbaren Widerstand. Wir stellen es uns so vor, daß ein Schleifer (Schleifmechanismus) mit der Hand über einen mechanischen Antrieb auf verschiedenen Stellen der Widerstandsbahn eingestellt werden kann. Dadurch können dementsprechend auch verschiedene Widerstandswerte erreicht werden. Die Abb. 3.5-1b zeigt ebenfalls einen veränderbaren Widerstand in der sogenannten „Potentiometerschaltung" oder Spannungsteilerschaltung. Dieses ist übrigens auch die am häufigsten benutzte Schaltung in der Elektronik. Sie wird z. B. in einem Radiogerät als Lautstärkeregler oder in einem Fernsehgerät als Helligkeitsregler benutzt. Diese Potentiometer haben meistens einen Drehwinkel von 270° und werden so benutzt, daß am Linksanschlag die Spannung am Ausgang Null ist und am Rechtsanschlag die Spannung am Ausgang den größten Wert erreicht. Die Abb. 3.5-1c zeigt einen Trimmwiderstand, der ähnlich dem Potentiometer zur Erreichung bestimmter Widerstandswerte in einer Schaltung eingebaut und einmal eingestellt wird. So ist auch die Abb. 3.5-1b zu sehen. Die Eingangsspannung liegt zwischen dem Punkt A (Anfangsstellung des Schleifers = 0°) und E (Endstellung des Schleifers = 270°). Die Bezeichnung S trägt der Schleifer. Häufig sind die Buchstaben A–E–S auf dem Potentiometer in der Nähe der Anschlüsse aufgedruckt.

Die *Abb. 3.5-2* zeigt das Prinzip eines kleinen offenen Potentiometers. Übrigens haben wir hier ein sogenanntes Trimmpotentiometer vor uns. Es wird in der Schaltung direkt – z. B. auf die Platine – aufgelötet. Mit einem Schraubenzieher, der in den Kreuzschlitz gesteckt wird, können wir das Schleifersegment drehen. In diesem Falle tastet der Schleifer mit einer runden, kugelförmigen Fläche die Widerstandsbahn ab. Andere Ausführungen benutzen einen kleinen Kohlestift zum Abtasten. Derartige Ausführungen können wir in der *Abb. 3.5-3* sehen.

Bislang hatten wir kleine Trimmpotentiometer behandelt, so, wie der Elektroniker sie in seine Schaltung als Bauelement einbaut, um bestimmte Spannungs- oder Stromwerte für das Funktionieren der Schaltung einstellen zu können. Wenden wir uns jetzt den Einstellpotentiometern zu, die eine Drehachse haben. Dieses Bauelement wird dazu benutzt, damit der Anwender bestimmte Einflüsse durch einen Regelvorgang selbst bestimmen kann. Z. B. die Lautstärke in dem Rundfunkgerät oder die Größe der Spannung bei einem elektronischen Meßgerät. Die *Abb. 3.5-4* zeigt es. Wird das Potentiometer montiert, so ist im Montageblech ein 10 mm großes Loch erforderlich.

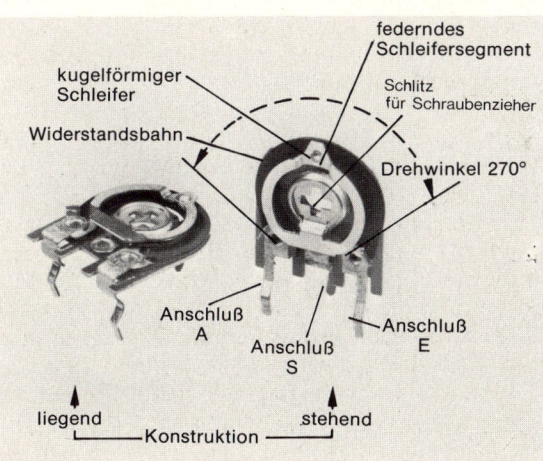

Abb. 3.5-2 Der Einstellwiderstand – Trimmer – damit wird der Arbeitspunkt einer Schaltung eingestellt

Trimmer für kleine Strombelastung

Schlitz für Schraubenzieher

Kohleschleifer

Drehachse

Trimmer für große Strombelastung

gekapselte Ausführung

Abb. 3.5-3 Verschiedene Bauformen von ,,Trimmern", der Elektroniker kennt die Unterschiede

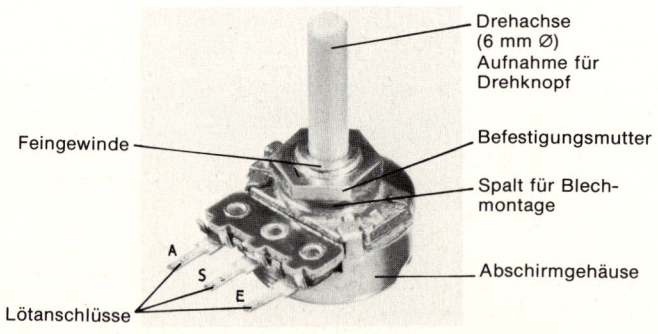

Drehachse (6 mm Ø) Aufnahme für Drehknopf

Feingewinde

Befestigungsmutter

Spalt für Blech-montage

A

S

E

Abschirmgehäuse

Lötanschlüsse

Abb. 3.5-4 ...und das ist das Potentiometer

Ein Doppelpotentiometer zeigt *Abb. 3.5-5*. Damit können zwei getrennte Vorgänge unabhängig voneinander eingestellt werden. Die stärkere (6 mm) Achse ist für das obere Potentiometer und die kleinere (4 mm) Achse für das darunterliegende. Die Werte der beiden Potentiometer können je nach Bedarf sehr unterschiedlich sein. Es gibt auch Doppelpotentiometer mit nur einer Drehachse. Dabei reagiert die Achse etwas gezogen auf das obere Potentiometer und gedrückt auf das untere. Nachteilig ist, daß man hier mit dem Drehknopf keine Stellungsmarkierung der eingestellten Werte erreicht.

Weiter gibt es noch Doppelpotentiometer mit einer Achse, die beide Potentiometer gleichzeitig betätigt. Diese Art Potentiometer heißt Tandempotentiometer. Ein Lautstärkeregler für die beiden Stereokanäle besteht aus einer Achse und zwei Potentiometern – das ist ein Tandempotentiometer.

Ein noch komplizierteres Potentiometer ist in *Abb. 3.5-6* zu erkennen. Es handelt sich um ein Doppelpotentiometer mit zusätzlich zwei getrennten Schaltern. Die kleine 4-mm-Achse schaltet am Beginn der Drehbewegung den großen Netzschalter ein. Auf Zug–Druck schaltet sie zusätzlich den zweiten Schalter. Dann ist sie noch als Antrieb für das eine Potentiometer zuständig. Das zweite Potentiometer wird über die 6-mm-Achse betätigt.

Eine Sonderausführung zeigt *Abb. 3.5-7*. Es ist ein sogenannter Gleitbahnregler. Die *Abb. 3.5-8* zeigt Spindelpotentiometer. Hier wird der Schleifer über eine Gewindespindel betätigt. Es ergibt sich so der Vorteil einer genaueren Einstellung.

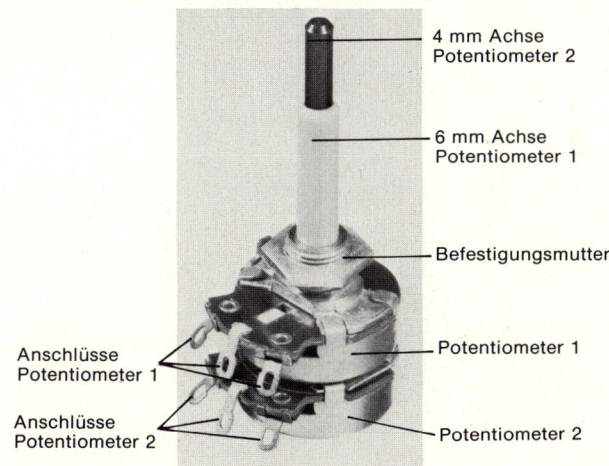

Abb. 3.5-5 Ein Doppelpotentiometer für zwei Regelknöpfe

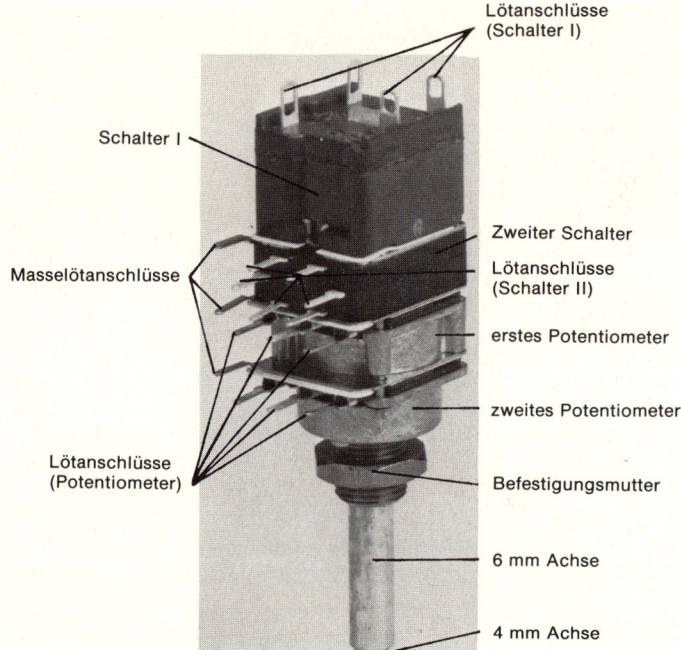

Lötanschlüsse
(Schalter I)

Schalter I

Zweiter Schalter

Masselötanschlüsse

Lötanschlüsse
(Schalter II)

erstes Potentiometer

zweites Potentiometer

Lötanschlüsse
(Potentiometer)

Befestigungsmutter

6 mm Achse

4 mm Achse

Abb. 3.5-6 Ein Mehrfachpotentiometer mit Schaltern ist nicht kompliziert!

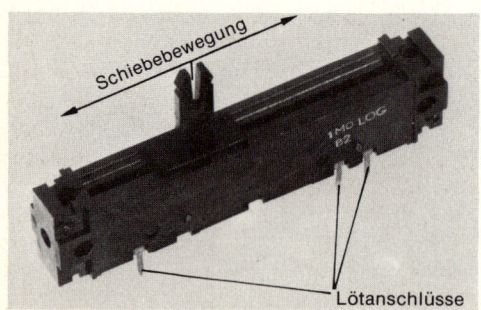

Schiebebewegung

Lötanschlüsse

Abb. 3.5-7 Ein Gleitbahnregler für das Fernsehgerät

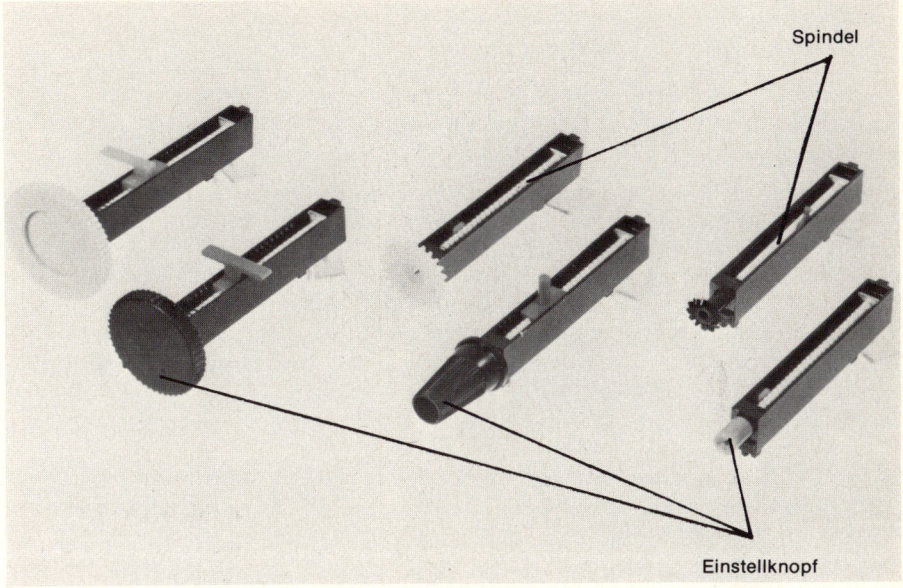

Spindel

Einstellknopf

Abb. 3.5-8 Potentiometer mit Spindelantrieb für genaues „Einstellen"

3.5.1 ...und seine Anwendung

In der Elektronik werden sehr häufig Regelvorgänge erforderlich, die wir einstellen müssen. Dabei unterscheiden wir einmal zwischen Einstellern (Potentiometern), die von außen bedienbar sind, so daß der Anwender bestimmte Funktionen wie Lautstärke, Spannung, Senderwahl usw. einstellen kann. Zum anderen werden aber Potentiometer auch benötigt, um innerhalb eines Schaltungsaufbaues bestimmte Funktionen richtigzustellen. So kann es erforderlich sein, daß durch Toleranzen an Bauteilen diese durch die Regelfähigkeit eines Widerstandes (Potentiometers) ausgeglichen werden können. Auch muß bei einem Transistor häufig der Arbeitspunkt genau eingestellt werden. Auch dafür wird der Regelwiderstand benötigt. Soll ein Fotoelement bei einer bestimmten Dunkelheit das Licht einschalten, so kann dieser Einsatzpunkt ebenfalls durch einen regelbaren Widerstand bestimmt werden. Der regelbare Widerstand ist ein willkommenes Bauelement, um Toleranzen auszugleichen und Arbeitspunkte einzustellen.

3.6 Der durch Wärme, Licht oder elektrischen Einfluß veränderbare Widerstand

Es gibt viele unterschiedliche Bauelemente, die der Elektroniker bestimmten Verwendungszwecken zuführt. Dazu gehören der

NTC-Widerstand
PTC-Widerstand
VDR-Widerstand
LDR-Widerstand, sowie die
Feldplatte.

NTC-, PTC- und VDR-Widerstände werden meistens wie in *Abb. 3.6-1* dargestellt. Der LDR-Widerstand hat das Schaltzeichen nach *Abb. 3.6-2*. Die Feldplatte ist als Schaltzeichen in *Abb. 3.6-3* zu sehen. Was bedeuten nun die Widerstände? Vorab merken wir uns noch, daß es sich nicht um Ohmsche Widerstände handelt – darüber werden wir später noch lesen – sie gehorchen dem Ohmschen Gesetz jeweils nur für einen Arbeitspunkt von unendlich vielen möglichen.

Der *VDR*-Widerstand ist ein Widerstand, dessen Wert sich mit der Höhe der angelegten Spannung ändert. Dieses „VDR" kommt aus dem Englischen und bedeutet: *V*oltage – *D*ependent – *R*esistor. Im Bereich kleiner Spannungen verhält sich der VDR-Widerstand fast so wie ein Ohmscher Widerstand. Bei größeren Spannungen wird der Widerstandswert schnell kleiner.

Der *PTC*-Widerstand hat seine Bezeichnung ebenfalls aus dem Englischen. „PTC" ist die Abkürzung für: *P*ositiv – *T*emperatur – *C*oeffizient. Das ist ein Widerstand, der im kalten Zustand einen kleinen Widerstandswert aufweist. Wird dieser Widerstand erhitzt, so steigt sein Widerstandswert an. Der Heizfaden einer Glühlampe ist z. B. ein PTC-Widerstand. Die Gruppe der PTC-Widerstände werden auch als temperaturabhängige Kaltleiter bezeichnet.

Temperaturabhängige Heißleiter heißen die *NTC*-Widerstände, ihre Bezeichnung ist auch aus dem Englischen: *N*egative – *T*emperatur – *C*oeffizient. Das sind solche Widerstände, die im kalten Zustand einen sehr hohen Widerstandswert aufweisen. Wird der Widerstand jedoch heiß – das kann durch einen hindurchfließenden elektrischen Strom erreicht werden oder durch eine fremde Wärmeeinstrahlung, so sinkt der Widerstandswert sehr stark ab.

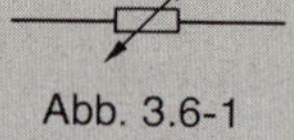

Abb. 3.6-1

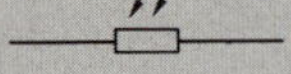

Abb. 3.6-2

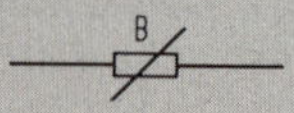

Abb. 3.6-3

Fotowiderstände – *LDR*-Widerstände – aus dem Englischen: *L*ight – *D*ependent – *R*esistor, sind Halbleiterwiderstände. Dort wird ein Widerstandsmaterial benutzt, wie wir es ähnlich in Transistoren und Dioden vorfinden, dessen Widerstandswert von der Stärke einer Lichtbestrahlung abhängt.

Die Feldplatte findet in der letzten Zeit ebenfalls eine häufige Verwendung. Dieses Bauelement verändert seinen Widerstandswert bei einer Änderung des magnetischen Feldes. Würden wir also einen Dauermagneten dem Feldplattenwiderstand nähern oder von ihm entfernen, so können wir dadurch den Widerstand beeinflussen.

Abb. 3.6-4 zeigt uns eine Auswahl derartiger Widerstände, deren Werte durch Strom, Spannung, Licht oder Magnetfeld beeinflußbar sind. Wir können dort schon erkennen, daß die einzelnen Bauelemente eine stark voneinander abweichende Baugröße haben können. Grundsätzlich könnten alle diese Bauelemente gleich groß hergestellt werden. Nun werden jedoch in der Elektronik unterschiedliche Anforderungen

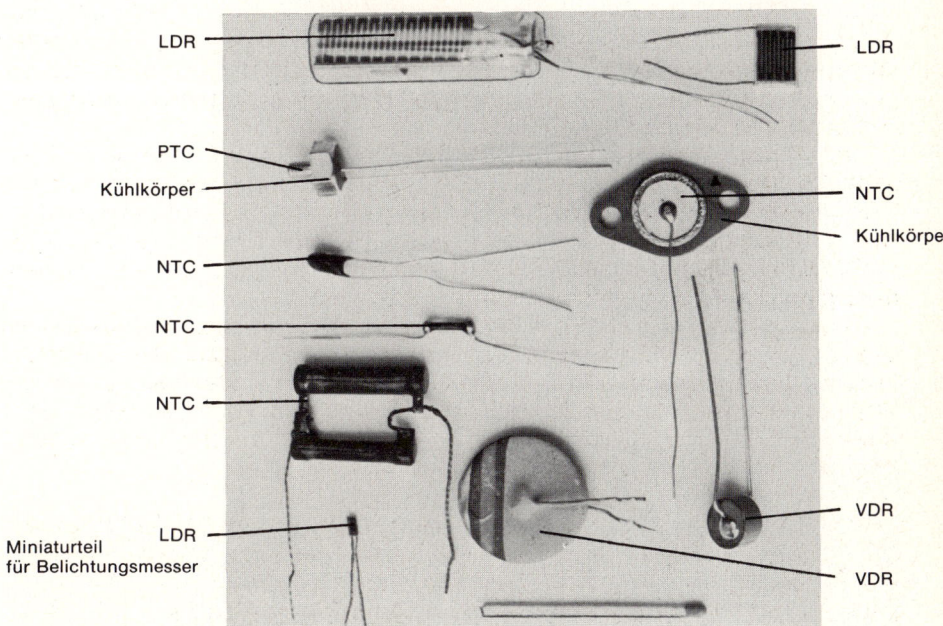

Abb. 3.6-4 Eine Auswahl von NTC-, PTC-, VDR-, LDR-Widerständen – Wärme und Licht werden gemessen –

an ein derartiges Bauelement gestellt. Ein VDR-Widerstand z. B. kann verlackt werden. Dieser Lacküberzug wird als Schutz gegen Feuchtigkeit benutzt. Ein LDR-Widerstand darf nicht verlackt werden, da sonst kein Licht auf die lichtempfindliche Schicht gelangt. Also benötigt der LDR-Widerstand meistens einen Glaskörper als Schutz und ist schon deshalb größer. NTC-, PTC- und VDR-Widerstände werden für unterschiedlich große elektrische Ströme und Spannungen konstruiert. Auch dadurch ergeben sich verschiedene Gehäuseabmessungen. NTC- und PTC-Widerstände haben z. T. sogar eine Metallplatte oder Metallkörper zur Schraubbefestigung. Das dient der Wärmeableitung bei zu großen Temperaturen. Oder aber, wenn Temperaturen mit einem NTC- oder PTC-Widerstand gemessen werden sollen, dem Temperaturübergang zur Messung. Wenn z. B. die Öl- oder Wassertemperatur eines Motors in einem Kraftfahrzeug gemessen werden sollen, so kann dazu ein NTC- oder PTC-Widerstand benutzt werden, der direkt auf das Metallteil geschraubt wird, an dem die zu messende Temperatur entsteht. Ein in Grad-Celsius geeichtes elektrisches Instrument zeigt die Temperatur als ,,Widerstandsgröße" an. Gemessen wird also die Widerstandsänderung – die Skala ist jedoch in Grad-Celsius geeicht. Ein Leistungsvaristor ist in der *Abb. 3.6-5* zu sehen. Dieser VDR sorgt für eine Spannungsbegrenzung bei Blitzschlag oder bei Kernexplosionen mit ihrem elektromagnetischem Impuls (NEMP).

3.6.1 ...und seine Anwendung

Der Elektroniker benutzt einen nicht Ohmschen Widerstand, um:

- mit einem VDR-Widerstand eine Funkenlöschung an Kontakten zu erreichen,
- mit einem VDR-Widerstand hohe Spannungen an Induktivitäten zu vernichten,
- mit einem VDR-Widerstand Wechselspannungen zu stabilisieren,
- mit einem PTC-Widerstand Temperaturen zu messen,
- mit einem NTC-Widerstand bei empfindlichen Bauteilen einen nicht zu plötzlichen Stromanstieg zu erreichen,
- mit einem NTC-Widerstand Temperaturen zu messen,
- mit einem NTC- oder PTC-Widerstand bei hochwertigen Meßgeräten der temperaturbedingten Datenänderung anderer Bauteile entgegenzutreten,

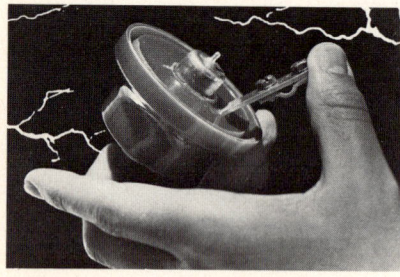

Abb. 3.6-5 Das ist ein Spannungsbegrenzer für höhere Leistungen. Anwendung z. B. als Schutz von Funkanlagen. (SIEMENS)

● mit einem LDR-Widerstand einen Belichtungsmesser für einen Fotoapparat zu bauen,
● mit einem LDR-Widerstand Licht zu messen,
● mit einem LDR-Widerstand automatisch Licht einzuschalten, wenn es zu dunkel wird,
● mit einem LDR-Widerstand eine Lichtschranke aufzubauen,
● mit einem LDR-Widerstand vermittels einer Lichtschranke Gegenstände zu zählen; z. B. Personen, die durch eine Tür gehen oder Pakete auf einem Förderband,
● mit einer Feldplatte die magnetische Feldstärke festzustellen.

3.7 Die Glühlampe

Die Kleinglühlampe, etwa in der Stärke, wie sie für Taschenlampen oder Fahrradlampen benötigt wird, hat auch in der Elektronik eine Verbreitung gefunden. Allerdings wird die Glühlampe dort weniger zum „Leuchten" als vielmehr zur Signalanzeige benötigt. Der Elektroniker bedient sich gern farbiger Kontrollampen – z. B. grüner oder roter –, um bestimmte Signalzustände anzuzeigen. Eine grüne Lampe wird häufig als Betriebskontrolle für ein Gerät benutzt. Rote Lampen dienen mehr einer Alarmsignalgebung, etwa wie „Achtung – Überlastung" oder „Vorsicht – Sender ist eingeschaltet". Häufig benutzt der Elektroniker auch die Lampe anstelle eines Strommessers. Die Lampe zeigt an, ob z. B. in einer Schaltung Strom fließt oder nicht. Das Schaltzeichen für eine Lampe zeigt die *Abb. 3.7-1*. Die *Abb. 3.7-2* zeigt uns eine Auswahl von Kleinlampen. Ebenfalls sind dort Lampenfassungen sowie Kontrollampenfassungen für Einbauzwecke gezeigt.

Abb. 3.7-1

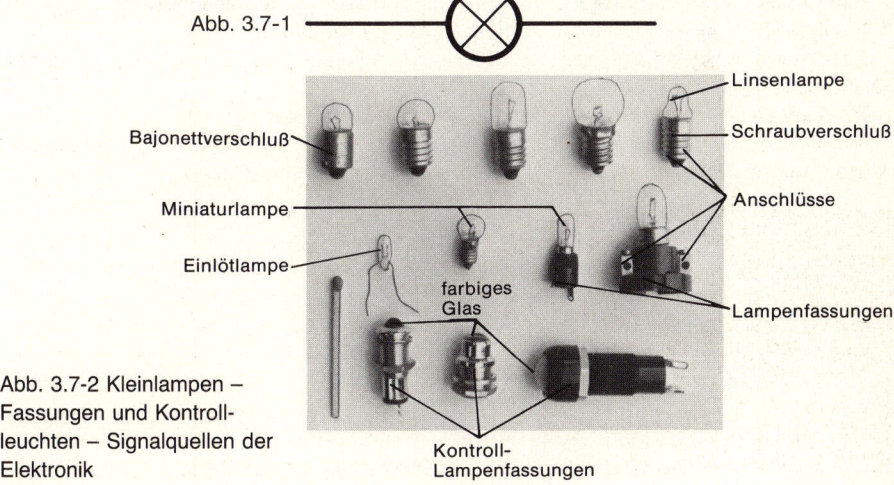

Linsenlampe
Bajonettverschluß
Schraubverschluß
Miniaturlampe
Anschlüsse
Einlötlampe
farbiges Glas
Lampenfassungen

Abb. 3.7-2 Kleinlampen –
Fassungen und Kontroll-
leuchten – Signalquellen der
Elektronik

Kontroll-
Lampenfassungen

3.7.1 ...und ihre Anwendung

Der Elektroniker benötigt die Glühlampe, um:
- eine optische Stromanzeige zu erhalten,
- die Betriebsbereitschaft eines Gerätes anzuzeigen,
- den unterschiedlichen Ohmschen Widerstand im kalten und heißen Zustand (Betrieb) auszunutzen,
- Lichtelemente (Optoelektronik) zu steuern (Lichtschranke),
- eine einfache Sicherung zu erhalten (brennt eine Lampe durch, so schaltet sich der Strom aus),
- mit einer Taschenlampe einen heruntergefallenen Transistor zu suchen.

3.8 Das Relais

Das Relais ist für den Elektroniker ein „fernbedienbarer Schalter". Der Schaltersatz kann dabei die gleichen Schaltmöglichkeiten durch entsprechende Kontaktanordnungen aufweisen wie in Kapitel 3.2 beschrieben. Es gibt bei einem elektronischen Aufbau oft Stellen, an denen ein Schalter eingesetzt werden muß, wobei diese Stellen aber örtlich oft so verschachtelt im Platinenaufbau liegen, daß die Betätigung eines Schalters unmöglich ist. In diesen Fällen setzt der Elektroniker an den Stellen, wo ein Schalter erforderlich ist, ein Relais ein. Das ist immer dann der Fall, wenn von der Stelle der Platine aus, an welcher geschaltet werden muß, lange Leitungen bis zu einem Handschalter Störungen verursachen.

Das Relais besteht, wie schon gesagt, aus einem Schalterkontaktsatz, der über eine Magnetspule betätigt wird. Diese Spule bekommt eine zusätzliche elektrische Spannung, die über einen normalen Handschalter ein- und ausgeschaltet werden kann. Dieser auslösende Schalter kann nun über eine Drahtverbindung sehr weit von dem schaltenden Relais entfernt sein.

Fassen wir noch einmal zusammen. Es gibt Stellen in einer Elektronikschaltung, auf einer Platine oder in einem Meßgerät, an denen direkt ein Schaltkontakt eingesetzt werden muß. Meistens kann dort jedoch ein von Hand betätigter Schalter nicht untergebracht werden. Dann wird dort ein fernbedienbarer Schalter – das Relais – eingesetzt. Das Relais ist ein elektromagnetisch betätigter Schalter. Die Magnetspule kann über eine lange Drahtverbindung ein- oder ausgeschaltet werden, so daß der eigentliche auslösende Schalter bequem irgendwo angeordnet werden kann. Das Relais kann sehr komplizierte Schaltersätze haben. Es hat im Normalfall jedoch immer nur zwei Schaltstellungen, von denen die eine bei stromloser Spule und die zweite bei stromführender Spule gilt. Das elektrische Schaltbild für das Relais ist in *Abb. 3.8-1* gezeigt. Dort ist ein einfacher Schalter als Beispiel angegeben. Wie schon erklärt, sind entsprechend kompliziertere Schaltersätze denkbar.

Verschiedene Arten von Relais' sind in der *Abb. 3.8-2* zu sehen. Wir erkennen, daß diese in der Größe sehr unterschiedlich sein können. Auch hier spielt der Umfang des Relaisschaltersatzes und die Größe der Ströme, für welche die Kontakte konstruiert sein müssen, eine große Rolle. Je größer der Strom, je größer der Kontakt. Werden hohe Spannungen geschaltet, so müssen die Kontaktabstände entsprechend gewählt werden. Eine Sonderstellung nimmt das „polarisierte" Relais ein. Wenn ein normales Relais mit Wechselspannung oder Gleichspannung für die Magnetspule betrieben werden kann, so wird das „polarisierte" Relais nur an Gleichspannung betrieben. Dabei löst die Polung der Batterie an den beiden Anschlußdrähten der Magnetspule eindeutig die Stellung „ein" oder „aus" aus.

Beispiel: Der Pluspol der Batterie liegt an dem Draht 1 und der Minuspol an dem Draht 2 der Magnetspule. Dann zieht der Kontakt z. B. auf Stellung „eingeschaltet". Schalten wir die Batterie ab, so hält ein Permanentmagnet im Relais diese Stellung fest. Wir können sie auch nicht durch erneutes Einschalten ändern. Das wird erst anders, wenn der Draht 1 den Minuspol und der Draht 2 den Pluspol der Batterie erhält. Dann schaltet das Relais um und verharrt solange in dieser Stellung, bis die Polung erneut gewechselt wird.

(Spule) (Schalter)

Abb. 3.8-1
Das Relais mit Spule und Schalter

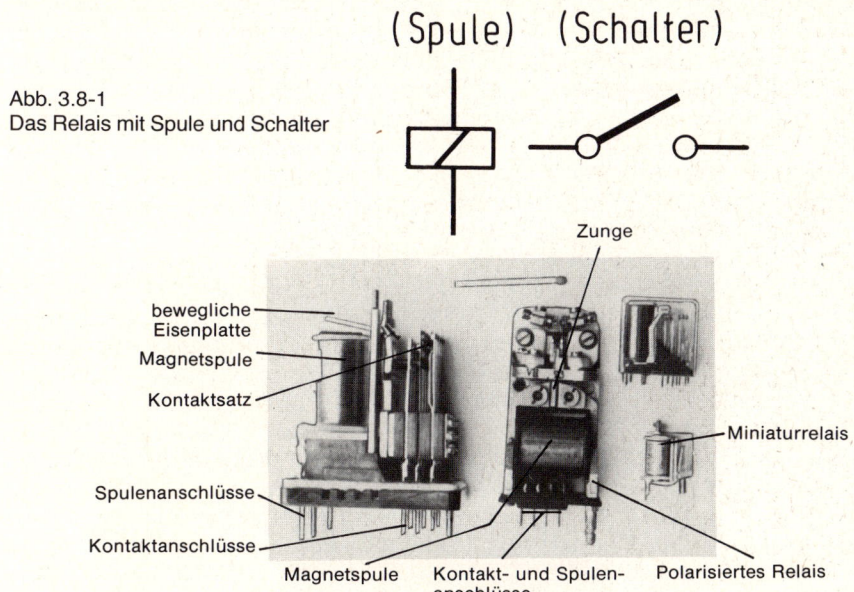

bewegliche Eisenplatte
Magnetspule
Kontaktsatz
Zunge
Miniaturrelais
Spulenanschlüsse
Kontaktanschlüsse
Magnetspule   Kontakt- und Spulen-   Polarisiertes Relais
anschlüsse

Abb. 3.8-2 Verschiedene Relais...der fernbedienbare Schalter in der Elektronik

49

3.8.1 ...und seine Anwendung

Der Elektroniker benutzt das Relais, um:

● fernbedienbar an bestimmten Stellen einer Schaltung einen Schalter betätigen und einsetzen zu können,

● mit kleinen Schaltleistungen (kleiner Strom und Spannung in der Magnetspule) große Ströme (Relaiskontakte) zu schalten,

● Schalter an störempfindlichen Stellen einer Schaltung einzusetzen, wo lange Leitungen stören,

● mit einem einfachen Schalter über das Relais einen komplizierten Schaltersatz zu betätigen,

● mit einem oder mehreren Relais' „logische Schaltungen" aufzubauen (davon später mehr in der Digitaltechnik – ein Relais erfüllt die „ja-nein"-Anforderungen der Digitaltechnik).

3.9 Die Diode

Die Diode sieht in ihrer Bauform dem elektrischen Widerstand sehr ähnlich. Auch sie hat zwei Anschlüsse. Davon wird der eine als Anode und der zweite als Katode bezeichnet. Der Diodenkörper trägt zur Kennzeichnung des Katodenanschlusses in seiner Nähe häufig einen Farbring.

Die Diode wird oft als „elektrisches Ventil" bezeichnet, und das ist gar nicht so falsch. Die Diode läßt nämlich nur dann einen Strom fließen, wenn die Katode den Minuspol und die Anode den Pluspol einer Spannungsquelle erhält.

Dioden gibt es in unterschiedlichen Größen. Das richtet sich nach den geforderten Strömen. Dioden werden oft auch als Gleichrichter bezeichnet. Das ist nur dann richtig, wenn die Diode auch als Gleichrichter eingesetzt wird.

Die *Abb. 3.9-1* zeigt das Schaltbild der Diode. Es ist A für den Anodenanschluß und K für den Katodenanschluß gesetzt. Es gibt viele Sonderformen von Dioden. *Abb. 3.9-2* zeigt das Schaltbild einer Leuchtdiode. Fließt ein Strom, so kann sie je nach Typ rot, grün oder gelb leuchten. *Abb. 3.9-3* zeigt eine Zenerdiode. Diese Diode wird zur Stabilisierung einer elektrischen Spannung benutzt. *Abb. 3.9-4* zeigt eine Kapazitätsdiode. Durch unterschiedliche Spannungen zwischen der Anode und der Katode ändert sich die Kapazität (Kondensator) zwischen den beiden Polen. Damit kann in einem Rundfunkgerät eine (Sender)-Skalenabstimmung vorgenommen werden –

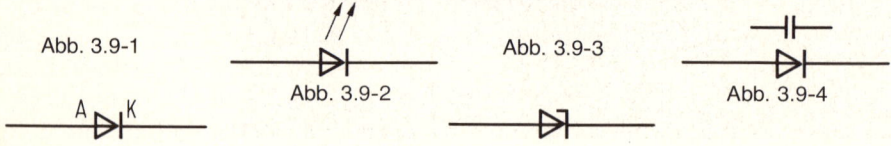

Abb. 3.9-1   Abb. 3.9-3

Abb. 3.9-2   Abb. 3.9-4

Abb. 3.9-5 Gehäuseformen von Kleinsignaldioden werden ihrem Verwendungszweck angepaßt. So auch die mittlere Kapazitätsdiode mit ihren Anschlüssen für die Hochfrequenztechnik um 500 MHz

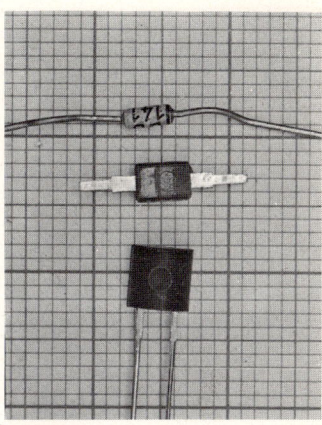

Abb. 3.9-6 Dioden unterschiedlicher Leistung – ein großes Gehäuse für große Leistung

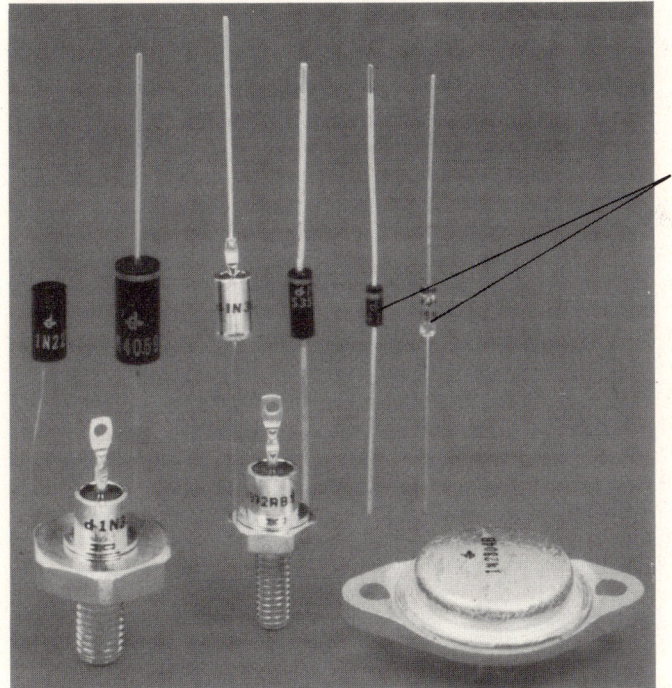

Kleinsignaldioden

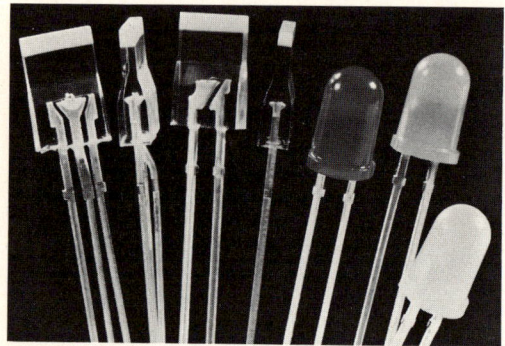

Abb. 3.9-7 Leuchtdioden (LEDs) haben unterschiedliche Farben, Größen und Gehäuseformen. (Telefunken-electronic)

früher war es ein großer Drehkondensator. Es gibt noch weitere Spezialdioden, die wir hier nicht alle kennenlerner wollen. *Abb. 3.9-5* zeigt eine Auswahl von Dioden. Erkennbar ist der schwarze Kennzeichnungsring an der runden Diode (DO-35-Gehäuse) für den Katodenanschluß. Das Foto *Abb. 3.9-6* unten zeigt uns Dioden unterschiedlicher Stromwerte (Leistung). Leistungsdioden – dort fließen große Ströme – werden sehr heiß und müssen gekühlt werden. Das wird durch einen metallenen Diodenkörper erreicht, der auf ein Blech montiert wird. Dieses Blech führt die Wärme durch Strahlung an die Umgebung ab.

Die *Abb. 3.9-7* zeigt uns Leuchtdioden, die je nach Typ rot, grün oder gelb leuchten können. Auch hier erkennen wir unterschiedliche Größen und Gehäuseformen. Sie sind davon abhängig, wie groß der Anwender die Leuchtfläche für Signalzwecke sehen will.

3.9.1 ...und ihre Anwendung

Der Elektroniker benötigt die Diode, um:

- aus Wechselspannung eine Gleichspannung zu machen (Gleichrichter),
- aus dem Antennensignal ein Signal für die Ansteuerung des Lautsprechers oder der Bildröhre zu gewinnen (Demodulation),
- eine Spannung von 0,2 V (Germaniumdiode) oder 0,6 V (Siliziumdiode) zu erhalten und zu stabilisieren,
- Licht zu messen (Fotodiode),
- Licht zu erzeugen (Lumineszenzdiode),
- eine stabilisierte Spannung zu erzeugen (Zenerdiode),
- Gleichströme zu sperren,
- Frequenzen zu vervielfachen (Hochfrequenztechnik),
- Impulse zu begrenzen,
- Signale zu verformen.

3.10 Der Transistor

Der Transistor ist das wichtigste Bauelement für den Elektroniker. Das Schaltbild ist in *Abb. 3.10-1* zu sehen. Oft wird der Transistor auch mit Kreis, wie in *Abb. 3.10-2* zu sehen ist, gezeichnet. Für beide Fälle erkennen wir, daß es einen PNP-Typ-Transistor und einen NPN-Typ-Transistor gibt. Die Erklärung erhalten wir später. Die Anschlüsse E–C–B heißen

> E= Emitter
>
> C= Kollektor
>
> B= Basis.

Diese Bezeichnung ist für alle Typen gleich. Der Transistor erfüllt dem Elektroniker viele Wünsche. Er kann Signale:

> verstärken,
> verformen,
> gleichrichten,
> schalten,
> abschwächen,
> niederohmig machen,
> stabilisieren,
> begrenzen,
> messen

... damit sind seine Möglichkeiten sicher noch nicht erschöpft.

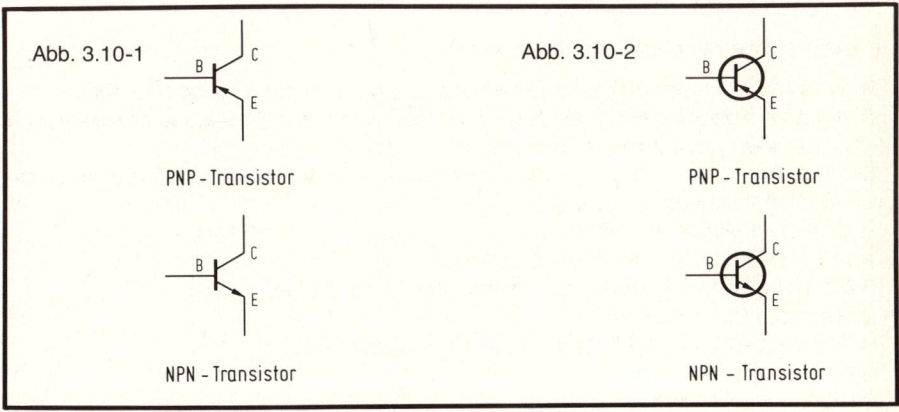

Abb. 3.10-1

PNP - Transistor

NPN - Transistor

Abb. 3.10-2

PNP - Transistor

NPN - Transistor

Das typische Aussehen von Gehäuseformen des Transistors ist in dem Foto *Abb. 3.10-3* gezeigt. Die *Abb. 3.10.-4* zeigt Transistorengehäuse höherer Leistung. Sie werden im Betrieb heiß und deshalb zwecks Kühlung mit ihrer Montageplatte an ein wärmeableitendes Blech geschraubt. Ein Leistungs-Transistor ist im Schnitt in *Abb. 3.10-5* zu sehen. Wir erkennen, daß der eigentliche Transistoraufbau im Verhältnis zu seinen Gehäuseabmessungen sehr klein ist. Die eingezeichneten Trennstellen der Anschlüsse werden nach der Fertigung abgeschnitten. Die *Abb. 3.10-6* zeigt einen Hochfrequenztransistor so, wie er in Rundfunk- und Fernsehgeräten zur Verstärkung der Antennensignale Verwendung findet. Dort können die erforderlichen Drahtanschlüsse sehr kurz bemessen werden. Von den langen Drahtanschlüssen (Flachdraht) wird weit über die Hälfte nach dem Einbau abgeschnitten. Die sehr kleinen Transistoren in *Abb. 3.10-7* sind für die Kleinstbauweise in Schichtschaltungen konstruiert. Das ist im Hintergrund zu erkennen. Eine Schichtschaltung besteht aus einer Trägerplatte, auf der in Schichten auf kleinstem Raum Bauelemente angeordnet werden, um eine elektrische Funktion zu erfüllen; z. B. einen Mikrosender (Spion). Diese Subminiaturschaltung wird als Block danach vergossen – und erfüllt so ihre Funktion. Siehe dazu auch Abb. 3.14-1.

Abb. 3.10-3
1. Keramik-Gehäuse (bipolarer PNP, NPN- oder Feldeffekttransistor)
2. Gehäuse TO 18 (BC 107)
3. SOT 54 Plastikgehäuse (BC 171 B)

4. TO-3-Metallgehäuse (2 N 3055)
5. Kühlstern für TO-39-Gehäuse

6. DIN-9A2-Gehäuse (AD 161)
7. ⎫ Gehäuse SOT-32 P
8. ⎭ (BD 239)
9. Kühlstern für TO-18-Gehäuse
10. Gehäuse TO 126 (BD 140)
11. Kühlklammer für 2 Gehäuse SOT 54
12. Gehäuse TO 220 P (BD 599)
13. Gehäuse SOT 37/4 (BFR 91)
14. Sockel für TO-18- und TO-39-Transistoren
15. Gehäuse TO 39 (BSY 86)
16. SOT-23 Miniaturgehäuse

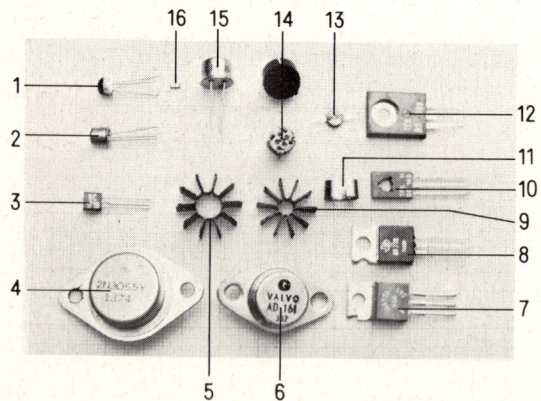

Die *Abb. 3.10-8* (s. 58) zeigt schließlich noch einen Fototransistor. Es ist die optische Linse für den Lichteinfall gezeigt. Dieser Transistor wandelt Licht in elektrische Ströme um. Er kann zum Lichtmessen oder als Lichtschranke benutzt werden.

3.10.1 ...und seine Anwendung

Der Elektroniker benutzt den Transistor als Bauelement, um:

● Signale zu verstärken, zu verformen, gleichzurichten, zu schalten, abzuschwächen, anzupassen, zu stabilisieren, zu begrenzen, zu messen, zu vervielfachen (Frequenzen), um Licht in elektrische Information umzuwandeln.

Abb. 3.10-4
SIPMOS®-Transistoren
(Siemens). Hier handelt es
sich um moderne Feldeffekt Leistungs-Transistoren

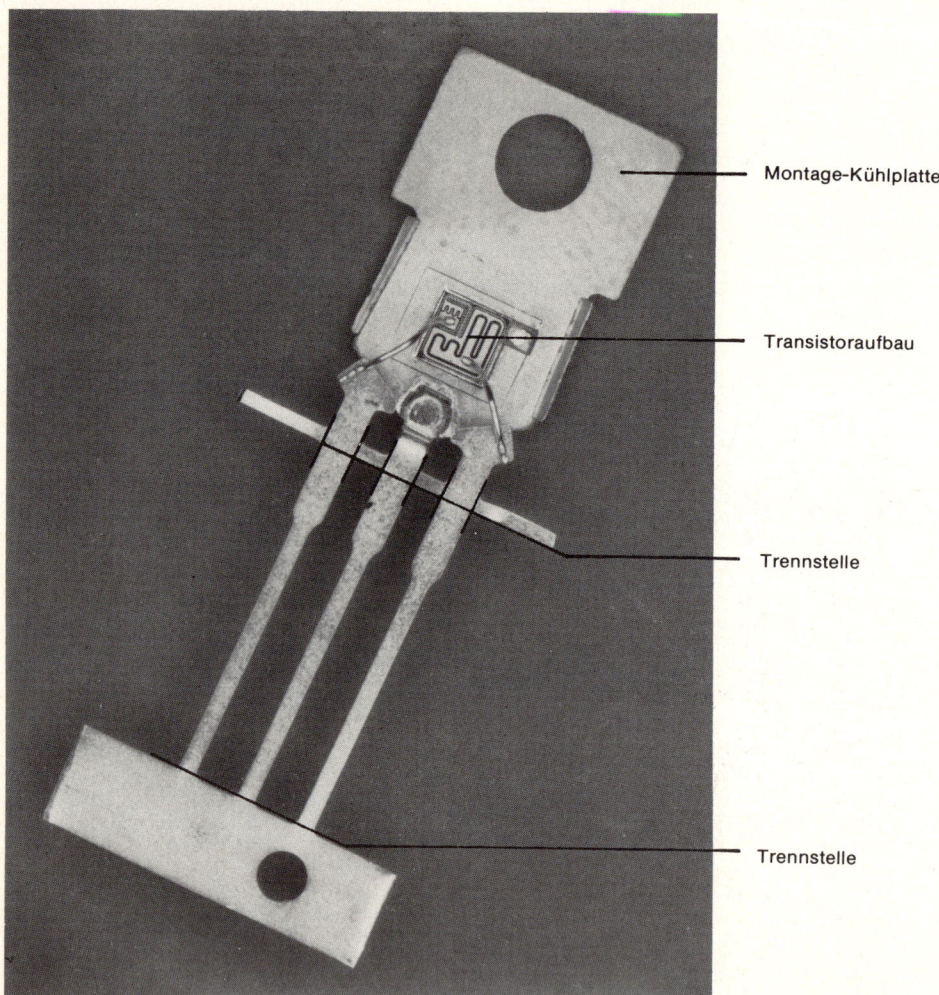

Montage-Kühlplatte

Transistoraufbau

Trennstelle

Trennstelle

Abb. 3.10-5 Der Innenaufbau eines Leistungstransistors mit Verbindungs-
stegen, die nach der Herstellung abgetrennt werden

Abb. 3. 10-6
Hochfrequenztransistoren für's
Radio und Fernsehen

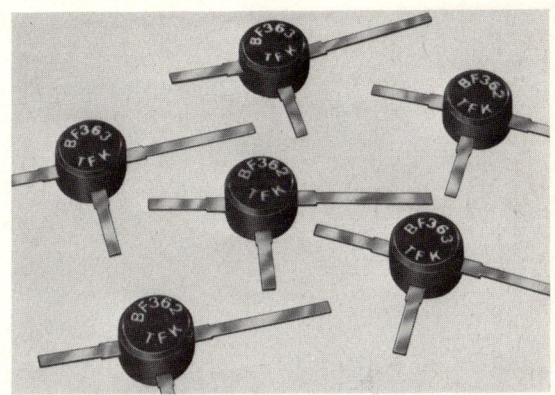

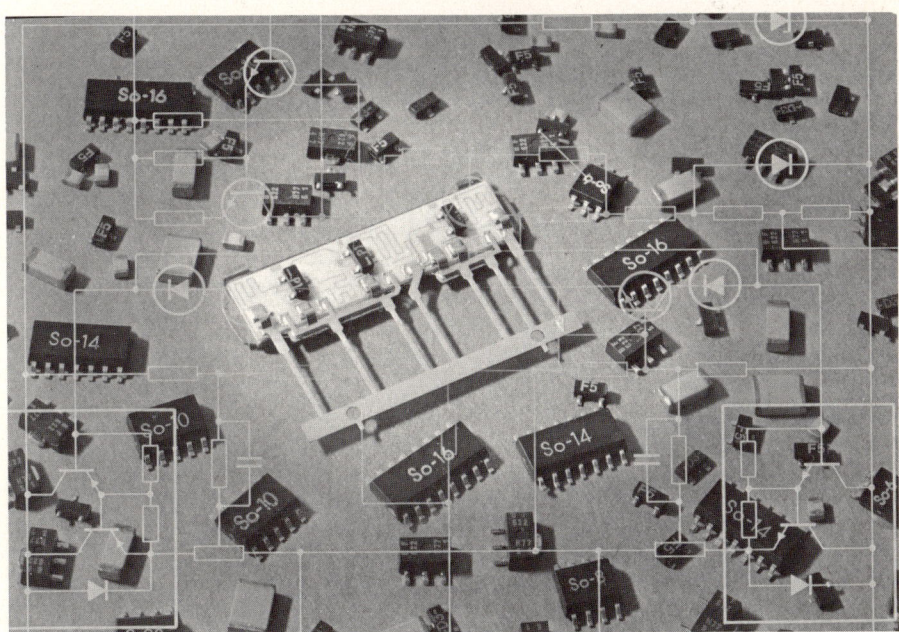

Abb. 3.10-7 Kleinste Halbleiterbauelemente, aber auch z. B. Kondensatoren und Widerstände, werden benötigt um sogenannte Hybride Dickschichtschaltungen zu bestücken. Auf dem VALVO-Foto sind IC's, Transistoren und Kondensatoren zu sehen, Sie ergeben z. B. den in der Mitte gezeigten Hybrid aufgebauten Antennenverstärker

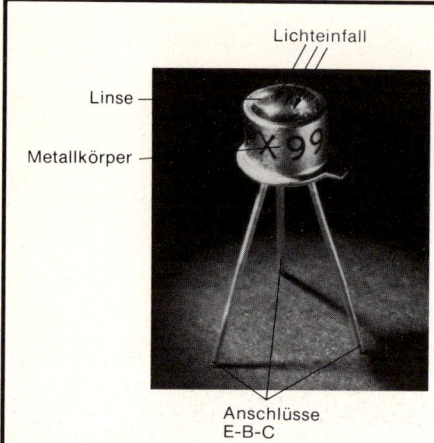

Lichteinfall

Linse —

Metallkörper —

Anschlüsse
E-B-C

Abb. 3.10-8 Ein Fototransistor macht aus Licht elektronische Signale

3.11 Der Kondensator

Transistor, Widerstand und Kondensator sind wichtige Bauelemente in der Elektronik. Es gibt viele Anwendungsfälle für Kondensatoren und demgemäß auch entsprechend viele Ausführungsformen der Kondensatoren. Die *Abb. 3.11-1* zeigt das Schaltsymbol eines einfachen Kondensators. Die *Abb. 3.11-2* zeigt einen Trimmkondensator (Trimmer). Dieser wird in einer Elektronikschaltung zur einmaligen Einstellung eines Kapazitätswertes benutzt. Die *Abb. 3.11-3* zeigt das Schaltsymbol eines Elektrolytkondensators. Die *Abb. 3.11-4* zeigt einen Drehkondensator als Schaltbild. Das ist ein Bauelement, welches in Rundfunkgeräten zur Senderabstimmung benötigt wird.

Ein Kondensator kann Spannungen – elektrische Ladungen – speichern. Schließen wir einen 1000-μF-Kondensator an die 4,5-V-Taschenlampenbatterie, so können wir anschließend sofort durch einen Kurzschluß Funken an den Kondensatoranschlüssen nachweisen. Schließen wir an den Kondensator ein Spannungsmeßgerät an, so können wir die ehemalige Batteriespannung nachweisen, die dann mit der Zeit allmählich kleiner wird. Für Gleichstrom ist der Kondensator eine Sperre. Für Wechselstrom besitzt er den sogenannten Wechselstromwiderstand, der von dem Kapazitätswert des Kondensators und der Höhe der Frequenz der Wechselspannung abhängig ist.

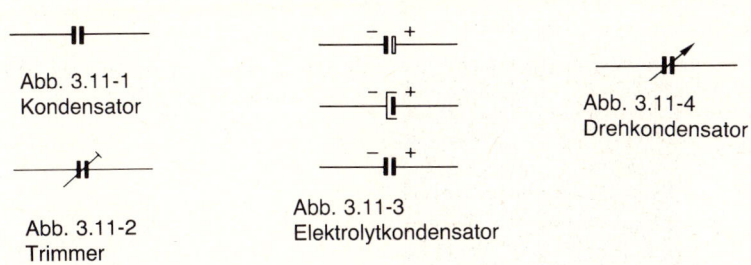

Abb. 3.11-1
Kondensator

Abb. 3.11-2
Trimmer

Abb. 3.11-3
Elektrolytkondensator

Abb. 3.11-4
Drehkondensator

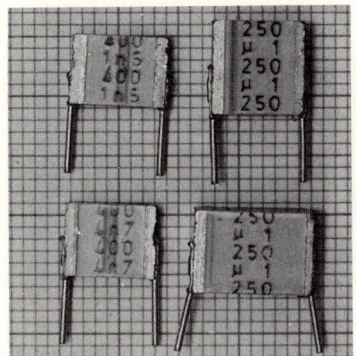

Abb. 3.11-5 Vier Kondensatoren mit unterschiedlicher Kapazität und Betriebsspannung

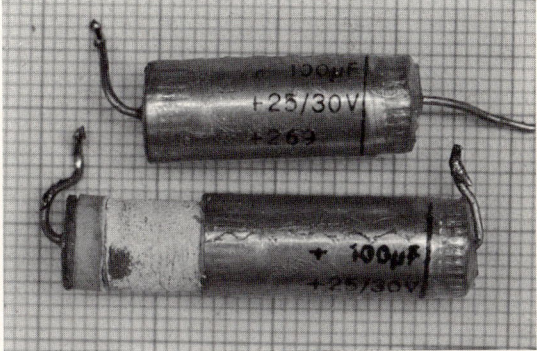

Abb. 3.11-6 Wird die Betriebsspannung zu hoch gewählt, können Kondensatoren „explodieren"

Abb. 3.11-7 Kondensatoren haben einen Aufdruck für die Angabe der Kapazitäts- und Spannungswerte. Es gibt aber auch Ausführungen mit Farbringen. Hier findet der Farbcode Anwendung

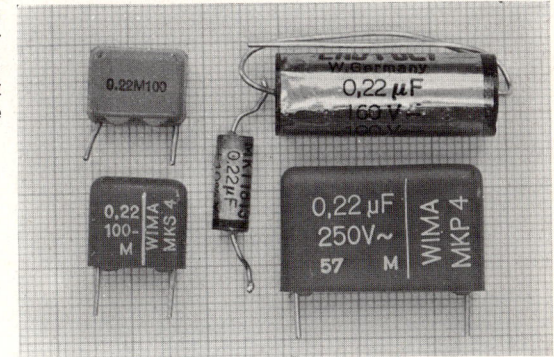

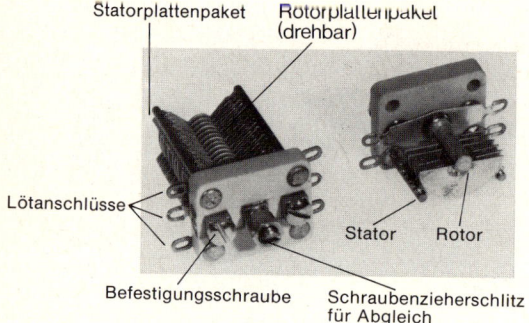

Statorplattenpaket Rotorplattenpaket
(drehbar)

Lötanschlüsse

Befestigungsschraube Schraubenzieherschlitz
für Abgleich

Stator Rotor

Abb. 3.11-8 Einstellkondensator – Lufttrimmer – ein wichtiges Bauelement für den Funkamateur

Sehen wir uns gleich ein paar Fotos von Kondensatoren an. Die Abb. 3.11-5 zeigt vier Kondensatoren, die eine Betriebsspannung von 250 Volt und 400 Volt haben (bei höheren Spannungen „schlagen" sie „durch", sie sind dann defekt und unbrauchbar). Interessant ist die unterschiedliche Größe, die sich, ersichtlich aus der Größe der Kondensatorkapazität und dem Spannungswert, ergibt. Je größer der Kapazitätswert eines Kondensators ist, je größer ist auch seine Bauform. In der Hobbypraxis genügen Betriebsspannungen von 63 Volt oder 100 Volt für Folienkondensatoren. Elektrolytkondensatoren werden auch mit kleineren Betriebsspannungen z. B. 6 Volt oder 15 Volt oder 35 Volt geliefert. Die Betriebsspannung eines Kondensators, muß immer höher gewählt werden, als die angelegte Spannung in der Schaltung, in welcher der Kondensator angeschlossen werden soll. In der Abb. 3.11-6 ist ein „explodierter" Elektrolytkondensator zu sehen. Elektrolytkondensatoren sind gepolte Bauelemente. Deshalb kann eine Überlastung durch falsche „plus-minus-Polung" oder durch zu hohe Spannung entstehen.

So ist am Schluß zur Abbildung des Folienkondensators noch die Abb. 3.11-7 anzusehen. Hier sind auch Kondensatoren mit axialen Anschlüssen zu erkennen. Die Kapazitäts- und Spannungswerte sind gut zu erkennen. Die Abb. 3.11-8 zeigt einen Lufttrimmer. Das ist ein Kondensator, der in Sendern und hochwertigen Kurzwellenempfängern eingebaut ist. Dieser Trimmkondensator kann durch Drehen des sogenannten Rotorplattenpaketes auf gewünschte Kapazitätswerte eingestellt werden. Der Antrieb, d. h. die Drehung des Rotors, erfolgt mit Hilfe eines Schraubenziehers. Die Stellung der Platten zueinander bestimmt die Kapazität.

Ein sogenannter Folientrimmer ist in Abb. 3.11-9 zu sehen. Er heißt Folientrimmer, weil die Isolierung – sein Dielektrikum – zwischen dem Rotor und dem Stator aus dün-

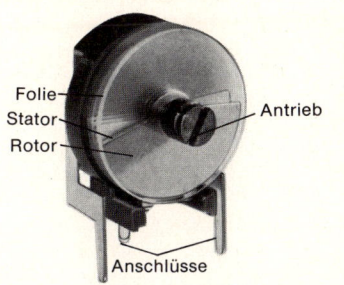

Folie
Stator
Rotor
Antrieb
Anschlüsse

Abb. 3.11-9 Einstellkondensator -
Folientrimmer

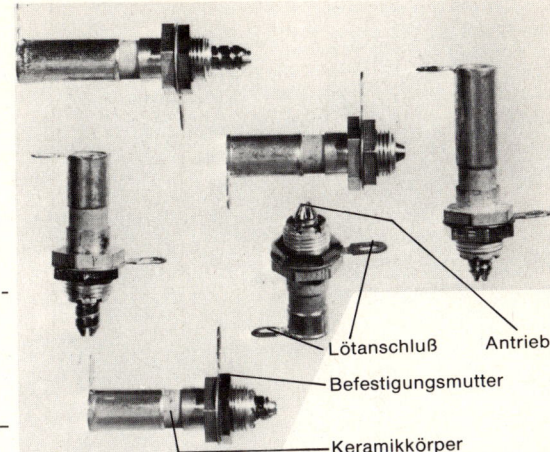

Lötanschluß
Antrieb
Befestigungsmutter
Keramikkörper

Abb. 3.11-10 Einstellkondensator –
Keramiktrimmer –

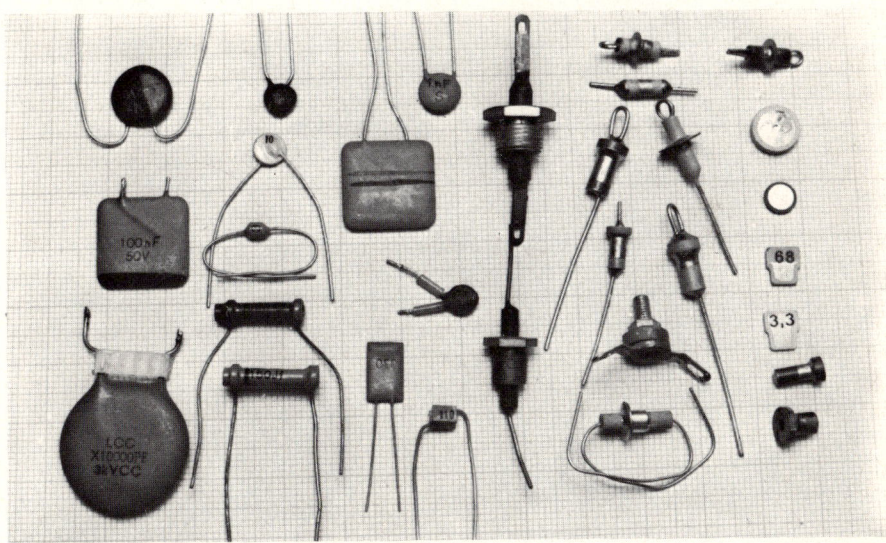

Abb. 3.11-11 Keramikkondensatoren werden oft in der Hochfrequenztechnik (Funkindustrie – Radio – Fernsehen) benutzt. In den meisten Fällen haben diese Lötanschlüsse ähnlich den Folienkondensatoren. Für Sonderfälle werden sie als Durchführungskondensatoren auch für Schraub- oder Einlötmontage gebaut.

nen Kunststoffblättern besteht. Schließlich sind in *Abb 3.11-10* Keramiktrimmer gezeigt. Als Isolierstoff wird hier ein Keramikkörper benutzt, daher heißen sie Keramiktrimmer. Sie werden vorzugsweise in Empfangsteilen von Rundfunk- und Fernsehgeräten eingesetzt. Kondensatoren mit kleinen Kapazitätswerten werden häufig als Keramikkondensatoren gebaut. Das Zeigt die *Abb. 3.11-11.*

Kondensatoren mit großen Kapazitätswerten werden als Elektrolytkondensatoren gebaut. Das zeigt die *Abb. 3.11-12.* Hier werden Kapazitätswerte zwischen 1 µF und 10 000 µF realisiert. Wir erkennen auf der Abb. 3.11-12, daß Elektrolytkondensatoren mit hohen Spannungen, hier sind es 350/385 V, eine sehr große Bauform besitzen. Wir bezeichnen sie als Becherelektrolytkondensatoren. In den Becherkondensatoren nach Abb. 3.11-12 sind z. T. zwei oder drei Kondensatoren pro Becher eingebaut (Doppel- oder Dreifachelko).

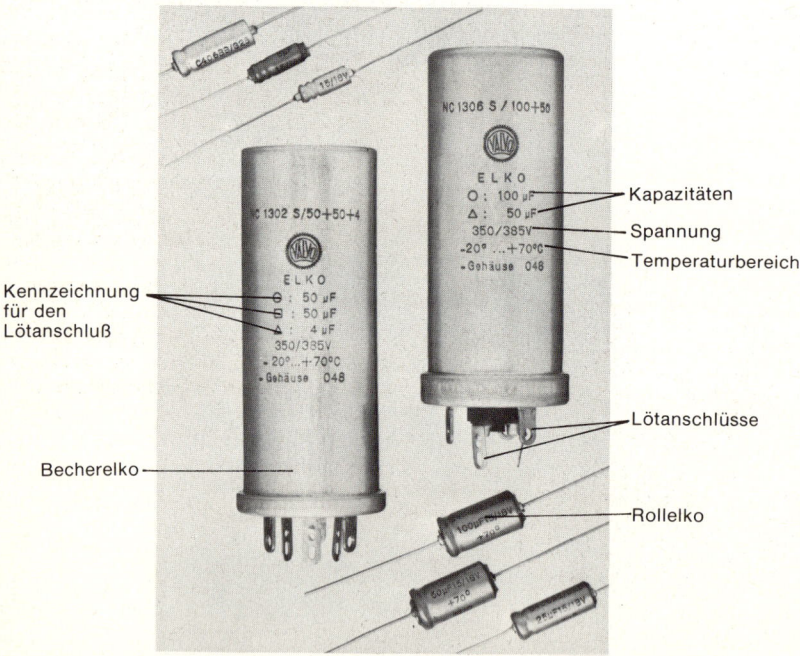

Abb. 3.11-12 Der Elko (Elektrolytkondensator) wird im Alu-Becher geliefert oder in Rollform. Die Polung, also plus-minus ist aufgedruckt und unbedingt zu beachten. Dies gilt auch für die Beachtung der Betriebsspannung. Elkos und Kondensatoren in anderer Bauform sollten von Hitzeausstrahlern weit genug montiert werden.

Für die wichtigsten Daten der Betriebsspannung und der Anschlußpolarität ist das *Foto 3.11-13* gedacht.

Elektrolytkondensatoren müssen richtig gepolt werden beim Anschluß an die Spannung. Bei einem Elektrolytkondensator ist das Gehäuse der negative Pol. Bei einem Rollelko ist der +/−-Anschluß gekennzeichnet. Normale Kondensatoren können beliebig gepolt eingesetzt werden. Gepolte Kondensatoren (Elkos) dürfen nicht an Wechselspannung angeschlossen werden. Ausnahme in Sonderfällen mit Vorspannung.

Eine weitere Gruppe von Kondensatoren sind Tantalelkos. Das zeigt die *Abb. 3.11-14*. Das sind Miniaturelkos für kleine Betriebsspannungen. Der Elektroniker arbeitet häufig mit Tantalelkos.

Abb. 3.11-13 Achten Sie beim Einbau eines Elektrolytkondensators auf die Polungszeichen (+ −) und die Betriebsspannung

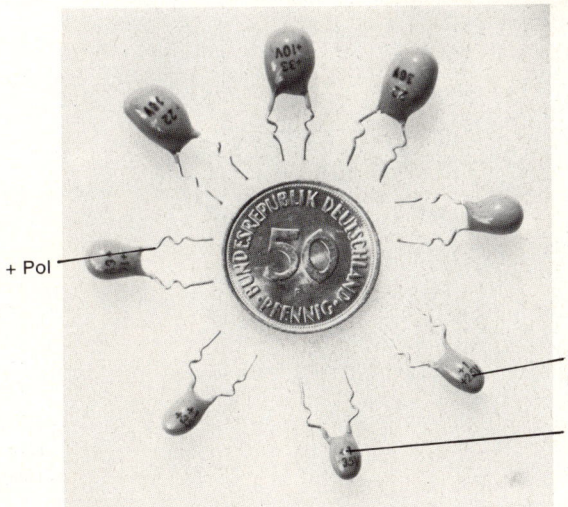

Abb. 3.11-14 Der Tantalelko − unentbehrlich in der Elektronik. Er ist auch ein gepoltes Bauelement. Oft fehlt der Aufdruck, dann muß der Farbcode ran

+ Pol

Betriebsspannung 25 V

1 uF Kapazität

Zum Abschluß einmal keinen Kondensator. In der modernen Kraftfahrzeugelektronik wird der Hallgenerator – das ist ein magnetfeldempfindliches Material – eingesetzt um z. B. zum richtigen Zeitpunkt den Zündfunken auszulösen. In der *Abb. 3.11-15* ist ein Siemens-Aufbau zu sehen. Der Zündfinger hat im unteren Bereich z. B. vier (Viertaktmotor) Metallsegmente die in die Gabel des Hallgenerators eingreifen und so den Zündvorgang steuern. Der Unterbrecher entfällt. Diese Methode ist verschleißfrei.

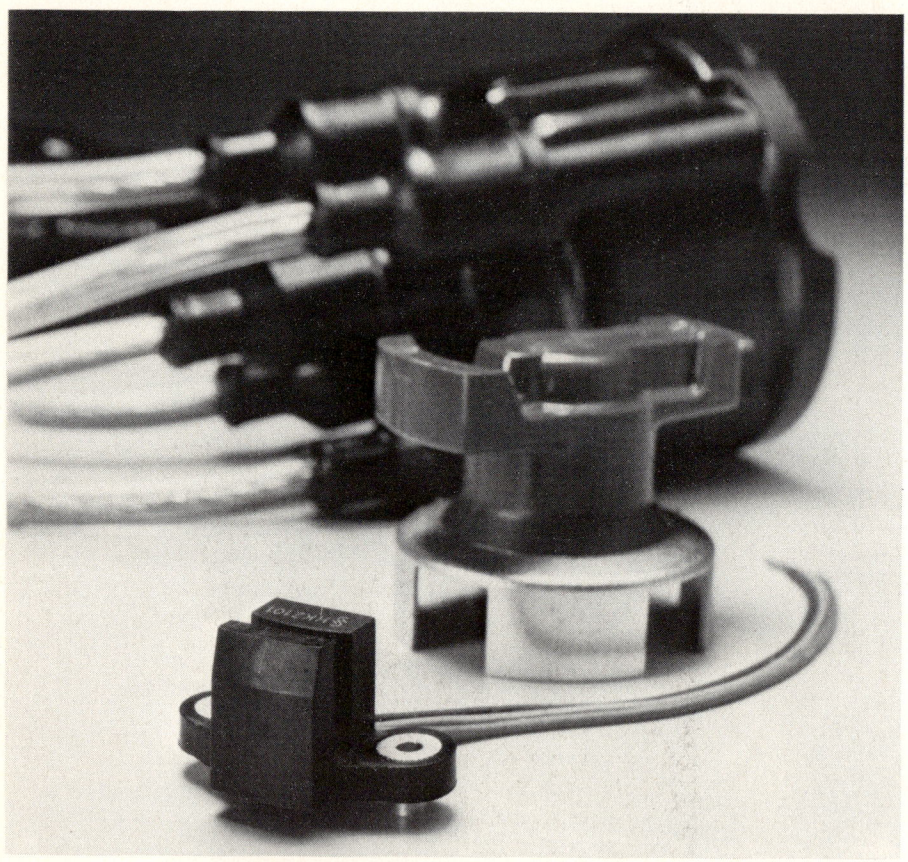

Abb. 3.11-15 Der Hallgenerator in der Anwendung der Kfz-Technik (Siemens)

3.11.1 ...und seine Anwendung

Der Elektroniker benötigt den Kondensator, um:

- Gleichspannungen im Stromkreis zu sperren,
- Wechselspannungen im Stromkreis hindurchzulassen,
- Wechselspannungen kurzzuschließen,
- Zeiten mit der Spannungsentladung eines Kondensators zu messen,
- Schwingkreise mit einer Spule zu bilden,
- mit Widerständen Schaltungen für bestimmte Frequenzen zu bauen,
- bei der Gleichrichtung störende Wechselspannungen herauszuziehen,
- Kopplungen zwischen zwei Verstärkerstufen herzustellen,
- Gleichspannungen aufzuladen.

3.12 Die Spule

Die Spule findet in der Elektronik immer dann ihre Anwendung, wenn es sich um Schaltungstechniken der Wechselspannung handelt. Für Gleichspannung hat die Spule nur ihren ohmschen Kupferdrahtwiderstand, der kann zwischen 0,1 Ω und 10 kΩ liegen. Durchschnittswerte sind nicht größer als 50 Ω. Für Wechselspannung steigt der sogenannte Wechselstromwiderstand der Spule mit der Frequenz der angelegten Wechselspannung. Wir werden das später noch genauer untersuchen. Oft erhält die Spule einen Eisenkern (ähnlich einem Trafoeisenkern) oder einen Ferriteisenkern. Ferrit ist Eisenpulver mit einem Trägerpulver zusammengepreßt. Eine Spule mit 10 Windungen verhält sich nach dem Einfügen eines Ferritkernes so, als hätte sie weitaus mehr Windungen. Der Eisen- oder Ferritkern „vergrößert" also die Windungszahl. Da der Ferritkern in vielen Fällen in einen Spulenkörper hinein- oder herausdrehbar ist, lassen sich so die unterschiedlichsten Induktivitätswerte herstellen. So kann z. B. eine Spule mit 10 Windungen und Kern den gleichen Induktivitätswert haben wie eine Spule mit 30 Windungen aber ohne Kern. Der Elektroniker mißt den Wert der Spule als Induktivität. Je mehr Windungen, je mehr Induktivität. Je größer der Eisenkern, je mehr Induktivität. Die Einheit der Induktivität ist das Henry [H]. Das Schaltbild der Spule zeigt *Abb. 3.12-1. Abb. 3.12-2* zeigt eine abgleichbare Spule, auf *Abb. 3.12-3* ist das Schaltbild der Spule mit Kern und Verstellbarkeit (Abgleich) zu sehen. Auf der *Abb. 3.12-4* ist eine Spule mit Kern abgebildet, auf *Abb. 3.12-5* eine Auswahl von Spulen für unterschiedlichste Anwendungen.

Abb. 3.12-1
Spule allgemein

Abb. 3.12-2
Spule abgleichbar

Abb. 3.12-3
Spule mit Kern abgleichbar

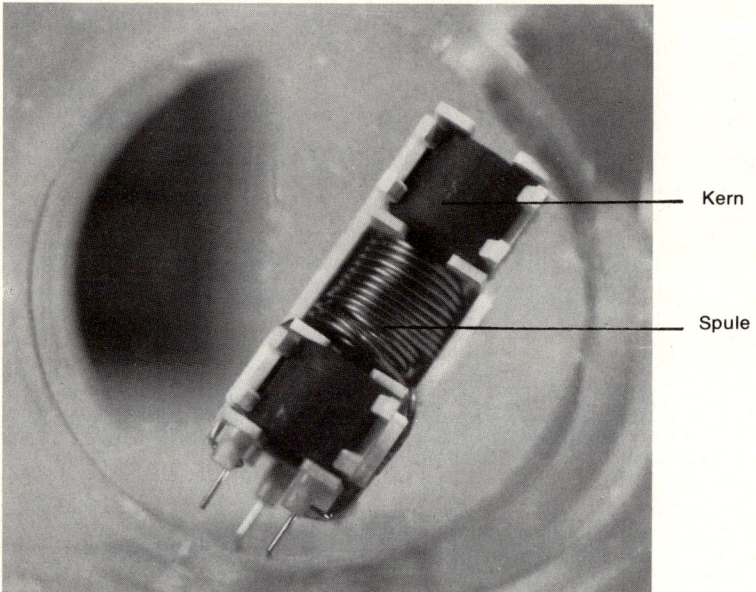

Abb. 3.12-4 Eine Spule mit Ferritkern

3.12.1 ...und ihre Anwendung

Der Elektroniker benötigt die Spule, um:

● Wechselspannungen im Stromkreis zu sperren,
● Gleichspannungen im Stromkreis hindurchzulassen,
● Gleichspannungen kurzzuschließen,
● Zeiten mit der Stromentladung einer Spule zu messen,
● Schwingkreis mit einem Kondensator zu bilden,
● mit Widerständen Schaltungen für bestimmte Frequenzen zu bauen,
● bei der Gleichrichtung störende Wechselspannungen auszusieben,
● Kopplungen zwischen zwei Verstärkerstufen herzustellen.

Schauen wir uns noch einmal das Kapitel 3.11.1 an. Wir stellen fest, daß der Kondensator ähnliche Anwendungsmöglichkeiten wie die Spule bietet. Er setzt aber eine andere Schaltungstechnik in der Elektronik voraus.

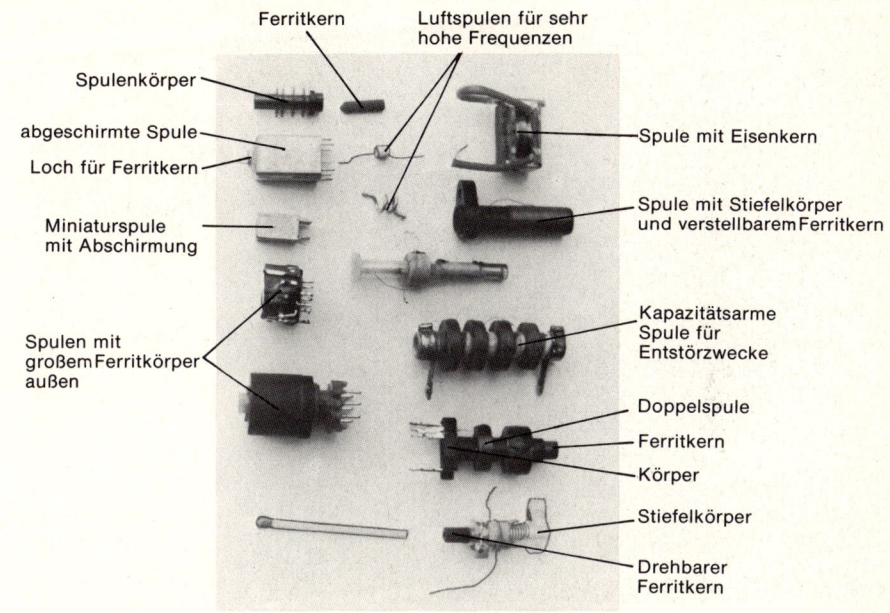

Ferritkern

Luftspulen für sehr hohe Frequenzen

Spulenkörper

abgeschirmte Spule

Loch für Ferritkern

Miniaturspule mit Abschirmung

Spulen mit großem Ferritkörper außen

Spule mit Eisenkern

Spule mit Stiefelkörper und verstellbarem Ferritkern

Kapazitätsarme Spule für Entstörzwecke

Doppelspule

Ferritkern

Körper

Stiefelkörper

Drehbarer Ferritkern

Abb. 3.12-5 ...und so sehen Spulen in der Elektronik aus

3.13 Der Transformator

Der Transformator wird in der Wechselspannungstechnik der Elektronik benötigt. Der Transformator besteht aus mindestens zwei verschiedenen Spulen (Drahtwicklungen), die eng aneinander an einem Eisenkern angebracht sind. Für das Kernmaterial und die Windungszahl gilt das Gleiche, wie wir es schon bei der Spule kennengelernt haben. Allerdings ist der Kern des Transformators im Normalfalle nicht abgleichbar. Das Schaltzeichen für den Transformator zeigt *Abb. 3.13-1*. Die Wicklung, welche durch eine Spannung gespeist wird, heißt Primärwicklung. Die Wicklung, welcher wir die Spannung entnehmen, heißt Sekundärwicklung. Der Transformator kann Wechselspannungen in der Größe ändern. Er kann sie verkleinern oder vergrößern. Ist z. B. für 10-V-Wechseleingangsspannung eine Primärspule mit 100 Windungen vorhanden und hat die Sekundärspule ebenfalls 100 Windungen, so ist die Sekundärspannung, die wir an den beiden Drahtanschlüssen der Sekundärspule messen können, ebenfalls 10 V groß. Hat die Sekundärwicklung jedoch 200 Windungen, so messen wir 20 V.

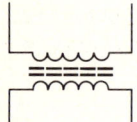

Abb. 3.13-1
Das Schaltzeichen
des Transformators

Abb. 3.13-3 Ferritkerntransformatoren für den Niederfrequenzbereich (Tontechnik)

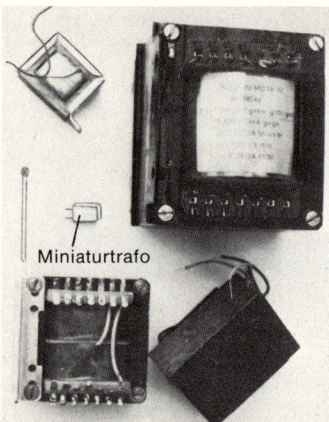

Miniaturtrafo

Abb. 3.13-2 Netztransformatoren und Sondertransformatoren mit Kernblechen

Abb. 3.13-4 Der Fernsehhochspannungstransformator (Siemens)

Dann sind 10-V-Primärspannung auf 20-V-Sekundärspannung herauftransformiert worden. Hat die Sekundärspule nur 10 Windungen, so messen wir nur noch 1 V an der Sekundärspule. Dann sind 10-V-Primärspannung auf 1-V-Sekundärspannung herabtransformiert worden.

Die *Abb. 3.13-2* zeigt eine Auswahl von Transformatoren. Die Größe ist abhängig von der verlangten elektrischen Leistung und der Anzahl der gewünschten Wicklungen. Der Eisenkern dieser Transformatoren besteht aus einzelnen geschichteten Blechen, die oft nur 0,3 mm stark sind. Die *Abb. 3.13-3* zeigt Transformatoren mit Ferritkernen. Ferritmaterial wird aus kleinsten gepreßten – gebackenen – Eisenoxydteilchen gewonnen. Dieses Material weist Vorteile bei höheren Frequenzen auf. In der

Abb. 3.13-4 ist der Hochspannungstransformator des Fernsehgerätes zu sehen. Hier werden Spannungen bis 25 000 Volt für die Bildröhre benötigt. Gute Isolierung ist hier Voraussetzung.

3.13.1 ...und seine Anwendung

Der Elektroniker benötigt den Transformator in der Wechselspannungstechnik, um:

- Spannungen zu transformieren,
- Ströme zu transformieren,
- Widerstände zu transformieren,
- Hochspannungen zu erzeugen.

3.14 Sonderbauteile

In der Elektronik werden sehr viele Sonderbauteile benötigt. Wir wollen uns hier nur eine Auswahl ansehen und dazu ein paar erläuternde Worte finden. Sonderbauteile dienen dazu, um andere physikalische Größen in elektrische Spannungen oder Signale umzuformen. Zum Beispiel die Lichtenergie in elektrische Energie, oder den mechanischen Druck eines Hebels in eine elektrische Spannung (mechanische Waage mit elektrischer Anzeige).

Sonderbauteile entstehen aber auch, wenn mehrere Bauteile eine komplette funktionsfähige Schaltung ergeben. Zum Beispiel die integrierten Schaltkreise, wo Hunderte von Transistoren auf kleinstem Raum mit Widerständen und Kondensatoren zusammen untergebracht sind. Ein Vorläufer dieser integrierten Schaltungen war unter anderen die Dickschichtschaltung. Auch hier wurden kleinste Bauelemente auf engstem Raum untergebracht und dann vergossen mit einem Isolierstoff, der aushärtete. Auch das ist ein Sonderbauteil.

Aber auch in der Höchstfrequenztechnik, beispielsweise der Radartechnik, werden Sonderbauteile von Transistoren und Kondensatoren benötigt, die besondere Anforderungen zu erfüllen haben.

Ebenso viele Bauteile, die in der Elektronik der Lichtumformung Verwendung finden, sind Spezialbauteile. Der Elektroniker sagt dazu: Optoelektronik. Lichtempfindliche Halbleiter, die Licht in elektrische Impulse umwandeln können, oder aber Lichtzellen (Sonnenbatterien), mit denen wir elektrische Energie speichern können, finden in unserer Elektronik Verwendung. Das Problem der Diebstahlsicherung wird oft optoelektronisch gelöst durch sogenannte Lichtschranken. Das sind gebündelte Lichtstrahlen, die zu einem Lichtempfänger gelangen. Erhält der Lichtempfänger kein Licht mehr, so löst er Alarm aus. Sehen wir uns ein paar dieser Sonderbauteile an.

Abb. 3.14-1 zeigt eine sogenannte – noch unvergossene – Dickschichtschaltung. Auf der *Abb. 3.14-2* ist eine Auswahl von kleinen und komplizierten integrierten Schaltkreisen „IC's" in verschiedenen Gehäusen zu sehen. Solche Schaltkreise sind sowohl in kleinen elektronischen Taschenrechnern enthalten als auch in Großcomputern. Weiter werden sie für alle Zwecke der Elektronik eingesetzt. Die Anschlußdrähte oder -stifte sind deutlich zu erkennen. Wie es in einem sogenannten „IC" aussieht, zeigt die *Abb. 3.14-3*. Auch hier erkennen wir wieder, daß die eigentliche Elektronik im Verhältnis zum Gehäuse sehr klein ist. Wie diese Elektronik aussehen kann, bringt uns

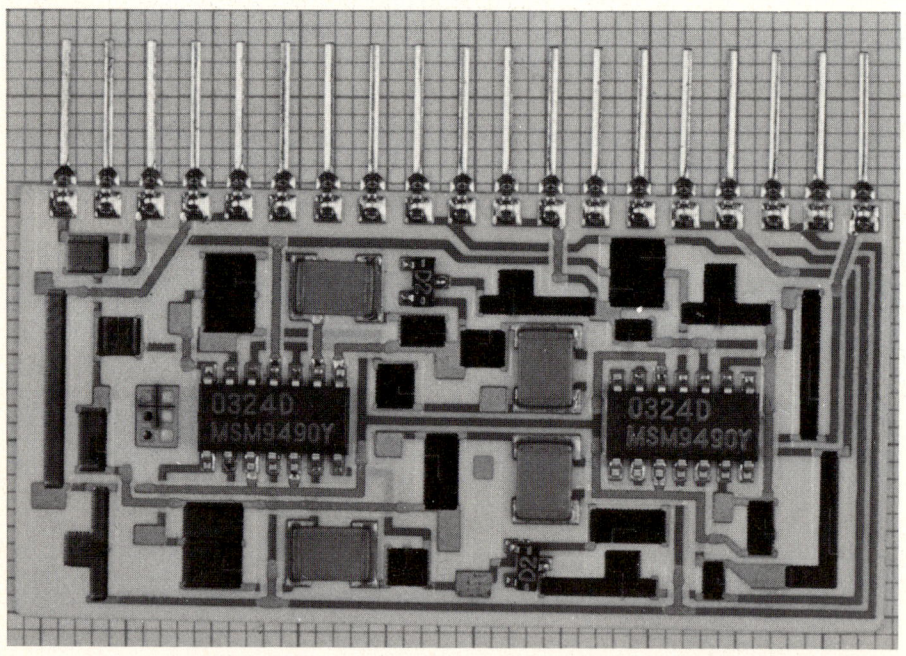

Abb. 3.14-1 Eine Dickschichtschaltung – hier offen, also unvergossen – benötigt Miniaturbauteile. Hier sind integrierte Schaltungen (IC), Transistoren, Widerstände und Kondensatoren zu sehen. Der Hobbybastler kann Dickschichtschaltungen für seinen Bedarf einsetzen.

die *Abb. 3.14-4* nahe. Für einen Laien ist es ein unübersichtliches Gebilde aus Leitungen und unbekannten Bauteilen. Für den Fachmann ist es klar, daß hier Hunderte von Transistoren, Dioden, Kondensatoren und Widerständen enthalten sind. Wir erkennen, daß der Elektroniker ganze Funktionsgruppen von Schaltungen in einem derartigen IC angeboten bekommt. Er braucht das IC nur noch anzuschlie-ßen und für die sogenannte Außenbeschaltung und Verdrahtung zu sorgen. Das Thema der IC-Technik ist in dem Buch „Der Hobbyelektroniker greift zum IC" (Franzis-Verlag) genau behandelt.

Abb. 3.14-2

IC-Aufbau (Elektronik)

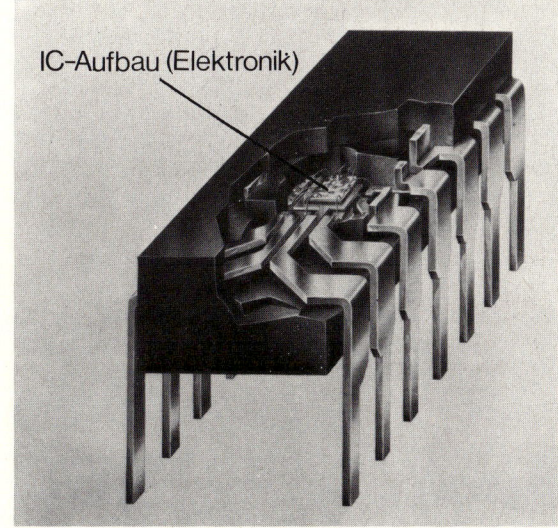

Abb. 3.14-3 Ein – „IC" – mit sei-nen inneren Verbindungen

71

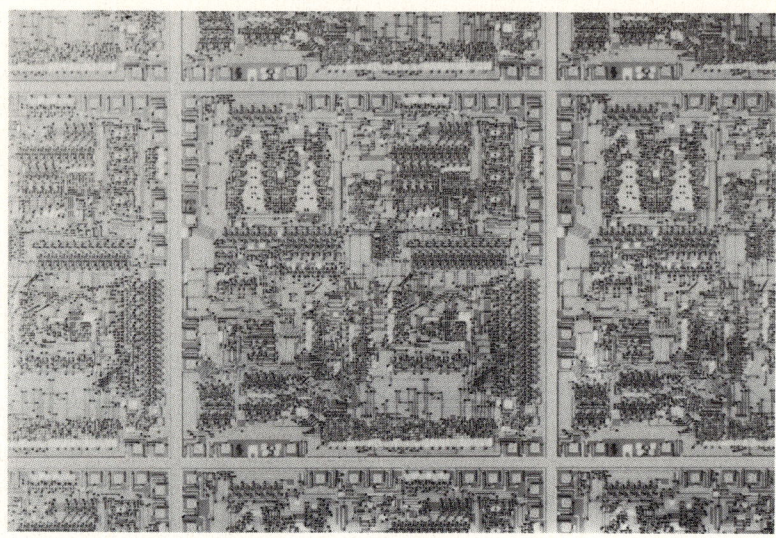

Abb. 3.14-4 Das ist das für uns unverständliche Innenleben einer integrierten Schaltung (IC).

Die *Abb. 3.14-5* zeigt eine moderne Rechteckröhre für Oszillografen, oder – wie man heute auch sagt – für Oszilloskope. Auf dem Bildschirm werden Oszillogramme abgebildet. Beispiele dazu finden Sie in dem Buch „Der Hobbyelektroniker prüft seine Schaltung selbst" (RPB 110) oder in dem Buch „Oszilloskope für den Hobby- elektroniker" (Franzis-Verlag).

Mikrobauelemente für den Höchstfrequenzbereich sehen wir auf der *Abb. 3.14-6.* Hier werden Frequenzen bis 20 GHz angesprochen: Das sind zwanzig Milliarden (20 000 000 000!) Schwingungen pro Sekunde. Diese Bauelemente werden bei Re- laisstationen in der Nachrichtentechnik eingesetzt. Ebenfalls finden sie bei Verkehrs- radar- und Richtfunkanlagen Verwendung.

Die *Abb. 3.14-7* zeigt die Anwendung von Solarzellen (Sonnenzellen). Diese laden z. B. in einem Feuerzeug einen kleinen Akku auf. Dieser Akku kann das Feuerzeug dann bis zu 1500mal zünden. Danach muß über Sonnenlicht eine neue Aufladung er- folgen. Diese Lichtzellen werden auch bei Satelliten benutzt, um sie mit elektrischer Energie aus der Lichtenergie der Sonne zu versorgen.

Auf der *Abb. 3.14-8* sehen wir rotleuchtende Galliumarsenid-Phosphid-Dioden. Mit kleinen Steuerströmen – z. B. von Transistoren angesteuert – eignen sie sich vorzüg- lich zur Signalanzeige von Meßgeräten oder elektronischen Schaltungen.

Abb. 3.14-5 Das ist eine kleine Rechteckröhre für Oszilloskope

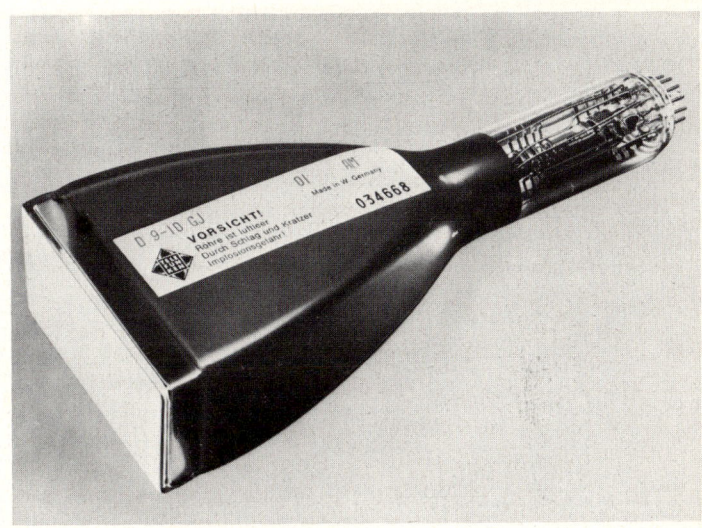

Abb. 3.14-6 Mikrobauelemente für Rundfunk und Radar. Auch der Satellitenfunk benötigt diese Bauteile

Abb. 3.14-7 Solarzellen sorgen für die elektrische Energie

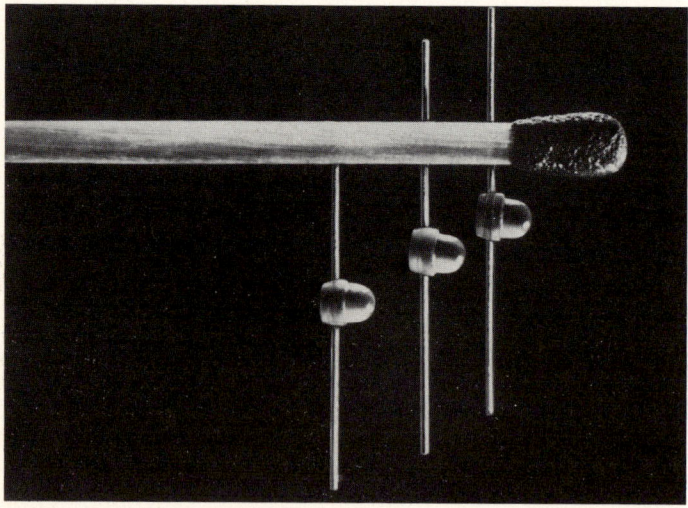

Abb. 3.14-8 So sehen kleinere LEDs aus. Aber auch Infrarotstrahler für unsichtbares Licht der Lichtschranken

Die *Abb. 3.14-9* zeigt ein sogenanntes „Reed-Relais". Hier wird nur der Kontakt gezeigt. Er besteht aus zwei in einem Glaskörper federnd aufgehängten sehr kleinen Stahlplatten. Über den Kontaktträger kann eine Magnetspule angeordnet werden. Es kann den Stahlplatten aber auch ein Permanentmagnet genähert werden. Wenn also eine äußere Magnetkraft vorliegt, so ziehen die Stahlplatten einander an und geben nach außen zu den Kontaktanschlüssen Kontakt. Der Relaiskontakt ist eingeschaltet. Reed-Relais' können sehr klein aufgebaut werden und haben den Vorteil, daß man sie in der Schaltung direkt anschließen kann. Die Magnetspule um den Glaskörper kann dann über entsprechend lange Leitungen mit Strom ein- oder ausgeschaltet werden.

Auf der *Abb. 3.14-10* ist ein temperaturstabilisierter, luftdicht abgekapselter Quarzschwinger zu sehen. Das ist ein Oszillator (Schwingungserzeuger von elektrischen Schwingungen), der ganz exakt seine Frequenz – also die Schwingungszahl pro Sekunde – einhält. Er wird zur Frequenzeichung eingesetzt und z. B. auch in elektronischen digitalen Anzeigegeräten als sogenanntes Frequenznormal. In dem Falle kann das Meßgerät nie genauer sein als der verwendete Quarz. Kleinere Quarze finden als Schwingungserzeuger auch Verwendung bei elektronischen Uhren. Auch hier bilden sie das Fundament für die Ganggenauigkeit der Uhr.

Noch einmal zurück zur Optoelektronik. Die *Abb. 3.14-11* zeigt einen Optokoppler. Es ist gleich ein Prinzipschaltbild angefügt. Dieses Bauelement besteht aus einer Lichtdiode, die nach Ansteuerung mit elektrischen Strömen entsprechende Helligkeitsänderungen „von sich gibt". Diese Helligkeitsänderungen werden in dem Optokoppler wieder in elektrische Signale zurückverwandelt. Nun kann man sich fragen: Wozu dieser Umstand? Zuerst elektrische Signale in Licht umwandeln und dann gleich wieder in elektrische Signale zurückverwandeln? Da könnte doch jemand auf die Idee kommen, gleich die ersten elektrischen Signale zu benutzen. Das geht auch

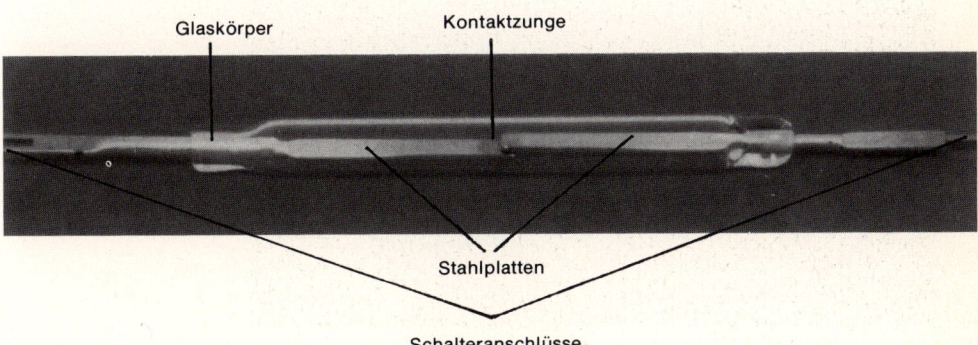

Abb. 3.14-9 Das ist der Schaltkörper eines „Reed-Relais"

75

im Prinzip. Der Optokoppler trennt jedoch den Eingangskreis vom Ausgangskreis. Das hat den Vorteil, daß Isolationsspannungen zwischen Signalgeber- und Empfänger, die häufig benötigt werden, durch Verwendung dieses Bauteiles zur Verfügung stehen. Vielleicht stellen wir es uns so vor: Wir wollen einen heißen Kochtopf anfassen. Die Hand ist der Signalempfänger und der Topf der Signalgeber. Dabei können wir uns leicht verbrennen. Benutzen wir jedoch als Isolierung den Topflappen, so sieht es anders aus. Wir übertragen die „Anfaßinformation" über den Topflappen auf den Topf. Der Topflappen wird in unserem Beispiel durch den Lichtstrahl nachgebildet, der ebenfalls das Signal vom Geber zum Empfänger übermittelt. Der in der Abb. 3.14-11 abgebildete Optokoppler hat z. B. zwischen Eingang und Ausgang eine Isolationsspannung von bis zu 500 V.

Abb. 3.14-10 Ein gekapselter Quarz mit Temperaturregelung für hochgenaue Frequenzerzeugung

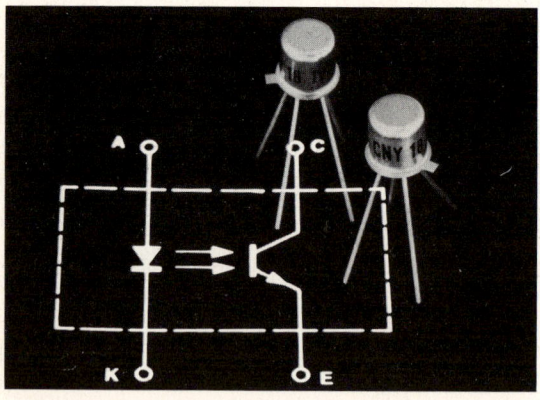

Abb. 3.14-11 Der Optokoppler im Metallgehäuse. Vorgestellt war dieses Bauteil bereits in der Abb. 0-4

Die *Abb. 3.14-12a und b* zeigt lichtempfindliche Sensorzellen. Dieses Bauelement kann ebenfalls Licht in elektrische Spannung umwandeln und damit zur Belichtungsmessung herangezogen werden.

Die *Abb. 3.14-13* gibt die Frontansicht von Einbauinstrumenten wieder. Der Elektroniker benutzt derartige Geräte häufig in Meßgeräten, wenn dort ständig bestimmte Betriebsspannungen oder Ströme kontrolliert werden müssen.

Die *Abb. 3.14-14* zeigt uns eine „Sieben-Segment-Anzeige". Diese Art einer Anzeige von Zahlen findet ebenfalls oft Verwendung. Sie sind in den Farben Rot, Grün oder auch gelbleuchtend erhältlich. Der Name „Sieben-Segment" beruht auf der Tatsache, daß mit sieben Lichtstrichsegmenten alle Zahlen von 1...0 dargestellt werden können. Die Siebensegmentanzeige besteht aus 7 Strichen, die durch 7 Leuchtdioden (LED) gebildet werden. Wir können uns leicht vorstellen, daß durch Weglassen bestimmter Lichtstriche alle Zahlen von 1...0 entstehen. Der Elektroniker muß nur eine Steuerungslogikschaltung aufbauen, um diese sieben Lichtstriche getrennt elektronisch je nach Bedarf einschalten zu können.

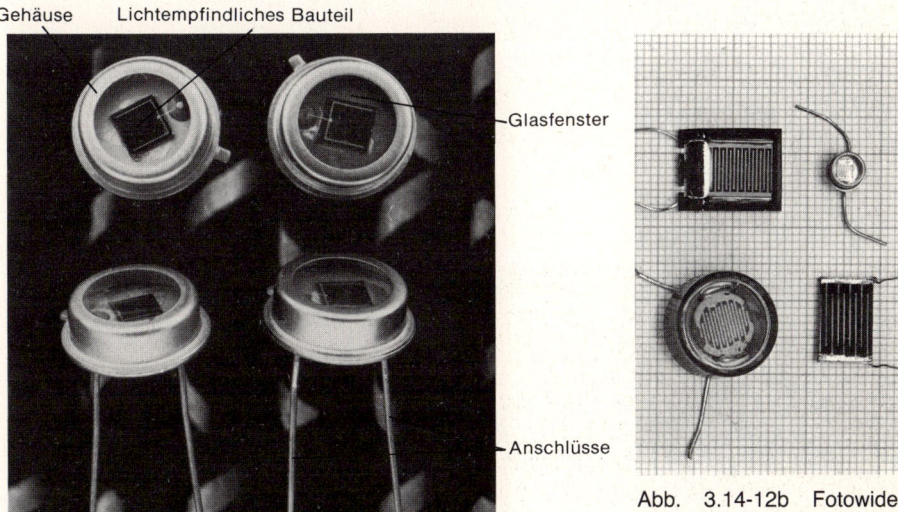

Gehäuse   Lichtempfindliches Bauteil

Glasfenster

Anschlüsse

Abb. 3.14-12a Licht und Elektronik...das sind Lichtsensoren. Fotoelemente erzeugen eine Spannung ähnlich den Solarzellen

Abb. 3.14-12b Fotowiderstände ändern ihren Ohmwert. Bei Lichteinfall wird dieser kleiner

Abb. 3.14-13 Einbauinstrumente sind für unsere Meßgeräte wichtig

Abb. 3.14-14 Siebensegmentanzeige, für digitale Anzeigensysteme. Mit zwei Dezimalpunkten sind an der Rückseite 10 Anschlüsse vorhanden. (Siemens)

Abb. 3.14-15a Derartige Vielfachmeßgeräte benötigt der Hobbyelektroniker

Das wichtigste Meßgerät für den Hobbyelektroniker ist ein Vielfachmeßgerät *(Abb. 3.14-15a* und *b)*. Ein Buch, das die Anwendung des Vielfachmeßgerätes erklärt, heißt „Wie messe ich richtig" (Franzis-Verlag).

Wir hatten uns vorher, in den Kapiteln 3.12 und 3.13, schon einmal über Ferritmaterial und Ferritkerne unterhalten. Die *Abb. 3.14-16* veranschaulicht uns nun die mannigfaltigsten Ausführungsformen von gepreßtem Ferritmaterial. Die langen Stäbe in der Abb. 3.14-16 werden übrigens mit Spulen versehen als Ferritantennen in Rundfunkempfängern benutzt. Alle dort gezeigten Materialien geben, mit Spulen bewickelt, dem Elektroniker die unterschiedlichsten Möglichkeiten, elektrische Signale umzuwandeln und zu beeinflussen.

In der *Abb. 3.14-17* sehen wir das „Anschlußwerkzeug" des Elektroikers. Es sind hier wichtige Meßspitzen und Anschlußverbindungen aufgeführt, mit denen wir auch arbeiten müssen.

Abb. 3.14-15b Mit der Skala unseres Vielfachmeßgerätes müssen wir uns genau auskennen

Abb. 3.14-16 Ferritmaterialien werden für Spulen (Induktivitäten) benötigt

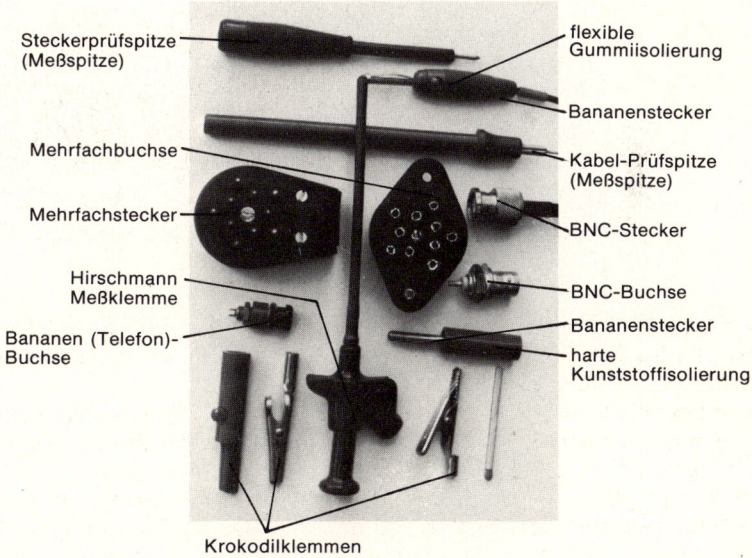

Steckerprüfspitze (Meßspitze)

flexible Gummiisolierung

Bananenstecker

Mehrfachbuchse

Kabel-Prüfspitze (Meßspitze)

Mehrfachstecker

BNC-Stecker

Hirschmann Meßklemme

BNC-Buchse

Bananen (Telefon)- Buchse

Bananenstecker

harte Kunststoffisolierung

Krokodilklemmen

Abb 3.14-17 Der Elektroniker und seine „Anschlüsse"

In der *Abb. 3.14-18* sind ebenfalls noch einige spezielle Bauteile zu erkennen. Ein Drehkondensator zur Senderabstimmung im Langwellen-Mittelwellen-Kurzwellen- sowie Ultrakurzwellenbereich; ein Miniaturmikrofon (Spion), ein Lautsprecher und ein 15 000-V-Hochspannungskondensator.

3.14.1 ...und ihre Anwendung

Dem Elektroniker steht eine unwahrscheinlich große und technisch vollkommene Auswahl von Spezialbauteilen jeder Art zur Verfügung. Er muß hier sein Fach sehr gut kennen und in der Lage sein, jederzeit über den neuesten Stand der Technik Bescheid zu wissen und ihn zu beherrschen, um preisgünstig und technisch perfekt seine Spezialschaltungen aufbauen zu können.

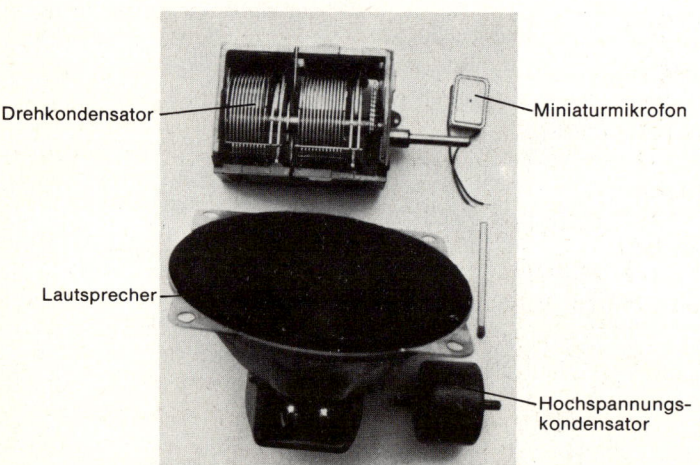

Abb. 3.14-18 Die Elektronik in der Rundfunk- und Fernsehtechnik

4 Der ohmsche Widerstand

Dieses einfache Bauteil wird von dem Elektroniker sehr häufig benutzt. Er interessiert sich dabei für seinen Wert, gemessen in Ohm, und für seine höchstzulässige Verlustleistung in Watt (Erwärmung). Für spezielle Anwendungen in der Hochfrequenztechnik und der Meßtechnik muß er auch noch das Verhalten des Widerstandes bei höheren Frequenzen kennen. Auch interessiert ihn in der Meßtechnik die Toleranz des Widerstandes. Ebenfalls die Änderung des Widerstandswertes bei Temperaturänderungen. Der Elektroniker mißt dem Widerstand immer zwei Größen bei: 1. die Spannung, die an den Anschlußdrähten des Widerstandes liegt und 2. den Strom, der durch den Widerstand fließt. Diese beiden Größen sind mit dem ohmschen Widerstand durch das Ohmsche Gesetz verbunden. Wir kennen es schon aus dem Buch „Elektronik leichter als man denkt"

$$R = \frac{U}{I} \; ; \; (\text{Widerstand} = \frac{\text{Spannung}}{\text{Strom}}).$$

Bevor wir uns weiter über den Widerstand unterhalten, wollen wir noch einmal die Kapitel 3.4 und 3.4.1 betrachten. Dort sind schon wesentliche Vorinformationen zu dem Thema „Widerstand" aufgeführt. Auch das Kapitel 1 gibt uns schon eine Einführung in die „Rechenarbeit" dieses Kapitels.

4.1 Die Bauformen

In fast allen Fällen wird der Widerstand als zylinderförmiges Bauelement geliefert. An den Seiten sind Drahtanschlüsse herausgeführt, die innerhalb des Widerstandes meistens mit Messingpreßkappen mit der Kohleschicht des Widerstandes Kontakt herbeiführen. Das sieht man von außen nicht, weil der Widerstand eine Schutzlackierung erhält, die diese Einzelheiten verdeckt.

Die *Abb. 4.1-1* zeigt diesen inneren Aufbau. Es ist zu erkennen, daß der Anschluß-draht auf die Kappe gelötet wird. Weiter ist zu sehen, daß eine Kohleschicht über dem gesamten keramischen Isolierkörper liegt.

Diese Ausführung trifft man besonders bei niederohmigen Widerständen. Bei hoch-ohmigen Widerständen ist die Widerstandsschicht häufig gewendelt, wie es in *Abb. 4.1-2* zu sehen ist. Dadurch wird ein kleinerer Querschnitt des Leitermaterials erreicht bei gleichzeitig größerer Länge – der Widerstandswert erhöht sich. Die *Abb. 4.1-3* zeigt einen drahtgewickelten Widerstand. Diese Bauform wird häufig benutzt, wenn höhere Leistungen gefordert werden. Als Schutzschicht wird meistens eine Keramik-lasur verwendet. Diese Widerstände werden bei Höchstlastbetrieb sehr heiß (mehr als 100 °C). Sie könnten dann in der Nähe liegende Bauelemente, die keine Wärme vertragen, aufheizen und damit zerstören. Solche Widerstände müssen dort angeord-net werden, wo die Wärme sicher abgeführt werden kann. Nun gibt es auch noch Me-tallfilmwiderstände. Anstelle der Kohleschicht als Widerstandsmaterial wird dort eine dünne Metallschicht auf den Körper aufgedampft. Diese Widerstände sind sehr teuer (bis zu 3,– DM das Stück) und werden nur für höchste Ansprüche an die Genauigkeit bei Meßgeräten benutzt.

Die Größe eines Widerstandes gibt uns ein ungefähres Maß der zulässigen Lei-stung. Das zeigt die *Abb. 4.1-4*. Es handelt sich dabei jedoch nur um ungefähre Anga-ben. Je nach Hersteller und Bauform sind Abweichungen möglich. Die gebräuchlich-sten Werte sind: 0,05 W; 0,1 W; 0,25 W; 0,5 W; 1 W; 2 W; 3 W; 6 W; 10 W und 20 W.

Widerstände für höchste Leistungen weisen einen hohlen Körper auf. Diese müssen so montiert werden, daß die Luft von unten nach oben durch das Loch im Körper für eine Wärmeabfuhr hindurchtreten kann. Der Hobby-Elektroniker braucht oft nur Leistungen bis 0,5 W.

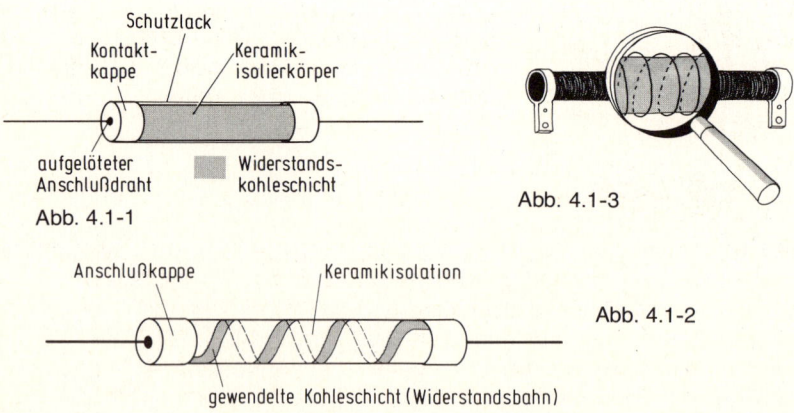

Schutzlack
Kontakt-kappe
Keramik-isolierkörper
aufgelöteter Anschlußdraht
Widerstands-kohleschicht

Abb. 4.1-1

Abb. 4.1-3

Anschlußkappe
Keramikisolation

Abb. 4.1-2

gewendelte Kohleschicht (Widerstandsbahn)

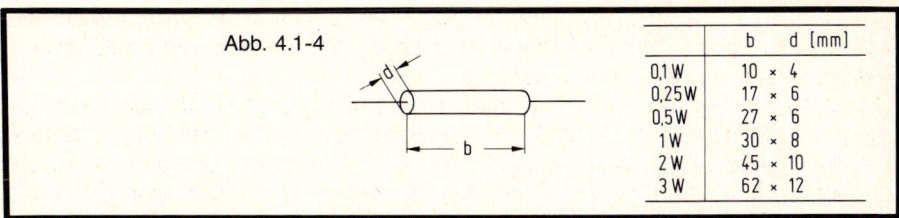

Abb. 4.1-4

	b	d [mm]
0,1 W	10	× 4
0,25W	17	× 6
0,5W	27	× 6
1 W	30	× 8
2 W	45	× 10
3 W	62	× 12

4.1.1 Der Farbcode

Es war früher üblich, den Wert des Widerstandes auf den Körper aufzudrucken. So stand da z. B. 2,2 kΩ/10 % zu lesen (siehe *Abb. 4.1.1-1*). Heute finden wir Widerstände nur noch mit aufgedrucktem Farbcode. Dieser Farbcode wird mit vier Farbringen gekennzeichnet (siehe *Abb. 4.1.1-2*). Der erste Farbring liegt am Körperanfang. Der Farbcode hat den Vorteil – wenn man ihn beherrscht und das ist eine Selbstverständlichkeit für den Elektroniker –, daß der Widerstand schnell abzulesen ist. Bei einem aufgedruckten Wert kann dieser verdeckt liegen, wenn der Widerstand entsprechend eingebaut wurde.

Der Farbcode bedeutet nun folgendes: Die ersten beiden Ringe (von außen gesehen) geben Zahlenwerte an. Der dritte Ring kennzeichnet als Multiplikator den Zehnerwert, also 10, 100, 1000 usw. Der vierte Ring gibt die Toleranz des Widerstandswertes an. Die Tabelle in *Abb. 4.1.1-3* gibt uns darüber Aufschluß. Dafür ein paar Beispiele:

Widerstand	1. Ring	2. Ring	3. Ring	4. Ring
2,2 kΩ, 5 %	rot	rot	rot	gold
470 Ω, 10 %	gelb	violett	braun	silber
82 kΩ, 20 %	grau	rot	orange	./.
560 kΩ, 0,5 %	grün	blau	gelb	grün
1,8 MΩ, 2 %	braun	grau	grün	rot

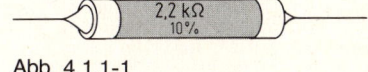

Abb. 4.1.1-1

kleiner Abstand   großer Abstand

Abb. 4.1.1-2   1. 2. 3. 4. Ring

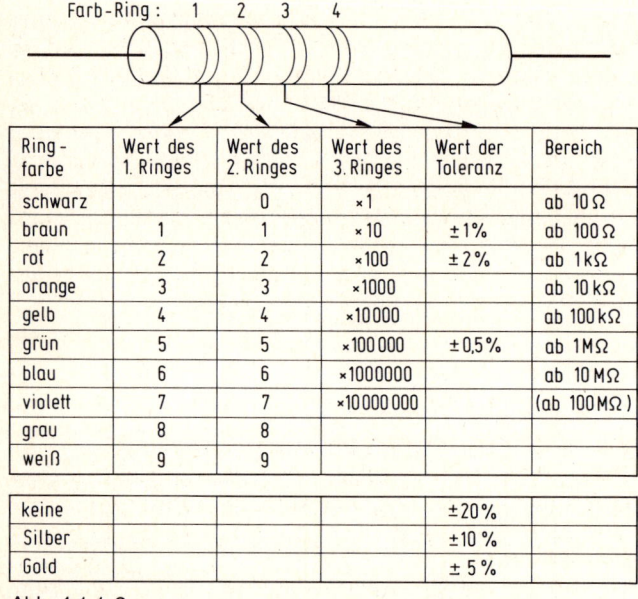

Ring-farbe	Wert des 1. Ringes	Wert des 2. Ringes	Wert des 3. Ringes	Wert der Toleranz	Bereich
schwarz		0	×1		ab 10 Ω
braun	1	1	×10	±1%	ab 100 Ω
rot	2	2	×100	±2%	ab 1kΩ
orange	3	3	×1000		ab 10 kΩ
gelb	4	4	×10000		ab 100 kΩ
grün	5	5	×100 000	±0,5%	ab 1MΩ
blau	6	6	×1000000		ab 10 MΩ
violett	7	7	×10000000		(ab 100MΩ)
grau	8	8			
weiß	9	9			

keine				±20%	
Silber				±10 %	
Gold				± 5%	

E 6 ±20%	E 12 ±10%	E 24 ± 5%
1.0	1.0	1.0
		1.1
	1.2	1.2
		1.3
1.5	1.5	1.5
		1.6
	1.8	1.8
		2.0
2.2	2.2	2.2
		2.4
	2.7	2.7
		3.0
3.3	3.3	3.3
		3.6
	3.9	3.9
		4.3
4.7	4.7	4.7
		5.1
	5.6	5.6
		6.2
6.8	6.8	6.8
		7.5
	8.2	8.2
		9.1

Abb. 4.1.1-3
Der Farbcode für Bauelemente und die wichtigen
E-Werke-Reihen

Aus Gründen, die später noch erklärt werden, z. B. in der Meßtechnik, genügt dem Elektroniker ein Widerstand, der mit zwei Ziffern gekennzeichnet ist. Werden Meßwiderstände mit genau ausgerechneten Werten benötigt, z. B. 2175 Ω, so wird das Ablesen etwas komplizierter – zwischen dem dritten und vierten Ring fügen sich weitere Farbringe an. Wer den Farbcode auswendig kennt, kann sehr schnell die Größe eines Widerstandes ermitteln. Leider gibt es keine Angaben für die zulässige Belastung in Watt. Diese müssen wir nach Abb. 4.1-4 abschätzen.

4.1.2 Die wichtigsten Werte

Der Elektroniker ist sehr praktisch veranlagt und versucht, mit möglichst wenig Zahlenwerten bei Widerständen auszukommen. Er hat sich international auf folgende praktische Werte geeinigt (siehe Tabelle rechts oben).

Damit kann er allen normalen Anforderungen in der Elektronik begegnen. So hat er es auch einfacher in der Lagerhaltung seiner Bauelemente. Als Beispiel nehmen wir den Wert 4,7. Danach gibt es einen 47-Ω-, 470-Ω-, 4,7-kΩ-, 470-kΩ-, 4,7-MΩ- und 47-Ω-Widerstand, insgesamt sieben Werte. Wenn wir also $7 \times 13 = 91$ Widerstände besitzen, dann können wir mit allen praktischen Größen operieren. Einen Widerstand können wir schon für weniger als 0,1 DM kaufen. Mit kleineren Widerständen als 10 Ω und größeren Widerständen als 10 MΩ arbeitet der Elektroniker nicht gern. Es ergeben sich dabei häufig unkontrollierbare Randerscheinungen. Bei zu kleinen Widerständen spielt uns oft der Widerstand der Zuleitung einen Streich und bei zu großen Widerständen der mögliche Isolationswiderstand des Aufbaues. Am häufigsten werden Sie die E12-Reihe vorfinden.

4.1.3 Weshalb hat der Widerstand eine Toleranz?

Bei der Massenherstellung der Widerstände ist es nicht möglich, die Maschine so genau arbeiten zu lassen, daß jede Kohlebahn eines jeden Widerstandes gleich groß ist. Damit ist auch schon erklärlich, weshalb die Widerstandswerte nach dem Fabrikationsgang unterschiedlich sind. Eine Maschine, die einen 1 kΩ ±10 % Toleranzwiderstand fertigt, kann in zwei Extremfällen auf einen 1 kΩ + 10 % = 1100-Ω-Widerstand und auf einen 1 kΩ − 10 % = 900 Ω den Farbwert für 1 kΩ aufdrucken. Über diese Abweichungen der Toleranz eines Widerstandes muß sich der Elektroniker immer bewußt sein. Wenn er einen Widerstand − wir rechnen einmal ganz ungünstig − von 15 kΩ mit 20 % Toleranz benutzt, so kann es sein, daß er einen Widerstand von 12 kΩ oder 18 kΩ oder mit dazwischen liegenden Werten einbaut. Eine Toleranzangabe bedeutet nicht, daß das Bauteil diese Toleranz besitzen muß. Der Wert darf sich von der eingestempelten Angabe jedoch innerhalb (!) der Toleranzen bewegen.

4.1.4 Und was macht der Widerstand bei Temperaturänderungen?

Wird ein Widerstand bei unterschiedlichen Temperaturen betrieben, so ändert sich sein Wert geringfügig. Es gibt Widerstände, die dann einen größeren Wert annehmen. Aber auch solche, die im Wert kleiner werden. Der Elektroniker spricht von einem positiven und einem negativen Temperaturkoeffizienten.

Ein Temperaturkoeffizient ist ein Beiwert für ein Bauelement, der die Veränderung bestimmter Daten der Bauelemente bei Temperaturänderungen kennzeichnet. Für Widerstände, die aus reinen Metallen bestehen, also z. B. der Ohmsche Widerstand der Kupferwicklung eines Transformators, beträgt ein derartiger Beiwert + 0,004. Das bedeutet, daß der Kupferwiderstand sich pro Grad Celsius um den Faktor 0,004 vergrößert − das sind 4 ‰°C. Hier handelt es sich um einen positiven Temperaturkoeffizienten, denn der Widerstand vergrößert sich bei steigender Temperatur. Bei einem negativen Temperaturkoeffizienten tritt eine Verkleinerung des Widerstandes bei steigender Temperatur auf. Rechnen wir noch einmal ein Beispiel für die Kupferwicklung eines Transformators. Bei Zimmertemperatur wird der Widerstand der Kupferwicklung mit einem Ohmmeßgerät, der Elektroniker bezeichnet es mit „Ohmmeter", gemessen. Der Wert beträgt 100 Ω. Im Betrieb erwärmt sich der Transformator um 5 °C. Die Widerstandsänderung beträgt demnach 100 Ω · 5 °C · 0,004 = 2 Ω. Damit ergibt sich der neue Widerstandswert mit 102 Ω.

4.2 Wir messen einen Widerstand

Der Elektroniker wird in den meisten Fällen einen Widerstand nicht messen, da dieser durch die „Beringung" schnell in seinem Wert abzulesen ist. Dennoch kommt es häufig vor, daß unbekannte Widerstände ermittelt werden sollen, oder aber ein Widerstand mit einer Toleranz von 20 % in seinem tatsächlichen Wert bestimmt werden muß. Es gibt für den Elektroniker zwei einfache Meßmethoden – wenn wir einmal von speziellen Widerstandsmeßgeräten, wie z. B. einer sogenannten Brückenschaltung, absehen.

Da ist einmal die klassische Methode, den Widerstand nach dem Ohmschen Gesetz zu bestimmen, ihn also nach einer Strom- und Spannungsangabe auszurechnen. Die *Abb. 4.2-1* zeigt die uns bekannte Schaltung in etwas erweiterter Form. Die 4,5-V-Taschenlampenbatterie versorgt die Meßschaltung mit Strom. Zur Messung benötigen wir ein umschaltbares Strommeßgerät mit einem untersten Meßbereich von möglichst 100 μA. Je mehr der Bereich zu kleineren Stromwerten heruntergeht, je genauer können wir Widerstände mit höheren Ohmwerten messen. Dafür ein Beispiel: Bei einer Spannung von 4,5 V und einem Widerstand von 1 MΩ ist der Strom nur noch

$$I = \frac{U}{R} = \frac{4,5}{1 \text{ M}\Omega} = \frac{4,5}{1 \cdot 10^6} = 4,5 \text{ μA groß.}$$

Nun zu unserer Meßschaltung nach Abb. 4.2-1. Wir können das Vielfachmeßgerät hier nur als Strom- oder als Spannungsmeßgerät benutzen. Wir dürfen es nicht umschalten, da in der vorliegenden Schaltung die Spannung U am Widerstand R_x von der Belastung durch das Spannungsmeßgerät abhängt. Wir hatten in vorherigen Kapiteln schon über den Spannungsteiler mit Ohmschen Widerständen gesprochen. Hier bildet der Widerstand des Potentiometers P und der Innenwiderstand des Spannungsmeßgerätes U den Spannungsteiler. Der Elektroniker liebt es, seine Arbeit zu vereinfachen. Nachdem er den unbekannten Widerstand R_x – also den Widerstand, den er messen möchte – an die Anschlußklemmen A und B angeschlossen hat, regelt er mit dem Potentiometer P so lange, bis er entweder die Spannung U oder den Strom I auf einen

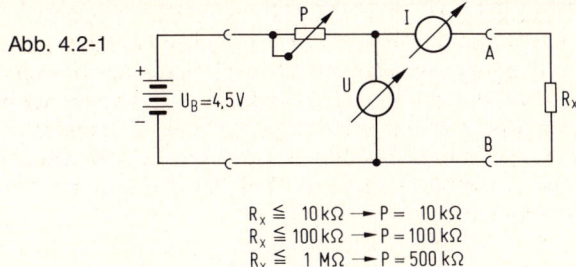

Abb. 4.2-1

$$R_x \leqq \quad 10\,k\Omega \longrightarrow P = \quad 10\,k\Omega$$
$$R_x \leqq 100\,k\Omega \longrightarrow P = 100\,k\Omega$$
$$R_x \leqq \quad 1\,M\Omega \longrightarrow P = 500\,k\Omega$$

glatten Wert eingestellt hat. Also z. B. eine Spannung von 1 V, 2 V, 3 V oder 4 V. Dann liest er den Strom ab und rechnet den Widerstand aus. Haben wir jetzt z. B. eine Spannung von 2 V eingestellt und es fließt ein Strom von 420 µA, so ist der unbekannte Widerstand R_x nach dem uns bekannten Ohmschen Gesetz

$$R_x = \frac{U}{I} = \frac{2\,V}{420\,\mu A} = \frac{2}{0,42 \cdot 10^{-3}} = 4761,9\,\Omega.$$

Oder es ist in einem zweiten Beispiel ein Strom von 4 mA eingestellt. Die Spannung lesen wir mit 2,15 V ab. Dann ist der Widerstand

$$R_x = \frac{U}{I} = \frac{2,15}{4 \cdot 10^{-3}} = 537,5\,\Omega \text{ groß}.$$

Die wohl am meisten benutzte Meßmethode geht von dem einfachen Ohmmeßgerät aus, so, wie wir es in unserem Vielfachmeßgerät vorfinden. Dort wird über das hochohmige Meßwerk der Spannungsabfall an einem in den Ohmmeter eingebauten Meßwiderstand angezeigt. Der Spannungsabfall richtet sich nach der Größe des unbekannten Widerstandes R_x. Der Meßwiderstand des Ohmmeters kann auf die Größe des zu messenden Widerstandes eingestellt werden – das sind die verschiedenen Widerstandsmeßbereiche des Meßgerätes. Ist diese Möglichkeit der Meßbereichswahl nicht gegeben, so wäre die Messung eines Widerstandes nur im begrenzten Rahmen möglich. Die *Abb. 4.2-2* zeigt dieses deutlich. Auf der Skala sind Widerstände von 1...200 Ω noch gut ablesbar.

Soll jetzt z. B. ein Widerstand von 10 000 Ω gemessen werden, so „paßt" er nicht mehr in die Skala. Der Wert ist nicht mehr ablesbar. Deshalb wird der Meßbereich umgeschaltet. Dann gilt z. B. die 10 der Skala für 10 000 Ω, die 100 der Skala für 100 kΩ usw. Das kann natürlich auch dazu führen, daß in einem anderen Meßbereich die 10 für 100 kΩ steht und die 100 für den Widerstandswert 1 MΩ. Das ist letzten Endes von dem eingeschalteten Bereich abhängig, den wir gewählt haben.

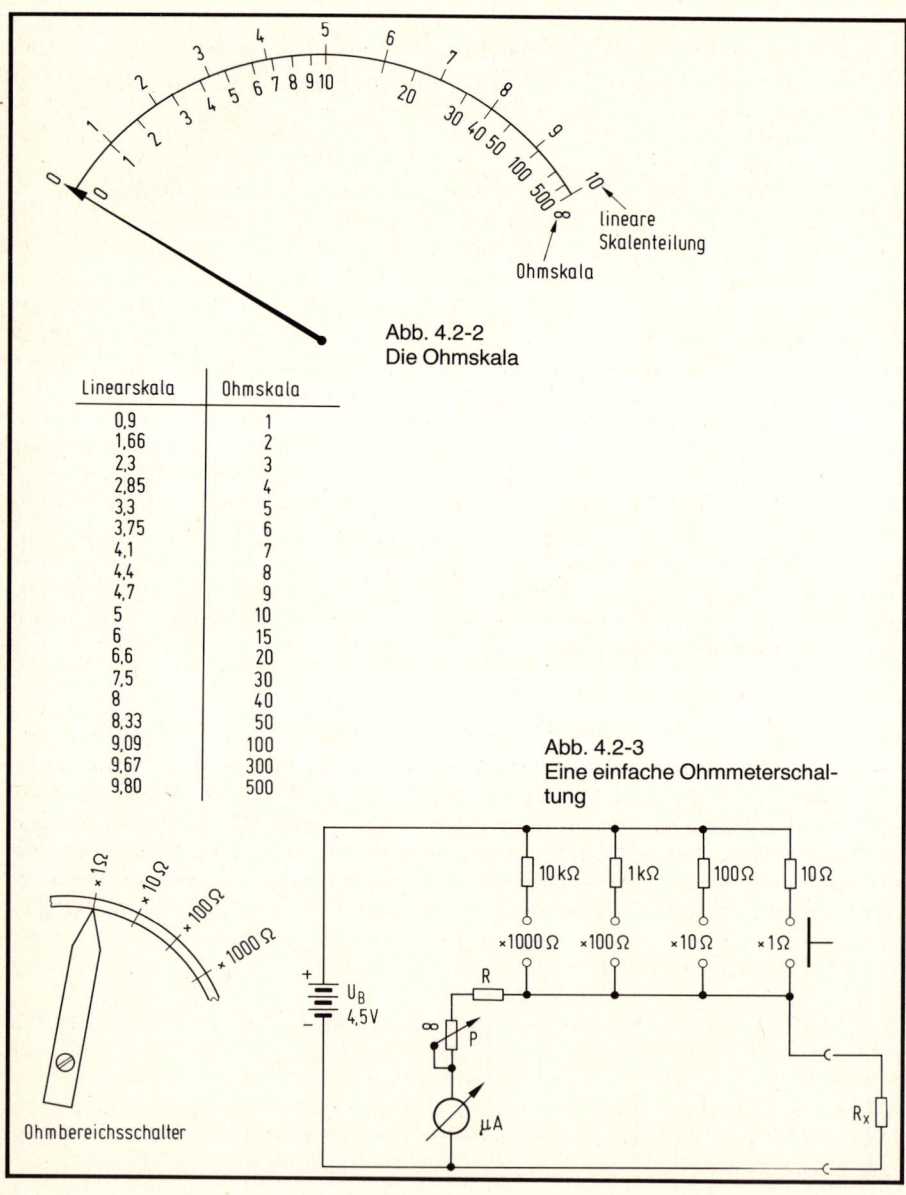

Abb. 4.2-2
Die Ohmskala

Linearskala	Ohmskala
0,9	1
1,66	2
2,3	3
2,85	4
3,3	5
3,75	6
4,1	7
4,4	8
4,7	9
5	10
6	15
6,6	20
7,5	30
8	40
8,33	50
9,09	100
9,67	300
9,80	500

Abb. 4.2-3
Eine einfache Ohmmeterschaltung

Die Werte der Meßbereiche werden oft als Multiplikatoren angegeben. Auf dem Bereichsschalter des Vielfachmeßgerätes steht dann $\times$ 1 Ω; $\times$ 10 Ω; $\times$ 100 Ω. Das bedeutet, daß die Werte der Skala z. B. im mal-Hundert-Bereich mit dem Faktor 100 multipliziert werden müssen. Andere Hersteller schreiben auf den Bereichsumschalter 100 Ω; 1 kΩ; 10 kΩ. Das bedeutet dann, daß der Wert in der Mitte der Skala, z. B. eine 1 oder eine 10 (je nachdem, wie die Skala beschriftet ist), für den Bereichswert 100 Ω gilt und sich dann die Ohmmessung gemäß der weiteren Beschriftung der Skala nach links oder rechts aufbaut. Nun möchte ich nicht vergessen, darauf zu verweisen, daß in einem Ohmmeßkreis nach Abb. 4.2-3 der Anzeigekreis ($R - P - R_i$ des Meßwerkes) sehr hochohmig sein muß.

Ein Bereichsumschalter ist noch einmal in *Abb. 4.2-3* skizziert. Ebenfalls ist dort die einfache Ohmmeßschaltung mit den Bereichswiderständen zu sehen. Das Potentiometer P dient in unserem Vielfachmeßgerät zur Einstellung des Wertes ∞ Ω, also bei offenem Eingang. Diese Einstellung sollte vor jeder Messung geprüft und nachgestellt werden – meistens befindet sich dazu ein kleines Rändelrad an unserem Vielfachmeßgerät –, da hierdurch der Spannungszustand der Batterie der Messung angepaßt wird. Durch dieses „Nachregeln" wird die Schaltung geeicht und stimmt dann mit den angegebenen Toleranzwerten des Geräteherstellers überein. Wichtig bei der Widerstandsmessung ist, daß der Widerstand ohne weitere Beschaltung an dem Meßgerät angeschlossen wird. Ganz gefährlich wird es, wenn eine Ohmmessung gemacht wird und der Widerstand steht noch unter Spannung. Dann wird sehr leicht das Ohmmeßgerät zerstört. Der teure Meßbereichswiderstand verbrennt, und oft ist das Meßgerät auch noch defekt.

4.2.1 Und jetzt benutzen wir den gemessenen Widerstand zum Messen

Das ist gar nicht so schwierig. Nach *Abb. 4.2.1-1* können wir einen ausgemessenen Widerstand, der möglichst einen „glatten" Wert haben sollte, also z. B. 1 kΩ, als Meßwiderstand benennen. In der dort angegebenen Schaltung (Abb. 4.2.1-1) können wir nach dem Ohmschen Gesetz sehr einfach den Strom in einem Stromkreis bestimmen, wenn wir die Spannung an dem Meßwiderstand gemessen haben. Nach der Gleichung $I = U/R$ ist für einen 1-kΩ-Widerstand das Ohmsche Gesetz sehr einfach umzustellen zu

$$I = \frac{U}{R} \text{ mit } R = 1 \text{ k}\Omega = 1 \cdot 10^3 \text{ } \Omega \text{ wird}$$

$$I = \frac{U}{1 \cdot 10^3} \text{ und schließlich } I = U \cdot 10^{-3}.$$

Eine gemessene Spannung von z. B. 4,75 V bedeutet einen Strom von $I = 4,75 \cdot 10^{-3}$ [A], also $I = 4,75$ mA. Der Stromwert entspricht also direkt der Zahlenfolge der abgelesenen Spannung.

Natürlich können wir mit einem oder mehreren Meßwiderständen auch ein einfaches Ohmmeter aufbauen, das nach der Skala in Abb. 4.2-2 arbeitet. Das ist noch einmal in *Abb. 4.2.1-2* gezeigt. Wir setzen einmal voraus, daß wir drei Ohmbereiche durch Meßwiderstände bekommen haben. Dabei haben wir einen kleinen Trick benutzt. Gemäß Abb. 4.2.1-2 sind diese Widerstände R_1 bis R_3 durch die Potentiometer P_1 bis P_3 abgleichbar gemacht. Dadurch ist die Möglichkeit geschaffen, aus einfachen, billigen Widerständen unter Verwendung eines in Serie geschalteten Potentiometers P_1 bis P_3 den jeweiligen Meßwiderstand genau auf den Sollwert abzugleichen. Der Widerstand R_1 mit P_1 ergibt 100 Ω; $R_2 + P_2 = 1$ kΩ; $R_3 + P_3$ = 10 kΩ.

Mit dem Schalter S_1 wird das Ohmmeter eingeschaltet und mit dem Potentiometer P_4 der Zeiger bei offenem Meßeingang A und B (also ohne Widerstand R_x) auf Anschlag ∞ (unendlich) eingeregelt.

Schon sind wir beim wichtigsten Teil, dem Meßinstrument. Es werden häufig preiswerte Meßwerke von 50 μA Endausschlag, oder sogar noch empfindlicher, angeboten. Betrachten wir einmal ein solches 50-μA-Instrument. Ein derartiges

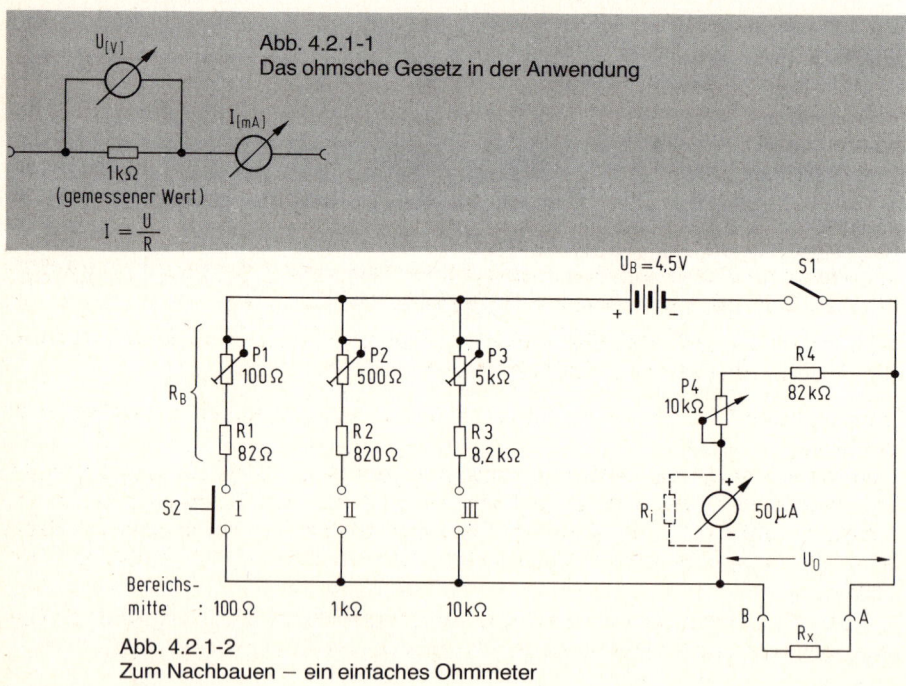

Abb. 4.2.1-1
Das ohmsche Gesetz in der Anwendung

$U_{[V]}$

$I_{[mA]}$

1kΩ
(gemessener Wert)

$I = \dfrac{U}{R}$

$U_B = 4,5$V   S1

R_B P1 100 Ω P2 500 Ω P3 5 kΩ P4 10 kΩ R4 82 kΩ

R1 82 Ω R2 820 Ω R3 8,2 kΩ

S2   I   II   III R_i 50 μA

U_0

Bereichs-
mitte : 100 Ω 1kΩ 10 kΩ B   A R_x

Abb. 4.2.1-2
Zum Nachbauen — ein einfaches Ohmmeter

Meßwerk hat einen Innenwiderstand R_i von ca. 2,0 kΩ. Unter Innenwiderstand wollen wir hier den Kupferwiderstand der sehr dünnen Drehspule des Meßwerkes verstehen. In dem Falle wählen wir R_4 und P_4 folgendermaßen. Die Spannung U_0 entspricht bei offenem Meßeingang – zu messender Widerstand R_x nicht angeschlossen und auf Bereich I gestellt – der Batteriespannung, also 4,5 V. Einen geringen Spannungsabfall über R_B können wir vernachlässigen. Ist der Endausschlag des Meßinstrumentes in unserem Beispiel 50 µA, so muß die Summe von P_4, R_i und R_4 so groß gewählt werden, daß ein Strom von 50 µA (Vollausschlag) fließen kann. Rechnen wir

$$R = \frac{U}{I}, \text{ also } P_4 + R_i + R_4 = \frac{4,5 \text{ V}}{50 \text{ µA}} = 90 \text{ kΩ}.$$

Den Widerstand R_4 wählen wir 82 kΩ. Ist der Innenwiderstand R_i ca. 2 kΩ, so bleiben uns bis zu 90 kΩ noch ca. 6 kΩ. Also wählen wir P_4 mit 10 kΩ, dann läßt sich bei offenem Meßeingang – kein Widerstand an A und B angeschlossen – der Zeiger mit dem Potentiometer P_4 auf unendlich (∞) einpegeln.

Abgleichen läßt sich das Ohmmeter auch ganz gut, wenn wir uns nach dem Ohmschen Gesetz einen 100-Ω-, einen 1-kΩ- und einen 10-kΩ-Widerstand genau ausmessen. Mit P_4 stellen wir den Zeiger jeweils auf unendlich (∞). In Stellung I des Schalters S_2 wird nun der 100-Ω-Widerstand zwischen A und B eingeschaltet. Mit P_1 regeln wir den Zeiger auf Mitte Skala. In Stellung II machen wir das Gleiche mit P_2 bei einem 1-kΩ-Widerstand und schließlich mit P_3 in Stellung III bei einem 10-kΩ-Widerstand. Wollen wir sehr viel höhere Widerstände messen, so bringt uns die Parallelschaltung des Meßkreises ($R_i - P_4 - R_4$) einen Meßfehler. Dann muß hier eine sehr hochohmige elektronische Eingangsschaltung vorliegen. Man kann einen 100-kΩ-Bereich ebenfalls noch verwirklichen, wenn z. B. ein sehr empfindliches Meßinstrument von vielleicht 15 µA Endausschlag benutzt wird und wir die Batteriespannung auf 9 V erhöhen. Das soll hier jedoch nicht weiter besprochen werden.

Nun kommt aber für den Elektroniker noch etwas Arbeit. Er muß eine Skala zeichnen, hier für ein Meßwerk. Dafür gibt es zwei Wege...

Den einfachen: Er zeichnet mit schwarzer Tinte auf Papier und klebt dieses Papier auf die Skala.

Den vornehmen: Er kauft sich eine Farb-Spraydose (Auto-Rallye-Spray in weiß-matt) im Farbenhandel und spritzt die Skala weiß. Nach dem Trocknen kann er mit schwarzer Zeichentusche, Zirkel und Schablone eine fast industriemäßige Skala anfertigen. Ebenfalls lassen sich mit Aufreibesymbolen die Skalen sehr gut herstellen.

Diese ganze Prozedur setzt natürlich voraus, daß er sehr vorsichtig die Skala vom Meßwerk abschraubt und ebenso vorsichtig unter dem Zeiger wegschiebt.

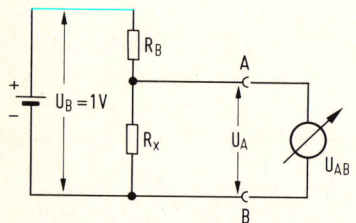

Abb. 4.2.1-3
Der Spannungsteiler

Nun muß der Elektroniker beim Anfertigen von Skalen natürlich wissen, wohin welcher Strich mit welcher Zahl gehört. Für unser Ohmmeter überlegen wir uns nach *Abb. 4.2.1-3* den Skalenverlauf. Die Ohmmeterschaltung nach Abb. 4.2.1-2 entspricht dem Spannungsteiler nach Abb. 4.2.1-3 und der Skaleneinteilung nach Abb. 4.2-2. Dabei ist R_x wieder der unbekannte Widerstand, den wir messen wollen. R_B ist der jeweils eingeschaltete Meßbereichswiderstand. Da alle Bereiche im Skalenverlauf gleich sind, wählen wir den 100-Ω-Bereich. Die Spannungsteilerformel nach Abb. 4.2.1-3 kennen wir aus dem Buch „Elektronik leichter als man denkt" (Nührmann – Franzis-Verlag), sie heißt

$$\frac{U_A}{U_B} = \frac{R_x}{R_B + R_x} \text{ oder } U_A = \frac{U_B \cdot R_x}{R_B + R_x}.$$

Jetzt wählen wir einfach U_A (die Batteriespannung) mit 1 V – so können wir leichter rechnen – und R_B mit 100 Ω. Das ergibt

$$U_A = \frac{1 \cdot R_x}{100 + R_x}; \text{ also } U_A = \frac{R_x}{100 + R_x}.$$

Die 1 V beziehen sich auf den Endausschlag des Meßgerätes (siehe dazu auch Abb. 4.2-2) und teilen von Null die Zwischenschritte linear auf. Also $0 - 0,1 - 0,2 - 0,3 - 0,4 - 0,5 - 0,6 - 0,7 - 0,8 - 0,9 - 1$. Nun setzen wir verschiedene Widerstände R_x in die Formel ein und erhalten den Ausschlag der linearen Skala zu unserem Widerstandswert. Dafür drei Beispiele:

1. Wir wählen einen Widerstand $R_x = 100 \ \Omega$, dann ist $U_A = \dfrac{100}{100 + 100} = 0,5$ V; also

   der Wert 100 Ω entspricht dem linearen Wert 0,5 der oberen Skala in Abb. 4.2-2. Dabei unterstellen wir einmal einen Endausschlag von 1 Volt.

2. Wir wählen einen Widerstand R_x von 30 Ω, dann ist

   $$U_A = \frac{30}{100 + 30} = \frac{30}{130} = 0,23 \text{ V};$$

   also bei 0,23 (oder 2,3 einer 10er-Skala) der linearen Skala liegt der Wert bei 30 Ω.

3. Wir wählen einen Widerstand R_x von 500 Ω, dann ist

$$U_A = \frac{500}{100 + 500} = \frac{500}{600} = 0,833 \text{ V.}$$

Also ganz rechts auf der Skala bei 0,833 liegt der Wert 500 Ω, wenn der Endausschlag für $R = \infty$ wieder 1 Volt groß sein soll.

Diese drei Werte und weitere sind in der Skala in Abb. 4.2-2 eingezeichnet. Dort ist auch eine Tabelle aufgeführt. Der Elektroniker muß oft Formeln benutzen, um Skalen umzurechnen. Er muß die Theorie, die Praxis und die Mathematik kennen, um sich die Formel zum Rechnen zu schaffen.

4.3 Noch einmal die Serien- und die Parallelschaltung

Wir haben uns in den Kapiteln 7.1.2 und 7.1.3 sowie 8.2 und 8.3 des Buches ,,Elektronik leichter als man denkt" bereits über die Serien- und Parallelschaltung von Widerständen unterhalten. Demnach scheinen die Serienschaltung und die Parallelschaltung für den Elektroniker wichtig zu sein — und das sind sie auch. Der Elektroniker muß sehr häufig durch Parallel- oder Serienschalten von Widerständen — oder auch anderen Bauteilen — Schaltungen aufbauen, die ihm die gewünschten Meßdaten für die Funktion einer Elektronikschaltung geben. Das kann schon ganz einfach so anfangen, daß ihm ein bestimmter Widerstandswert fehlt, z. B. ein 10-kΩ-Widerstand und er ihn sich aus einem 7,5-kΩ- und einem 2,5-kΩ-Widerstand durch Serienschaltung zusammenbaut. Oder er möchte einen 500-Ω-Widerstand benutzen und schaltet zwei vorhandene 1-kΩ-Widerstände parallel.

4.3.1 Die Serienschaltung

Die Abb. 4.3.1-1 zeigt uns noch einmal das Prinzip. Die Batterie versorgt mit der Spannung U_B die beiden in Serie geschalteten Widerstände R_1 und R_2. Da die Batteriespannung an den äußeren Klemmen von R_1 und R_2, also A und B liegt, bezeichnen wir sie hier einmal als U_{AB}. Das Instrument zeigt uns den Strom I an, der in dem geschlossenen Stromkreis durch die Widerstände R_1 und R_2 fließt. Natürlich ist der Strom an jeder Stelle des Stromkreises bei einer Serienschaltung gleich groß! Die Spannung U_{AB} läßt sich messen, ebenso der Strom I. Nach dem Ohmschen Gesetz rechnen wir jetzt einen Widerstand aus, der

$$R = \frac{U_{AB}}{I}$$

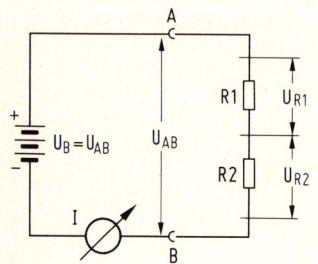

Abb. 4.3.1-1
Bei der Addition von Widerständen
addieren wir auch ihre Spannungen

groß ist. Dieser Widerstand entspricht nun der Summe beider Einzelwiderstände $R = R_1 + R_2$. Der Strom und die Spannung einer Batterie wissen nicht, wieviel Widerstände sie in einem Stromkreis vorliegen haben. Sie folgen auf jeden Fall dem Ohmschen Gesetz und fassen alle Widerstände zu einem Gesamtwiderstand zusammen. Der Elektroniker kennt seine Schaltung und kann aus dem Gesamtwiderstand einzelne Teilwiderstände errechnen. Nach Abb. 4.3.1-1 ist dieser Gesamtwiderstand $R_g = R_1 + R_2$. Daraus sind alle Ableitungen möglich.

Kennen wir R_g und R_1, dann ist $R_2 = R_g - R_1$.
Kennen wir R_g und R_2, dann ist $R_1 = R_g - R_2$.
Kennen wir R_1 und R_2, dann ist $R_g = R_1 + R_2$.

Natürlich lassen sich auch mehrere Widerstände als nur zwei in Serie schalten. Dann heißt es eben $R_g = R_1 + R_2 + R_3 + R_4$ usw.

Daß sich die einzelnen Spannungen einer Serienschaltung in einem geschlossenen Stromkreis zu einer Gesamtspannung addieren wie die Widerstände, kennen wir bereits. Nach Abb. 4.3.1-1 ist demnach die Summe von $U_{R1} + U_{R2} = U_{AB}$, also gleich der Batteriespannung. Sind mehrere Widerstände in Serie geschaltet, so addiert sich die entsprechende Anzahl von Teilspannungen zu der Gesamtspannung.
Anders verhält es sich mit dem Strom. Der Strom ist bei der Serienschaltung von Widerständen natürlich in jedem Leitungszweig gleich groß. Er kann sich nicht verändern, da eine Stromverzweigung durch eine Serienschaltung nicht gegeben ist.
Daß wir die einfache Serienschaltung mit zwei Widerständen auch als Spannungsteiler benutzen, hatten wir ebenfalls schon kennengelernt. Die *Abb. 4.3.1-2* zeigt das Prinzip und ist elektrisch identisch mit der Abb. 4.3.1-1. Die Eingangsspannung des Spannungsteilers bezeichnen wir mit U_E. Sie entspricht der Summe der Teilspannungen an beiden Widerständen, also $U_E = U_{R1} + U_{R2}$. Die Ausgangsspannung bezeichnen wir als U_A. Sie ist in Abb. 4.3.1-2 natürlich gleich der Spannung U_{R2}. Die Spannun-

gen U_A zu U_E teilen sich im Verhältnis der an ihnen liegenden Teilwiderstände auf. So können wir sagen:

$$\frac{U_A}{U_E} = \frac{R_2}{R_1 + R_2} \text{ oder } U_A = U_E \cdot \frac{R_2}{R_1 + R_2}.$$

Nach einer entsprechenden Umrechnung ergibt sich

$$R_2 = R_1 \cdot \frac{U_A}{U_E - U_A} \text{ und } R_1 = R_2 \cdot \frac{U_E - U_A}{U_A}.$$

Jetzt schalten wir nach *Abb. 4.3.1-3* einmal zwei gleiche 6-V-/2,4-W-Lampen in Serie an eine 4,5-V-Batterie und messen die beiden Spannungen U_{L1} und U_{L2}. Wenn es sich um zwei gleiche Lampen handelt, so können wir davon ausgehen, daß die Teilspannungen $U_{L1} = U_{L2}$ sind und je die Hälfte der Batteriespannung ausmachen, also 2,25 V groß sind. Wenn wir den Strom I messen, so lassen sich die Widerstände der Lampen ausrechnen. Es ist dann

$$R_{L1} = \frac{U_{L1}}{I}.$$

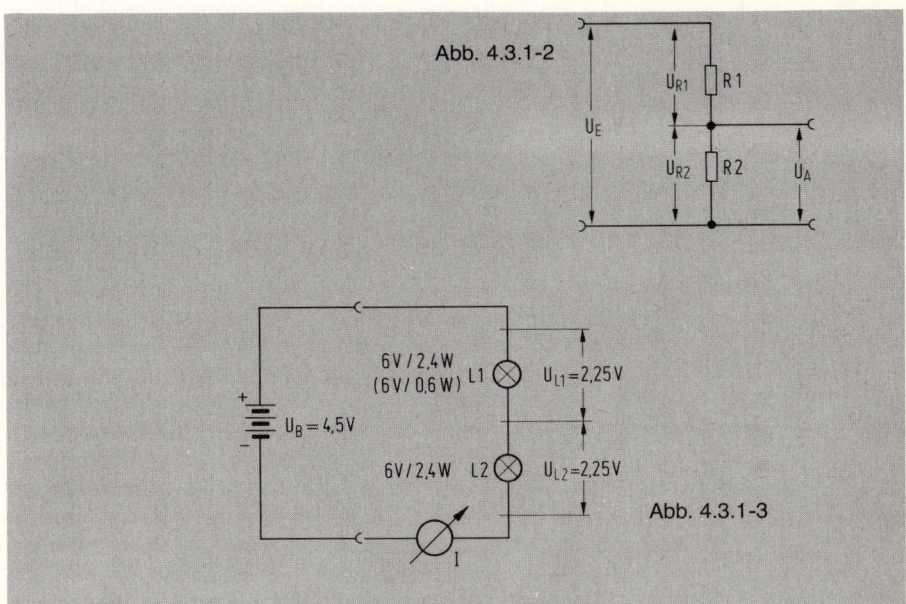

Abb. 4.3.1-2

Abb. 4.3.1-3

Übrigens, wenn wir den elektrischen Widerstand des Glühfadens der Lampe mit einem Ohmmeter nachmessen, dann läßt sich feststellen, daß er etwas niedriger als der gemessene Wert bei „Glühbetrieb" ist. Die Lampe hat einen temperaturabhängigen Widerstand, der mit steigender Temperatur sich ebenfalls erhöht. Wir können in Abb. 4.3.1-3 jetzt eine Lampe wechseln und z. B. für L_1 die Größen 6 V/1 W nehmen und L_2 mit 6 V/2,4 W belassen. Dann messen wir unterschiedliche Spannungen an U_{L1} und U_{L2}. Die Summe ist aber immer wieder gleich der Batteriespannung. Woran es bei diesem Versuch liegt, daß die Lampe mit kleinerer Leistung heller brennt als die größere Lampe, ist auch verständlich. Die kleinere Lampe hat den größeren ohmschen Widerstand. Damit erhält sie auch mehr „Brennspannung".

Zum Abschluß noch ein interessanter Fall aus der Praxis. Wir können uns verhältnismäßig billig ein zweites Gleichspannungsvoltmeter bauen. Dazu benötigen wir ein Meßwerk von 100 µA Endausschlag (oder noch niedriger) und einen Stufenschalter. Beide Teile sind in entsprechenden Angeboten teilweise zusammen unter 20,– DM zu erhalten. Das Instrument sollte eine Skala in 10er-Teilung haben. Eine 5er-Teilung zusätzlich ist angebracht. Wir können aber auch umrechnen oder die 5er-Skala extra zeichnen. Unser Voltmeter wollen wir für die Bereiche 0,5 V – 1 V – 5 V – 10 V – 50 V – 100 V auslegen. Die Schaltung zeigt *Abb. 4.3.1-4*. Wir sehen hier die praktische Anwendung eines Serienwiderstandsteilers (Kettenteiler). Zwischen den Verbindungspunkten von zwei Widerständen wird je ein Schalterpol des Stufenschalters angeschlossen, um die Bereichsumschaltung sicherzustellen. Der Elektroniker muß häufig rechnen, besonders in der Meßtechnik. Also tun wir es auch einmal:

Das Instrument hat z. B. die Daten: $I_E = 100$ µA; $R_i = 2$ kΩ. Aus diesen Daten baut sich nun die ganze Dimensionierung der Widerstände auf. Grundsätzlich ist der Bereichswiderstand so zu berechnen, daß er bei der gewünschten Bereichsspannung – für den Volt-Vollausschlag des Instrumentes, also z. B. 0,5 V – einen Strom von 100 µA Stromendausschlag des Instrumentes, fließen läßt. Der so errechnete Widerstand ist der Gesamtwiderstand des jeweiligen Stromkreises. Er ergibt sich aus der Summe der bereits vorhandenen Widerstände der Schaltung. Für den 0,5-V-Bereich ist also R_B (R_B soll der Bereichswiderstand sein): $R_B = R_1 + R_i$. Bei dem 1-V-Bereich ist $R_B = R_2 + R_1 + R_i$ usw. So ergibt sich nach dem Ohmschen Gesetz:

für den 0,5-V-Bereich:

$$R_1 = \frac{U_B}{I_E} - R_i; \text{ also}$$

$$R_1 = \frac{0,5 \text{ V}}{100 \text{ µA}} - R_i = \frac{0,5}{1 \cdot 10^{-4}} - 2 \cdot 10^{-3} = 0,5 \cdot 10^{+4} - 2 \cdot 10^{+3} =$$

$$5 \cdot 10^{+3} - 2 \cdot 10^{+3} = 3 \text{ kΩ};$$

Abb. 4.3.1-4
So ist ein Spannungsmeßgerät
mit mehreren Meßbereichen aufgebaut.

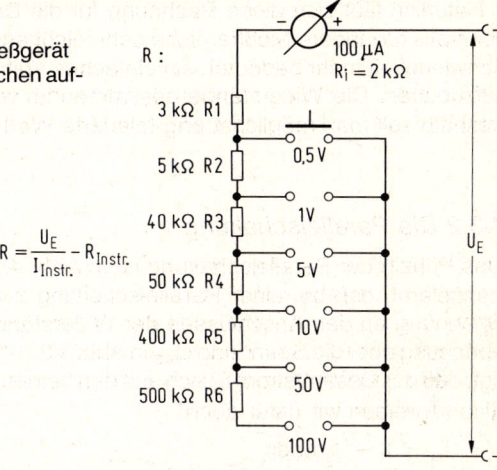

$$R = \frac{U_E}{I_{Instr.}} - R_{Instr.}$$

für den 1-V-Bereich:

$$R_2 = \frac{1\,V}{100\,\mu A} - (R_i + R_1) = 10\,k\Omega - 5\,k\Omega = 5\,k\Omega;$$

für den 5-V-Bereich:

$$R_3 = \frac{5\,V}{100\,\mu A} - (R_i + R_1 + R_2) = 50\,k\Omega - 10\,k\Omega = 40\,k\Omega;$$

für den 10-V-Bereich:

$$R_4 = \frac{10\,V}{100\,\mu A} - (R_i + R_1 + R_2 + R_3) = 100\,k\Omega - 50\,k\Omega = 50\,k\Omega;$$

Für den 50-V-Bereich:

$$R_5 = \frac{50\,V}{100\,\mu A} - (R_i + R_1 + R_2 + R_3 + R_4) = 500\,k\Omega - 100\,k\Omega = 400\,k\Omega$$

für den 100-V-Bereich:

$$R_6 = \frac{100\,V}{100\,\mu A} - (R_i + R_1 + R_2 + R_3 + R_4 + R_5) = 1\,M\Omega - 500\,k\Omega = 500\,k\Omega$$

97

Natürlich läßt sich diese Rechnung für die Daten eines anderen Meßgerätes und ebenfalls für andere Meßbereiche sehr leicht anwenden, so daß es nun für uns keine Schwierigkeit mehr bedeutet, ein einfaches Voltmeter mit von uns festgelegten Daten aufzubauen. Die Widerstände bestimmen im wesentlichen die Anzeigegenauigkeit. Deshalb soll man möglichst eng tolerierte Werte (0,5...2 %) wählen.

4.3.2 Die Parallelschaltung

Das Prinzip der Parallelschaltung ist in *Abb. 4.3.2-1* gezeigt. Wir haben schon kennengelernt, daß bei einer Parallelschaltung zweier oder mehrerer Widerstände die Spannung an den Anschlüssen der Widerstände gleich groß ist. Es ist die Batteriespannung oder die Spannung U_{AB} in Abb. 4.3.2-1. Weiter sehen wir noch einmal bestätigt, daß der Gesamtstrom I_G sich aus den beiden Teilströmen I_1 und I_2 zusammensetzt, also schreiben wir dafür auch

$$I_G = I_1 + I_2 \text{ oder}$$
$$I_1 = I_G - I_2 \text{ oder}$$
$$I_2 = I_G - I_1.$$

Der Widerstand, der sich aus den beiden Widerständen R_1 und R_2 bildet und nach dem Ohmschen Gesetz den Strom bildet, und den die Spannungsquelle als einen Gesamtwiderstand behandelt, nennen wir R_G (G = gesamt). Auch die Formel für die Parallelschaltung ist uns schon bekannt. Sie lautet:

$$R_G = \frac{R_1 \cdot R_2}{R_1 + R_2} \text{ oder}$$

$$R_1 = \frac{R_2 \cdot R_G}{R_2 - R_G} \text{ oder}$$

$$R_2 = \frac{R_1 \cdot R_G}{R_1 - R_G}$$

Hiermit ist es uns möglich, aus einer Parallelschaltung alle Widerstände zu ermitteln.
Nach *Abb. 4.3.2-2* bauen wir uns jetzt eine Parallelschaltung auf. Wenn wir für die Lampen L_1 und L_2 Schraubfassungen benutzen, so können wir uns die Schalter S_1 und S_2 sparen. Durch leichtes Drehen können wir die Lampen ein- und ausschalten.
Die Batteriespannung U_B der 4,5-V-Taschenlampenbatterie kann mit dem Instrument U gemessen und kontrolliert werden. Die Spannung messen wir natürlich unter Belastung, also bei eingeschalteten Lampen L_1 und L_2. Wir haben bereits erfahren, daß der Innenwiderstand der Batterie uns das Ergebnis sehr verfälschen kann, wenn wir ohne Belastung messen.

Abb. 4.3.2-1
Bei der Parallelschaltung von Widerständen
addieren sich die Teilströme

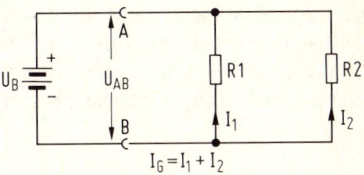

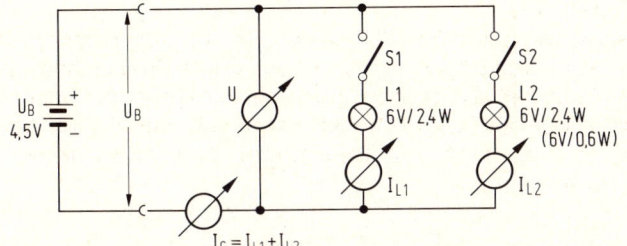

Abb. 4.3.2-2
Ein einfacher Versuch
mit zwei Fahrradglüh-
lampen

Nun wird das Vielfachmeßgerät auf Strom umgeschaltet und der Gesamtstrom I_G gemessen. Wird eine Lampe ausgeschaltet, so messen wir nur noch die Hälfte des Stromes – gleiche Lampen 6 V/2,4 W vorausgesetzt. Damit finden wir schon bestätigt:

$$I_G = I_1 + I_2.$$

Über den Strom einer Lampe läßt sich deren Widerstand ausrechnen. Wir finden ihn nach der Formel $R_L = \dfrac{U_B}{I_L}$. Der Gesamtwiderstand der beiden gleichen Lampen ist dann

$$R_G = \frac{R_{L1} \cdot R_{L2}}{R_{L1} + R_{L2}}$$

Schnell werden wir herausfinden, daß

$$R_G = \frac{R_{L1}}{2} \text{ oder } \frac{R_{L2}}{2} \text{ groß ist.}$$

Nach Abb. 4.3.2-2 kann für L_2 auch noch eine Lampe 6 V/1 W eingesetzt werden. Versuchen wir es einmal damit und erforschen, ob $I_{L1} + I_{L2}$ immer noch gleich I_G ist. Wir finden es bestätigt, daß auch

$$R_G = \frac{R_{L1} \cdot R_{L2}}{R_{L1} + R_{L2}} \text{ ist.}$$

99

Der Elektroniker benutzt die Parallelschaltung nicht nur, um aus zwei Widerständen einen bestimmten Wert eines Gesamtwiderstandes zu erhalten, den er gerade benötigt. Häufig genug ist für einen Anwendungsfall der fließende Gesamtstrom zu groß. Der Elektroniker muß durch eine Parallelschaltung dafür sorgen, daß er einen für sein Bauteil richtig dimensionierten Strom bekommt.

Dafür ein Beispiel: Wir bauen uns ein Strommeßgerät, nachdem wir den Bau eines Ohmmeters und des Voltmeters kennengelernt haben. Die *Abb. 4.3.2-3* zeigt das Prinzip. Das Meßwerk wird durch parallel geschaltete Widerstände – wie der Elektroniker sagt – „geshuntet". Nur ein Teil, aber ein richtig dimensionierter, gelangt zu dem Strommeßgerät. Je nach dem gewählten Strommeßbereich fließt ein mehr oder weniger großer Teil an dem Strommeßgerät vorbei; er fließt durch den parallel geschalteten Widerstand.

Für den Bau des Amperemeters suchen wir ein preiswertes 1-mA-Instrument aus. Diese Instrumente haben im allgemeinen einen Kupferinnenwiderstand von ca. 150 Ω. Hat das Instrument einen Endausschlag von 1 mA, so beschalten wir die 1-mA-Stellung des Bereichsschalters nicht. Im 5-mA-Bereich müssen wir durch Parallelschalten des Widerstandes R_1 dafür sorgen, daß nur 1 mA durch das Instrument fließt und die restlichen 4 mA durch den Widerstand R_1. Das ist einfach zu rechnen, wobei es verschiedene Lösungswege gibt. Einmal können wir, und so wird es meistens gemacht, den Endausschlag des Instrumentes in Volt ausmessen oder aus dem genau ermittelten Innenwiderstand ausrechnen. Die Endausschlagsspannung ist dann

$$U = I \cdot R; \text{ also } U = 1 \text{ mA} \cdot 150 \, \Omega = 1 \cdot 10^{-3} \cdot 150 = 0,15 \text{ V}.$$

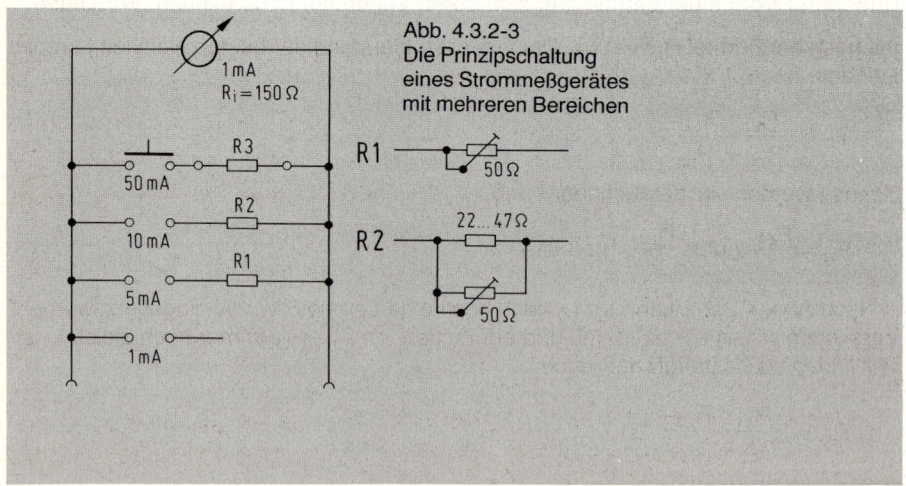

Abb. 4.3.2-3
Die Prinzipschaltung
eines Strommeßgerätes
mit mehreren Bereichen

Dann brauchen wir nur noch einen Widerstand nach dem Ohmschen Gesetz auszurechnen, bei dem eine Spannung von 0,15 V einen Strom von 4 mA fließen läßt. Dieser Widerstand ist

$$R_1 = \frac{0,15\ V}{4\ mA} = \frac{0,15}{4 \cdot 10^{-3}} = \frac{0,15}{4} \cdot 10^3 = 37,5\ \Omega.$$

Das ist nun ein ziemlich „krummer" Wert. Wir können uns hier folgendermaßen helfen. Nach *Abb. 4.3.2-4* bauen wir eine Eichschaltung auf und benutzen unser Vielfachmeßgerät als Stromeichgerät. Ein 10-Ω-Schutzwiderstand schützt die Schaltung und die teuren Instrumente. Trotzdem müssen wir das Potentiometer P sehr vorsichtig regeln und beobachten, ob die Zeiger der Instrumente auch nicht über den Endausschlag hinausgehen. Schlägt ein Instrument von Null in die falsche Richtung aus, dann wissen wir schon, daß wir es umpolen müssen. Nun läßt sich R_1 nach Abb. 4.3.2-3 in Abb. 4.3.2-4 eineichen. Wir stellen im 5-mA-Bereich mit P einen Strom von 5 mA auf dem Vergleichsinstrument ein. Der Widerstand R wird so eingestellt, daß unser 1-mA-Instrument ebenfalls „5 mA" anzeigt, obwohl selbstverständlich nur 1 mA durch das Instrument fließen.

Der Widerstand für den 10-mA-Bereich ist

$$R_2 = \frac{0,15\ V}{9\ mA};$$

denn jetzt müssen 9 mA durch den Widerstand (R_2) fließen. Also wird

$$R_2 = \frac{0,15}{9 \cdot 10^{-3}} = \frac{0,15}{9} \cdot 10^3 = 16,66\ \Omega.$$

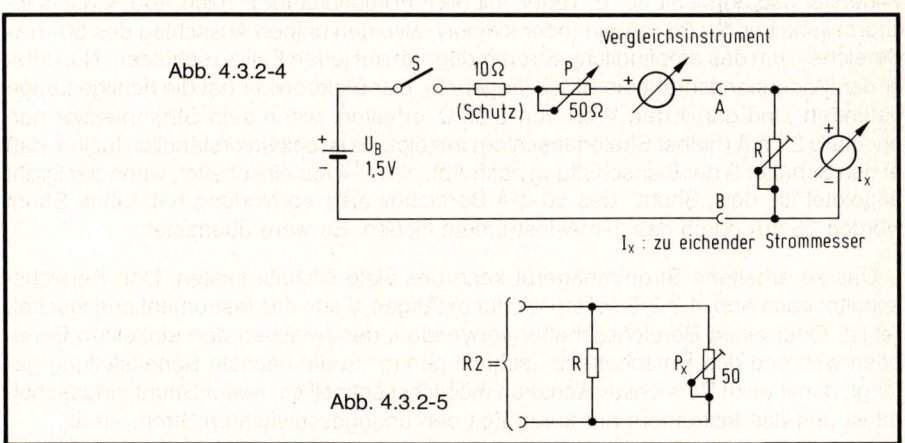

Abb. 4.3.2-4

I_x : zu eichender Strommesser

Abb. 4.3.2-5

Hier helfen wir uns folgendermaßen. Nach *Abb. 4.3.2-5* wählen wir R zwischen 22 Ω bis 47 Ω und schalten einen weiteren Abgleichwiderstand P = 50 Ω parallel. Dieses „Gebilde" benutzen wir in Abb. 4.3.2-4 als Widerstand R. Der Abgleich erfolgt wie im 5-mA-Bereich. Wir stellen mit P (nach Abb. 4.3.2-4) 10 mA Strom auf unserem Vergleichsinstrument ein und regeln P_x jetzt so ein, daß der Zeiger unseres Strommessers ebenfalls 10 mA anzeigt.

Der 50-mA-Bereich wird noch etwas unangenehmer, denn wir benötigen nur noch einen Widerstand von

$$R = \frac{0,15}{49 \text{ mA}}$$

(49 mA müssen durch den Widerstand fließen und 1 mA durch das Instrument). Also

$$R = \frac{0,15}{49} \cdot 10^3 = 3,06 \, \Omega.$$

Hier hilft sich der Elektroniker folgendermaßen. Er benutzt wieder die Stromeichschaltung nach Abb. 4.3.2-4. Der Widerstand R besteht für ihn jetzt jedoch aus Widerstandsdraht, den er z. B. von einem 10-Ω-Drahtwiderstand oder einem größeren abwickelt. Diesen Draht lötet er jetzt an die Punkte A und B in Abb. 4.3.2-4 an. Er wählt die Länge sehr kurz. So, daß z. B. nur 2 Ω entstehen. Das kann er abschätzen aus der abgewickelten Drahtlänge des wertmäßig bekannten Widerstandes. Er schneidet den Widerstandsdraht nicht ab. Er regelt mit dem Potentiometer P nach Abb. 4.3.2-4 sicherheitshalber nur 25 mA ein (oder kleiner), also den halben Ausschlag des 50-mA-Bereiches, um das empfindliche Strommeßgerät auf jeden Fall zu schützen. Nun lötet er den Widerstandsdraht ein Stück länger ein. Der Elektroniker hat die richtige Länge gefunden, und damit den Wert von 3,06 Ω erhalten, wenn sein Strommesser nun ebenfalls 25 mA (halber Skalenanschlag) anzeigt. Es ist selbstverständlich für ihn, daß er den Schalter S der Eichschaltung nach Abb. 4.3.2-4 nur einschaltet, wenn der Draht angelötet ist, der „Shunt" des 50-mA-Bereiches also Verbindung hat. Ohne Shunt würden 25 mA durch das 1-mA-Instrument fließen. Es wäre überlastet.

Das so erhaltene Strommeßgerät kann uns viele Dienste leisten. Den Bereichsschalter nach Abb. 4.3.2-3 sollten wir nur betätigen, wenn das Instrument ausgeschaltet ist. Oder einen Bereichsschalter verwenden, der zwischen den einzelnen Bereichen während des Umschaltens „schnell genug" in die nächste Schaltstellung gelangt, damit beim Bereichsumschalten möglichst schnell ein neuer Shunt eingeschaltet ist und das Instrument nur kurze Zeit den unabgeschwächten Strom erhält.

4.4 Der regelbare Spannungsteiler

Der Elektroniker braucht sehr häufig eine Einstellmöglichkeit, um eine Spannung, die z. B. aus einer Batterie oder einem Gleichspannungsnetzteil stammt, stufenlos oder in Stufen zu regeln. Dabei muß der Elektroniker entscheiden, ob er für seine Anwendung einen belasteten oder unbelasteten Spannungsteiler vor sich hat. Wir hatten uns schon in dem Buch „Elektronik leichter als man denkt" in den Kapiteln 8.2 und 8.3 darüber unterhalten, wir sollten dort noch einmal nachblättern. Ebenfalls ist das Kapitel 8.6 noch einmal ins Gedächtnis zurückzurufen.

In *Abb. 4.4-1a* ist der unbelastete stufenlose Spannungsteiler (Potentiometer P) gezeigt. Abb. 4.4-1b zeigt den belasteten Spannungsteiler, z. B. durch eine Glühlampe, die hell und dunkel geregelt werden soll. Die Abb. 4.4-1c zeigt, wie der Elektroniker mit Hilfe eines Transistors aus dem belasteten Spannungsteiler nach Abb. 4.4-1b wieder einen unbelasteten Spannungsteiler macht. Er nutzt hierbei die 100fache Stromverstärkungswirkung des Transistors aus. Das Potentiometer regelt nur 1/100 des Stromes von der Lampe. Wenn irgend möglich, versucht der Elektroniker mit unbelasteten Spannungsteilern zu arbeiten. Dadurch werden alle Regelverhältnisse übersichtlicher und leichter berechenbar, auch wenn zusätzliche Bauteile, wie z. B. Transistoren, eingesetzt werden müssen. Ein Transistor weist Stromverstärkungswerte zwischen 20...600 auf.

Im Gegensatz zu Abb. 4.4-1a, wo wir uns den stufenlosen Spannungsteiler angesehen haben, zeigt *Abb. 4.4-2* einen Stufenspannungsteiler. Dort ist ein Stufendrehschalter erforderlich und mehrere Widerstände, z. B. die sechs Widerstände $R_1...R_6$ in Abb. 4.4-2. Der Stufenspannungsteiler wird häufig in Meßschaltungen benutzt. Er ist immer dann von Vorteil, wenn eine bekannte Spannung in vorberechneten Teilerschritten schaltbar verkleinert werden soll. Einen derartigen Stufenteiler können wir uns nach dem Ohmschen Gesetz leicht errechnen. Wenn der Elektroniker keine Möglichkeit hat, einen Spannungsteiler belastungsfrei zu machen, so versucht er aber, den Widerstandswert des Potentiometers P (z. B. wie in Abb. 4.4-1b) mindestens um das Zehn- besser Hundertfache niedriger zu halten, als der Belastungswiderstand groß ist. Das würde dort bedeuten: Die Glühlampe hat einen Ohmschen Widerstand (Glühfadenwiderstand) von

$$P = \frac{U^2}{R}, \text{ also } R = \frac{U^2}{P} = \frac{6^2}{1} = 36 \ \Omega.$$

(Die Lampe hatte die Daten 6 V/1 W.) Also müßte das Potentiometer P in unserem Beispiel nach Abb. 4.4-1b kleiner als 3,6 Ω gewählt werden. Schon ergeben sich für diesen Fall zwei Probleme für den Elektroniker. Erstens sind derartig kleine Potentiometer schwer zu beschaffen. Sie sind nicht billig und sehr groß. Zweitens benötigt das Potentiometer die zehnfache Leistung der Lampe. Die Batterie muß also die zehnfache – für uns nicht nutzbare – Leistung hergeben, nur um den Spannungsteiler (das Po-

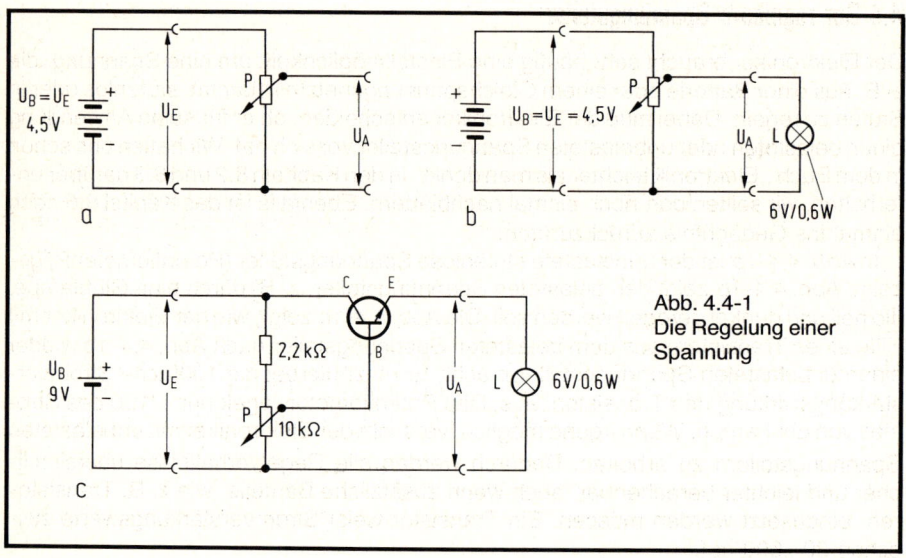

Abb. 4.4-1
Die Regelung einer
Spannung

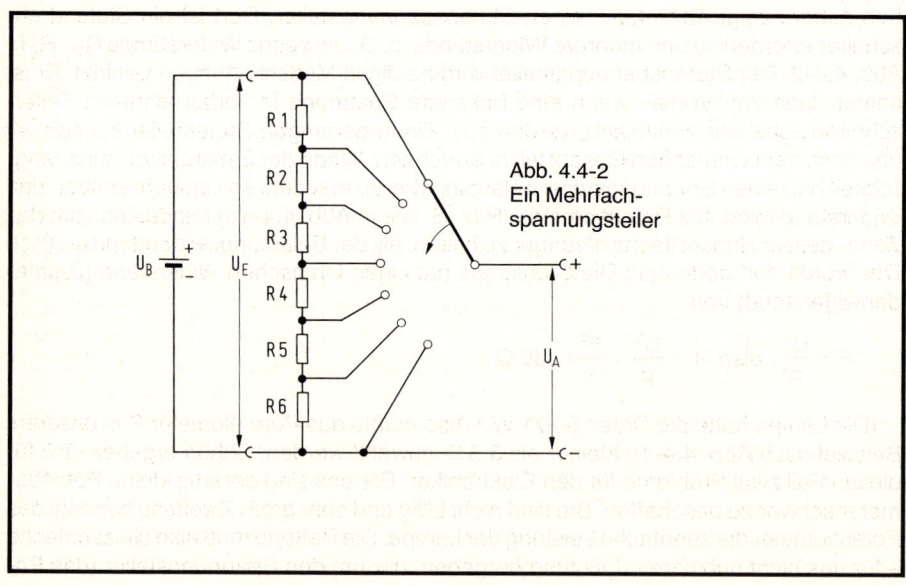

Abb. 4.4-2
Ein Mehrfach-
spannungsteiler

tentiometer) mit Strom zu versorgen. Der Spannungsteiler benötigt soviel Leistung wie eine 6-V-/10-W-Lampe! Für die Stromversorgung, die Batterie, wird das alles sehr unwirtschaftlich. Der Elektroniker benutzt deshalb für diesen Fall lieber die Schaltung nach Abb. 4.4-1c.

4.4.1 Einstellwiderstände und Potentiometer

Die Kapitel 3.5 und 3.5.1 sind uns hier eine Hilfe. Wir können uns die Abbildungen und Fotos von Potentiometern und Einstellwiderständen noch einmal ansehen. Handelsübliche Größen von 50 Ω...5 MΩ finden wir in vielen Ausführungen. Wir müssen darauf achten, daß der Strom das Potentiometer nicht überlastet. Das kann besonders dann passieren, wenn der Schleifer S in die Nähe der Pole A (Anfang) und E (Ende) gestellt wird. Wird dort der Strom zu groß, so brennt die Kohlebahn leicht durch. Für Sonderfälle stehen drahtgewickelte Potentiometer zur Verfügung. Der Schleifer greift dann von den einzelnen Punkten eines gewickelten Drahtwiderstandes den Widerstand ab. Diese Widerstände werden besonders für höhere Ströme (Leistungen) benötigt.

4.5 Und hier ein paar Widerstände, die nicht immer dem Ohmschen Gesetz gehorchen

Wenn wir uns das Kapitel 3.6 noch einmal vor Augen führen, werden wir feststellen, daß der Elektroniker sehr viele Sonderbauteile benötigt, die er oft als Widerstände in Schaltungen einbaut. Es gibt viele Bauelemente, die z. B. durch Licht- oder Wärmeeinfluß ihren Widerstand verändern. Davon wollen wir jetzt reden.

4.5.1 Der Feldeffekttransistor als regelbarer Widerstand

Der Feldeffekttransistor hat drei Anschlüsse. Diese Anschlüsse heißen Gate (G); Source (S) und Drain (D). Der Elektroniker kann einen Feldeffekttransistor ebenfalls zur Verstärkung eines Signales benutzen. Der Feldeffekttransistor hat gegenüber unserem einfachen Transistor den Vorteil, daß unsere elektrische Information – das Steuersignal – am Gate (der Steuerelektrode) ohne Strom zugeführt wird. Die Signalquelle wird also nicht durch den Transistor belastet. Nun läßt sich der Feldeffekttransistor in einem kleinen Spannungsbereich zwischen den Anschlußelektroden Source (S) und Drain (D) auch als leistungslos regelbarer Widerstand verwenden. Dieser Spannungsbereich, in dem der Feldeffekttransistor so eingesetzt werden kann, reicht von ca. 0...0,5 V. Also eine begrenzte Einsatzmöglichkeit für den Elektroniker. Die *Abb. 4.5.1-1* zeigt dafür eine Schaltung. Das Potentiometer (P = 1 MΩ) wird von einer zweiten 4,5-V-Batterie (B$_2$) gespeist, und der eigentliche Regelkreis von der Batterie

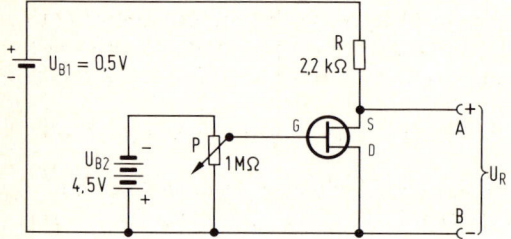

Abb. 4.5.1-1
Der Feldeffekttransistor als
regelbarer Widerstand

B_1 (0,5 V). Der Widerstand R und die S-D-Strecke des Feldeffekttransistors bilden einen Spannungsteiler, die S-D-Strecke des Feldeffekttransistors wirkt als Widerstand. Zwischen den Punkten A und B kann die Regelspannung ca. 0...0,5 V abgenommen werden. Sie kann verschiedenen Anwendungszwecken zugeführt werden.

4.5.2 Ein Widerstand, der sich vom Licht beeinflussen läßt

Sehr viele Lichtsteuervorgänge werden von dem Elektroniker in elektrische Signale umgewandelt. Dafür benötigt er lichtempfindliche Empfänger, wie z. B. Fototransistoren, Selenzellen oder lichtempfindliche Widerstände – sogenannte LDR-Widerstände. Wir haben die Bezeichnung schon kennengelernt. Hier lassen sich sehr viele interessante Versuche machen.

Der LDR-Widerstand wird mit einem Ohmschen Widerstand als Spannungsteiler aufgebaut. Das zeigt die *Abb. 4.5.2-1a* und die Abb. 4.5.2-1*b*.

Wir verwenden eine 9-V-Batterie, dafür können auch zwei 4,5-V-Batterien in Serie geschaltet werden, sowie einen LDR-Widerstand und einen Ohmschen Widerstand. Ein LDR-Widerstand hat seinen höchsten Widerstandswert bei Dunkelheit und besitzt einen sehr kleinen Ohmschen Widerstand bei hellem Lichteinfall (Sonne, Taschenlampe). Nach Abb. 4.5.2-1a ist der LDR-Widerstand in den oberen Spannungsteilerzweig eingeschaltet. Das bedeutet, daß bei Dunkelheit – Widerstand LDR sehr groß – die Spannung U_A sehr klein, also fast 0 V ist. Wird der LDR-Widerstand hell angestrahlt, so ist sein Widerstand sehr klein. Damit ergibt sich ein Spannungsteiler nach Abb. 4.5.2-1a, der am Ausgang eine Spannung U_A bereithält, die sehr groß ist, also fast Batteriespannung. Für sämtliche Helligkeitsunterschiede von dunkel bis ganz hell erhalten wir demnach eine Ausgangsspannung U_A von 0...9 V. Somit können wir sehr einfach Licht elektrisch messen. Durch eine optische Linse vor dem LDR-Widerstand läßt sich der Effekt bündeln und weiter verstärken.

Die Abb. 4.5.2-1b zeigt den umgekehrten Fall. Der LDR-Widerstand ist gegenüber der Schaltung nach Abb. 4.5.2-1a im unteren Zweig eingeschaltet. Die Spannungs-Lichtverhältnisse kehren sich entsprechend um. Sehr viel Licht bedeutet jetzt eine kleine Spannung U_A, also fast 0 V. Bei Dunkelheit steigt die Spannung U_A auf den großen Wert der Batteriespannung an.

Somit können mit diesen beiden Schaltungen alle Licht-Spannungssteuermöglichkeiten erfaßt werden.

Auch eine Schaltung zur Überwachung von zwei Lichtquellen ist schnell zu verstehen. *Abb. 4.5.2-2a* zeigt die Überwachung der Helligkeit zweier Räume. Eine Spannung U_A an dem Teilerwiderstand R entsteht nur, wenn in beiden Räumen zugleich Licht brennt. Ist auch nur ein Raum dunkel, so ist die Spannung U_A Null.

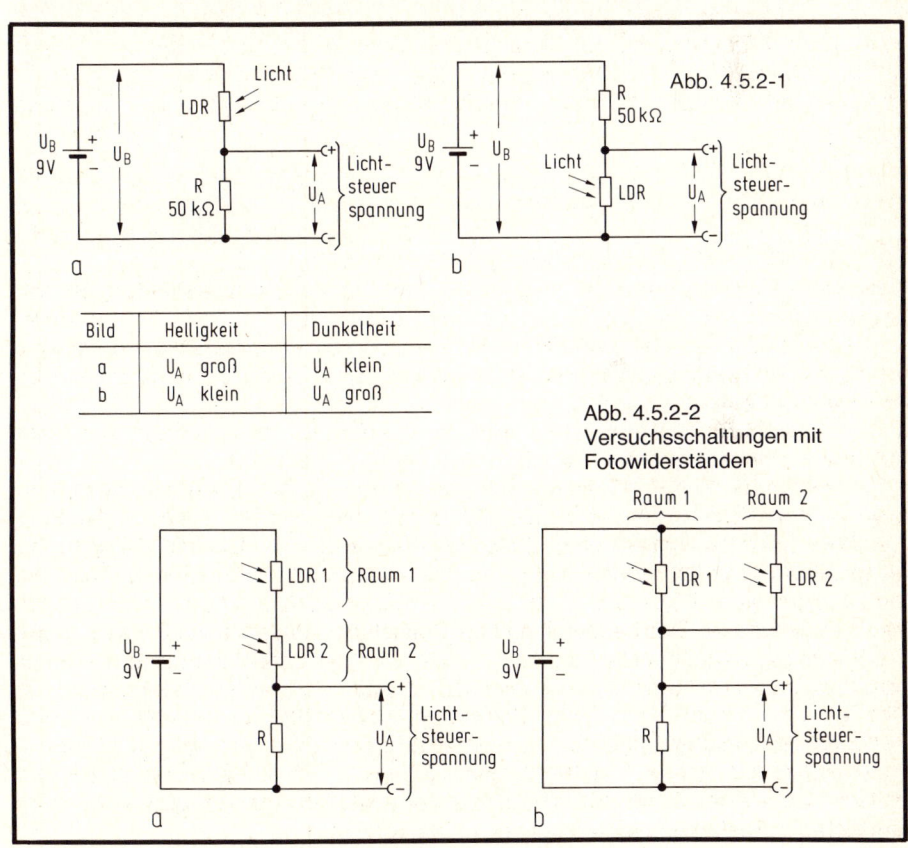

Abb. 4.5.2-1

Bild	Helligkeit	Dunkelheit
a	U_A groß	U_A klein
b	U_A klein	U_A groß

Abb. 4.5.2-2
Versuchsschaltungen mit Fotowiderständen

Anders liegen die Verhältnisse in Abb. 4.5.2-2b. Hier sind beide LDR-Widerstände parallel geschaltet. Sie bilden mit dem Widerstand R den bekannten Spannungsteiler. Die Spannung U_A hat immer dann ihren vollen Wert, wenn mindestens ein Raum (1 oder 2) erleuchtet ist, da beide LDR-Widerstände unabhängig voneinander den Schaltvorgang einleiten können.

Beide Schaltungen können wir uns leicht aufbauen und als Anzeigekontrolle z. B. eine einfache Glühlampe benutzen. Vorher messen wir den LDR-Widerstand aus. Wir werden feststellen, daß er bei Dunkelheit – sicher abdunkeln – an unserem Ohmmeter einen Widerstand anzeigt, der zwischen 50...200 kΩ liegen kann. Das ist vom Typ des LDR abhängig. Bei sehr heller Beleuchtung sinkt der Widerstand auf 20...100 Ω.

Für die Anzeigeschaltung nach *Abb. 4.5.2-3* machen wir den Widerstand R regelbar als Potentiometer P. Somit können wir den Stromeinsatz des Transistors für verschiedene Helligkeitswerte regeln. Der Transistor BC 107 wirkt in der Schaltung nach Abb. 4.5.2-3 als elektronisch gesteuerter Schalter. Ist die Spannung U_A hoch – durch den kleinen Innenwiderstand R_i des LDR bei großer Helligkeit – so schaltet der Transistor durch und die 6-V-Lampe leuchtet. Ist im umgekehrten Fall der LDR-Widerstand hochohmig – also Dunkelheit – so sperrt der Transistor den Kollektorstrom und die Lampe bleibt dunkel. Es ist sinnvoll, wie in Abb. 4.5.2-3 zwei 6-V-Lampen in Serie zu schalten, um Überlastungen zu vermeiden, da fast die volle 9-V-Spannung auch als Lampenspannung zur Verfügung steht. An Stelle der Lampe L kann auch ein Relais eingeschaltet werden. Damit können weitere Steuervorgänge ausgelöst werden. Je nach Bedarf können wir die Eingangsschaltung durch die Schaltungen der Abb. 4.5.2-1 und 4.5.2-2 ersetzen.

Auch eine Lichtschranke können wir schnell aufbauen. Wir benutzen ein Rohr zur Fremdlichtabschirmung – vielleicht aus Pappe – für eine 6 V/50 mA (0,6 W) oder 6 V/1 W Glühbirne und ein gleiches Rohr für den LDR-Widerstand. Wenden wir z. B. eine Taschenlampe an, deren Strahl sich gut bündeln läßt, so lassen sich größere Entfernungen überbrücken. Beim Unterbrechen der Lichtschranke wird die Lampe L erlöschen. Wollen wir den umgekehrten Fall erreichen, nämlich, daß die Signallampe aufleuchtet, wenn der Lichtstrahl unterbrochen wird, so benutzen wir für den Eingang lt. Abb. 4.5.2-3 die Schaltung nach Abb. 4.5.2-1b. Wir schalten den LDR in den unteren Spannungsteilerzweig.

4.5.3 Ein Widerstand, den die Temperatur beeinflußt

Wir hatten in dem Kapitel 3.6 bereits die NTC- und PTC-Widerstände erläutert. Der Elektroniker benutzt häufig den NTC-Widerstand. Dieser Widerstand hat die Eigenschaft, bei steigender Temperatur, die z. B. von außen auf seinen Körper einwirkt, seinen Widerstandswert zu verändern. Der Widerstandswert wird kleiner. Das zeigt die

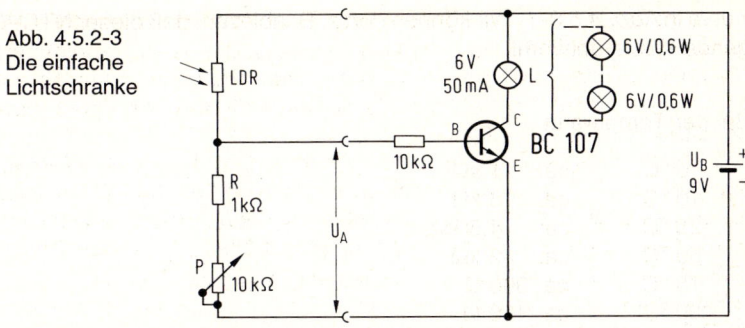

Abb. 4.5.2-3
Die einfache
Lichtschranke

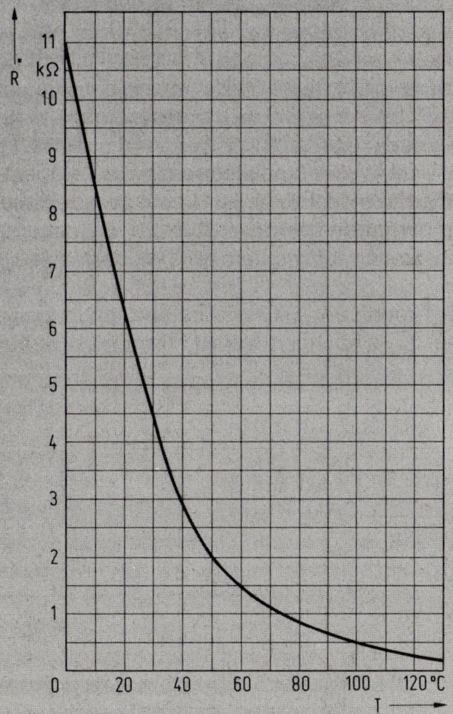

Abb. 4.5.3-1
Der Wider-
standsverlauf
eines NTC-
Widerstandes

109

Kurve in *Abb. 4.5.3-1*. Wir können dort z. B. ablesen, daß dieser NTC-Widerstand folgende Werte annimmt:

Bei der Temperatur

0 °C	ca.	11 kΩ
10 °C	ca.	8 kΩ
25 °C	ca.	4,5 kΩ
50 °C	ca.	2 kΩ
75 °C	ca.	900 Ω
100 °C	ca.	450 Ω
110 °C	ca.	300 Ω.

Natürlich läßt sich diese Betrachtung bei Temperaturen unter 0 °C, also Gefriertemperaturen, weiter fortsetzen. Der Widerstand nimmt bei −10 °C z. B. einen Wert von 15 kΩ an. Als Faustregel können wir gelten lassen, daß ca. 80...100 °C Temperaturänderung – der Elektroniker sagt dazu: ,,delta 80°'' und schreibt dafür: ,,Δ 80°'' – das Komma des Widerstandswertes um eine Stelle verschiebt. Also hat ein NTC-Widerstand eines bestimmten Typs bei 20 °C (Raumtemperatur) einen Widerstand von 1,5 kΩ, so hat er bei 100 °C einen Widerstandswert von ca. 150 Ω. Wie die Kurve nach Abb. 4.5.3-1 uns zeigt, ist die Widerstandsänderung zur Temperaturänderung leider nicht linear. Sonst wäre die Kurve in Abb. 4.5.3-1 eine gerade Linie. Annähernd linear ist der Verlauf nur bei Temperaturen von ca. −20°...+ 20 °C. Immerhin sind das recht interessante Temperaturen, wenn wir mit einem NTC-Widerstand ein Fernthermometer bauen wollen.

Es gibt nun sehr viele Typen von NTC-Widerständen. Je kleiner ein NTC-Widerstand von der Bauform her ist, je hochohmiger ist oft sein Arbeitsbereich. Ein NTC-Wi-

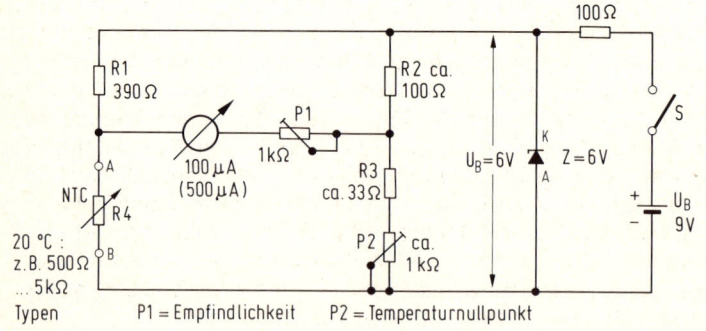

Abb. 4.5.3-2
So können
Temperaturen
gemessen
werden

derstand, wie ein Stecknadelkopf groß, arbeitet vielleicht zwischen 400 kΩ und 10 kΩ. Ein solcher in der Normalgröße einer kleinen Perle zwischen 42 kΩ und 500 Ω. Noch größere NTC-Widerstände für höhere Leistungen, auch solche mit Wärmeableitblech aus Kupfer oder Gehäuse aus Aluminium, arbeiten z. B. zwischen 5 Ω und 0,1 Ω.

Wenn wir mit einem Ohmmeter bei Zimmertemperatur einen NTC-Widerstand messen, so können wir sein Arbeitsgebiet schnell abschätzen. Dafür noch ein paar Anhaltswerte aus der Praxis in folgender Aufstellung:

Typ	Widerstand bei 20 °C	Widerstand bei 100 °C
A	150 kΩ	12 kΩ
B	42 kΩ	4 kΩ
C	12 kΩ	1 kΩ
D	408 Ω	25 Ω
E	43 Ω	5 Ω
F	33 Ω	3 Ω
G	4,3 Ω	0,4 Ω
H	4 Ω	120 kΩ

Wundern wir uns hier über das Verhalten des Widerstandes vom Typ H? Zu Recht! Das ist kein NTC-Widerstand, sondern ein PTC-Widerstand. Ein derartiger Widerstand erhöht bei zunehmender Temperatur seinen Widerstand. ... Übrigens, einen PTC-Widerstand kennen wir schon, es ist die elektrische Glühlampe. Ihr Widerstand hat in kaltem Zustand einen niedrigeren Ohmschen Wert als in glühendem – also heißem – Zustand. In bestimmten Fällen benutzt der Elektroniker sogar die Glühlampe als PTC-Widerstand.

Mit einem NTC-Widerstand können wir uns leicht ein Temperaturmeßgerät bauen. Wir lesen in der Wohnung die Außentemperatur über ein ins Freie führendes Thermometer ab. Gefährdete Räume werden mit einem NTC-Widerstand überwacht. Auch läßt sich die Temperatur in einem Raum elektronisch mit einem NTC-Widerstand regeln. Die Öltemperatur einer Maschine, z. B. eines Autos, kann so überwacht werden.

Doch nun einmal zu einem einfachen Temperaturmeßgerät. Ein einfaches Temperaturmeßgerät zeigt die *Abb. 4.5.3-2*. Diese Schaltung besteht aus den Widerständen R_1 und R_2 sowie dem NTC-Widerstand und dem Widerstand R_3. Das Potentiometer P dient zur Einstellung des Temperaturmeßbereiches – also der Empfindlichkeit der Temperaturanzeige. Je nach verwendetem Instrument können wir mit dem Potentiometer P_1 einstellen, ob wir z. B. 5 °C, 10 °C oder 100 °C als Temperaturanzeige haben wollen. Das Potentiometer P_2 hingegen stellt den Nullpunkt der Temperaturmessung auf der Instrumentenskala ein. Mit dem Potentiometer P_2 können wir also bestimmen, ob wir +10...+50 °C, 0...+40 °C oder von −20...+20 °C messen wollen.

111

Die Zenerdiode (Z = 6 V) stabilisiert die Betriebsspannung auf 6 V, so daß der Alterungsvorgang der 9-V-Batterie, die wir uns auch aus zwei 4,5-V-Batterien zusammenstellen können, nicht auf das Meßergebnis eingeht.

Die Dimensionierung der Bauteile richtet sich im wesentlichen nach dem verwendeten NTC-Widerstand. Dieser sollte bei Zimmertemperatur, also ca. 20 °C, mit einem Ohmmeter kurzzeitig gemessen, einen Wert je nach Typ von 500 Ω...10 kΩ aufweisen. Der Wert auf dem Ohmmeter wird ganz rasch (1 Sekunde) abgelesen, damit der Meßstrom den NTC-Widerstand nicht erhitzt und damit zu einer Fehlmessung führt.

Geeicht wird folgendermaßen. Wenn wir eine Skala nach *Abb. 4.5.3-3* wünschen, so wird mit P_2 der Temperatur-Nullpunkt auf die richtige Skalenstelle gebracht. Wir benutzen eine neutrale – weiße – Skala, die wir z. B. mit Autorallye-Spray (matt) weiß lackiert haben. Oder man kann die vorhandene Skala benutzen und eine Eichkurve aufschreiben. Wie erhalten wir jetzt eine Temperatur von genau 0 °C? Eis schmilzt bei 0°. Also nehmen wir uns eine Schüssel mit Eisstücken (ungefähr 10) aus dem Kühlschrank und füllen die Schüssel mit etwas Wasser auf. Das Wasser hat sehr schnell eine Temperatur von 0 °C erreicht. Den schutzlackierten NTC-Widerstand tauchen wir in das Eiswasser ein und eichen so den Temperatur-Nullpunkt auf dem Instrument. Die weiteren Punkte finden wir durch ein Vergleichsthermometer bei unterschiedlichen Temperaturen (draußen, drinnen, an der Heizung). Wenn wir genauer eichen wollen, so benutzen wir ein Temperaturbad. Dazu eignet sich eine Schüssel, die mit Wasser von ca. 50 °C aufgefüllt wird. Diese Schüssel bekommt ein normales Vergleichsthermometer. Der NTC-Widerstand wird ebenfalls eingeführt und nun die Temperatur auf dem Vergleichsinstrument abgelesen und anschließend entsprechend auf der Skala eingetragen. Oft genügen Temperatursprünge von 5 °C oder 10 °C. Die Zwischenteilungen können wir dann auf der Skala abschätzen und einzeichnen – interpolieren.

Die gewünschte Endtemperatur von z. B. −20 °C oder + 30 °C bestimmt der NTC-Widerstand und die Einstellung der Empfindlichkeit mit dem Potentiometer P_1.

Der Wert von R_1 kann vergrößert werden, wenn ein NTC-Widerstand sehr hochohmiger Bauart Verwendung findet. Der NTC-Widerstand kann nach Abb. 4.5.3-2 zu seinen Anschlüssen A und B sehr weit über eine Leitungsverlängerung an den eigentlichen Meßort herangeführt werden. Der Schalter S schaltet die Anlage ein. Schlägt das Instrument bei Erhöhung der Temperatur nach links, also falsch aus, so wird es umgepolt.

4.5.4 Ein Widerstand, der von Strom und Spannung beeinflußt wird.

Widerstände, die von dem elektrischen Strom in ihrem Wert geändert werden können, kennen wir schon. Es sind der NTC- und der PTC-Widerstand. Wir haben beide Widerstände bislang immer so betrachtet, daß eine Temperatur, die wir von außen zuführen, z. B. durch den Lötkolben, durch ein Temperaturbad oder durch die Lufttemperatur, den Ohmschen Wert dieser Widerstände beeinflußt.

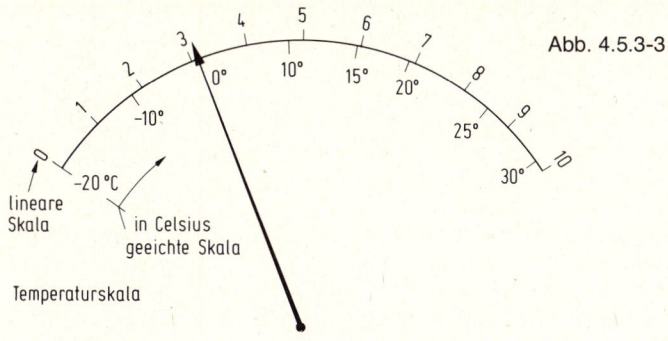

Abb. 4.5.3-3

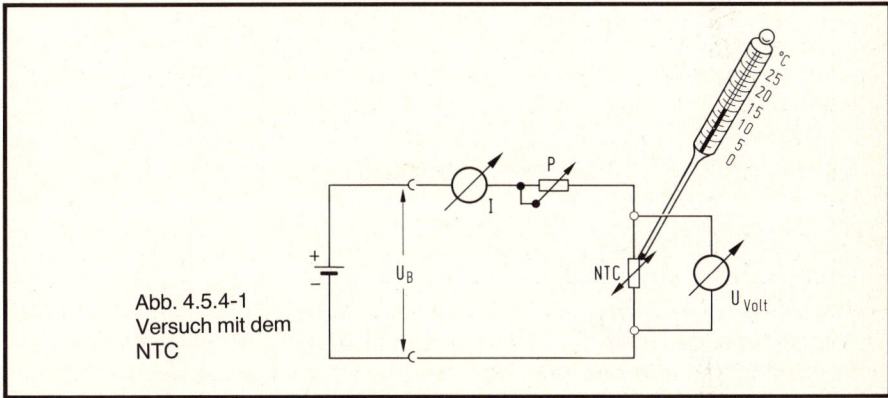

Abb. 4.5.4-1
Versuch mit dem
NTC

Nun können wir es auch umgekehrt machen, und zwar wird der Widerstand durch den elektrischen Strom „aufgeheizt". Der Elektroniker kann also eine Schaltung nach *Abb. 4.5.4-1* aufbauen. Durch den Einsteller P regelt er den Strom mit einem NTC-Widerstand und mißt an diesem gleichzeitig die Spannung U. Ein zusätzliches Thermometer könnte die Temperatur des NTC-Widerstandes messen, was jedoch nicht erforderlich ist. Auf jeden Fall stellt der Elektroniker fest, daß die Spannung am NTC-Widerstand sich nicht in dem gleichen Verhältnis ändert wie der Strom I, also daß der Widerstand nicht konstant bleibt. Das liegt an der uns bekannten unlinearen Kennlinie des NTC-Widerstandes zu seiner Körpertemperatur.

Den VDR-Widerstand können wir mit unseren Mitteln schlecht messen, dazu gehört eine höhere Spannung und entsprechend geeignete Meßmittel. Der VDR-Widerstand hat die Eigenschaft, bei höheren Spannungen niederohmiger zu werden. In kleineren Spannungsbereichen verhält sich der VDR-Widerstand – unabhängig von der Polung der Spannung – wie ein Ohmscher Widerstand. Ab einer bestimmten Spannung, z. B. 50 V (je nach Typ verschieden), ändert sich dieses Verhalten, der Widerstandswert sinkt sehr schnell. Er kann also als „Spannungssicherung" eingesetzt werden.

4.5.5 Ein Widerstand, der sich von einem Magnetfeld beeinflussen läßt

Diese Widerstandsart wird seltener benutzt. Das magnetfeldempfindliche Bauelement reagiert mit Widerstandsänderung auf das Magnetfeld. Auch hier wird häufig ein Serienwiderstand in Reihe geschaltet, an dem dann die Widerstandsänderung des magnetfeldempfindlichen Bauelementes eine Spannung abfallen läßt, deren Größe von der Stärke des Magnetfeldes abhängt.

Ein „magnetfeldempfindlicher Widerstand" wird Feldplatte genannt. Er erhöht seinen Widerstandswert maximal bis zu seinem 25fachen Wert. Hat also eine Feldplatte einen Widerstandswert von z. B. 100 Ω, so beträgt dieser bei einem starken Magnetfeld bis zu 2500 Ω.

4.5.6 Etwas Plauderei aus der Praxis
– zu den Sonderformen dieser Widerstände –

Der Elektroniker hat die Möglichkeit, mit licht-, temperatur-, strom-, spannungs- und magnetfeldabhängigen Widerständen sehr viele physikalische Größen in elektrische Spannungen oder Signale umzuwandeln. Meistens benutzt er dazu einen Ohmschen Widerstand, den er in Serie zu dem Sonderwiderstand schaltet. Er läßt dann einen Strom durch beide Widerstände fließen und kann an dem Ohmschen Widerstand die Meßspannung abnehmen.

Diese Meßspannung kann er auf einem Instrument zur Anzeige bringen. Dann kann er die in elektrische Spannung umgewandelte physikalische Energie messen. Z. B. ein Belichtungsmesser oder ein elektronisches Fernthermometer.

Viele Firmen stellen derartige Sonderbauteile her. Eine Normung gibt es nicht. Deshalb benötigt der Elektroniker das Datenblatt des betreffenden Widerstandes, um ihn in eine elektronische Schaltung richtig einsetzen zu können.

Häufig sehen sich temperaturempfindliche Widerstände sehr ähnlich. Damit entsteht dann die Frage, ob es sich um einen NTC-, PTC- oder VDR-Widerstand handelt. Das läßt sich nur durch Ausprobieren ermitteln. Der Widerstand wird an ein Ohmmeter angeschlossen und etwas mit dem Lötkolben erhitzt. Danach ist die Entscheidung: NTC- oder PTC-Widerstand möglich. Ein VDR-Widerstand kann nur durch sein Spannungsverhalten ermittelt werden.

4.6 Und was nimmt ein Widerstand uns übel?

Widerstände vertragen weder mechanische noch elektrische Überlastungen.

Der Elektroniker schneidet die Anschlußdrähte der Widerstände nicht zu kurz ab. Sonst würde der Widerstand oder seine Lackierungsschutzschicht beim Löten durch Hitze oder Abbiegen beschädigt werden können.

Jeder Widerstand verträgt nur eine bestimmte elektrische Belastung. Wird diese überschritten, d. h. wird der Strom oder die Spannung zu groß, so erhitzt sich der Widerstand. Die Lackierung verbrennt, ebenso die Widerstandskohleschicht. Bei einem Leistungsdrahtwiderstand glüht der Draht durch.

4.7 ... und das sollten wir daraus gelernt haben

Der Elektroniker benutzt den Widerstand als häufigstes Bauelement.

● Mit dem Ohmschen Gesetz lassen sich Strom oder Spannung am Widerstand errechnen oder messen.

● Ein Strom ruft an einem Widerstand einen Spannungsabfall hervor. Dieser wird häufig als Informationssignal benutzt. Das Spannungssignal folgt der Stromänderung.

● Ein Widerstand verkleinert den Strom in einem Stromkreis.

● Ein Widerstand verkleinert die Spannung an einem Ohmschen Verbraucher, z. B. einer Glühlampe.

● Zwei Widerstände bilden zusammen einen Spannungsteiler. Eine Spannung läßt sich so in jeden gewünschten Wert teilen, d. h. verkleinern.

● Ein Widerstand als Trimm-Einstellwiderstand oder Potentiometer läßt sich von Hand auf einen gewünschten Wert einstellen.

● Es gibt Widerstände, die sich in ihrem Wert von Licht, der Temperatur, der Spannung oder dem Magnetfeld beeinflussen lassen.

● Wird ein Widerstand überlastet, so brennt er durch.

5 Der Kondensator

Der Kondensator stellt in der Elektronik ebenfalls ein wichtiges Bauelement dar. Gegenüber dem Widerstand können wir uns jedoch schon einmal merken – und das trifft auch für die Spule in Kapitel 7.0 zu –, daß diese beiden Bauelemente ihre Anwendung nur dann finden können, wenn sie mit Wechselspannung oder Wechselstrom betrieben werden. Ein Kondensator in der Gleichstromtechnik der Elektronik, also in der bisherigen Betrachtung von Strom und Spannung, kann in dieser Stromart nicht wirken. Er tut so, als sei er nicht da. Ein Kondensator hat bei Gleichspannung oder Gleichstrombetrieb einen unendlich hohen Innenwiderstand. Also zeigt er bei dieser Stromart auch keine Reaktion. Ein Strommesser zeigt bei einem Kondensator im Gleichstromkreis keinen Strom an!

Bei Wechselstrom nun verhält sich der Kondensator völlig anders. Hier entwickelt er Eigenschaften wie der Ohmsche Widerstand bei Gleichstrom. Nur zur Erinnerung: Natürlich bleiben auch die Eigenschaften eines Ohmschen Widerstandes und damit auch das Ohmsche Gesetz beim Betrieb mit Wechselstrom voll erhalten.

Der Kondensator – wie wir eben gelesen haben – verhält sich bei Wechselstrom ähnlich dem Ohmschen Widerstand. Ja, das Ohmsche Gesetz kann sogar mit einer kleinen Einschränkung Verwendung finden. Allerdings hat ein Kondensator einen unterschiedlichen Widerstandswert bei verschiedenen Frequenzen der Wechselspannung.

5.1 Die Bauformen

In dem Kapitel 3.11 sind bereits viele Abbildungen von Kondensatoren enthalten. Dort sind ebenfalls wichtige Formen des Kondensators beschrieben worden.

Ein Kondensator besteht nach *Abb. 5.1-1* in seiner einfachsten Ausführung aus zwei sich gegenüber stehenden, leitenden (Metall)-Platten mit je einem Anschluß. Die Kapazität eines derartigen Kondensators errechnet sich nach der Gleichung

$$C = \frac{0,088 \cdot A \cdot e}{l} \qquad \begin{aligned} A &= \text{Fläche in cm}^2; \\ l &= \text{Abstand beider Platten in cm.} \end{aligned}$$

Die Kapazität der Gleichung ergibt sich in [pF], das sind $1 \cdot 10^{-12}$ F. Darin ist A die Fläche einer Platte, l der Abstand beider Platten zueinander und e die sogenannte Dielektrizitätskonstante. Diese ist z. B. für

Luft	e = 1	Glas	e = 7
Papier	e = 2	Tantalpentoxid	e = 27
Gummi	e = 3		

Nehmen wir nun einmal zwei kleine Platten von je 1 cm² an, die sich 1 mm gegenüberstehen und zwischen denen sich Luft befindet. Dann hat dieser Kondensator eine Kapazität von

$$C = \frac{0,088 \cdot 1 \cdot 1}{0,1} = \frac{0,088}{0,1} = 0,88 \text{ pF}$$

$$C = 0,88 \text{ pF}.$$

Aus der Gleichung läßt sich sehr einfach ablesen:

> Je größer die Fläche A, je größer die Kapazität;
> je größer der Abstand l, je kleiner die Kapazität;
> je größer die Dielektrizitätskonstante e, je größer die Kapazität.

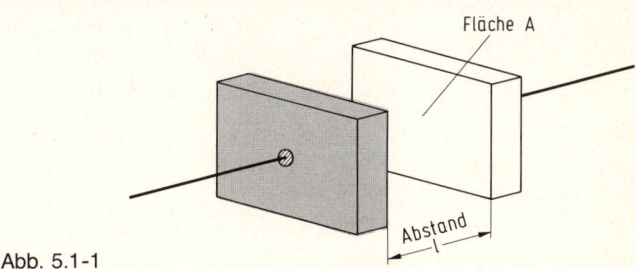

Fläche A

Abstand l

Abb. 5.1-1

117

Wenn wir nun einen Kondensator von 1 nF (1 · 10^{-9} F) haben wollten, so müßte in unserem vorherigen Beispiel die Fläche A über 1000mal so groß sein, also zwei Platten von je 1 m Länge und 10 cm Breite ergeben einen Kondensator von fast 1 nF, hier genau 0,88 nF = 880 pF.

Das kann der Elektroniker nun praktisch nicht verwenden, deshalb benutzt er folgenden Trick. Er nimmt zwei dünne – sehr dünne – Aluminiumfolien, legt als Isolierung – Dielektrikum – Papier dazwischen und wickelt das Ganze auf. So etwas wird dann Rollkondensator genannt. Wir können uns leicht vorstellen, daß so jeder Kapazitätswert erreicht werden kann.

Ein 1 m langer Aluminiumstreifen, der 3 cm breit ist und von einer dünnen Papierlage von dem zweiten Streifen getrennt wird, erreicht folgende Kapazität, wenn wir einmal annehmen, daß das Papier eine Stärke von 0,01 mm hat und einen Wert e von 2 besitzt. Dann rechnen wir:

$$C = \frac{0,088 \cdot (100 \cdot 3) \cdot 2}{0,01} = \frac{0,088 \cdot 600}{0,01} = 5280$$

$$C = 5280 \text{ pF}; \ C = 5,28 \text{ nF}.$$

Durch entsprechende Wahl von Abstand, Fläche und Dielektrizitätskonstante läßt sich so fast jede Kapazität herstellen.

Dieses „fast" ist hier angebracht. In der Elektronik werden auf diese Art und Weise Kondensatoren von ca. 100 pF...1 µF gebaut; in Sonderfällen auch noch größere Werte. Kondensatoren unter 100 pF sind meistens „keramische" Typen. Hier wird z. B. ein Rohr aus Keramik als Isolierstoff und Dielektrizitätskonstante benutzt. Das kann z. B. die Größe wie ein 1 cm langer Strohhalm haben. Auf die Innen- und Außenseite wird nun bei der Herstellung eine dünne Silberschicht aufgebracht, mit zwei Anschlußdrähten versehen und schon ist der keramische Kondensator fertig. Durchmesser und Länge des Keramikrohres bestimmen die Kapazität. Eine schematische Darstellung sehen wir in *Abb. 5.1-2*.

Kondensatoren in größeren Werten als z. B. 1 µF werden im allgemeinen als Elektrolytkondensatoren, kurz „Elko" genannt, geliefert. Hier wird von einer Dielektrizitätskonstante mit großem Wert e Gebrauch gemacht. Dadurch werden Kapazitätswerte von 1...10 000 µF erreicht. In diese Kategorie von Kondensatoren fallen auch die Tantalelektrolytkondensatoren. Bei einem Elektrolytkondensator müssen wir aufpassen. Er ist gepolt, d. h. er besitzt einen Pluspol und einen Minuspol. Er muß richtig gepolt an die Spannungsquelle angeschlossen werden!

Drehkondensatoren sind zu vergleichen mit veränderlichen Widerständen, Potentiometern oder Trimmern. Durch Verändern der beiden Platten, z. B. durch einen Drehantrieb, kann die Kapazität verändert werden. Der drehende Teil wird Rotor genannt, der sich nicht drehende Teil heißt Stator. Drehkondensatoren werden in Werten

Abb. 5.1-2
Aufbau eines Keramik-
kondensators

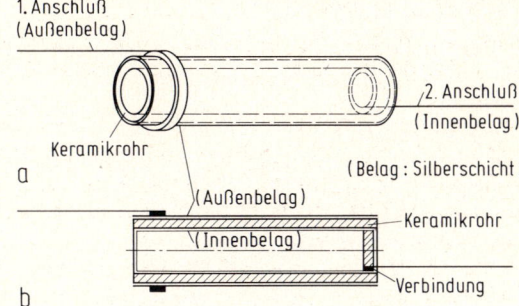

bis zu 500 pF geliefert. Der Rotor besteht dann aus einem Plattenpaket von z. B. 10 Metallplatten, die wir durch einen drehbaren Antrieb zwischen die 10 feststehenden Statorplatten drehen. Mit einem Drehkondensator können sämtliche Kapazitätswerte bis zu seiner Endkapazität eingestellt werden. Ein Drehkondensator ist z. B. in unserem Rundfunkgerät vorhanden. Wenn wir ihn betätigen, stellen wir damit die einzelnen Empfangsstationen ein.

5.1.1 Der Farbcode

Anders als beim Widerstand ist der Kapazitätswert meistens auf den Kondensator aufgedruckt. Dennoch wird von einigen Firmen, besonders bei keramischen Kondensatoren, der Farbcode benutzt. Die Zahlenfolge in der Farbbezeichnung ist mit der Tabelle des Kapitels 4.1.1 identisch bis auf den Wert des Multiplikators. Bei Kondensatoren, deren beide Anschlußdrähte an einer Seite herausgeführt sind, beginnt man an der anschlußfreien Seite des Kondensators. Wir benutzen nur die ersten drei Farbstreifen nach Kapitel 4.1.1. Weiter folgende Streifen deuten auf weitere Kennzeichen eines Kondensators hin, die uns noch nicht interessieren sollen.

Der dritte Farbstreifen, der Multiplikator, nimmt folgende Werte ein:

schwarz	x 1 pF	orange	x 1 nF
braun	x 10 pF	gelb	x 10 nF
rot	x 100 pF	grün	x 100 nF

Hat ein Kondensator also die Farbstreifen rot – violett – braun, so ist sein Wert 2 – 7 – x 10 pF = 27 x 10 pF = 270 pF.

5.1.2 Die wichtigsten Werte

In der Elektronik finden Kondensatoren von 1 pF...10 000 µF Verwendung. Aus dem Kapitel 1 kennen wir die Dimension für 1 pF = $1 \cdot 10^{-12}$ F und 10 000 µF = $1 \cdot 10^{-2}$ F. Das ist ein Kapazitätsunterschied von 10 000 000 000! Diesen großen Bereich wollen wir jetzt etwas unterteilen.

In der Hochfrequenztechnik – der Empfangstechnik unserer Radio- und Fernsehwellen, finden Kondensatoren von 1...1000 pF Verwendung. In der Impulselektronik, so im Computerbau oder bei elektronischen Steuereinrichtungen, finden Kondensatoren von 500 pF...1 µF Verwendung. In der Niederfrequenztechnik, also der Übertragungstechnik vom Mikrofon bis zum Lautsprecher, arbeiten wir mit Kondensatoren von 1...100 nF.

In der Stromversorgungstechnik, wo aus einer Wechselspannung eine Gleichspannung erzeugt wird, arbeiten wir mit Elektrolytkondensatoren im Werte von 10...10 000 µF. Werden einzelne Stromkreise von Baugruppen voneinander ,,entkoppelt'' – so daß sie sich gegenseitig nicht beeinflussen –, so benutzt der Elektroniker Tantalelkos im Werte von 1...50 µF.

Drehkondensatoren gibt es, wie wir schon sagten, bis 500 pF. So können wir ohne weiteres auch einen Drehkondensator von 47 pF erhalten. Dieser wäre z. B. geeignet, um den UKW-Bereich unseres Rundfunkempfängers abzustimmen. Trimmkondensatoren, also solche Einstellkondensatoren, die fest in die Schaltung eingebaut werden und mit einem Schraubenzieher einmal auf den erforderlichen oder gewünschten Wert eingestellt werden, besitzen gegenüber dem Drehkondensator weitaus kleinere Werte. Sie liegen so z. B. bei 6 pF, 13 pF oder bei 20 pF. Meistens werden hier Werte von 0...60 pF nicht überschritten.

Daß Elektrolytkondensatoren richtig gepolt angeschlossen werden müssen, ist uns schon bekannt. Etwas wurde bei dem Kondensator jedoch noch nicht erwähnt: Die Größe seiner Betriebsspannung. Wir arbeiten in unseren Versuchen mit einer maximalen Batteriespannung von 9 V. Diese Spannung halten alle Kondensatoren aus, wenn wir von sehr kleinen (Bauform) Elektrolytkondensatoren einmal absehen. Wir finden beispielsweise bei Kondensatoren den Aufdruck 56 nF/250 V. Das bedeutet, daß dieser Kondensator nur an Spannungen bis 250 V angeschlossen werden darf. Ein Elektrolytkondensator von 1000 µF/15 V darf an keine höhere Spannung als 15 V angeschlossen werden. Wird ein Kondensator an einer höheren als der maximal zulässigen Spannung betrieben, so tritt zwischen den beiden Platten ein Funkenüberschlag auf, der meistens einen bleibenden Kurzschluß verursacht; der Kondensator ist somit unbrauchbar.

5.1.3 Weshalb hat der Kondensator eine Toleranz?

Wir hatten die Bedeutung der Toleranzen bei den Widerständen schon kennengelernt. Ein 100-kΩ-Widerstand mit einer Toleranz von ± 10 % kann sowohl 90 kΩ als auch 110 kΩ groß sein. Ebenso verhält es sich bei den Kondensatoren. Ein Kondensator von 100 nF bei ± 10 % Toleranz kann Werte von 90...110 nF annehmen.

Wodurch entsteht nun diese Toleranz bei einem Kondensator? Wir hatten uns zu Beginn die Formel angesehen, mit der wir die Kapazität eines Kondensators ausrechnen können – dabei stießen wir auf den Abstand -l- der beiden Platten. Bei Wickel- oder Rollkondensatoren wird dieser Abstand durch die Isolierschicht z. B. einer sehr dünnen Kunststofffolie bestimmt. Die Maschine, die den Kondensator „wickelt", gewährleistet nun nicht immer den gleichen Abstand der Isolierschicht – dadurch können Kapazitätstoleranzen entstehen.

5.1.4 Und was macht der Kondensator bei Temperaturänderungen?

Ähnlich wie vorstehend beschrieben, können auch Toleranzen durch Temperaturschwankungen auftreten. Bei Temperaturänderungen dehnt sich die Isolierfolie zwischen den „aufgewickelten" Platten aus. Dadurch ändert sich der Abstand -l- und schon resultiert daraus eine Kapazitätsänderung. Je nach Wahl des Dielektrikums (Material der Isolierschicht oder Folie) gibt es Kondensatoren, deren Kapazität bei steigender Temperatur ebenfalls steigt oder aber sinkt. Der Elektroniker spricht hier von einem positiven oder negativen Temperaturkoeffizienten. Schaltet er z. B. zwei 500-pF-Kondensatoren, von denen der eine einen negativen Temperaturkoeffizienten aufweist und der zweite einen positiven Temperaturkoeffizienten besitzt, parallel, so erhält er einen 1-nF-Kondensator, dessen Wert sehr temperaturunabhängig ist.

5.1.5 Am Scheidewege – ... Der Elektrolytkondensator

Den Elektrolytkondensator – Elko – erkennen wir an seinem Gehäuse. Das ist meistens ein Aluminiumbecher mit einer großen Schraubverbindung, um den Kondensator in einem Chassisloch zu befestigen. Der Elektroniker benutzt oft ein abgewinkeltes, ca. 2 mm starkes Aluminiumblech (Chassis), wo er seine größeren Bauelemente wie Trafos, Elkos, Potis (Potentiometer), Leistungstransistoren etc. befestigt. Oft ist der Aluminiumbecher jedoch auch mit einer Kunststoffschicht als Isolierung überzogen, wobei an beiden Seiten des runden Körpers die beiden Anschlußdrähte des Elkos herausragen.

Wir hatten schon gesagt, daß der Elko „gepolt" ist. Er hat also einen Plusanschluß und einen Minusanschluß. Der Elko darf nie umgepolt oder falsch gepolt angeschlossen werden. Er wird dann leicht zerstört. In kritischen Fällen kann er durch Gasbildung in seinem Innern sogar explodieren. Hier ist also Vorsicht geboten. Der Minuspol eines Elektrolytkondensators ist immer – wenn nicht anders bezeichnet – das Aluminiumgehäuse, der Becher des Elkos.

Mit Elektrolytkondensatoren können sehr hohe Kapazitätswerte bei sehr kleinen Abmessungen erreicht werden. Das liegt an dem inneren Aufbau des Elkos. Die innere positive Elektrode des Elkos besteht ebenfalls meistens aus Aluminium. Diese Elektrode erhält eine sehr dünne Oxydschicht, z. B. 0,01 μm stark, das sind, 0,00000001 m oder 0,00001 mm als Wert -l- in unserer Kapazitätsformel. Daraus können wir schon ersehen, daß durch diesen sehr kleinen Abstand bei kleiner Plattenfläche -A- sehr große Kapazitätswerte möglich sind. Um die Oxydschicht in ihrer Wirkungsweise zu unterstützen und um sie nicht zu zerstören, muß die von außen angelegte Spannung richtig gepolt sein.

Zur Außenummantelung, dem Aluminiumbecher, besteht im Elko eine leitende Verbindung, es ist der Elektrolyt. Das ist ein meist feuchtes Material, welches die elektrische Verbindung vom Minuspol – dem Gehäuse – zu der feinen Oxydschicht bildet.

Elektrolytkondensatoren weisen gegenüber normalen Kondensatoren im Betrieb einen sehr geringen Gleichstrom auf. Der Elektroniker nennt diesen Gleichstrom: Reststrom. Dieser Reststrom ist von der Spannung und der Kapazität abhängig. Er erreicht nach ca. 20 Minuten Betrieb eines Elkos seinen kleinsten Wert. Dieser kleine Strom weist Werte zwischen 0,1 mA...10 mA auf.

5.2 Wie können wir einen Kondensator messen?

Das ist sehr schwierig für uns, denn wir benötigen dazu ein Kapazitätsmeßgerät. Derartige Kapazitätsmeßgeräte sind sehr teuer. Deshalb müssen wir uns vorerst mit den aufgedruckten Werten eines Kondensators zufriedengeben.

Verfügen wir über ein Wechselstrommeßinstrument, so können wir über die Formel für den kapazitiven Widerstand* die Größe des Kondensators ausrechnen. Die Formel für den Wechselstromwiderstand eines Kondensators heißt:

$$R_c = \frac{1}{\omega \cdot C} = \frac{1}{2 \cdot \pi \cdot f \cdot C} \ [\Omega]; \ (f \text{ in Hz und C in Farad}).$$

Damit wird der Kondensator dann in unserer Gleichung:

$$C = \frac{1}{2 \cdot \pi \cdot f \cdot R_c} \ .$$

* (diesen bezeichnet der Profi oft als Blindwiderstand und gibt ihm das Zeichen X_c)

Abb. 5.2-1

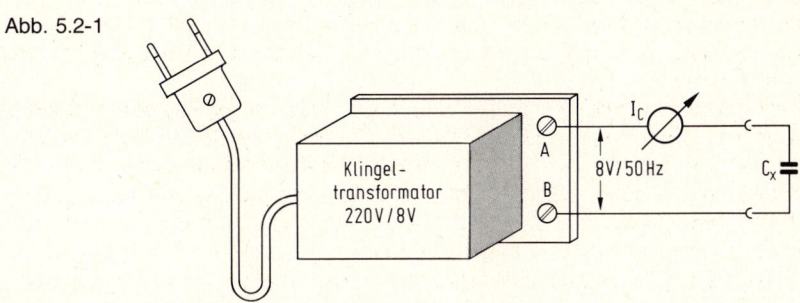

Nach *Abb. 5.2-1* messen wir zwischen den Anschlußbuchsen A und B der Nieder-spannungsseite eines Klingeltransformators eine Spannung von 8 V. Wir wissen, daß unser Lichtnetz eine Frequenz von 50 Hz aufweist. Setzen wir die Frequenz von 50 Hz in die Gleichung einmal ein, sowie für R_c nach dem Ohmschen Gesetz die Gleichung

$$R_c = \frac{U_c}{I_c}, \text{ so erhalten wir} \quad C = \frac{1}{2 \cdot \pi \cdot f \cdot \dfrac{U_C}{I_C}} = \frac{I_c}{2 \cdot \pi \cdot f \cdot U_C} \;;$$

das ergibt sehr einfach bei 50 Hz für den Kondensator mit $2 \cdot \pi \cdot f = 2 \cdot 3{,}14 \cdot 50 \text{ Hz} = 314{,}16 = 3{,}14 \cdot 10^2$ folgenden Wert:

$$C = \frac{I_c}{3{,}14 \cdot 10^2 \cdot U_c}$$

Messen wir in der Schaltung nach Abb. 5.2-1 z. B. einen Wechselstrom I_c von 6 mA bei einer Spannung von 8 V, so hat der Kondensator C_x eine Größe von

$$C = \frac{6 \cdot 10^{-3}}{3{,}14 \cdot 10^2 \cdot 8} = 2{,}38 \cdot 10^{-6} \text{ F} = 2{,}38 \text{ μF}.$$

Wir erkennen hier schnell die Grenze der Meßmöglichkeit. Wollen wir nämlich klei-nere Kondensatoren messen, so werden die Meßströme sehr klein – und dafür gibt es nur sehr teure Wechselstrommeßgeräte.

Der Profi hat für die Messung von Kapazitäten eine sogenannte Kapazitätsmeß-brücke. Ein einfacher Nachbau ist in dem Buch „Das Hobbylabor für den Profibast-ler" (Franzis-Verlag) beschrieben.

5.3 Noch einmal – die Serien-, die Parallelschaltung und etwas mehr

5.3.1 Die Serienschaltung

Werden zwei Kondensatoren in Serie, also hintereinandergeschaltet, so wird die gesamt wirksame Kapazität der Serienschaltung immer kleiner als der größte Kapazitätswert eines dort benutzten Kondensators. Die Kapazität errechnet sich nach der ebenfalls schon bekannten Gleichung

$$C_{ges} = \frac{C_1 \cdot C_2}{C_1 + C_2}$$

5.3.2 Die Parallelschaltung

Schalten wir zwei oder mehrere Kondensatoren parallel, so addieren sich die einzelnen Werte zu einem gesamt wirksamen Kapazitätswert.

Der Elektroniker schaltet sehr ungern Kondensatoren parallel oder in Serie. Das liegt im wesentlichen daran, daß zwei Kondensatoren in einem engen Schaltungsaufbau schlechter unterzubringen sind als ein Kondensator. Lediglich, wenn sich ein gewünschter Kapazitätswert durch einen einzelnen Kondensator nicht erreichen läßt, dann schaltet der Elektroniker zwei Kondensatoren parallel oder in Serie. Benötigt der Elektroniker z. B. einen Kapazitätswert von 1,33 nF, so wird er diese Größe nicht kaufen können. Er kann hier jedoch einen 1 nF- und einen 330 pF-Kondensator parallel schalten, um den gewünschten Wert von 1,33 nF zu erhalten. Die Parallel- oder Serienschaltung von zwei Kondensatoren wird auch benutzt, um einen temperaturstabilen Kapazitätswert zu erhalten. Jeder Kondensator ändert seinen Kapazitätswert geringfügig durch den Einfluß der Temperatur. Wenn wir jetzt dafür sorgen, daß zwei Kondensatoren zusammengeschaltet werden, von denen der eine bei steigender Temperatur seinen Kapazitätswert verkleinert und der zweite aufgrund seines Dielektrikums den Kapazitätswert vergrößert, so kann der Elektroniker damit erreichen, daß sich beide Änderungen aufheben (kompensieren). Das bedeutet, daß der resultierende Kondensator in seinen Kapazitätswerten ziemlich unabhängig auf die Temperatur reagiert.

5.3.3 Der Kondensator und die Zeit

Für den Elektroniker ist dieses Wissen sehr wichtig, so daß auch wir uns hier eingehender damit befassen wollen. Der Elektroniker spricht oft von der Aufladung oder der Entladung eines Kondensators – das sind für ihn zwei sehr wichtige Begriffe. Die *Abb. 5.3.3-1* zeigt uns, was er unter einem Aufladevorgang und einem Entladevorgang versteht.

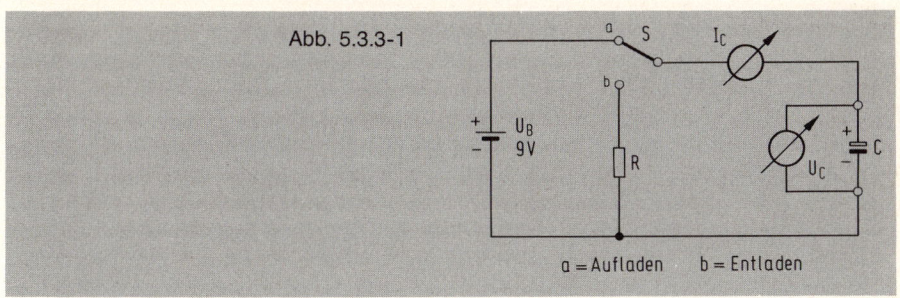

Abb. 5.3.3-1

a = Aufladen   b = Entladen

Der Schalter S verbindet den Kondensator C mit der Batteriespannung U_B. Der Kondensator wird mit der Spannung U_B elektrisch geladen oder „aufgeladen". Nun kommt das für uns Erstaunliche. Der Kondensator behält die Spannung U_C, auch wenn wir die Spannungsquelle U_B abschalten. Aus dem Kondensator ist eine Art Batterie geworden. Das läßt sich leicht nachweisen, wenn wir den Schalter S in Stellung b) schalten. Dann wird die Spannung U_C – nach Abb. 5.3.3-1 – über den Widerstand R entladen. Das Instrument I_C zeigt den Entladestrom an und das Instrument U_C die schnell kleiner werdende Kondensatorspannung U_C.

Das wollen wir gleich einmal beweisen. Nach *Abb. 5.3.3-2* schalten wir anstelle des Widerstandes R von Abb. 5.3.3-1 eine 6-V/0,6-W-Lampe ein. Als Kondensator wird ein 1000-μF-Niedervoltelektrolytkondensator – z. B. 1000 μF/15 V – benutzt. Dieser Kondensator wird in Stellung a) des Schalters S aufgeladen. Wird der einpolige Umschalter S jetzt in Stellung b) geschaltet, so leuchtet die Lampe L kurz auf. Das bedeutet doch nichts anders, als daß der Kondensator C in Stellung a) des Schalters S der Batterie eine Leistung entnommen hat und diese „auf Abruf" gespeichert hat. Dieser „Abruf" setzt in Stellung b) des Schalters S ein. Dann, wenn sich die Spannung U_C über den Lampenwiderstand entladen kann und dieses durch ein kurzes Aufleuchten der Lampe L kundtut. Wird ein sehr großer, z. B. 10 000-μF-Kondensator benutzt, so leuchtet die Lampe länger auf, vielleicht 2 Sekunden. Ein kleinerer Kondensator als 1000 μF läßt die Lampe nur aufblinken. Noch kleinere Kondensatoren sind nicht in der Lage, den trägen Glühfaden der Lampe zum Leuchten zu bringen.

Dieser eben geschilderte praktische Vorgang läßt sich nun theoretisch untermauern. Die *Abb. 5.3.3-3* zeigt den Strom- und Spannungsverlauf während der Aufladung eines Kondensators. Das sieht zuerst etwas ungewohnt aus, besonders, wenn wir uns die Maßstäbe einmal ansehen – aber es ist gar nicht so schlimm. Der Strom- und Spannungsmaßstab wird hier mit 100 % I oder 100 % U festgelegt. Das bedeutet, die maximal zur Verfügung stehende Batteriespannung wird mit 100 % bezeichnet. Demnach sind also in unserem Beispiel die 9-V-Batteriespannung gleich 100 % gesetzt; 4,5 V, also die Hälfte, wären dann 50 %. 0,9 V wären dann 10 %.

125

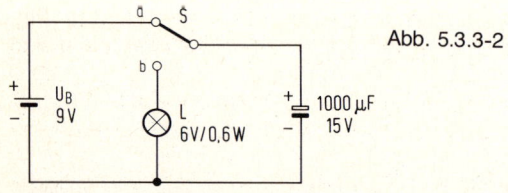

Abb. 5.3.3-2

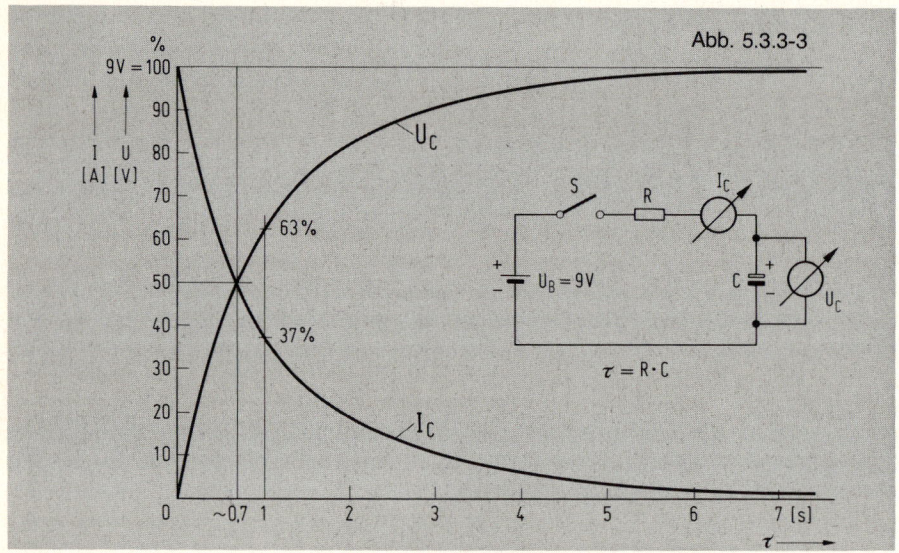

Abb. 5.3.3-3

$$\tau = R \cdot C$$

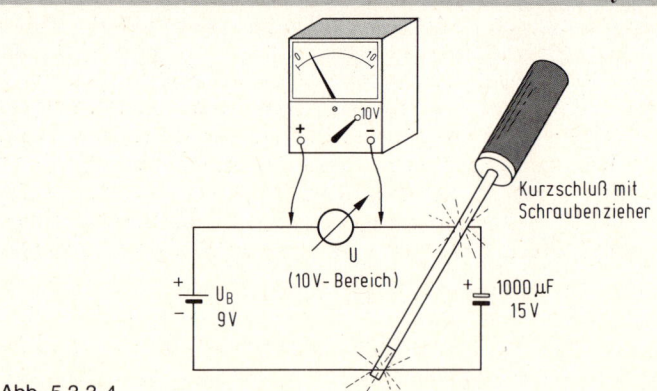

Kurzschluß mit
Schraubenzieher

U
(10V-Bereich)

Abb. 5.3.3-4

Genauso verhält es sich mit dem Strom. Nehmen wir an, bei einem 100 Ω großen Widerstand ist der Anfangsstrom nach Einschalten des Schalters S 90 mA, dann sind 45 mA entsprechend 50 % usw.

Der Wert τ (sprich „tau") ist in der Bezeichnung für uns nicht mehr neu. Der Elektroniker mißt in dieser Einheit die Zeit in Sekunden bei der Aufladung oder Entladung eines Kondensators.

Die in der Abb. 5.3.3-3 „gekrümmten" Kurven für den Strom- und Spannungsverlauf bei der Aufladung eines Kondensators entsprechen der mathematischen e-Funktion. Das wollen wir hier nicht näher untersuchen. Uns interessiert nur der praktische Verlauf der Kurven. Wir können dann jederzeit für uns interessante Werte der Kurve entnehmen. Wie wir aus Abb. 5.3.3-3 sehen, benötigen wir während der ersten Zeit einen sehr starken Strom, der dann schnell kleiner wird und schließlich bei ca. 5 τ fast den Wert Null erreicht. Umgekehrt verhält es sich mit der Spannung. Diese ist im Anfang Null und erreicht nach einem schnellen Anstieg dann, langsamer, bei 5 τ ihren maximalen Wert.

Denken wir einmal an unser Fahrrad und setzen die Kraft für das Pedalentreten mit dem Strom gleich und die Geschwindigkeit mit der Spannung U. Auch hier werden wir feststellen, daß zu Anfang eine sehr starke Kraft nur eine geringe Geschwindigkeit zur Folge hat. Danach wird die benötigte Kraft immer geringer bei gleichzeitiger Steigerung der Geschwindigkeit.

Nun wollen wir das einmal praktisch erproben. Nach *Abb. 5.3.3-4* schließen wir unser Vielfachmeßgerät auf den 10 V (oder nächst höheren) Spannungsbereich in Serie mit dem Kondensator. Mit dem Schraubenzieher schließen wir den Kondensator C kurz. Das Instrument zeigt dann die volle Spannung U_B der Batterie an. Entfernen wir jetzt den Kurzschluß, so stellen wir fest, daß der angezeigte Wert des jetzt als Strommesser geschalteten Instrumentes zuerst sehr schnell sinkt und sich dann sehr träge über eine lange Zeit allmählich dem Wert Null nähert.

Der Elektroniker kann dieses sogar berechnen. Er benutzt dafür die Gleichung τ = R · C. Er setzt τ in Sekunden, R in Ohm und C in Farad ein. Diese Formel, in welcher der Widerstand, der Kondensator und die Zeit enthalten sind, kann der Elektroniker nur mit der Kenntnis der Kurve in Abb. 5.3.3-2 benutzen. Dort ist zu erkennen, welcher Zusammenhang jetzt zwischen den verschiedenen Werten von τ und der Spannung am Kondensator besteht. Rechnen wir gleich einmal und nehmen als Beispiel eine Batteriespannung U_B von 10 V. Wir wählen einen Kondensator von 1000 µF – das ist ein ziemlich großer Wert, so wie er in Netzteilen benötigt wird – und einen Widerstand von 10 kΩ. Dann erhalten wir den Wert τ folgendermaßen:

$$\tau = R \cdot C \left[s; \Omega; F \right]$$

$$\tau = 10 \text{ k}\Omega \cdot 1000 \text{ µF} = 1 \cdot 10^4 \cdot 1 \cdot 10^{-3}$$

$$\tau = 1 \cdot 10^1 = 10 \text{ Sekunden.}$$

Mit diesem Wert τ = 10 s schauen wir uns die Kurve in Abb. 5.3.3-3 an. Das bedeutet: An dem Wert 1 τ der Abb. 5.3.3-3 können wir für das Beispiel R = 10 kΩ und C = 1000 μF die errechnete Größe von 10 s schreiben. Für 2 τ schreiben wir 20 s, für 3 τ = 30 s usf. Wir können dann z. B. ablesen, daß nach 20 s die Spannung an dem Kondensator ca. 85 % = 8,5 V (bei U_B = 10 V) groß ist. Erst nach 50 s – also fast nach einer Minute – ist nahezu die Batteriespannung von 10 V erreicht. Das war ein sehr „langsames" Beispiel.

In der Impulselektronik, das ist ein sehr interessantes Gebiet, wozu auch viele Bereiche der Fernsehtechnik gehören, wird mit wesentlich kürzeren Zeiten gearbeitet. Dort finden wir z. B. einen Widerstand von 2,2 kΩ und einen Kondensator von 68 pF. Dann sieht die Gleichung folgendermaßen aus:

$$\tau = R \cdot C = 2,2 \cdot 10^3 \cdot 68 \cdot 10^{-12} = 1,5 \cdot 10^{-7} = 0,15 \ \mu s.$$

Damit ist hier τ = 0,00000015 s „klein". Derartige Werte können wir mit einem Oszilloskop ermitteln.

Nun wollen wir aber durch einen Versuch beweisen, ob die Formel τ = R $\cdot$ C und damit auch die Kurve in Abb. 5.3.3-3 ihre Richtigkeit haben. Dazu bauen wir uns die Schaltung nach *Abb. 5.3.3-5* auf. Dort ist ebenfalls der Kurvenverlauf für die Aufladung und die Entladung gezeigt. Der Schalter S entlädt die Kondensatorspannung in Stellung C–B über den Widerstand R. Wird der Schalter in Stellung A–C gebracht, so wird der Kondensator über den Widerstand R langsam gemäß dem bekannten Kurvenverlauf auf die 9-V-Batteriespannung aufgeladen. Jetzt wollen wir messen. Dazu benötigen wir eine Uhr mit Sekundenzeiger. Eine Stoppuhr wäre hier ideal. Wir wollen vorerst die Größe von 1 τ bestimmen und zwar für die Aufladung. Dafür entladen wir den Kondensator über den Widerstand R in Stellung C–B des Schalters. Das Instrument zeigt 0 V an. Wir wissen aus der Kurve in Abb. 5.3.3-3, daß bei 1 τ die Spannung U_c 63 % der Batteriespannung erreicht hat. Das sind bei 9 V Batteriespannung, die wir vorher genau gemessen haben,

$$\frac{9 \cdot 63}{100} = 5,67 \text{ V, also rund 5,7 V.}$$

Jetzt schalten wir den Schalter S in Stellung C–A und messen die Zeit ab Umschalten, bis das Spannungsinstrument 5,7 V anzeigt. Es wird dabei die Zeit von zehn Sekunden herauskommen. Wir finden bestätigt:

$$\tau = R \cdot C = 10 \text{ k}\Omega \cdot 1000 \ \mu F = 10 \text{ s.}$$

Schalten wir jetzt den Schalter S in die Stellung C–B, so gilt die Entladekurve. Wir wissen aus der Abb. 5.3.3-3, daß bei der Entladezeit von 1 τ die Spannung auf 37 %

der Anfangsspannung gesunken ist. Das sind

$$\frac{9 \cdot 37}{100} = 3{,}3 \text{ V}.$$

Auch hier können wir mit der Stoppuhr messen und finden die Zeit von $\tau = 10$ s bestätigt.

Wir schalten den Schalter S zurück in die Aufladestellung C–A und wollen den Kondensator jetzt einmal voll aufladen. Nach der Kurvendarstellung würden wir ca. 5 τ Zeit benötigen. Also $5 \cdot 10$ s = 50 s, fast eine Minute. Wir lesen die Zeit am Sekundenzeiger ab und stellen fest, daß bei ca. 50 s die Anzeige 9 V beträgt, die Kondensatorspannung also praktisch gleich der Batteriespannung ist. Die gleiche Zeit werden wir messen, wenn von der vollen Aufladung der Kondensator bis auf 0 V entladen wird.

Bei diesen Messungen sollten wir ein Vielfachmeßgerät benutzen, dessen Innenwiderstand größer oder zumindest gleich – 50 kΩ pro Volt – ist. Schalten wir dann den 10-V-Bereich ein, so liegen 500 kΩ parallel zu dem Kondensator C, die das Meßergebnis nicht merklich beeinflussen.

Mit derartigen R-C-Schaltungen kann der Elektroniker Zeitschaltungen aufbauen. Er kann z. B. das R-C-Glied so in den Werten aufbauen, daß die volle Ladespannung z. B. erst nach zehn Minuten vorhanden ist. Diese Spannung kann dann, wenn der volle Wert erreicht ist, dazu benutzt werden, um irgendeinen Vorgang auszulösen. Damit lassen sich z. B. elektronische Zeitschalter aufbauen.

Nun ein weiterer Versuch nach *Abb. 5.3.3-6*. Wir schalten das Meßinstrument zwischen die Anschlußpunkte A und B. Eingeschaltet wird der 10-V-Bereich. Wir wissen,

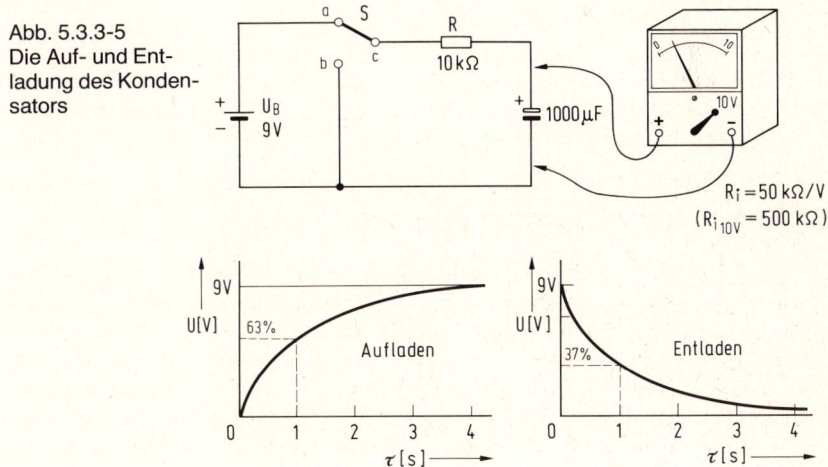

Abb. 5.3.3-5
Die Auf- und Entladung des Kondensators

daß z. B. ein 50-kΩ/V-Instrument dann einen Gesamtwiderstand von 10 · 50 kΩ = 500 kΩ darstellt. Das nutzen wir aus. Wir laden den Kondensator C über den Intrumenteninnenwiderstand R, im Werte von 500 kΩ auf. Das Instrument zeigt den Ladestrom an. Wir erkennen aber auch sehr bald, daß die Spannung U_B sich aus den Teilspannungen U_C und U_{AB} zusammensetzt. Anders ausgedrückt: Für den jeweils betrachteten kurzen Ablesemoment ist die Spannung $U_B = U_{AB} + U_C$. Damit läßt sich nun zum Ausdruck bringen, daß die Instrumentenspannung, das ist natürlich die Spannung U_{AB}, auf den Namen $U_{AB} = U_B - U_C$ hört. Wird also von der 9-V-Batterie die augenblickliche Kondensatorspannung U_C abgezogen, so erhalten wir den Wert des Instrumentenausschlages. Zu Beginn also, wenn der Schalter S eingeschaltet wird, ist der Kondensator ja völlig entladen. Das bedeutet eine Spannung von 0 V. Demnach ist für den Einschaltaugenblick $U_{AB} = U_B - U_C = 9$ V $- 0$ V, also $U_{AB} = 9$ V. Für den Versuch nach Abb. 5.3.3-6 ist es wichtig, das zu wissen. Wir kennen damit den Anfangswert des Zeigerausschlages $= 9$ V. Nach 1 τ hat der Kondensator 63 % der Batteriespannung und damit bleiben 37 % (63 % + 37 % = 100 %) für die Spannung U_{AB} übrig. Demnach zeigt nach der Zeit 1 τ das Instrument $\dfrac{9 \cdot 37}{100} = 3{,}3$ V an.

Wir nehmen einmal an, wir wollten den Wert des Innenwiderstandes unseres Meßgerätes im 10-V-Bereich so bestimmen. Dann rechnen wir

$$\tau = R_i \cdot C \text{ und damit } R_i = \frac{\tau}{C}$$

Der Schalter S wird eingeschaltet und nach 8 Minuten und 20 Sekunden (also 500 s) zeigt das Instrument die 3,3 V an. So läßt sich der Widerstand ausrechnen zu

$$R_i = \frac{500 \text{ s}}{1000 \text{ }\mu F} = 500 \text{ k}\Omega;$$

...was zu beweisen war. Übrigens haben große Elektrolytkondensatoren einen schon nicht mehr zu vernachlässigenden Reststrom I_R. Darüber lesen wir nach im „Werkbuch Elektronik" (Nührmann – Franzis-Verlag).

5.4 Veränderbare Kapazitäten und ihre Eigenarten

Der Elektroniker benötigt häufig Kondensatoren, deren Werte er durch eine Mechanik – meistens Drehregler – einstellen kann. Wir unterscheiden dabei solche Einstellkondensatoren, die von Hand aus jederzeit nachgestellt werden können und deshalb mit einem entsprechenden Drehknopf versehen sind (Drehkondensatoren) und solche, die mit einem Hilfsmittel, z. B. einem Schraubenzieher, einmal auf einen gewünschten Wert eingestellt werden können. Diese werden Trimmkondensatoren, oder auch kurz Trimmer genannt. Wir sollten noch einmal einen Blick auf die Abbildungen des Kapitels 3.11 werfen und uns das Kapitel 5.1 noch einmal durchlesen.

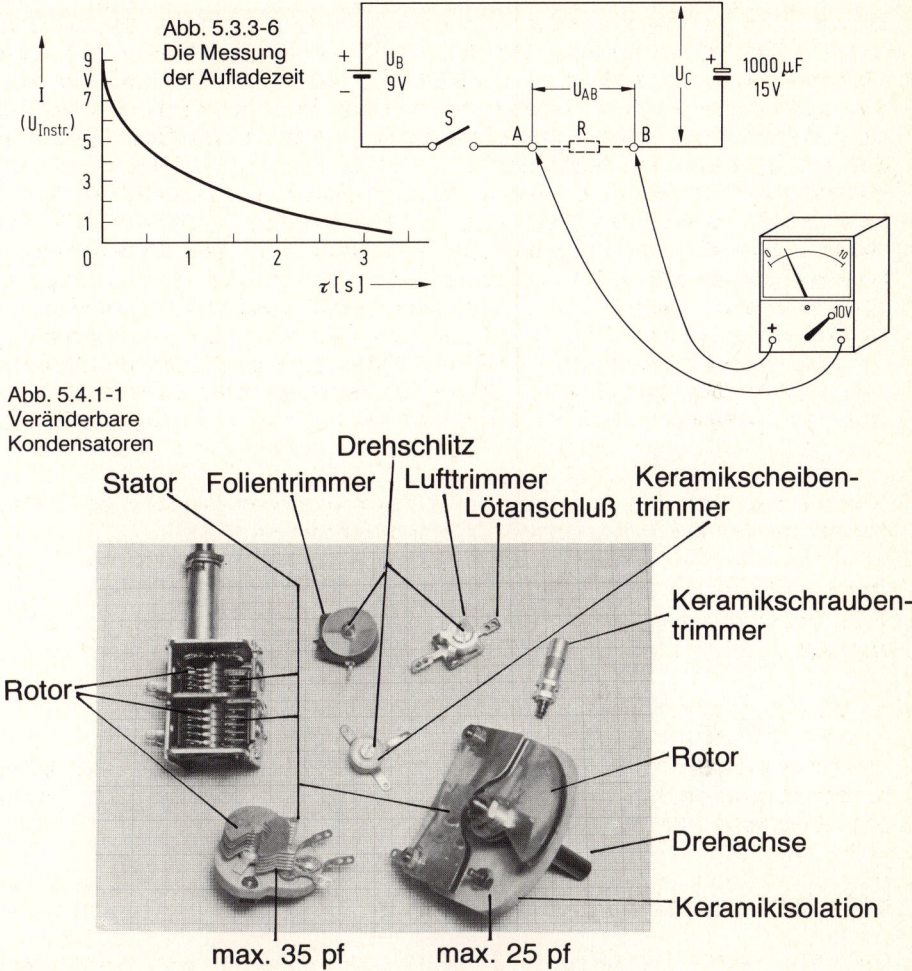

Abb. 5.3.3-6
Die Messung
der Aufladezeit

U_B 9 V

U_{AB}

U_C 1000 µF 15 V

S   A   R   B

10V

Abb. 5.4.1-1
Veränderbare
Kondensatoren

Drehschlitz
Stator   Folientrimmer   Lufttrimmer   Keramikscheiben-
Lötanschluß   trimmer

Keramikschrauben-
trimmer

Rotor

Rotor

Drehachse

Keramikisolation

max. 35 pf   max. 25 pf

5.4.1 Der Drehkondensator und seine Verwandten

Bei einem Drehkondensator stehen sich zwei halbkreisförmige Platten isoliert – Luft als Isolator und Dielektrikum – gegenüber. Eine Platte ist fest montiert; sie heißt Stator. Die zweite Platte kann, an einer drehbaren Welle befestigt, vollkommen parallel zur Statorplatte – das ergibt größte Kapazität – oder völlig aus dem Bereich der Stator-platte – kleinste Kapazität – herausgedreht werden. Diese zweite Platte heißt Rotor.

Sie ist meistens elektrisch leitend mit der Drehachse und bei einem Mehrplatten-Drehkondensator mit dem Gehäuse verbunden. In dem Foto der *Abb. 5.4.1-1* ist ein kleiner Drehkondensator mit zwei Rotorplatten und zwei Statorplatten gezeigt. Je mehr Platten ein Drehkondensator aufweist, je größer kann seine Endkapazität werden. Es gibt z. B. Normalausführungen für die Rundfunktechnik zur Senderwahl bis 500 pF. In Sonderfällen solche bis 1500 pF. Auf der Abb. 5.4.1-1 ist ebenfalls ein kleiner Zweifach-Drehkondensator gezeigt. Die erste Kammer hat 5 Rotor- und 5 Statorplatten. Die zweite Kammer weist bei 3 Statorplatten 4 Rotorplatten auf. Ein darunter liegender kleiner Drehkondensator hat z. B. 7 Rotor- und 7 Statorplatten. Damit wir den richtigen Begriff für die Größe der Kapazitätswerte erhalten, sehen wir uns die Abb. 5.4.1-1 mit den dort angegebenen Werten für die Endkapazitäten, also bei völlig eingedrehtem Rotor an.

Nun gibt es auch noch Spezialformen von Drehkondensatoren. So z. B. den sogenannten Schmetterlingsdrehkondensator. Dieser hat zwei isolierte Statorplatten mit getrennten elektrischen Anschlüssen. Ein davon isoliert drehender Rotor verändert die Kapazität zwischen den beiden Statorplatten. Damit hat der Schmetterlingsdrehkondensator drei Anschlüsse. Sodann gibt es noch eine Sonderausführung als Differentialdrehkondensator, ebenfalls mit drei Anschlüssen, der vorwiegend bei speziellen Aufgaben der Hochfrequenz- und Meßtechnik eingesetzt wird. Das Foto Abb. 5.4.1-1 ist jetzt auch für das folgende Kapitel 5.4.2 wichtig. Hier wollen wir uns jetzt den Kapazitätstrimmer ansehen.

5.4.2 Der Einstell-(Trimm)-Kondensator und seine Formen

Wir haben schon erkannt, daß der Elektroniker in seinem Schaltungsaufbau sehr häufig kleine veränderliche Kapazitäten einbaut, wodurch sich an der Stelle der elektronischen Schaltung eine ganz bestimmte gewünschte Kapazität ergibt. Dafür noch ein kurzes Beispiel. Die Skala unseres Rundfunkempfängers hat feste, markierte Werte von Sendern oder Frequenzen. Der Drehkondensator stellt diese Sender durch unsere Betätigung (Drehbewegung des Abstimmknopfes) ein. Der Skalenzeiger ist mechanisch unverrückbar mit der Drehbewegung verknüpft. Nun nehmen wir einmal an, wir stellen den Sender des Westdeutschen Rundfunks ein, der eine Drehkondensatorkapazität von 240 pF erfordert. Steht der Skalenzeiger jedoch richtig auf der Sendermarkierung, so hat der Drehkondensator beispielsweise aufgrund seiner Toleranz erst 233 pF. Es fehlen also 7 pF. Der Sender kann empfangen werden, wenn wir den Drehkondensator weiterdrehen, womit dann aber der Zeiger von der Sendermarkierung bereits abweicht. Also müssen wir den Drehkondensator bei der richtigen Sendereinstellung und dem damit verknüpften 233-pF-Kapazitätswert auf den Wert von 240 pF bringen. Das macht nach *Abb. 5.4.2-1* der Trimmkondensator, der parallel zu dem Drehkondensator geschaltet wird. Dieser wird dann so eingestellt, daß eben der Sender an der richtigen Stelle der Skala lautstark erscheint.

Abb. 5.4.2-1
Der Drehkondensator
im Rundfunkgerät

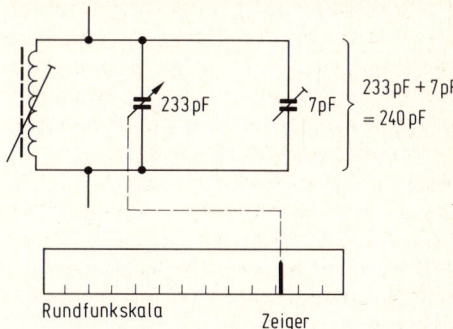

Rundfunkskala   Zeiger

Die in dem vorherigen Kapitel erklärten Arten von Drehkondensatoren finden sich auch bei den Trimmern wieder. Bei den in der Praxis erreichbaren Endkapazitäten, also wenn die beiden Platten sich voll gegenüberstehen, ist zu sagen, daß diese meistens den Wert von 100 pF, der schon sehr groß ist für einen „Trimmer", nicht überschreiten. Meistens finden wir Trimmertypen von 8...60 pF, 4...30 pF, 4...25 pF und 3...15 pF. Dabei bedeutet der kleinere Kapazitätswert immer die vorhandene Anfangskapazität (Restkapazität) bei voll voneinander entfernt eingestellten Plattenpaaren und der größere Wert die oben besprochene Endkapazität bei voll hineingedrehten Plattenpaaren.

5.4.3 Die Kapazitätsdiode

Die Kapazitätsdiode kann einen Drehkondensator oder einen Trimmer ersetzen. Sie ist ein kleines (Diodengröße) preiswertes Bauelement und gehört in den Themenkreis des Kapitel 8. Sie ist in ihrem Grundverhalten eine Diode. Aufgrund ihrer besonderen Eigenschaften hat sie jedoch im gesperrten Zustand bei unterschiedlichen elektrischen Sperrspannungen ein sehr unterschiedliches Kapazitätsverhalten. Bei kleinen Sperrspannungen, z. B. −0,5 V, hat die Kapazität der Diode ihren Höchstwert. Bei großen Sperrspannungen, z. B. −15 V, ist die Sperrkapazität am kleinsten. Das können wir uns in *Abb. 5.4.3-1* noch näher ansehen. Es handelt sich hier übrigens bereits um eine Meßschaltung für eine Kapazitätsdiode. Das Potentiometer P regelt über den Schutzwiderstand R die Spannung zwischen der Katode K und der Anode A von 0 V bis $U_B = 15$ V. Die Diode ist in Sperrichtung – näheres darüber haben wir schon gelesen, das Kapitel 8 hilft uns hier später weiter – geschaltet. Das heißt, der Minuspol der Gleichspannung liegt an der Anode und der Pluspol an dem Katodenanschluß.

Am Ausgang an den Klemmen A–B stellt sich jetzt ein „Drehkondensatorverhalten" ein. Wir regeln mit der Hand das Potentiometer P, wodurch sich an den Anschlüssen A–B eine entsprechende Kapazität von z. B. 3...100 pF einstellt. Schließen wir ein Kapazitätsmeßgerät an die Klemmen A–B an, so erhalten wir die Kapazitätskurve der

Diode in Abhängigkeit von der Sperrspannung. Diese gekrümmte Kurve, die der Entladespannung eines Kondensators gleicht, ist ebenfalls in der Abb. 5.4.3-1 angegeben. Z. B. können wir dort ablesen, daß bei einer Sperrspannung von −UB = 4 V die Kapazität zwischen Anode und Katode der Diode ca. 38 pF beträgt. Bei −2 V sind es entsprechend ca. 65 pF.

Kapazitätsdioden werden sehr häufig bei Hochfrequenzschwingkreisen eingesetzt. Also beispielsweise Abstimmkreise eines Rundfunk- oder Fernsehempfängers. Der Elektroniker muß bei diesem Anwendungsbereich darauf achten, daß die Wechselspannung, die an dem Schwingkreis und damit an der Kapazitätsdiode liegt, nicht zu groß wird. Es könnte sonst passieren, daß die Diode von dem „gesperrten" Betrieb in den „entsperrten" Betrieb (Durchlaßbetrieb) gelangt. Dann funktioniert die Schaltung nicht mehr. Der Elektroniker kann aber auch hier mehrere Kunstgriffe anwenden, die auch wir uns später bei etwas mehr Wissen noch aneignen können. Schwingkreisspannungen von Senderempfangsteilen liegen meistens unter 100 mV Empfangswechselspannung.

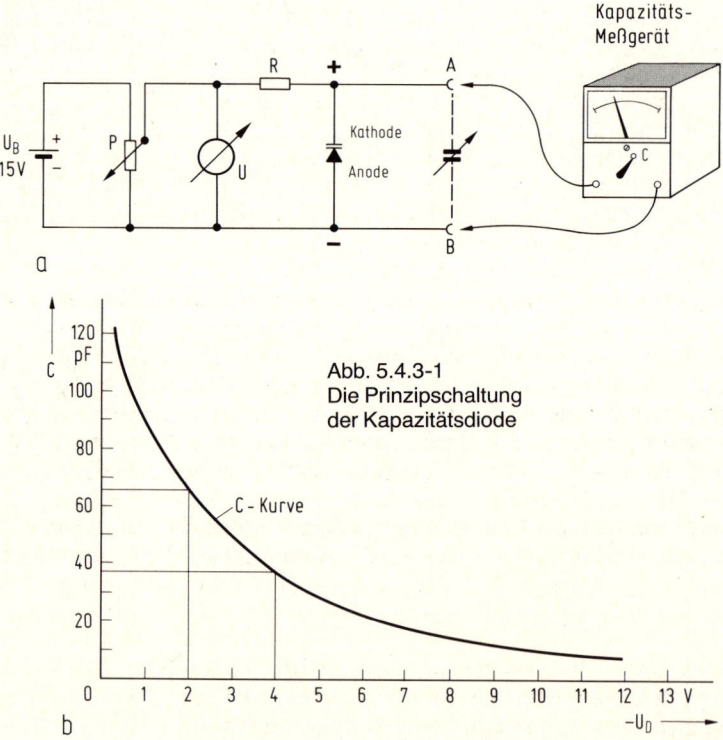

Abb. 5.4.3-1
Die Prinzipschaltung
der Kapazitätsdiode

5.5 Etwas für Kenner – der Kondensator und die Wechselspannung

Wir haben schon festgestellt, daß der Kondensator für Gleichspannung ein sehr uninteressantes Bauelement ist – es passiert nichts. Lediglich während der Aufladung und der Entladung fließt ein Strom. Also immer dann, wenn die Spannung an den Kondensatorplatten sich ändert ... und eine sich ändernde Spannung ist nun einmal die Wechselspannung. Deshalb wollen wir etwas mehr darüber wissen.

5.5.1 Wie blind ist der kapazitive Blindwiderstand?

Vielleicht sehen wir uns hierzu später noch einmal die Erläuterungen in dem Buch „Elektronik-Selbstbau für Profi-Bastler" an.

Bei der Aufladung des Kondensators haben wir festgestellt, dazu vergleichen wir noch einmal die Abb. 5.3.3-3, daß der Ladestrom immer ein umgekehrtes Verhalten zur Ladespannung an den Kondensatoranschlüssen zeigt. Ist der Strom sehr groß, so ist die Spannung umgekehrt sehr klein. Ist die Spannung am Kondensator sehr groß, so ist sein Strom sehr klein. Bei dem Anschluß eines Kondensators an eine Wechselspannung passiert es nun, daß der Kondensator laufend im Rhythmus der Wechselspannung umgeladen wird. In dem Kondensator fließt jetzt ein pendelnder Lade- und Entladestrom hin und her. Der Stromeinsatz ist also früher da, als sich die Ladespannung aufbaut. Bei einem Ohmschen Widerstand ist so etwas nicht möglich. Nach dem Ohmschen Gesetz erzeugt jeder Strom sofort eine Spannung. Die Spannung folgt also dem Strom unmittelbar in demselben Augenblick.

Beim Kondensator ist es nun anders. Den Strom- und Spannungsverlauf bei einer Sinusspannung zeigt uns die *Abb. 5.5.1-1*. Wir können dort erkennen, daß im zeitlichen Verlauf die Spannung dem Strom folgt und zwar mit einem Abstand von 90°. Bei unserer 50-Hz-Netzsinusspannung sind 360° gleich 20 ms. Demnach folgt hier die Spannung dem Strom um 5 ms später. Der Kondensator belastet also unsere Wechselspannungsquelle mit einem Strom. Ist der Strom an seinem Spitzenwert angelangt, ist die Spannung gleich Null. Hat die Spannung ihren maximalen Wert, so ist der Strom gleich Null. Stromwert mal Spannungswert ergibt die Leistung. Diese ist jedoch durch das Hin- und Herpendeln des Ladestromes, der nicht dem Verlauf der Kondensatorspannung folgt, Null. Deshalb wird dieser Strom, sowie die Spannung oder die Leistung als Blindwert bezeichnet. Der Kondensator stellt wohl nach der bekannten Gleichung

$$R_c = \frac{1}{\omega C}$$

einen Widerstand dar. Dieser jedoch zeigt sich der Spannungsquelle so, als sei er für die Ermittlung seiner Leistung nach der Gleichung $P = U \cdot I$ nicht vorhanden, er fehlt. Wir sprechen vom „Blindwiderstand" des Kondensators.

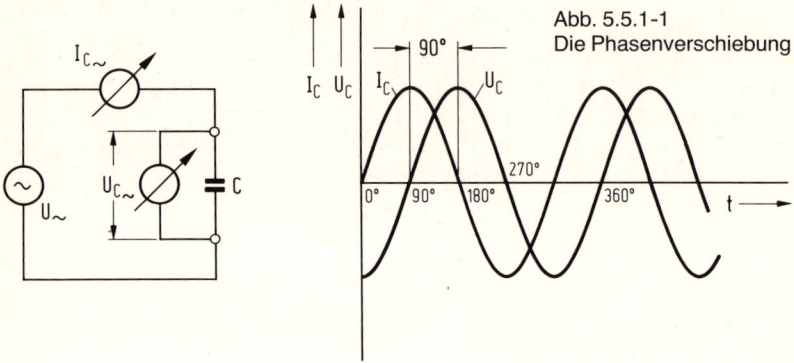

Abb. 5.5.1-1
Die Phasenverschiebung

5.5.2 Der Theoretiker und der Scheinwiderstand

Der Elektroniker benötigt oft den Wert einer Serien- oder Parallelschaltung von einem Widerstand und einem Kondensator. Auch das finden wir schon behandelt, wenn wir das Buch „Elektronik-Selbstbau für Profi-Bastler" zur Hand nehmen. Lesen wir es dort nach, so werden wir feststellen, daß sich eine Serienschaltung von Kondensator und Widerstand nach *Abb. 5.5.2-1* z. B. folgendermaßen ermittelt. Wir können den Wert Z zeichnerisch ablesen, wenn wir die Größe des Ohmschen Widerstandes und des kapazitiven Widerstandes senkrecht zueinander auftragen. Die Verbindungslinie zwischen der R-Linie und der $\frac{1}{\omega C}$-Linie ergibt den Wert Z. Es ist ein rechtwinkliges Dreieck geworden. Hier können wir den Wert Z nach dem uns bekannten Satz des Pytagoras auch leicht rechnerisch ermitteln. Der Wert Z, der sich der Wechselspannungsquelle entgegenstellt, ist dann

$$Z^2 = R^2 + (\frac{1}{\omega C})^2 \text{ oder } Z = \sqrt{R^2 + (\frac{1}{\omega C})^2}$$

Rechnen wir das einmal für ein Beispiel.

Die Frequenz der Spannungsquelle nach Abb. 5.5.2-1 ist 1200 Hz groß. Der Widerstand ist 18 kΩ und der Kondensator 4,7 nF. Wir wollen wissen, mit welchem scheinbaren Widerstand (Scheinwiderstand) die Spannungsquelle belastet wird. Dazu rechnen wir

$$R^2 = (18 \text{ k}\Omega)^2 = 18^2 \cdot (10^3)^2 = 324 \cdot 10^6$$

$$X_C = \frac{1}{\omega C} = \left(\frac{1}{2 \cdot \pi \cdot f \cdot C}\right) = \frac{1}{2 \cdot \pi \cdot 1200 \cdot 4,7 \cdot 10^{-9}}$$

136

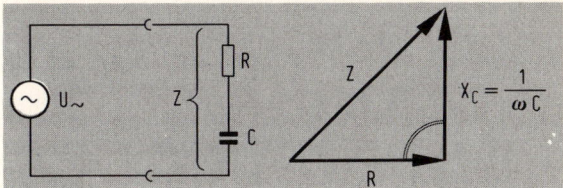

Abb. 5.5.2-1
Die R-C-Schal-
tung und der
Herr Phythagoras

$$X_C = \frac{1}{3,54 \cdot 10^5} = 28,3 \text{ k}\Omega; \text{ damit wird}$$

$$X_C{}^2 = 801 \cdot 10^6; \text{ nun wird}$$

$$Z = \sqrt{324 \cdot 10^6 + 801 \cdot 10^6}$$

$$Z = \sqrt{1125 \cdot 10^6} = 33,5 \cdot 10^3$$

$$Z = 33,5 \text{ k}\Omega.$$

Wir sollten uns trösten. Der Elektroniker rechnet dieses auch sehr ungern und selten genug aus. Er muß aber wissen, wie es gemacht wird, wenn er das Ergebnis benötigt.

5.5.3 Der Praktiker und der Scheinwiderstand

Für den Praktiker ist es wichtig zu wissen, daß er den Ohmschen Widerstand und den kapazitiven Widerstand nicht einfach addieren darf. Hätten wir es in dem Beispiel von Kapitel 5.5.2 fälschlich getan, so wäre dann ein nicht richtiges Ergebnis von 18 kΩ + 28,3 kΩ = 46,3 kΩ herausgekommen. Das richtige Ergebnis ist kleiner, und zwar 33,5 kΩ. In der Wechselstromtechnik müssen wir uns merken, daß der Gesamtwiderstand einer Serienschaltung eines Ohmschen Widerstandes und eines kapazitiven Widerstandes immer kleiner ist als die Summe von beiden.

5.6 Und was nimmt der Kondensator uns übel?

Vorerst müssen wir den Kondensator vorsichtig behandeln. Er verträgt keine mechanische Beschädigung. Die Anschlußdrähte dürfen nicht zu kurz angelötet werden, sonst wird die Temperatur in seinem Innern zu hoch. Die Isolationsschicht könnte beschädigt werden. Zu hohe Spannungen verträgt er ebenfalls nicht. Jeder Kondensator hat einen

137

zulässigen Spannungswert auf seinem Gehäuse aufgedruckt, der nicht überschritten werden darf.

Bei einem gepolten Kondensator – dem Elektrolytkondensator – ist es wichtig, daß der Pluspol der Spannungsquelle auch an den Pluspol des Kondensators angeschlossen wird. Der Minuspol der Spannungsquelle muß an den Minuspol des Kondensators angeschlossen werden. Genauso wenig wie beim Lötvorgang, so darf der Kondensator später auch nicht im Betrieb zu heiß werden! Der Elektroniker wird ihn in einem Gerät also nie in die Nähe von Bauelementen bringen, die im Betrieb heiß werden – Leistungstransistoren oder Widerstände –.

Wie viele elektronische Bauelemente, so dürfen besonders Drehkondensatoren und Trimmerkondensatoren nicht feucht werden. Keramikkondensatoren sind sehr druckempfindlich. Durch mechanische Beanspruchung zerbrechen sie sehr leicht. Drehkondensatorplatten sind aus dünnem Aluminiumblech gefertigt. Sie verbiegen sehr leicht. Mit etwas Geschick lassen sie sich leicht justieren, so daß die Rotorplatte an beiden Seiten zu den Statorplatten gleiche (Luft)-Abstände erhält.

5.7 ...und das sollten wir daraus gelernt haben

Der Elektroniker weiß, daß
- Kondensatoren eine Werttoleranz haben
- er Kondensatoren spannungsmäßig nicht überlasten darf
- er Elektrolytkondensatoren richtig polen muß
- er Kondensatoren mechanisch vorsichtig behandeln muß
- Kondensatoren keine Hitze vertragen
- Drehkondensatoren bis ca. 500 pF geliefert werden
- Trimmkondensatoren bis ca. 100 pF geliefert werden
- Werte bis 1000 pF meistens keramische Kondensatoren sind
- Werte ab 1 µF meistens gepolte Elektrolytkondensatoren sind
- Kondensatoren ihren Kapazitätswert mit der Temperatur ändern
- nach der Aufladekurve zuerst ein starker Ladestrom fließt und die Kondensatorspannung dann sehr klein ist
- nach der Zeit $5 \cdot \tau$ der Kondensator aufgeladen oder entladen ist
- nach der Zeit $1 \cdot \tau$ die Kondensatorspannung 63 % der Batteriespannung und der Ladestrom 37 % des maximalen Anfangsstromes beträgt
- der Kondensator bei Wechselspannung einen Blindwiderstand darstellt
- der Kondensator für Zeitmeßschaltungen benutzt werden kann
- der Kondensator in der Gleichspannungstechnik wenig Bedeutung hat
- der Kondensator in der Wechselspannungstechnik sehr wichtig ist
- er durch Parallel- oder Serienschaltung zweier Kondensatoren einen vorher errechneten Wert erhalten kann.

6 Der Schalter

Ohne Schalter kann der Elektroniker in seinen Schaltungen nicht arbeiten. Der Schalter gibt die Möglichkeit, Geräte ein- und auszuschalten. Der Schalter schaltet Bereiche bei Meßgeräten ein oder um. Mit ihm werden Funktionen von elektronischen Baugruppen ein- oder umgeschaltet. Kompliziert aufgebaute Schalter können gleichzeitig mehrere Funktionen einschalten oder ausschalten. Oft lassen sich Schalter nicht dort anordnen, wo sie gebraucht werden. Das ist immer dann der Fall, wenn elektrische Signale geschaltet werden müssen, bei denen lange Drähte zu den Schaltern stören. Drähte mit einer Länge von mehr als 1 cm können in der Impuls- und in der Hochfrequenztechnik bereits erhebliche Störungen verursachen – sie wirken mit ihrer Drahtlänge wie „abgewickelte Spulen", also wie Induktivitäten. In solchen Fällen schaltet der Elektroniker mit Relais, Transistoren oder Dioden, die er direkt dort anordnet, wo sie benötigt werden. Diese Bauteile können dann über längere Leitungen mit einem normalen Schalter als „fernbedienter Schalter" betätigt werden.

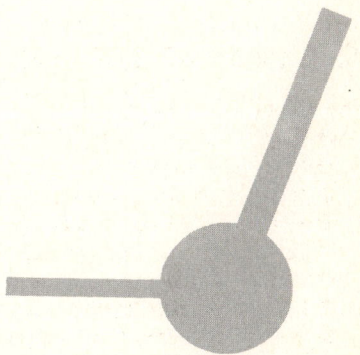

6.1 Wieso denn das Kapitel „Schalter" zwischen Kondensator und Spule?

Sehen wir uns die vorherigen Kapitel noch einmal an. Dann läßt sich feststellen, daß dieses nicht immer der bequemste und einfachste Stoff für uns war. Hier bei dem Schalter brauchen wir uns etwas weniger anzustrengen. Das Kapitel Schalter werden wir schnell verstehen. Besonders dann, wenn wir uns das vorangegangene Kapitel 3.2 noch einmal ansehen.

6.2 Der einfache Ein-Aus-Schalter

Diese Funktion ist die häufigste und einfachste Art des Schalters, die der Elektroniker einsetzt. Trotzdem wollen wir noch etwas mehr wissen. Nach *Abb. 6.2.1-1* ist auch für den einfachen einpoligen Schalter einiges zu berücksichtigen – das gilt übrigens auch für alle weiteren Schalterformen, die wir noch kennenlernen werden. Der Schalter besitzt viele elektrische Eigenschaften, über die wir Bescheid wissen müssen.

So kann z. B. ein ausgeschalteter Schalter durch eine zu hohe Spannung an seinen beiden Kontakten durch einen Funkenüberschlag „eingeschaltet" werden. Auch kann ein eingeschalteter Schalter „ausgeschaltet" sein, weil seine verschmutzten Kontakte den elektrischen Strom nicht mehr leiten. Das wollen wir näher untersuchen.

6.2.1 Dazu ein wenig Plauderei aus der Praxis

Die Abb. 6.2.1-1a...h mit ihren entsprechenden Bezeichnungen geben uns über folgendes Schalterverhalten Aufschluß. Darin bedeuten

a) Zeichnung des geöffneten Schalters, Stellung „aus"

b) Zeichnung des geschlossenen Schalters, Stellung „ein"

c) bei dem geöffneten Schalter ist die Spannung zwischen den Anschlußpunkten zu groß geworden, es ist ein Funkenüberschlag eingetreten. Meistens wird der Schalter dadurch unbrauchbar, weil seine Kontakte durch den Funken verbrennen.

d) Ein geöffneter Schalter bildet zwischen seinen beiden Anschlußpolen eine Kapazität (Kondensator). Der Wert des Kondensators beträgt je nach Schalterausführung ca. 0,5...10 pF. Ein Kondensator von 10 pF besitzt bereits bei einer Frequenz von 100 MHz (UKW-Empfangsfrequenzen) einen kapazitiven Widerstand von 150 Ω. Das bedeutet, dieser Schalter kann bei einer derartig hohen Frequenz gar nicht mehr ausschalten. Er ist also z. B. für den Zweck nicht mehr einsetzbar, um eine Antennenleitung ein- oder auszuschalten.

e) Ähnlich ist diese Abbildung zu deuten. Im eingeschalteten Zustand besitzt ein Schalter eine Induktivität. Diese macht sich um so unangenehmer bemerkbar, je länger die Schalterkontakte oder die Zuleitungen zum Schalter sind. Auch dann läßt sich der Schalter für Hochfrequenzschaltungen nicht mehr einsetzen.

f) Die Abbildung f) zeigt einen Tastenschalter. Häufig wird durch Knopfdruck ein Schaltvorgang ausgelöst.

Die Abb. 6.2.1-1g und h haben ebenfalls eine wichtige Bedeutung. Ein Schalter hat genauso wie andere elektronische Bauelemente bestimmte Kenndaten. Das sind die höchstzulässige Spannung und der höchstzulässige Strom.

140

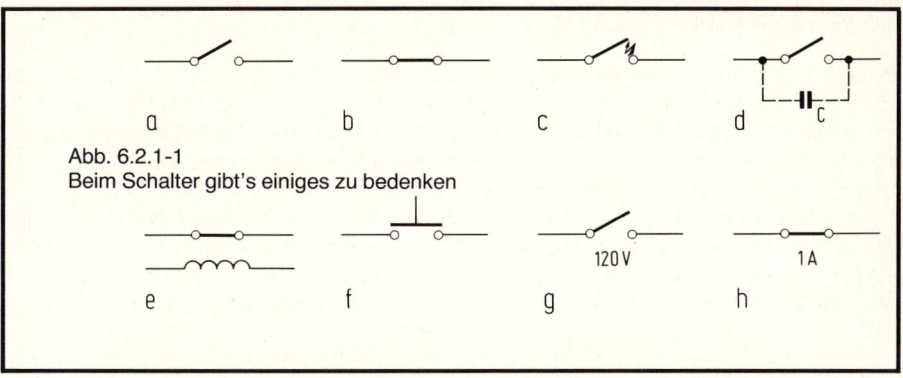

Abb. 6.2.1-1
Beim Schalter gibt's einiges zu bedenken

g) Die Abb. g ist dann für die höchstzulässige Spannung zu betrachten. Also dann, wenn der Schalter ausgeschaltet ist. Wird die Spannung zu groß, dann tritt ein Funkenüberschlag zwischen den Kontakten auf.

h) Die Abb. h trifft für den Fall zu, wenn die Angabe des maximalen Stromes betrachtet wird. Steht 1 A auf dem Schalter, so darf der Strom durch die Kontakte diesen Wert nicht überschreiten.

Schalter, gleichgültig, ob es sich um einfache oder komplizierte Arten handelt, können meistens in zwei Betätigungsarten geliefert werden. Einmal als Kippschalter. Dann wird ein Hebel hin- und herbewegt, der im Schalterinnern die Kontakte schließt oder öffnet. Oder es ist der Drehschalter, der durch eine Drehbewegung betätigt, die Kontakte verbindet oder öffnet. Der Drehschalter findet meistens dann Verwendung, wenn mehrere Stufen, d. h. mehrere Kontakte angewählt werden sollen. Bei Drehschaltern gibt es bis zu zwanzig Schaltstellungen. Kippschalter haben nur zwei Schaltstellungen. Eine weitere Schaltmöglichkeit ist der Hebel- oder Schiebeschalter. Das ist vom Aufbau her bereits eine Art Drehschalter. Diese Schalter haben bis zu mehreren Schaltstellungen.

Schalterkontakte, besonders auch Silberkontakte, neigen dazu, zu oxydieren. Dieser Zustand ist an einem dunkelgrauen Überzug der Kontakte zu erkennen. Sie sind dann fast schwarz. Für derartige Fälle gibt es ein entsprechendes Kontaktspray. Die Schalterkontakte werden – sehr dünn! – eingesprüht und dann ein paarmal hin- und hergeschaltet. Durch diese Schaltbewegungen reibt sich der Schalter sauber, die Oxydschicht wird abgerieben. Bei Mehrstufenschaltern, besonders, wenn ein schwer gängiges Rastwerk vorliegt, also der Schalter mit schwerer Drehbewegung betätigt wird, kommt es oft vor, daß der Drehknopf sich nicht genügend festschrauben läßt. Er rutscht auf der Achse hin und her. In solchen Fällen wird an der Achse eine kleine Fläche angefeilt. Diese Fläche wird natürlich dort angebracht, wo die Schraube des Betätigungsknopfes die Achse berührt.

6.3 Der Umpolschalter

Der einpolige Ausschalter nach *Abb. 6.3-1a* ist uns bekannt.

In der Stellung a-b ist er ausgeschaltet, in der Stellung a-c ist er eingeschaltet. Stellen wir uns den gleichen Schalter mit einem herausgeschalteten „Kontakt b" vor, so haben wir bereits in Abb. 6.3-1b den einpoligen Umschalter. In der Stellung a-b kann der Strom über die Kontakte a-b fließen. Schalten wir den Schalter um, so fließt der Strom über die Kontakte a-c. Oft erhalten wir einpolige Umschalter, die wir von außen noch beschalten müssen. Das zeigt *Abb. 6.3-2.* Den Aufbau derartiger Schalter zeigt die Abb. 6.3-2a oder *b.* In der Abb. 6.3-2a schaltet die Kontaktbrücke die Kontakte a-c in der Stellung I zusammen. In der Stellung II sind die Kontakte b-d verbunden. Wollen wir aus diesem Schalter einen einpoligen Umschalter erhalten, so müssen wir entweder die Kontakte a-b oder die Kontakte c-d außen mit einem Draht zusammenlöten, um den einpoligen Umschalter nach Abb. 6.3-2c zu erhalten. Ähnlich ist es bei der Abb. 6.3-2b. Hier müssen die Kontakte a-d von außen verbunden werden, um einen Schalter nach der Funktion wie Abb. 6.3-2c zu erhalten. Wir erkennen also daran, daß der Elektroniker durch ein äußeres Beschalten (Drahtverbindungen) eines gegebenen Schalters diesen in seiner Arbeitsweise „umfunktionieren" kann. *Abb. 6.3-3* zeigt eine einfache Anwendung eines einpoligen Umschalters. In einem elektronischen Gerät werden zwei Baugruppen über den einpoligen Umschalter ein- oder ausgeschaltet. Eine dieser beiden Baugruppen ist immer eingeschaltet. Es kann nicht vorkommen, daß der Schalter beide zur gleichen Zeit einschaltet oder ausschaltet. Die Kontrollampen zeigen den jeweiligen Schaltzustand an. Davon wird in der Elektronik oft Gebrauch gemacht.

Der Zwei- oder sogar Mehrpolumschalter ist in seiner Funktion mit dem Einpolumschalter identisch. Es handelt sich dann bei dem Zweipolumschalter lediglich um zwei Einpolumschalter, die mechanisch fest verkoppelt mit einer Hebelbewegung zur gleichen Zeit schalten. Das Schaltbild ist in *Abb. 6.3-4* zu sehen. Die gestrichelte Linie gibt bei einem Schalter an, daß bei den entsprechenden Kontakten eine mechanische Verkopplung vorgesehen ist. Der Schalter gibt uns die beiden Möglichkeiten: Stellung I Kontakte a-b und d-e geschlossen; Stellung II Kontakte a-c und d-f geschlossen.

Ein derartiger Schalter, also ein doppelpoliger Umschalter, kann von uns gut benutzt werden, um die Polarität eines Spannungsmeßgerätes umzuschalten. Das wird bei teueren und besseren Universalmeßgeräten häufig so gemacht. Die Meßklemmen – Anschlußdrähte – können mit dem Meßobjekt verbunden werden. Liegt dann eine falsche Polarität vor, schlägt der Zeiger also zur falschen Seite aus, so wird das Meßwerk umgeschaltet. Die *Abb. 6.3-5* zeigt das Prinzip dieser Schaltung. Wir können sogar noch etwas mehr erkennen. Die Abb. 6.3-5a und *b* erfüllen denselben Zweck. Der Schalter läßt sich also sowohl von seiner Eingangs- als auch von seiner Ausgangsseite an dem Meßinstrument anschließen. Auch hier kann der Elektroniker die jeweils günstigen Möglichkeiten für sich nutzen.

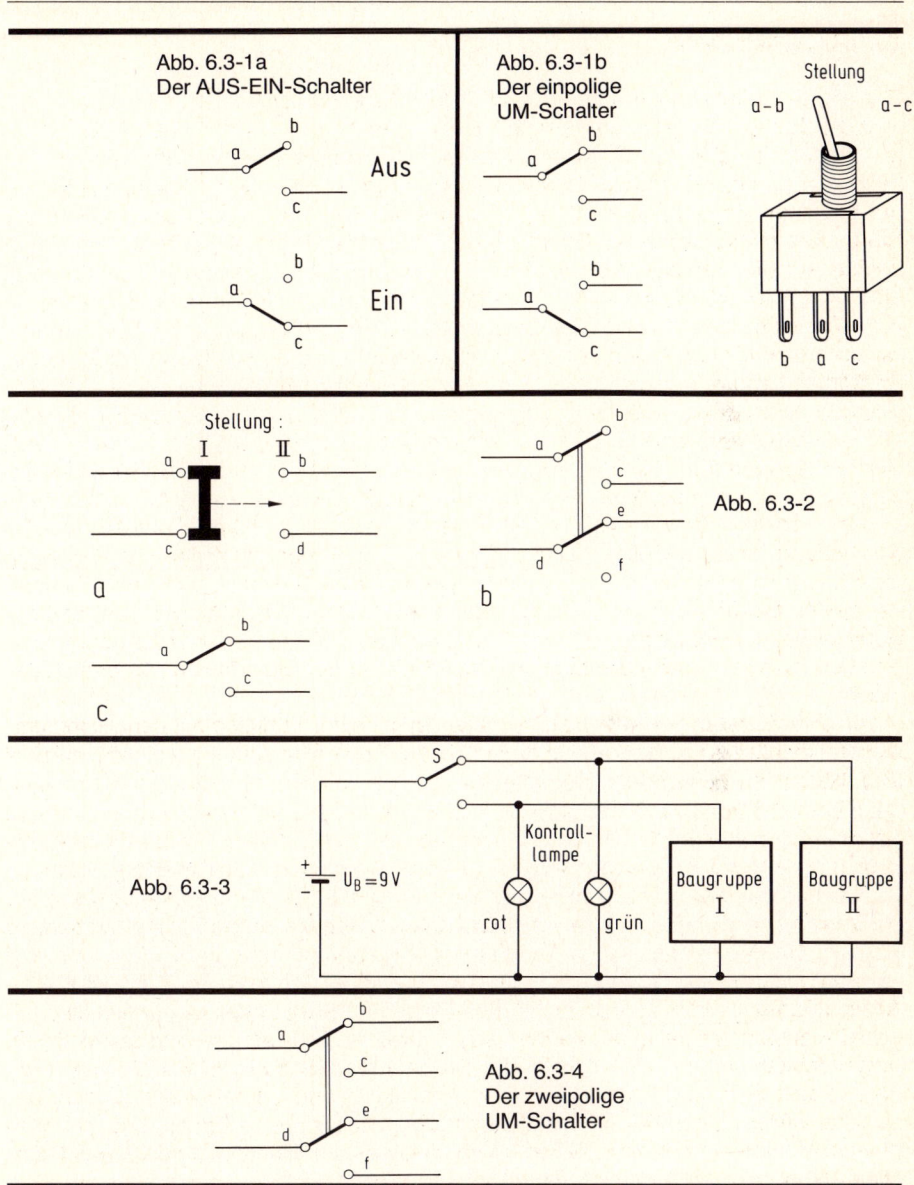

Abb. 6.3-1a
Der AUS-EIN-Schalter

Aus

Ein

Abb. 6.3-1b
Der einpolige
UM-Schalter

Stellung
a–b   a–c

b   a   c

Stellung :
I   II

a

b

Abb. 6.3-2

c

Abb. 6.3-3

$U_B = 9\,V$

Kontroll-
lampe

rot   grün

Baugruppe
I

Baugruppe
II

Abb. 6.3-4
Der zweipolige
UM-Schalter

143

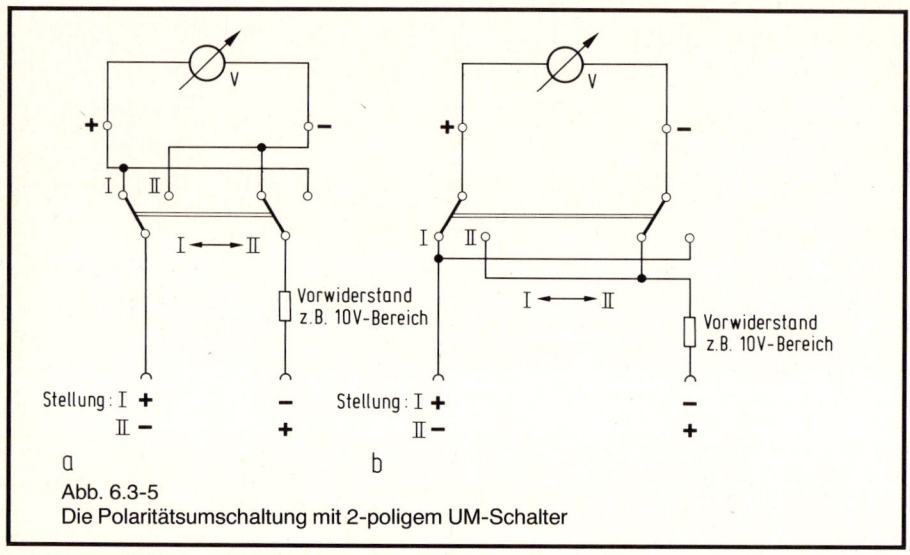

Abb. 6.3-5
Die Polaritätsumschaltung mit 2-poligem UM-Schalter

6.4 Der Mehrstufenschalter

Unter „Stufen" versteht der Elektroniker hier Schaltschritte. Ein Schalter, der mehr als zwei Schaltstellungen (Stufen) hat, wird bereits als Stufenschalter bezeichnet. *Abb. 6.4-1a* zeigt einen 3poligen Stufenschalter, Abb. 6.4-1*b* zeigt einen 12poligen Stufenschalter. Diese Schalterart wird zum Beispiel in unserem Vielfachmeßgerät zur Bereichsumschaltung eingesetzt.

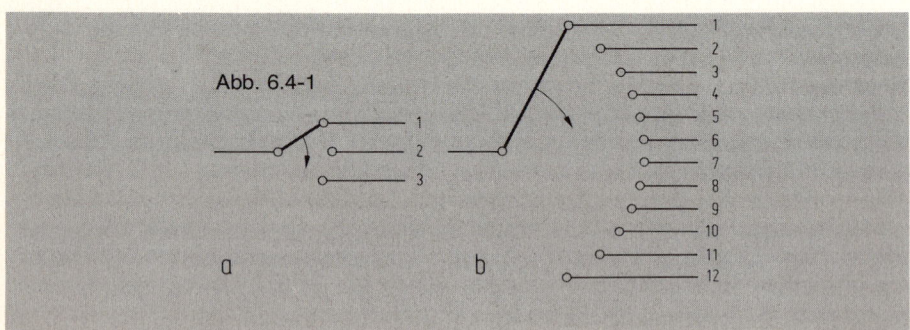

Woher nehmen und nicht...
also woher bekommen wir nun die Bauteile?

Dafür möchte ich Ihnen folgende Hilfestellung geben. Zunächst die möglichen Lieferanten, wenn Sie am Ort nicht fündig werden. In der Zeitschrift ELO finden Sie genügend Inserenten des Elektroversandhandels. Ich nenne Ihnen einmal nur drei – ohne Wertung –:

Firma Conrad Electronic
      Postfach 1180, 8452 Hirschau

Firma Radio Rim
      Bayerstraße 25, 8000 München 2

Firma Völkner Electronic
      Postfach 5320, 3300 Braunschweig

    Bei diesen und vielen weiteren Firmen z. B. können Sie einen Katalog gegen Gebühr anfordern und dann bestellen. Damit nun das Preisgefühl bei Ihnen mit dem jeweiligen Bauelement in etwa übereinstimmt, dazu soll das folgende „Bilderbuch" dienen.

    Ich stelle Ihnen hier, alphabetisch geordnet, die Bauteile vor, die wir benutzen werden. Dazu gehören ein Foto, eine Kurzbeschreibung und ein paar technische Angaben für die Praxis. So eine Art Bilderlexikon. Danach können Sie die Bauelemente auch besser einkaufen. Weisen Sie bei der Bestellung einfach auf den Text und die Fotos hin. Zusätzlich sind ungefähre Preisgruppen angegeben wie folgt:

A – bis   0,25 DM
B – bis   0,50 DM
C – bis   1,00 DM
D – bis   3,00 DM
E – bis 10,00 DM
F – mehr als 10,00 DM

Diese Preise können je nach Angebot stark abweichen..., aber für Sie ist es so eine Art Richtschnur. So, jetzt geht's los mit dem Buchstaben „a"!

● *Anschlußfolge → Zählrichtung*

● *Batterie: Preisgruppe D.*

Für unsere Versuche benutzen wir meistens Batterien. Auf dem Foto *Batterie 1* sind eine 4,5-V-Taschenlampenbatterie, eine kleine 9-V-Batterie und zwei kleine 1,5-V-Batterien zu sehen. Die meisten Versuche benötigen so um die 12 V Betriebsspannung, das ist leicht mit drei Taschenlampenbatterien in Serienschaltung zu machen. Es sind dann 13,5 V.

Batterie 1

Das Schaltzeichen mit Angabe der Spannung sieht so aus:

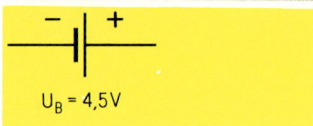

$U_B = 4,5V$

● *Buchsen: Preisgruppe B/D.*

Für den Anschluß werden Buchsen und Stecker benötigt. Das Foto *Buchsen 1* zeigt einfache, isolierte Bananensteckerbuchsen mit Befestigungsschrauben

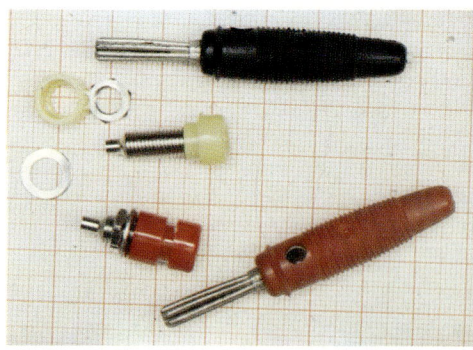

Buchsen 1

Buchsen 2

und mit den dazugehörigen Steckern. Das Foto *Buchsen 2* erklärt, wie NF-Buchsen und Lautsprecherbuchsen aussehen. Stecker dazu siehe u. a. Foto *Spule 4*. So eine NF-Clip-Buchse wird auch für den Funkempfänger gebraucht. Wie das alles montiert ist, siehe → Gehäuse.

● *Brückengleichrichter: Preisgruppe D.*

Eine Zusammenschaltung von vier Dioden. Wird zur Gleichrichtung der Netzwechselspannung benutzt. Der Brückengleichrichter hat vier Anschlüsse. Die vier Dioden sind in einem Gehäuse untergebracht.
Hier ist sein Schaltbild:

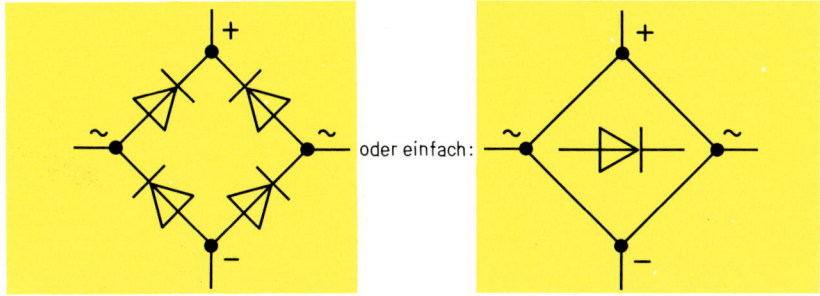

Das Foto *Gleichrichter 1* zeigt drei Bauformen mit den vier Anschlüssen. Es gibt diese für verschiedene Ströme. Auf demselben Foto sind noch zwei einfache Gleichrichterdioden zu erkennen. Diese dienen auch der Gleichspannungserzeugung aus Wechselspannung. (Siehe auch das Foto *Diode 1*.)

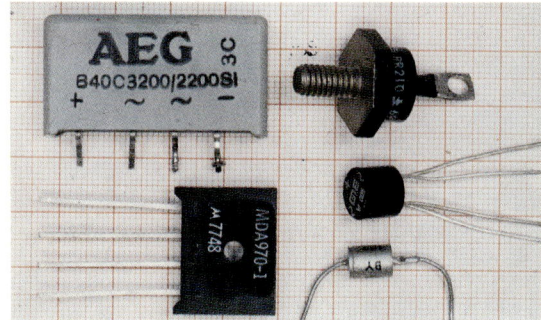

Gleichrichter 1

● *Diode: Preisgruppe A...B.*

Eine Diode ist ein gepoltes Bauelement. Das bedeutet, es hat gekennzeichnete Anschlüsse. Die Diode hat zwei Anschlüsse: Katode und Anode. Eine

Diode wirkt wie ein Trichter oder Ventil. Der Strom kann nur in einer Richtung fließen. Dazu muß bei einer Siliziumdiode der Anodenanschluß um ca. 0,6 V positiver sein als der Katodenanschluß. Bei einer Germaniumdiode genügen schon 0,2 V. In Durchlaßrichtung des Stromes ist die Katode also negativer als die Anode. Wird die Spannung an der Anode negativer als an der Katode, so leitet die Diode nicht. Der Strom wird gesperrt. Eine Diode ist ein Halbleiterbauelement, dessen Temperatur beim Löten nicht sehr hoch werden darf. Anschlüsse ca. 5...10 mm lang lassen, nicht länger als fünf Sekunden löten. Der Körper der Diode ist aus Glas oder Kunststoff und kann brechen. Die Diode wird als elektronischer Schalter und als Gleichrichter eingesetzt, um aus Wechselspannung eine Gleichspannung zu erzeugen. Am Diodenkörper befindet sich einseitig ein heller Farbring: das ist der Katodenanschluß.
Das Schaltbild sieht so aus:

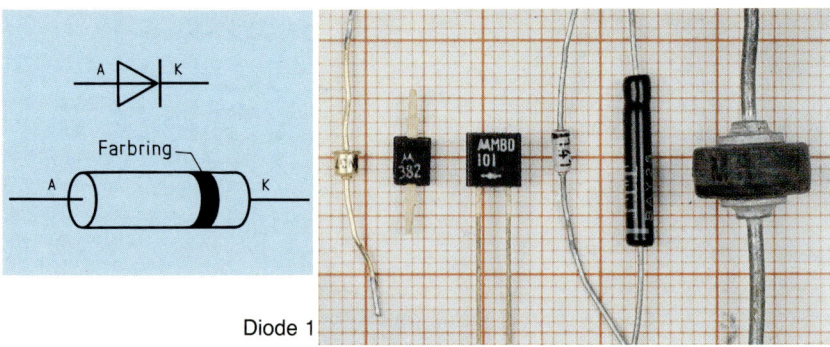

Diode 1

Das Foto *Diode 1* läßt verschiedene Ausführungsformen von Dioden erkennen. Charakteristisch die beiden Anschlußdrähte und die Kennzeichnung des Katodenanschlusses durch Ring oder Zeichnung. Wir werden es mit den mechanischen Abmessungen der Diode – Ausdruck 141 – häufig zu tun haben. Größere Dioden sind für höhere Leistungen – größerer Strom – geeignet.

● *Drehkondensator: Preisgruppe D;*
  Trimmerkondensator: Preisgruppe C.

Bei einem Drehkondensator, was auch für den Trimmerkondensator gilt, stehen sich zwei Metallflächen (Bleche), durch Luft oder eine Isolierfolie getrennt – also isoliert – gegenüber. Durch Hinein- oder Herausdrehen der einen halbrunden Platte – das geschieht über eine Drehachse, auf der ein Drehknopf montiert ist – kann der elektrische Wert des Kondensators verändert werden. Die Platten dürfen mechanisch nicht belastet werden. Es kann dadurch ein Kurzschluß entstehen. Eine Justage wird erforderlich. Mehrfach-

drehkondensatoren von älteren Rundfunkgeräten sind oft preiswert. Drehkondensatoren werden benötigt, um einen gewünschten Sender mit Hilfe einer kleinen Spule von der Empfangsantenne auszuwählen. Das Gehäuse (Metall) wird an Masse angeschlossen und bildet einen Anschlußpol.
Das Schaltbild sieht so aus:

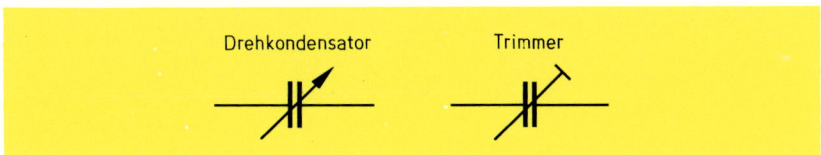

Das Foto *Drehko 1* läßt die Drehachse, eine Zahnraduntersetzung, zwei große Plattenpakete mit herausgedrehten Rotoren mit z. B. 350 pF (Picofarad) Kapazitätswert im eingedrehten Zustand erkennen. Desgleichen zwei kleinere Pakete mit ca. 25 pF. Die großen Pakete mit den vielen Blechen bilden eine große Kapazität und werden für den LW-MW-KW-Empfang (Langwelle – Mittelwelle – Kurzwelle) benutzt. Die kleinen entsprechend für den UKW-Empfang (Ultrakurzwelle). Dieser Kondensator hat eine große Bauform von

Drehko 1

Drehko 2

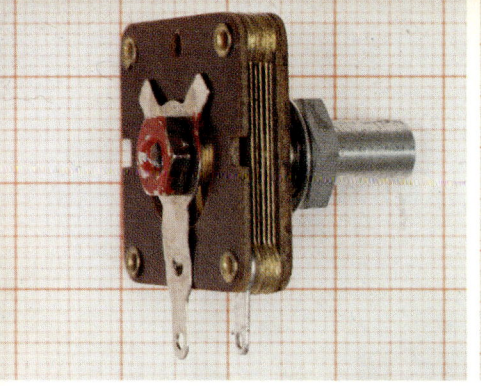

Drehko 3

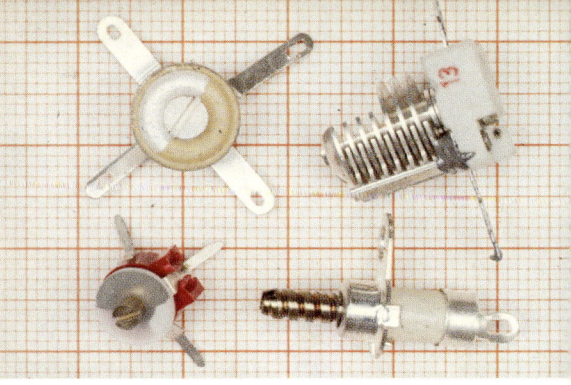

Drehko 4

Drehko 5

ca. 6,5 cm × 5 cm Fläche. Das Foto *Drehko 2* ähnelt dem großen Typ und erfüllt auch die gleichen Funktionen, Fläche ca. 4 cm × 3 cm. Dieser Drehko wurde in dem später beschriebenen Funkempfänger benutzt. Das Foto *Drehko 3* zeigt einen sogenannten „Quetscher". Hier werden die Platten mit Zwischenlage einer dünnen Kunststoffolie voneinander isoliert. Die Rotorplatten werden also „hineingequetscht" in die Statorplatten. Durch die Folie als Isolierung – beim Kondensator nennt man es Dielektrikum – ergeben sich bei kleinen Abmessungen größere Kapazitätswerte. Auch dieser „Quetscher" wird in unserem Funkempfänger benötigt, Kapazitätswert so um die 180 pF (Picofarad). Es gibt auch Trimmerkondensatoren für Kapazitätskorrekturen. Diese zeigt das Foto *Drehko 4*. Sie werden als Lufttrimmer, das ist der mit der Nummer 13 auf dem Foto, oder als Folientrimmer, es ist der darüberliegende, oder in den meisten Fällen, wie rechts daneben gezeigt, als Keramiktrimmer gebaut. Alle werden durch einen Schlitz am Rotor mit dem Schraubenzieher betätigt. Ein Trimmer kann auch drei Anschlüsse haben. Zwei sind dann gleich (Masse). Schließlich ist auf dem Foto *Drehko 5* vergrößert die Zahnraduntersetzung zu erkennen. Dieser Aufwand ist recht sinnvoll, denn dadurch sind mehr Drehbewegungen erforderlich, um den Rotor zu bewegen – die Sender lassen sich feiner abstimmen.

● *Drehwiderstand → Potentiometer*

● *Elektrolytkondensator → Kondensator*

● *Elko → Kondensator*

● *Ferritantenne: Preisgruppe C/D.*

Auf einen Ferritantennenstab wird eine Spule gewickelt. Die Ferritantenne läßt sich als Peilantenne ausnutzen. Siehe Foto *Antenne 1*. Die drei Zahlen kennzeichnen:

1. Ferritantenne für die Mittelwelle, Spule ca. 50 Windungen.
2. Ferritantenne für die Mittelwelle und Langwelle, ca. 50 Windungen und ca. 150 Windungen,
3. Ferritantenne für die Mittelwelle und zwei Kurzwellenbereiche.

Das Schaltzeichen sieht so aus:

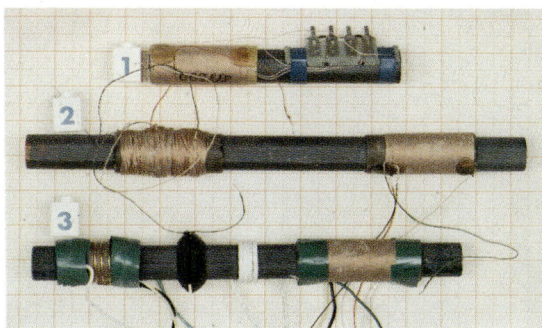

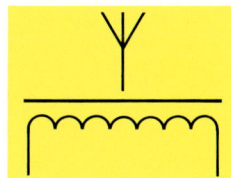

Antenne 1

● *Fotowiderstand (LDR): Preisgruppe C/D.*

Ein Widerstand, dessen elektrischer Wert sich bei Lichteinfall ändert. Das Bauelement hat zwei Anschlüsse mit beliebiger Polung.
Hier ist das Schaltbild:

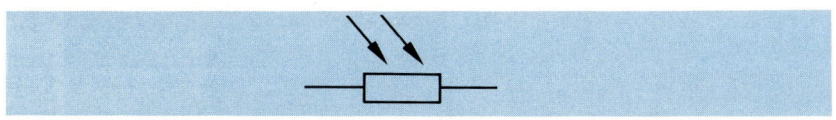

LDR 1

Das Foto *LDR 1* zeigt das Bauelement. Charakteristisch der kammförmige Aufbau.

● *Gehäuse:*

Für die kleinen Geräte, die nach diesem Buch gebaut werden, sind die passenden Gehäuse leicht selbst herzustellen. (Siehe u. a. auch das Buch

Gehäuse 1

Gehäuse 2

Gehäuse 3

RPB 125 „Die Mechanik für den Hobby-Elektroniker".) Dazu wird einseitig kaschiertes Platinenmaterial mit der Laubsäge auf richtige Abmessung zugeschnitten. Das Foto *Gehäuse 1* zeigt so etwas fertig mit montierten NF-Buchsen, Lautsprecherbuchse und Bananensteckerbuchse. Das Foto *Gehäuse 2* läßt erkennen, daß mit einem wasserfesten Schreiber das Bedienfeld schnell beschriftet werden kann. Das Foto *Gehäuse 3* macht den Innenaufbau deutlich. Die Kupferenden der Gehäuseteile werden punktweise verlötet. Dadurch werden alle fünf Platten gehalten. Die Platine wird auf isoliertem Abstand angeschraubt. Bauteile und Bedienteile haben genügend Platz. Die Platinenanschlüsse werden über Platinensteckstifte mit den entsprechenden Bauteilen verdrahtet. Die Kupferfläche wird mit dem Massepunkt der Schaltung verbunden.

● *Gleichrichter (Diode) → siehe auch Brückengleichrichter: Preisgruppe D.*

Der Gleichrichter wird benötigt, um im einfachsten Fall – Einweggleichrichtung – aus einer Wechselspannung eine Gleichspannung zu erzeugen. Der Gleichrichter ist eine Diode, die nur eine Halbwelle der Wechselspannung (→ Diode) hindurchläßt. Mit zwei Dioden läßt sich die verbesserte Zweiweggleichrichtung aufbauen. Dafür werden dann aber auch zwei Wechselspannungen benötigt, also zwei Wicklungen eines Transformators. Er hat das gleiche Schaltbild wie die Kleinsignaldiode (Foto Diode 1), ist aber wegen der höher verlangten Leistungen für ein Netzteil auch größer. Das Foto *Gleichrichter 1* zeigt zwei derartige Dioden. Siehe → Brückengleichrichter. Je nach verlangter Leistung ist auch eine Größe bemessen. Das Foto zeigt aber auch in einem flachen und einem runden Gehäuse vier zusammenmontierte einzelne Dioden als Brückengleichrichter → Brückengleichrichter.

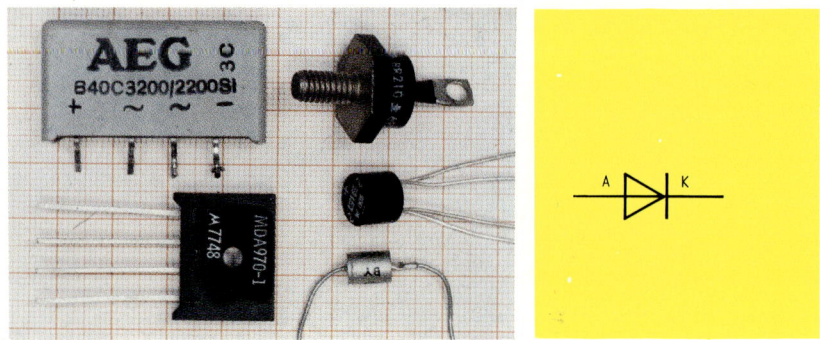

Sein Schaltbild ist das gleiche wie für die Diode mit A = Anode und K = Katode

● *Graetzgleichrichter → Brückengleichrichter*

● *Kondensator: Preisgruppe A...D.*

Kondensatoren haben zwei Anschlüsse. Bei Folienkondensatoren und Keramikkondensatoren ist die Wahl der Anschlüsse in der Schaltung gleich. Bei Elektrolytkondensatoren oder Tantalkondensatoren nicht, diese sind gepolt, haben einen Plus(+)- und einen Minus(−)-Anschluß. Kondensatoren können Gleichspannung speichern. Sie lassen Gleichstrom nicht durch (sperren). Der Wechselstrom wird durchgelassen. Sie dürfen beim Löten nicht zu heiß werden. Lötdauer nicht länger als fünf Sekunden an den kurzen Anschlüssen. Das Schaltsymbol sieht so aus:

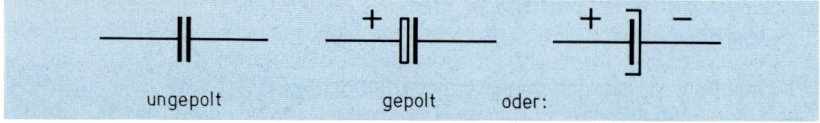

Das Foto *Kondensator 1* zeigt Folienkondensatoren, bei denen der Anschluß (Plus-Minus) gleich ist. Das Foto *Kondensator 2* läßt eine Auswahl von Keramik-HF-Kondensatoren erkennen, die vorwiegend in der Hochfrequenztechnik (HF) benötigt werden. Auch bei dem später zu bauenden Funkempfänger kommen Keramikkondensatoren zur Anwendung. Hier bedeuten:

1. Durchführungskondensator
2. Scheibenkondensator
3. + 4. Rohrkondensatoren
5. Lötbarer (an Masse) Durchführungskondensator.

Kondensator 1

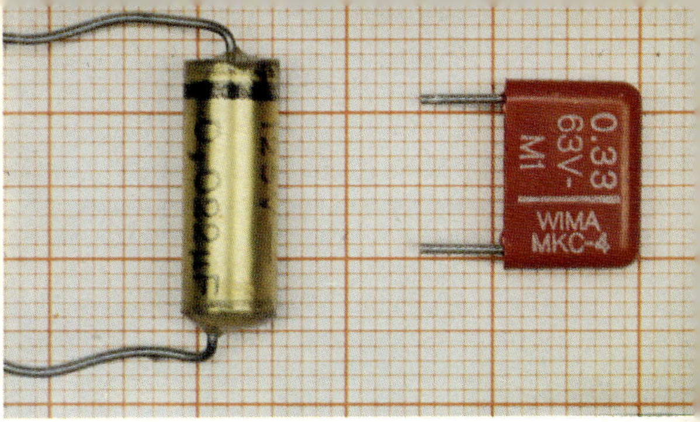

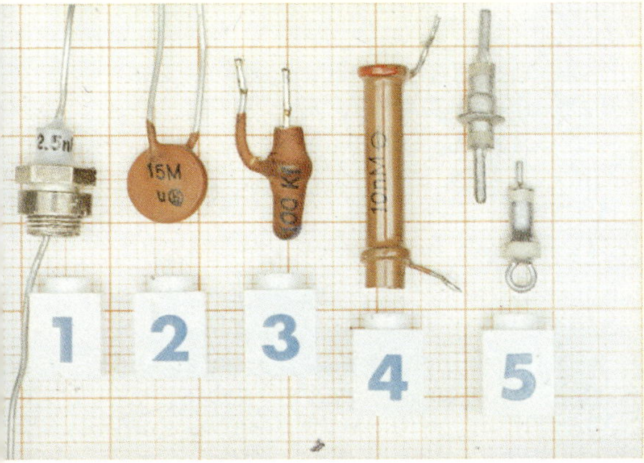

Kondensator 2

1 2 3 4 5

Kondensator 3

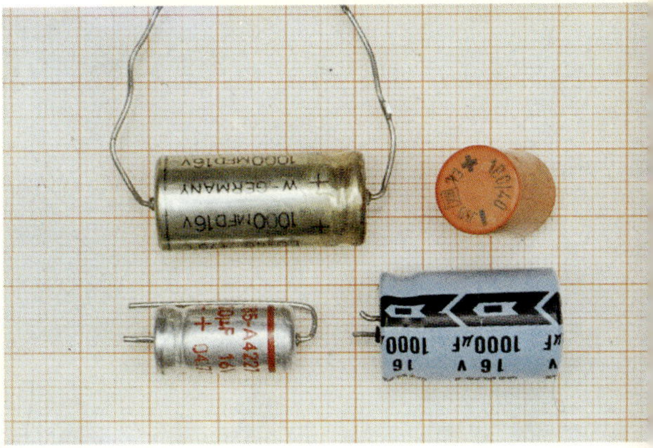

Kondensator 4

Das Foto *Kondensator 3* zeigt Elektrolytkondensatoren. Das sind gepolte Bauelemente mit gekennzeichneten Plus- und Minus-Anschlüssen. Sie gibt es in liegender Ausführung – bei größeren Bauformen werden diese mit Plastikband durch zwei Löcher in der Platine gehalten – oder, wie das Foto es zeigt, auch in stehender Ausführung zum direkten Einlöten in die Platine. Tantalelkos, sogenannte „Perlen", zeigt das Foto *Kondensator 4.* Leicht ist es mit der Beschriftung: „+" ist der Plusanschluß; „15" die Kapazität, also 15 µF; „35 V" die maximale Spannung, also 35 V. Werden Tantalelkos im Farbcode geliefert, so wird es schwieriger, da einige Firmen verschiedene Code haben. Entweder bei der Lieferung die Anschlußdaten erfragen, oder in der Farbcodetabelle nachsehen, die aber für den Typ Gültigkeit haben sollte. (Siehe auch den Farbcode im „Werkbuch Elektronik", Franzis-Verlag.)

● *Kühlstern: Preisgruppe B.*

Es ist dieses ein mechanisches Bauelement, das auf bestimmte (runde) Metallgehäuse von Transistoren geschoben werden kann. Es dient der Wärmeabfuhr des Transistors. Das Foto *Kühlung 1* läßt einen Kleinsignaltransistor erkennen. Des weiteren den Kühlstern und schließlich einen Kühlstern, der auf den Transistor montiert ist. Der Kühlstern wird gespreizt und auf den Transistor geschoben.

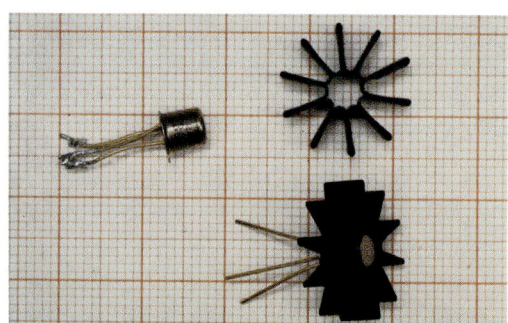

Kühlung 1

● *Lampen (Kontrollampen): Preisgruppe C.*

Für einige Versuche werden zum Signalisieren kleine Lämpchen benötigt, die im Foto *Lampe 1* auch mit Fassungen zu sehen sind. Die Reihe 1 zeigt LED-Kontrollsignallampen → Leuchtdiode. Darunter sind kleine Glühlampen und deren Fassungen gezeigt. Sie gibt es im Elektrogeschäft, im Radiogeschäft, auch als Fahrradlämpchen. Auf dem Foto ist auch eine Fassung mit roter transparenter Kontrollabdeckung zu sehen. Da eine Glühlampe jedoch mehr

Lampe 1

Strom verbraucht als eine Leuchtdiode (LED) → Leuchtdiode, nehmen wir für unsere Versuche die LED.

Das Schaltzeichen der Glühlampe sieht wie folgt aus:

z.B.: 6 V; 0,05 A

● *Leuchtdiode (LED): Preisgruppe B...C.*

Das elektrische Prinzip ist ähnlich der Diode →. Folgende Ausnahme besteht: Die LED leuchtet je nach Typ rot, gelb oder grün auf, wenn sie in Durchlaßrichtung gepolt ist. Also positive Spannung an Anode. Die Spannung zwischen Anode und Katode beträgt bei rotleuchtender Diode ca. 1,8 V und bei grünleuchtender Diode ca. 2,3 V. Katoden- und Anodenanschluß sind je nach Hersteller unterschiedlich gekennzeichnet. Beim Kauf sollte man sich danach erkundigen. Oftmals ist der kürzere Draht der Katodenanschluß.

Das Symbol der LED ist:

LED 1

Die LED wird als Signallampe, oder auch zur Übertragung elektrischer Signale (Lichttelefon) und *Lampe 1* benutzt. Das Aussehen kann je nach Bauform sehr verschieden sein. Das Foto *LED 1* zeigt einige Varianten in runder und rechteckiger Bauform. Allen gemeinsam ist ein maximaler Dauerstrom von ca. 20 mA. Im Batteriebetrieb stellt das für eine Mignonzelle schon eine nicht zu vernachlässigende Dauerbelastung dar.

● *NTC-PTC-VDR-Widerstände: Preisgruppe B/D.*

Ein NTC-Widerstand verringert seinen Wert bei Temperaturerhöhung.
Ein PTC-Widerstand erhöht seinen Wert bei Temperaturerhöhung.
Ein VDR-Widerstand verringert seinen Wert bei Spannungserhöhung.

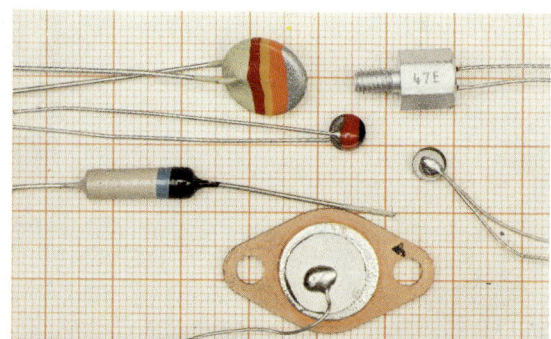

NTC-PTC-VDR 1

In dem Foto *NTC-PTC-VDR 1* sehen sie fast alle gleich aus. Da sie nicht näher gekennzeichnet sind, ist es auch für den Profi schwer, sie zu unterscheiden. Haben sie eine empfindliche Lackschicht, so sind es meistens VDR-Widerstände. NTC- oder PTC-Widerstände haben oftmals Kühlbleche oder Kühlkörper. Das ist als „Kennzeichen" gut geeignet, um diese Gruppe von VDR-Widerständen zu unterscheiden.
Die Schaltbilder sehen so aus:

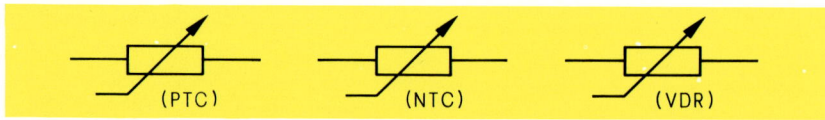

Dabei steht dann die Kennzeichnung VDR oder PTC oder NTC.

● *Operationsverstärker: Preisgruppe D.*

Das ist ein integrierter Halbleiterbaustein, der mehrere Transistoren in sich enthält. Sehr gut nutzbar für die Verstärkung kleiner Musikspannungen. Ein Operationsverstärker hat mindestens fünf Anschlüsse, oft weitere (nicht benutzte).

Das Foto *OP-AMP 1* zeigt zwei 8polige Operationsverstärker in verschiedenen Gehäuseformen mit den dazugehörigen Sockeln, die in die Schaltung (Platine) eingelötet werden. Ein Operationsverstärker kann auch direkt in die Schaltung gelötet werden. Der Sockel hat aber den Vorteil, daß im Falle eines Defektes der Operationsverstärker schneller und einfacher ausgetauscht werden kann. Von den acht Polen werden nach dem Schaltbild nur fünf benötigt. Beschafft man sich einen OP, so muß man die Art der Gehäuseform angeben. Entweder im TO-100-Gehäuse (rund, aus Metall) oder im Dual-in-Line-Gehäuse (eckig, aus Plastik). Ebenso müssen Sie sich um die Sockelanschlußbelegung kümmern. Die im Foto gezeigten Sockel gibt es auch für Kleinsignaltransistoren im Plastik-TO-18- oder -TO-39-Gehäuse mit drei Polen.

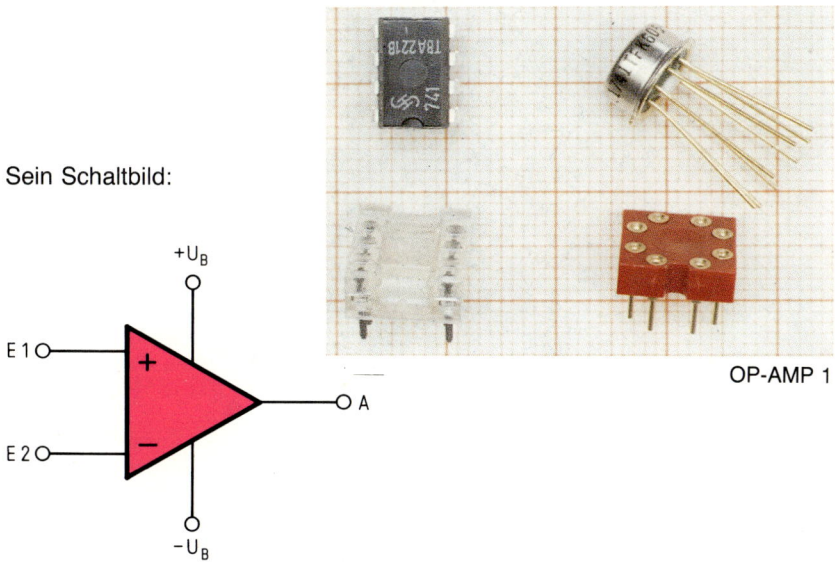

Sein Schaltbild:

$+U_B$

E 1

A

E 2

$-U_B$

OP-AMP 1

Die Erklärung des Schaltbildes ist folgende:

E_1 ist der nichtinvertierende Eingang, mit (+) bezeichnet
E_2 ist der invertierende Eingang, mit (−) bezeichnet
A ist der Ausgang
$+U_B$ erhält den Plus-Pol der Versorgungsspannung
$-U_B$ erhält den Minus-Pol der Versorgungsspannung.

● *Platine: Preisgruppe B...C (Postkartengröße).*

Ein z. B. 1,5 mm starkes Isoliermaterial mit einseitiger dünner Kupferauflage. Die Kupferfläche wird so geändert (Ätzvorgang), daß ca. 2...3 mm breite Kupferbahnen (Leiter) entstehen. Diese werden an ihrem Ende mit einem 1-mm-Loch versehen und der Anschlußdraht eines Bauelementes dort verlötet. So wird eine Verdrahtung erspart. Eine Universalplatine hat bereits viele

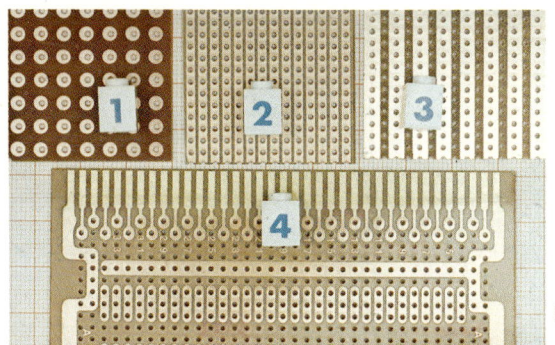

Platine 1

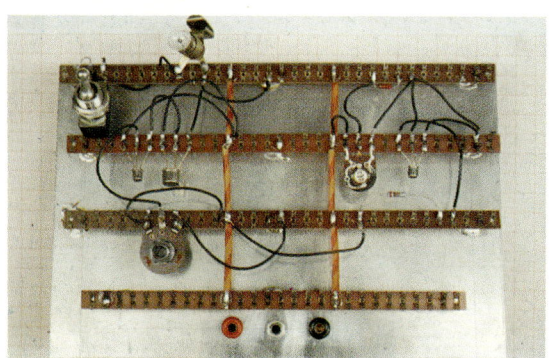

Platine 2

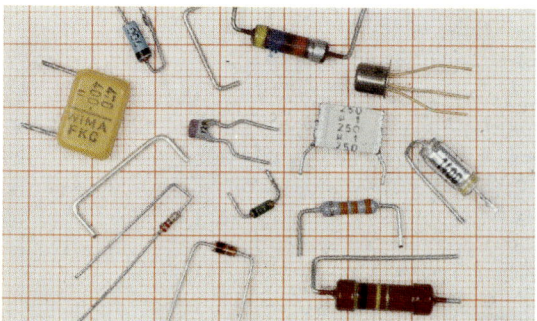

Platine 3

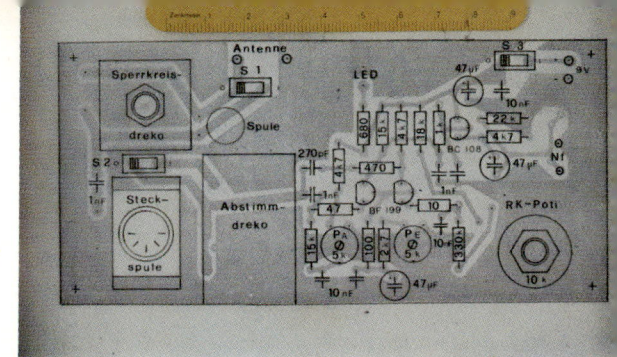

Platine 4

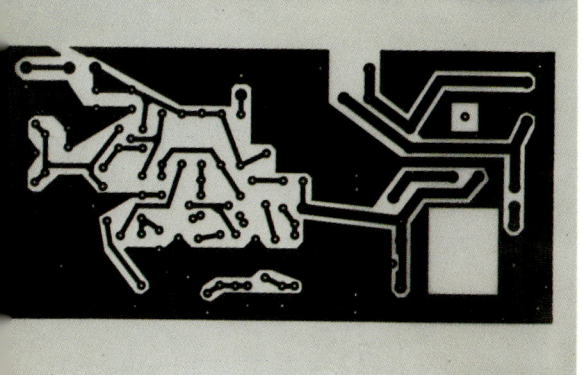

Platine 5

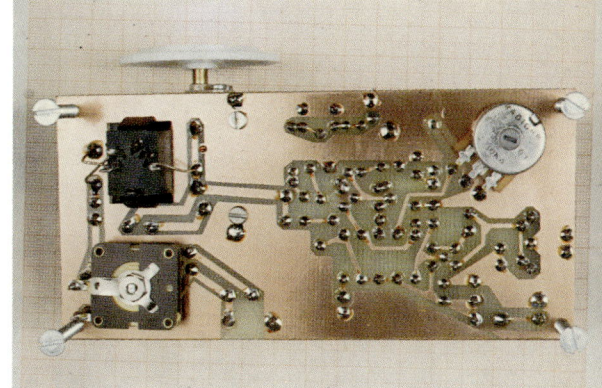

Platine 6

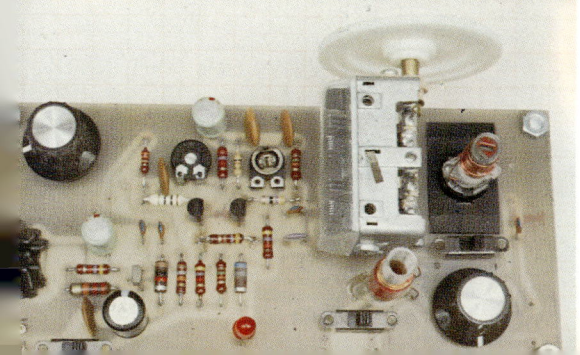

Platine 7

fertig mit Löchern versehene Streifen. Hier muß sich die Lage der Bauelemente aber nach den Streifen richten. Das Foto *Platine 1* zeigt vier Universalplatinen. Diese benötigen wir für viele Versuche. Es gibt sie in Streifenform, im Bild mit 2 und 3 gekennzeichnet, mit 2,5 mm oder 5 mm Rasterabstand. Aber auch als Lochrasterplatinen für Arbeiten mit getrennten Verdrahtungen, Kennzeichnung mit 1. Wir wählen die Streifenplatine.

Das Foto *Platine 2* ist für denjenigen unter uns gedacht, der mit Lötleisten Versuchsschaltungen aufbauen möchte. Lötleisten können Sie mit 1 mm starken Drähten an mehreren Stellen an Weißblech befestigen. Mit einer Verdrahtung läßt sich dann nach alter Vätersitte auch gut arbeiten. Für die Selbstherstellung von Platinen empfehle ich aus dem Franzis-Verlag den RPB-Band 56 „Der Hobby-Elektroniker ätzt seine Platinen selbst". Vor dem Einbau von Bauteilen in die Platine werden die Anschlußdrähte nach dem Foto *Platine 3* gut ausgerichtet, das gilt auch für Drahtbrücken, Transistoren usw. Sie passen im genauen Abstand so in die Bohrungen der Platine. Lochdurchmesser 0,8...1 mm. Der Werdegang der maßgeschneiderten Platine läßt sich am Beispiel des Funkempfängers an folgenden Fotos erkennen:

Foto *Platine 4:* Das sogenannte Layout wird anhand der erforderlichen Leitungsverbindungen und Größe der Bauelemente geplant.

Foto *Platine 5:* Das fertige Layout.

Foto *Platine 6:* Die fertig gelötete Platine (Unterseite).

Foto *Platine 7:* Die Bauelemente auf der Platine (Oberseite).

● *Potentiometer: Preisgruppe C/D.*

Es wird benutzt, wenn zum Beispiel die Lautstärke geregelt werden soll. Ein Potentiometer hat drei Anschlüsse mit A (= Anfang), S (= Schleifer) und E (= Ende) bezeichnet. Das Potentiometer hat ähnlich dem Drehkondensator → eine 6- oder 4-mm-Achse, auf der ein Drehknopf montiert werden kann. Der mittlere Anschluß ist (meistens) der Schleifer. Der Schleifer wird auf einer Kohleschicht geführt und ergibt je nach Drehstellung einen entsprechenden Widerstandswert. Der Wert geht von 0 Ω bis zum Maximalwert (Nennwert) des Potentiometers.
Hier ist das Symbol:

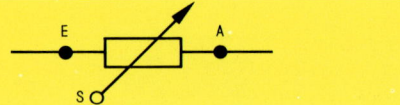

Poti 1

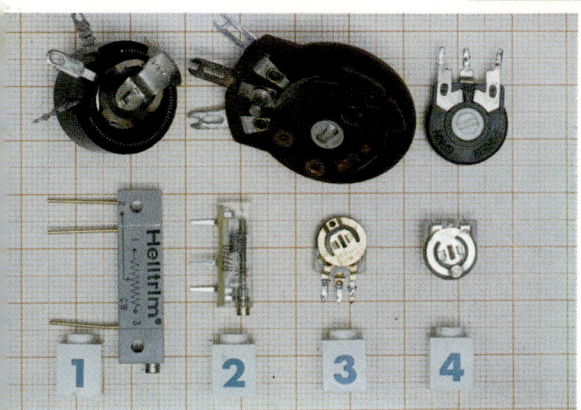

Poti 2

Das Foto *Poti 1* zeigt zwei Potentiometer mit 6-mm-Achse. Davon eines mit einem Drehschalter ausgerüstet. So läßt sich z. B. nicht nur die Lautstärke regeln, sondern gleichzeitig auch das Gerät noch ein- und ausschalten. Ein kleineres Potentiometer ohne Metallhaube ist mit 4-mm-Achse zu erkennen. Drehwinkel ≈ 270°. Für Einstellzwecke, z. B. Arbeitspunkteinstellungen von Transistoren, werden die Trimmpotentiometer oder Trimmerwiderstände benutzt. Diese sind als Beispiel auf dem Foto *Poti 2* zu sehen. Es gibt sie in gekapselter und offener Ausführung. Die Kohleschicht (Widerstandsbahn) ist gut zu erkennen. Ebenso der Schleifer, der einen Drehwinkel ≈ 270° aufweist. Auch diese Einstellwiderstände werden über den sichtbaren Schlitz mit einem Schraubenzieher betätigt. Zur Erklärung dienen die Zahlen auf dem Foto:

1 (unten)   Trimmer mit Gewindespindel (Meßgerätebau, genaue Einstel-
              lung möglich), ≈ 10...20 Umdrehungen.
1 (oben)   Niederohmiger Drahttrimmer (22 Ω).
2 (siehe 1), aber Miniaturausführung für kleine Leistungen.
3 (unten)   Kleintrimmer mit Kohleschleifer.
3 (oben)   Große Bauart für höhere Leistungen.
4 (unten)   Kleintrimmer mit Metallschleifer.
4 (oben)   Trimmer in gekapselter Ausführung.

● Schalter: Preisgruppe C/D.

Er ist ein mechanisches Bauelement zur Stromunterbrechung. Das Foto *Schalter 1* zeigt zwei 1polige Umschalter als Kippschalter und einen 2poligen Umschalter als Schiebeschalter. Der letztere wurde u. a. für den Funkempfänger als einfacher EIN-AUS-Schalter benutzt.
Folgende Schaltbilder sind wichtig:

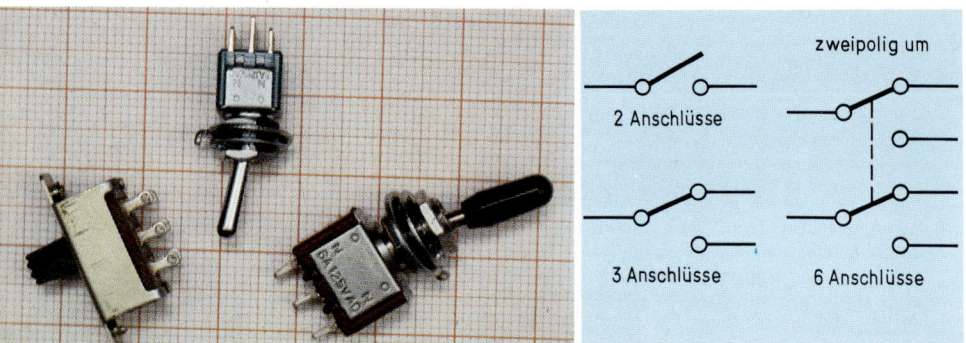

Schalter 1

● Sockel: Preisgruppe B.

Ein Bauelement (mechanisch) als Zwischenträger eines Transistors →, Operationsverstärker →. Der Sockel wird eingelötet und das Bauteil dann in die federnden Kontakte des Sockels gesteckt. Siehe Foto *OP-AMP 1* (Sockel → OP-AMP).

● Spule: Preisgruppe: A/C.

Eine Spule wird in unseren Schaltungen selbst angefertigt. Sie hat zwei oder mehrere (Anzapfung-)Anschlüsse. Sie besteht aus mehreren Windungen lackisolierten Drahtes. Der Draht, die Wicklung, wird auf einen Spulenkörper gewickelt. Mit dem Drehkondensator → bildet sie einen abstimmbaren Schwingkreis. Damit werden die Sender für den Empfang eingestellt. Der elektrische Wert der Spule kann durch Ab- und Zuwickeln verändert werden. Ein kleiner Ferritkern, der in den Spulenkörper hinein- oder herausgedreht wird, hat die gleiche Wirkung.
    Das Foto *Spule 1* zeigt verschiedene, fertig gewickelte Spulen auf unterschiedlichen Körpern in Kammerwicklung, Kreuzwicklung und Einlagenwick-

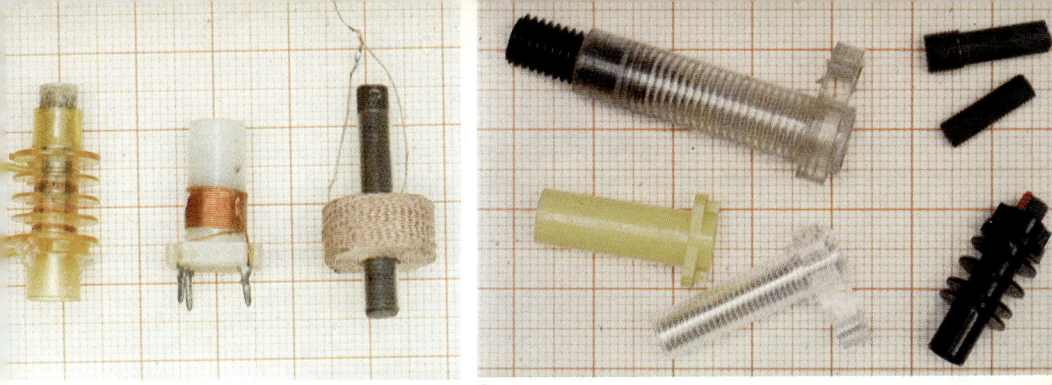

Spule 1

Spule 2

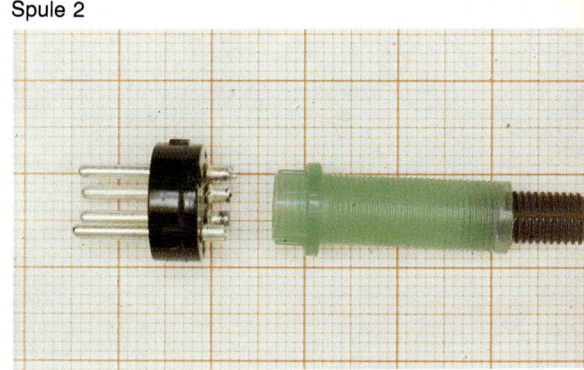

Spule 3

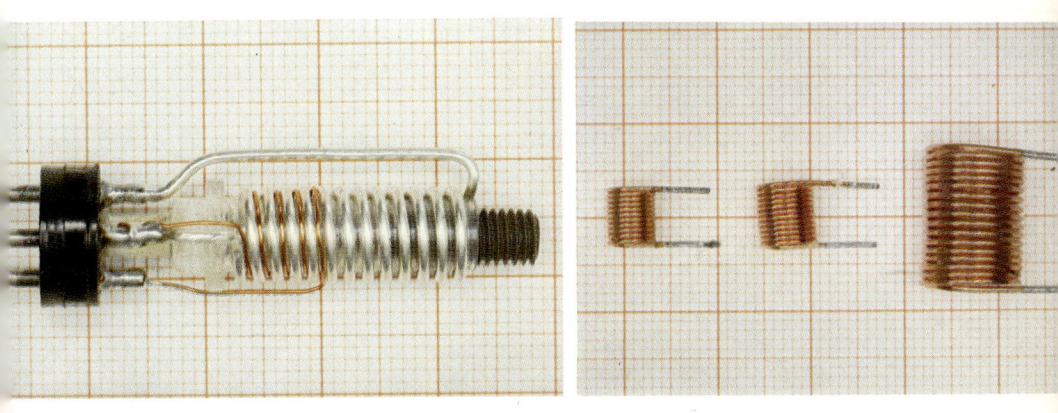

Spule 4

Spule 5

lung. Das Foto *Spule 2* läßt Spulenkörper und Kerne erkennen, so wie wir sie auch für den Funkempfänger benötigen. Dort benutzen wir sogenannte Steckspulen. Das Foto *Spule 3* zeigt einen NF-Stecker mit Spulenkörper, die später nach dem Bewickeln zusammengeklebt werden. Der fertige Aufbau ist in dem Foto *Spule 4* zu erkennen. Das Foto *Spule 5* bringt unterschiedliche Größen von HF-Drosseln (Hochfrequenzdrosseln). Diese werden auf einen Dorn (z. B. runden Bleistift oder Stricknadel) gewickelt und dann abgezogen. Das Schaltbild sieht so aus:

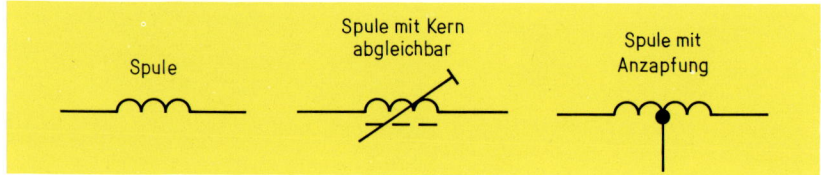

● *Tantalkondensator → Kondensator*

● *Transformator: Preisgruppe E.*

Ein Transformator hat zwei Stufen →. Also mindestens vier Anschlüsse. Beide Spulen sind auf einen Eisenkern gewickelt. Der Transformator dient dazu, die hohe Steckdosenspannung (Netzspannung) auf einen niedrigeren, für uns brauchbaren Wert zu transformieren. Nach dem Anschluß sollte die Schaltung – Achtung, Lebensgefahr! – von einem Fachmann überprüft werden. Ein Trafo dient auch dazu, um einen niederohmigen Lautsprecher an einen hochohmigen Transistor anzuschließen. Es gibt die Bezeichnung P = Primär-(wicklung) und S = Sekundär(-wicklung). Die Sekundärseite kann aus mehreren Wicklungen bestehen – auch solche mit Anzapfungen –, wenn mehrere Spannungen benötigt werden. Transformatoren für Platinenmontage und Schraubbefestigungen sind im Foto *Trafo 1* zu sehen.

Das Schaltbild, mit zwei Wicklungen, sieht so aus:

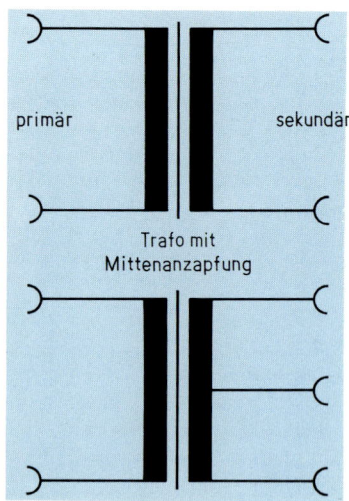

primär   sekundär

Trafo mit
Mittenanzapfung

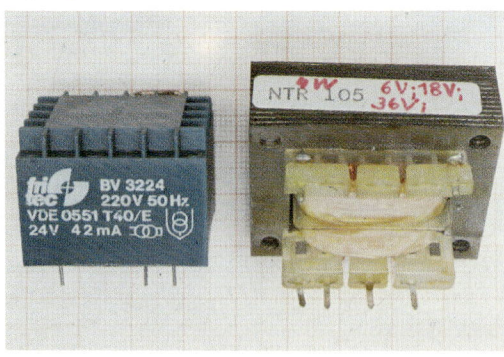

Trafo 1

Mit Transformatoren zu arbeiten ist, wie erwähnt, wegen der hohen Netzspannung von 220 V gefährlich. Aus diesem Grunde benutzen wir für unsere Versuche u. a. Aufputzklingeltransformatoren, deren Anschlüsse am besten vor Inbetriebnahme einmal dem Fachmann eines Elektrogeschäftes gezeigt werden.

● Transistor: Preisgruppe B...D.

Dieses ist ein Halbleiterbauelement. Es hat drei Anschlüsse. Sie heißen Emitter – Basis – Kollektor. Der Transistor wird als Verstärkerelement, seltener als elektronischer Schalter eingesetzt. Ähnlich der Diode → ist Vorsicht beim Löten und der weiteren Behandlung geboten.
Das Schaltbild:

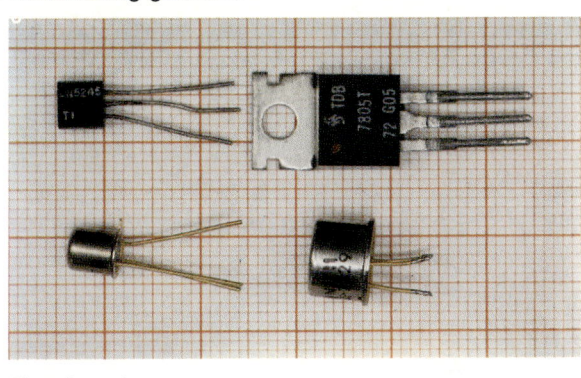

B = Basis
E = Emitter
C = Kollektor

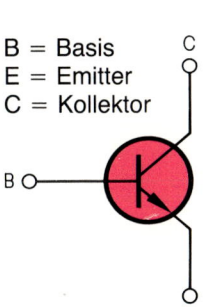

Transistor 1

Das Foto *Transistor 1* läßt vier verschiedene Bauformen erkennen. Je größer – je höher ist die elektrisch mögliche Leistung. Achtung – Transistormetallkörper führen Spannung, meist mit dem Kollektoranschluß verbunden. Siehe auch → Sockel, → OP-AMP für Sockelmontage und → Kühlung für die Wärmeabfuhr.

● Trimmer → Potentiometer → Drehkondensator

● Widerstand: Preisgruppe A.

Ein Widerstand läßt Gleichstrom und Wechselstrom passieren. Er schwächt den Strom aber ab. Wenn ein Strom fließt, so kann an beiden Anschlüssen eine Spannung gemessen werden. Es ist gleich, in welcher Richtung die beiden Anschlüsse des Widerstandes in die Schaltung eingelötet werden.

Eine Kohleschicht im Widerstandskörper bestimmt seinen Wert. Die Wertangabe wird durch Farbringe (Farbcode) auf den Körper gedruckt.

Hier ist sein Schaltsymbol:

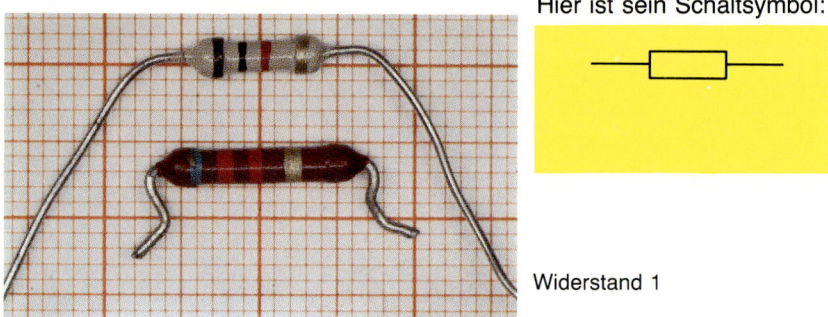

Widerstand 1

Ein Foto *Widerstand 1* zeigt sein Aussehen mit den typischen Farbringen (Farbcode), die den elektrischen Wert kennzeichnen. Unterschiedliche Baugrößen – bei gleichem Ohmwert – lassen auf unterschiedliche Leistung schließen.

● *Zählrichtung → Anschlußfolge*

Im Foto *Anschluß 1* sind verschiedene Bauelemente gezeigt. Transistoren und integrierte Schaltungen, wie z. B. Operationsverstärker. Alle diese Bauelemente haben ein Sockelbild (Anschlußbild), das von einer Gehäuseformkennzeichnung ausgeht. Z. B. Nippel am Metallgehäuse (Metalltransformator), abgeplattete Gehäuseseite (Plastiktransistor), Einkerbung (integrierter Schaltkreis), unterschiedliche Anschlußlänge (HF-Transistor)... Von diesen Kennzeichnungen aus erfolgt die Zählrichtung für die Anschlüsse in der jeweiligen Sockelbeschreibung.

Anschluß 1

6.5 Der Mehrebenenschalter

Der Mehrebenenschalter ist eine „Vervielfachung" des einfachen Mehrstufenschalters. Werden z. B. für einen Anwendungsfall zwei 6polige Mehrstufenschalter benötigt, die mechanisch gemeinsam schalten, so werden sie von einer Drehachse zugleich betätigt. Wir sprechen dann von zwei Ebenen. Je eine Schalterfunktion – 1 x 6 Kontakte – ist mechanisch auf einer Ebene untergebracht. Sind zwei Ebenen zu je 6 Schaltstellungen vorhanden, so sagt der Elektroniker, er hat einen Mehrstufen-, Mehrebenen- oder Rastenschalter vor sich mit 2 x 6 Kontakten. Die erste Zahl (2) gibt die Anzahl der Ebenen an, die zweite Zahl (6) die Anzahl der Kontakte. Drei Ebenen mit je vier Schaltstellungen heißen dann: Schalter mit 3 x 4 Kontakten. Das Foto *Abb. 6.5-1* zeigt die Bauelemente eines Stufendrehschalters. Ebenfalls ist dort ein 4-Ebenen-Schalter zu sehen. Ein- und Mehrebenenschalter lassen sehr komplizierte Schaltvorgänge zu. Durch eine äußere Verbindung und Beschaltung lassen sich in der Elektronik alle gewünschten komplizierten Schaltfunktionen ausführen.

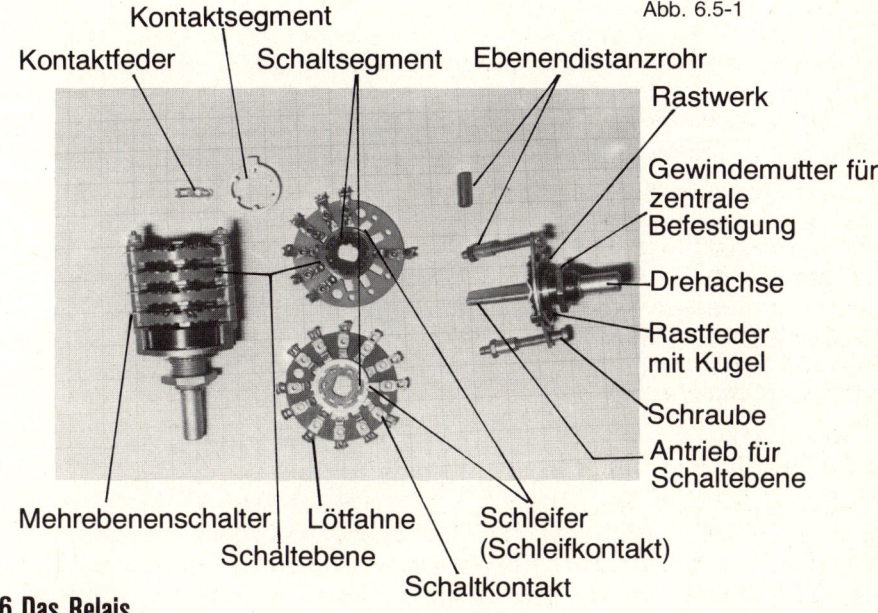

Abb. 6.5-1

Kontaktsegment

Kontaktfeder — Schaltsegment — Ebenendistanzrohr

Rastwerk

Gewindemutter für zentrale Befestigung

Drehachse

Rastfeder mit Kugel

Schraube

Antrieb für Schaltebene

Mehrebenenschalter — Lötfahne

Schaltebene

Schleifer (Schleifkontakt)

Schaltkontakt

6.6 Das Relais

Wir haben uns schon darüber unterhalten, daß ein Relais, als Schalter benutzt, Vorteile aufweisen kann. Die Schalterkontakte des Relais können sehr nahe an die Stelle eines elektronischen Aufbaues herangebracht werden, an der sie auch tatsächlich benötigt werden.

Ein Relais kennt nur zwei Schaltstellungen. Dadurch bedingt, kann ein einfaches Relais auch nur einen ein- oder mehrpoligen Ein-/Aus-Schalter bilden, oder einen ein- oder mehrpoligen Umschalter. Das Kapitel 3.8 kann in diesem Zusammenhang noch einmal nachgelesen werden. Das Relais besteht im wesentlichen aus drei Bauteilen. 1. Der Magnetspule, die über eine Drahtleitung mit Spannung und Strom versorgt wird. 2. Der Mechanik; eine Metallplatte wird von der Magnetspule angezogen, die Bewegung wird auf die Schalterkontakte übertragen. 3. Den Kontakten, die über die Mechanik durch die Magnetkraft ein- oder ausgeschaltet werden.

Im Ruhezustand, also wenn kein Strom durch die Magnetspule fließt, wird durch eine mechanische Feder der Schaltersatz in die Ausgangsposition geschaltet.

6.6.1 Ist das Relais ein fernbedienbarer Schalter?

Auf jeden Fall: Ja! Das ist gerade der Vorzug eines Relais. Das Relais kann mit seinem Schalter auf kürzestem Wege – ohne lange Verkabelung des Schalters – in den Elektronikaufbau eingesetzt werden. Die Verbindung der Magnetspule zu dem Stromkreis kann sehr lang ausgeführt werden. Das beste Beispiel ist unser Telefon. Wir brauchen nur den Hörer abzunehmen, sofort suchen auf dem Fernamt oft kilometerweit entfernt von unserem Telefonapparat Relais' nach einem freien Wählerautomaten.

Hiervon kann der Elektroniker ebenfalls Gebrauch machen. Die Leitungen zur Magnetspule können sehr lang sein, bis zu dem Schalter, welcher die Magnetspule ein- und ausschaltet. Die Fernbedienbarkeit hat noch einen weiteren Vorteil. In der Elektro-Technik werden häufig sehr große Ströme geschaltet. Eine E-Lok benötigt zum Anfahren mehrere tausend Ampere. Dafür werden fingerdicke Kupferleitungen benötigt. Der E-Lokführer betätigt jedoch nur kleine Schalter, die mit normal starken elektrischen Leitungen am Fahrmotor auf kürzestem Wege über sehr große Schalt-Relais' die Maschinen schalten.

6.6.2 Es gibt viele Sonderformen des Relais

Die Sonderformen können sich nur auf die Kontaktbestückung und die ,,Antriebsart", also die Spulenform beschränken. Behandeln wir zuerst die Kontaktmöglichkeiten. Wir haben schon erklärt, daß ein Relais gemäß der Information ,,Spulenstrom: Ein" oder ,,Spulenstrom: Aus" auch nur zwei Schaltstellungen kennt. Somit gibt es die einfache Übersicht je nach Anordnung der Kontakte, wie in *Abb. 6.6.2-1* zu sehen.

Die dort gezeigten Schalterstellungen können ganz unterschiedlich angeordnet sein. So ist es ohne weiteres möglich, eine Kontaktbestückung mit vier Umschaltkontakten zu erhalten. Oder eine solche mit vier Ein-Kontakten und zwei Aus-Kontakten. Ein Ein-Kontakt ist dann gegeben, wenn bei Stromfluß in der Spule der entsprechende Kontakt geschlossen ist.

Zu der zweiten Ausführungsform des „Antriebes" gibt es folgende Möglichkeiten:

● Die Magnetspulenform, die über eine Hebelmechanik die Kontakte betätigt.

● Das Reed-Relais. Hier werden in einem kleinen Glasrohr von z. B. Bleistiftstärke oder noch wesentlich kleiner die Kontakte untergebracht. Als Kontaktbestückung ist höchstens ein Umschaltkontakt möglich. Meistens wird das Reed-Relais nur mit einem Einschaltkontakt geliefert. In der *Abb. 6.6.2-2a* können wir den Aufbau näher kennenlernen. Abb. 3.14-9 verdeutlicht uns den Aufbau. Die Enden des Glasrohres sind mit zwei federnden flachen Metallelementen (Drähten) verschmolzen, die sich an ihren Enden im Glasrohr gegenüberstehen. Nähert man von außen ein Magnetfeld, so ziehen sich beide Stahlelemente an und der Kontakt ist geschlossen. Das Magnetfeld kann mechanisch über einen Dauermagneten zugeführt werden. Wie aus der Abb.

Abb. 6.6.2-1
Das Relais als Schalter

	Spulenstrom : EIN	Spulenstrom : AUS
1. Möglichkeit		
2. Möglichkeit		
3. Möglichkeit		

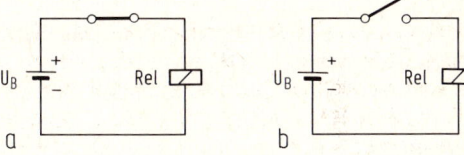

Abb. 6.6.2-2
Aufbau als Reed-Relais

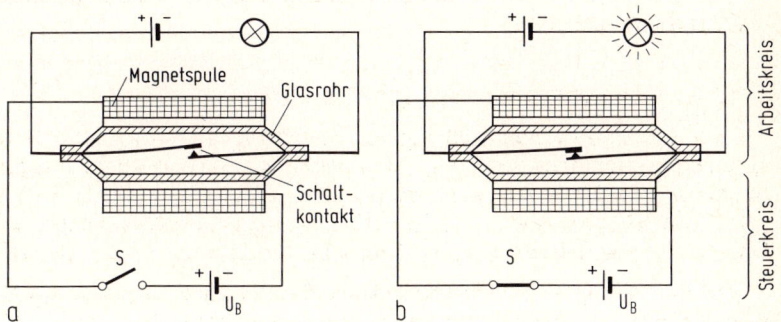

147

6.6.2-2a ersichtlich, ist es jedoch mit einer Magnetspule ebenfalls möglich. Von dieser Ausführung macht der Elektroniker sehr häufig Gebrauch. Die Abb. 6.6.2-2b zeigt das Reed-Relais im eingeschalteten Zustand.

● Eine weitere Möglichkeit ist das Gasdruck-Relais. Bei diesem Relais sind in einem Glasrohr ebenfalls zwei Kontakte vorhanden, die sich bei Erhöhung des Gasdruckes schließen. Der Gasdruck in dem oft sehr kleinen Rohr – es gibt Ausführungen mit 4 mm Durchmesser bei 20 mm Länge – wird durch eine kleine ,,elektrische Heizung" gesteuert, die ebenfalls in dem Glasrohr untergebracht ist.

Noch ein paar Worte zu den Magnetspulen. Der Elektroniker versucht Relais einzusetzen, die eine möglichst kleine Belastung für die Batterie darstellen. Relais' mit umfangreicher Kontaktbestückung benötigen einen starken Strom. Kleinere Relais' kommen mit Spannungen von 2...6 V aus bei Strömen von z. B. 20 mA. Größere Relais' benötigen Ströme bis zu einem Ampere. Der Elektroniker kennt die Bezeichnung: AW. Sie bedeutet: Amperewindungen. Der AW-Wert ist für jeden Relais-Typ verschieden. Er kennzeichnet den Mindestwert, der bei einer bestimmten Windungszahl an Stromstärke vorliegen muß, um das Relais mit Sicherheit betreiben zu können. Eine Windungszahl von 1000 Windungen bei einer Stromstärke von 20 mA ergibt einen AW-Wert von $0,02 \cdot 1000 = 20$. Dieser Wert kann jedoch auch durch 500 Windungen bei 40-mA- oder 100 Windungen bei 200-mA-Strom erreicht werden.

Der Elektroniker kennzeichnet noch die Anzugsspannung und die Abfallspannung bei einem Relais. Die Anzugsspannung ist der Wert der Spulenspannung, bei der das Relais mit Sicherheit ,,anzieht". So z. B. 5 V. Die Abfallspannung ist die Spannung, bei der die Magnetkraft der Spule nicht mehr ausreicht, um den Schaltersatz zu betätigen. Die Abfallspannung liegt immer wesentlich niedriger als die Anzugsspannung. In unserem Beispiel bei 2 V.

6.6.3 Nun kommt's – der Praktiker, die Zange und die verbogene Zunge

Ein Relais ist stoßempfindlich. Die Hebelmechanik, deren Funktion durch die Magnetspule ausgelöst werden – oft Zunge genannt –, sowie die Kontakte können verbiegen. Ein Relais läßt sich justieren. Im stromlosen Zustand können wir kontrollieren, ob alle Aus-Kontakte geöffnet und alle Ein-Kontakte geschlossen sind. Mit einer schmalen Justierzange oder Pinzette können wir eine Korrektur vornehmen.

Auch die Mechanik läßt sich justieren. Wir drücken mit dem Finger den Auslösehebel auf den Eisenkern der Magnetspule. Das sind meistens nur 3...5 mm Hebelweg. Dabei können wir erkennen, ob die Aus- und Ein-Kontakte richtig abheben (öffnen) oder schließen. Meistens lassen sich die Relais' auch zerlegen, um so eine Justierung vorzubereiten. Auch die Kontakte können so leicht mit einem Kontaktreinigungsmittel abgerieben werden.

6.7 Warum werden die Kontakte am Schalter warm?

Diese Frage ist leicht zu beantworten. Eine Kontakterwärmung an einem Schalter tritt immer dann ein, wenn die Kontakte überlastet werden oder verschmutzt sind. Eine Prüfung ist sehr einfach möglich. Im ersten Falle wird der Strom gemessen und mit den aufgedruckten Werten des Schalters verglichen. Wird ein 2-A-Schalter mit 10 A belastet, so werden die Kontakte unzulässig heiß und verbrennen. Der Elektroniker setzt bei einem guten Schalter voraus, daß im eingeschalteten Zustand bei höchstzulässigem Strom zwischen den eingeschalteten Kontakten keine Spannung meßbar ist. (Natürlich bildet auch der Schalterleitungsweg einen sehr kleinen Ohmschen Widerstand, an dem bei Stromfluß eine Spannung abfällt; diese ist jedoch so gering, daß sie in das mV-Gebiet fällt.)

Im zweiten Falle, wenn der Verdacht der Verunreinigung der Kontakte besteht, müssen wir uns die Kontakte ansehen. Eine sehr feine Kontaktfeile kann stark belastete und verbrannte Kontakte reparieren helfen.

In unserer Elektronik haben wir es mit sehr kleinen Strömen zu tun. Die Gefahr einer Kontaktüberlastung ist dadurch sehr gering.

An einem geschlossenen Schalter darf keine Spannung an den Schalterkontakten angezeigt werden. Anderenfalls besteht der Verdacht der Überlastung oder Verschmutzung.

6.8 Es muß nicht immer ein Kontakt sein – der Transistor als Schalter –

Nach *Abb. 6.8-1a...d* können wir den Transistor als Schalter benutzen (siehe dazu auch später das Kapitel 9.5.3). In Abb. 6.8-1a leuchtet die Lampe L auf, wenn der Schalter S geschlossen ist. Der Transistor kann also fernbedienbar über eine Schaltspannung am Eingang als Schalter wirken. In Abb. 6.8-1b liegt der Schalter am unteren Basiszweig des Transistors. Die Lampe L leuchtet hier auf, wenn der Schalter geöffnet ist. Schließen wir den Schalter S, so erlischt die Lampe. In der Abb. 6.8-1c ist die Lampe im Emitterkreis angeschlossen. Sie leuchtet ebenfalls auf, wenn der Schalter S geschlossen ist, ähnlich wie in Abb. 6.8-1a. Die Abb. 6.8-1d zeigt schließlich noch den Fall, in dem die Lampe L leuchtet, wenn der Schalter S geöffnet ist. Derartige Schaltungen, in denen ein Transistor als Schalter wirkt, werden in der Elektronik sehr häufig benutzt.

Ein Beispiel: Eine Temperaturschaltung soll anzeigen, wenn die Temperatur unter dem Gefrierpunkt liegt. Das läßt sich mit Hilfe eines NTC-Widerstandes bewirken, der die Spannung an der Basis einer Transistorschaltung so beeinflußt, daß eine Kontrolleuchte aufleuchtet.

Ähnlich ist es bei einer Lichtsteuerschaltung. Ein LDR-Widerstand kann einen

Transistorschalter so regeln, daß bei einem vorgegebenen Dunkelwert über ein Relais die Beleuchtung eingeschaltet wird.

Über den Transistor hatten wir uns schon mehrfach unterhalten und in Erfahrung gebracht, daß eine positive Spannung von 0,6...0,7 V an dem Basisanschluß gegenüber dem Emitteranschluß die „Emitter-Kollektor-Strecke" leitend macht. Dieses „Leitendmachen" wird hier als Schaltereffekt ausgenutzt. Da also bei positiverer Basisspannung die Kollektorspannung niedriger wird, spricht der Profi von einer 180°-Phasendrehung zwischen Eingangs- und Ausgangssignal.

6.8.1 Kann ein Ausschalter den Transistor einschalten?

Ja, das kann er. Sehen wir uns dazu noch einmal die Abb. 6.8-1b und d an. Wir haben dort festgestellt, daß der ausgeschaltete Schalter S über den 1-kΩ-Widerstand von der Batteriespannung eine positive Spannung an der Basis entstehen läßt. Dadurch wird die Emitter-Kollektor-Strecke leitend, der „Transistorschalter" ist eingeschaltet.

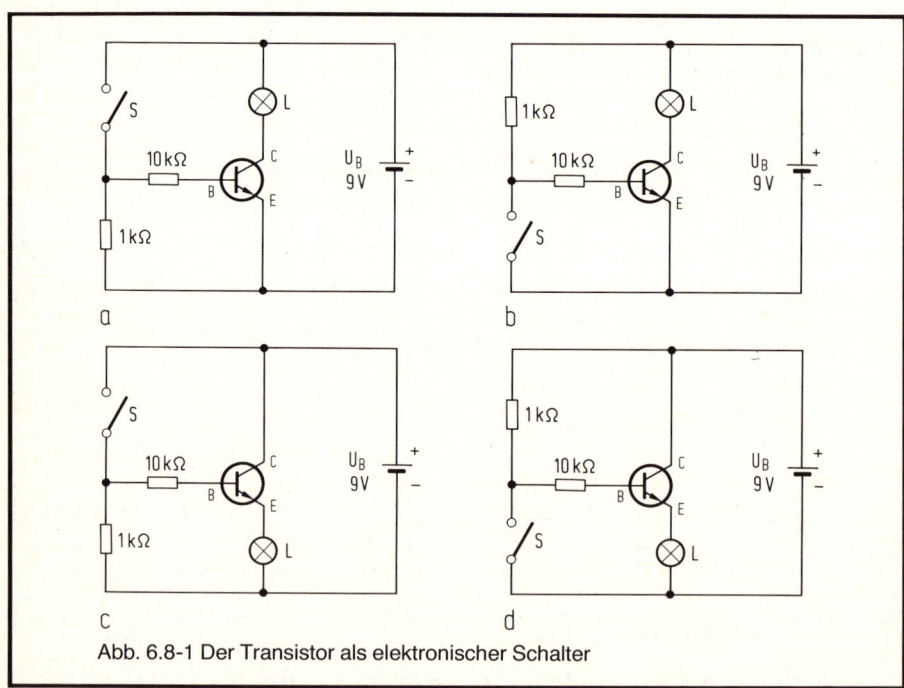

Abb. 6.8-1 Der Transistor als elektronischer Schalter

6.9 Ist eine Diode auch ein Schalter?

Ja und nein. Die Diode kann als „automatischer Schalter" für eine Polaritätserkennung der Batteriespannung wirksam werden. Dazu sehen wir uns den Aufbau nach *Abb. 6.9-1a...d* an. Diese Schaltung bauen wir uns schnell nach. Wir stellen fest, daß die Lampe L immer dann brennt, wenn an der benutzten Siliziumdiode an der Anode der positive Anschluß der Batterie liegt. Dann ist die Spannung an der Katode gegenüber dem Anodenpunkt um ca. 0,6 V negativer. Es handelt sich hier also um einen Schalter, der sich selbsttätig einschaltet, wenn an seinem einen Anschlußpunkt – der Anode – die positive Polarität einer Spannung gegenüber seinem zweiten Anschlußpunkt vorherrscht.

Der Elektroniker benutzt diesen Schalter in seinen Schaltungen sehr häufig, z. B. in digitalen Logikschaltungen (Computern). Er bedenkt dabei zweierlei. Erstens muß er den Schaltstrom kennen und danach die Leistung seiner Diode aussuchen. Zweitens weiß er, daß die Spannung im eingeschalteten Zustand über den „Schalter" – also von Katode zur Anode gemessen – bei einer Siliziumdiode 0,6 V beträgt. Im gesperrten Zustand des Schalters darf die jetzt ungepolte Polarität in ihrer Spannungsgröße nicht die vom Hersteller angegebene Sperrspannung überschreiten. Auch dafür lassen sich entsprechende Dioden aussuchen. Normalerweise kommen zulässige Sperrspannungen unter 30 V bei einer Diode nicht vor. Es gibt Siliziumdioden mit Sperrspannungen von über 1000 V.

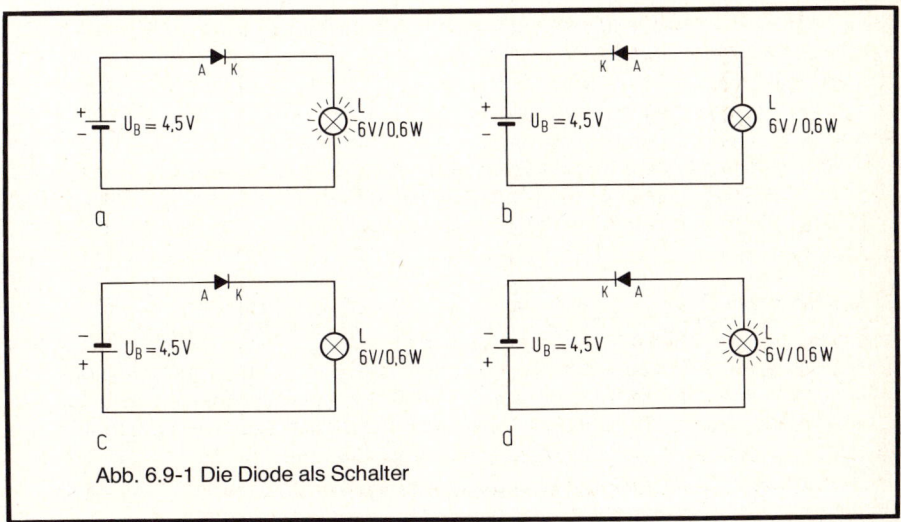

Abb. 6.9-1 Die Diode als Schalter

6.10 Das nimmt der Schalter uns übel!

Der Schalter und besonders seine Kontakte haben etwas dagegen, wenn sie mechanisch beansprucht werden. Das führt sehr schnell zu einem Verbiegen und sogar Abbrechen der Kontakte. Bei einem Drehstufenschalter sind die Kontakte aus sehr dünnem Blech gestanzt und anschließend oberflächenveredelt. Diese feinen Kontakte können schnell verbogen werden, so daß der richtige Kontaktdruck nicht mehr sichergestellt ist. Mit etwas Erfahrung und Wissen um diese Dinge ist es dem Elektroniker jedoch leicht möglich, Schalterkontakte zu justieren. Läuft das Lötzinn auf die eigentliche Kontaktfläche, so verliert der Schalter seine guten elektrischen Eigenschaften.

Der Schalter hat es auch nicht gern, wenn seine Kontakte überlastet werden. Das kann einmal durch zu hohen Strom im eingeschalteten Zustand oder durch zu hohe Spannung im ausgeschalteten Zustand passieren. In beiden Fällen treten Kontaktverbrennungen auf. An Schalterkontakten sollte vorsichtig gelötet werden.

6.11 Und zur Erholung – ein wenig Plauderei mit dem Praktiker –

Der Elektroniker muß mit dem Schalter oft logische Schaltaufgaben erledigen. Wir sehen uns ein paar davon einmal an.

1. Aufgabe:

Nach *Abb. 6.11-1a* sollen an einer 6-V-Batterie zwei 6-V-Lampen in eine Serienschaltung beider Lampen übergeführt werden, so daß für beide Lampen dann nur noch die Hälfte der Spannung zur Verfügung steht. In Abb. 6.11-1a brennen beide Lampen hell, in Abb. 6.11-1*b* brennen beide Lampen dunkel. Dieser Vorgang soll durch einen Umpolschalter schaltbar gemacht werden. Das Ergebnis zeigt die Abb. 6.11-1*c*. Beide Lampen werden über einen zweipoligen Umschalter einmal in Serie und einmal parallel an die Batterie angeschlossen. Schalterstellung I entspricht der Parallelschaltung, Schalterstellung II entspricht der Serienschaltung. Diese Schaltung läßt sich schnell aufbauen.

2. Aufgabe:

In einem Treppenhaus soll eine Wechselschaltung für die Beleuchtung installiert werden. Zwei Schalter sollen unabhängig voneinander dieselbe Lampe ein- oder ausschalten können. Die Lösung ist in *Abb. 6.11-2* gezeigt. Dazu werden zwei einfache einpolige Umschalter benötigt. Der Schalter S_1 steht als Beispiel in der Stellung a. Dann muß der Schalter S_2 in die Stellung b gebracht werden, damit die Lampe L brennt. Steht der Schalter S_2 z. B. in der Stellung a, dann brennt die Lampe nur, wenn der Schalter S_1 in Stellung b steht. Durch kurzes Überlegen stellen wir fest, daß durch

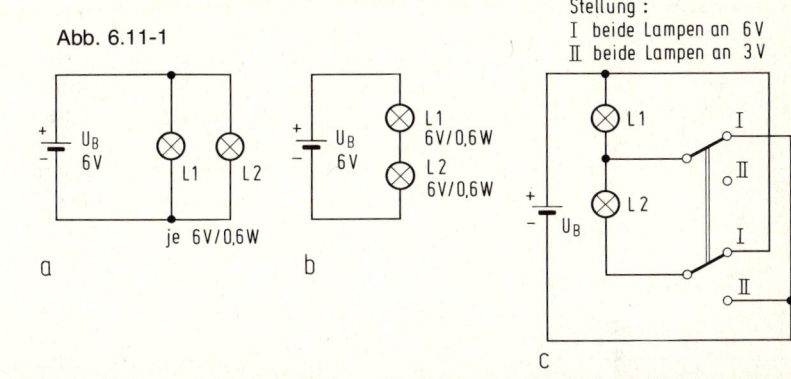

Abb. 6.11-1

Stellung :
I beide Lampen an 6 V
II beide Lampen an 3 V

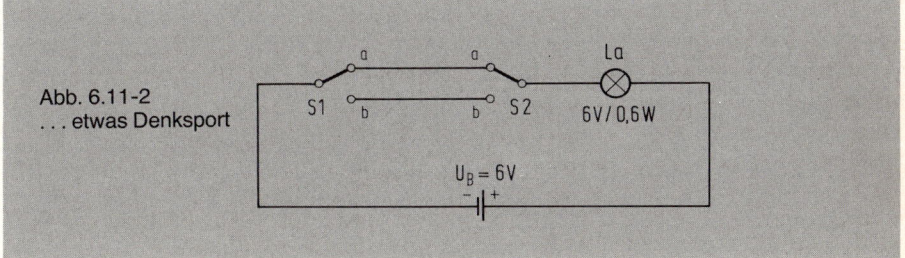

Abb. 6.11-2
. . . etwas Denksport

beide Schalter unabhängig voneinander die Lampe ein- oder ausgeschaltet werden kann.

3. Aufgabe:

Ein elektronisches Gerät ist über zwei Sicherheitsschalter verbunden. Das Gerät soll nur eingeschaltet werden, wenn beide Schalter S_1 und S_2 getrennt eingeschaltet werden. Es ist die sogenannte „Und-Schaltung". Die Lösung zeigt die *Abb. 6.11-3*.

4. Aufgabe:

Ein elektronisches Gerät besitzt zwei Schalter. Beide Schalter sollen das Gerät einschalten können. Also der eine Schalter oder der andere Schalter. Es ist die sogenannte Oder-Schaltung. Die Lösung sehen wir in *Abb. 6.11-4*. Beide Schalter sind parallel zueinander geschaltet.

5. Aufgabe:

Eine Lampe soll von einem Schalter eingeschaltet werden. Wird dieser Schalter aus-

153

geschaltet, so soll die Lampe weiter brennen. Nach *Abb. 6.11-5* schaltet der Schalter S ein Relais. Das Relais hat zwei Einschaltkontakte. Wird also der Schalter S das Relais zum Anzug und damit zum Schalten bringen, so sorgt der Schaltkontakt SR_1 dafür, daß die Relaisspule immer Strom erhält und somit der Lampenkontakt SR_2 immer einge- schaltet bleibt. Es ist ein Relais in Selbsthalteschaltung. Ausgeschaltet werden kann die Lampe jetzt nur noch durch Stromunterbrechung der Batterie.

6.12 ...und das sollten wir daraus gelernt haben

Der Elektroniker weiß, daß

- es für jeden Anwendungsfall den richtigen Schalter gibt
- Schalter elektrisch und mechanisch beschädigt werden können
- ein Relais ein fernbedienbarer Schalter ist
- auch ein Potentiometer einen zusätzlichen Schalter besitzen kann (siehe Kapitel *3.5* und dazugehörige Fotos)

- er mit Schaltern oder Relais logische Schaltvorgänge auslösen kann
- auch ein Transistor häufig als elektronischer Schalter benutzt wird
- er mit einem Transistor oder Relais auch dann einen Vorgang einschalten kann, wenn der eigentliche Schalter ausgeschaltet ist
- eine Diode ein Richtungs(Polaritäts)-Schalter ist.

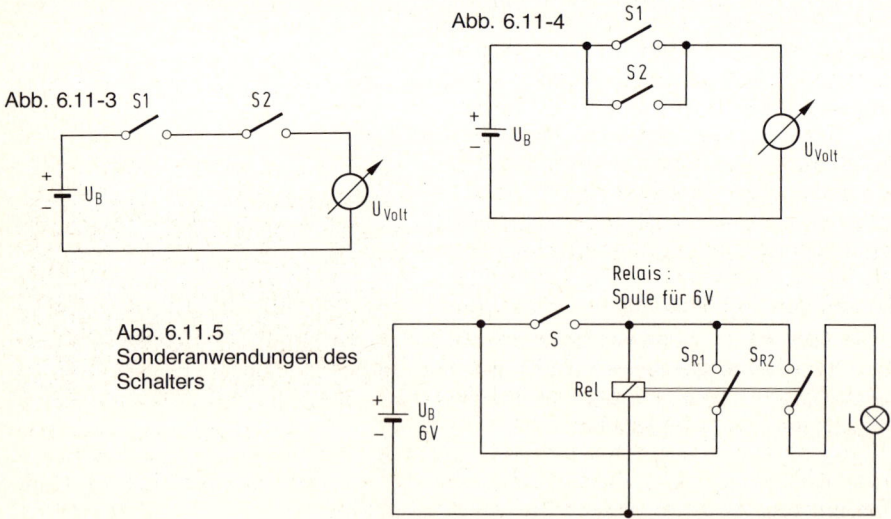

Abb. 6.11-4

Abb. 6.11-3

Abb. 6.11.5
Sonderanwendungen des
Schalters

7 Die Spule

Die Spule und der Kondensator haben die gemeinsame Eigenschaft, daß ihre Verwendung in den Gebieten der Wechselstromtechnik stattfindet. In der Gleichstromtechnik hat die Spule nichts zu suchen. Hier stellt ihr Kupferdraht – das sind manchmal mehrere tausend Windungen – lediglich einen zu messenden Ohmschen Widerstand dar. Als solcher verhält sich die Spule auch in der Gleichstromtechnik. Es gibt Spulen mit wenig Windungen und Spulen mit sehr viel Windungen. Deshalb stellen wir auch Ohmsche Widerstände von unter 1 Ω bis zu mehreren 1000 Ω fest. Das läßt sich einfach mit einem Ohmmeter messen. In der *Abb. 7-1* können sie bereits Spulen für die Funkempfangstechnik sehen.

7.1 Einige Bauformen der Spule

Sehen wir uns dazu noch einmal die Abbildungen aus dem Kapitel 3.12 an. In der *Abb. 7.1-1* sind die Schaltzeichen der für den Elektroniker wichtigsten Spulenarten und ihrer Varianten dargestellt. Abb. 7.1-1*a* zeigt das Schaltsymbol einer einfachen Spule. Derartige Spulen sind auf einem Spulenkörper aufgewickelt, ähnlich wie Nähgarn auf einer Rolle. Es gibt jedoch auch Spulen mit nur wenigen Windungen, zum Beispiel drei Windungen. In solchen Fällen werden die Spulen aus stabilem Draht als Luftspulen ohne Körper gewickelt. Derartige Spulen finden wir in UKW-Rundfunkempfängern oder Fernsehantennen-Eingängen.

Die Abb. 7.1-1*b* zeigt eine Spule mit Kern. Die Größe einer Spule wird durch ihre Induktivität bestimmt. Ihre Einheit ist das Henry (H). Je mehr Windungszahlen eine Spule hat, je größer ist ihr Induktivitätswert -L-, gemessen in Henry. Nun kann der Induktivitätswert aber auch dadurch erhöht werden,

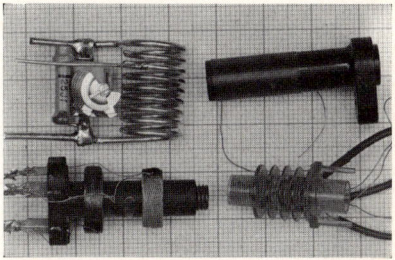

Abb. 7-1 Spulenbauformen verschiedener Art. Mit zugeschaltetem Kondensator wird beides ein Resonanzschwingkreis (Radio)

daß durch die Spulenwicklung ein Eisenkern gesteckt wird. Bei einem Transformator ist es der Eisenkern, der aus dünnen, aufeinandergeschichteten Blechen besteht. Werden für einen Transformator ohne Eisenkern vielleicht 20 000 Windungen benötigt, so brauchen wir die Spule eines Transformators mit Eisenkern vielleicht nur mit 200 Windungen zu wickeln, um die gleichen elektrischen Eigenschaften zu erhalten. Eine Spule für den Mittelwellenempfang in einem Rundfunkgerät benötigt ohne Eisenkern 500 Windungen, mit Eisenkern nur 50 Windungen. Eisenkerne für Spulen in der Hochfrequenztechnik heißen Ferritkerne. Das ist feiner Eisenstaub, der mit einem Isolierstoff zu runden Stangen (Kern) zusammengepreßt wird. Solch ein Kern kann einen Durchmesser von 2...10 mm haben. Meistens ist er nicht länger als 10...20 mm (derartige Kerne sind auf verschiedenen Fotos des Kapitels 3.0 zu sehen). In das Gebiet der Hochfrequenztechnik fallen alle Empfangsbereiche des Rundfunks und des Fernsehens. Ein Eisenkern verstärkt also die Wirkung einer Spule, er „vergrößert" ihre Windungszahl. Wir stellen es uns erst einmal so vor, daß der Eisenkern die magnetischen Kraftlinien, die durch den Spulenstrom hervorgerufen werden, konzentriert und sammelt.

Die Abb. 7.1-1c zeigt eine Spule, deren Eisenkern hinein- und herausdrehbar ist. Mit einer solchen Anordnung kann ähnlich wie bei dem Kondensatortrimmer jeder Induktivitätswert eingestellt werden. Der Eisenkern hat einen Schlitz für die Aufnahme eines sehr kleinen Schraubenziehers zum Abgleichen. Die Abb. 7.1-1d zeigt zwei Spulen mit einem gemeinsamen Eisenkern. Wenn, wie in diesem Fall, beide Spulen einen ge-

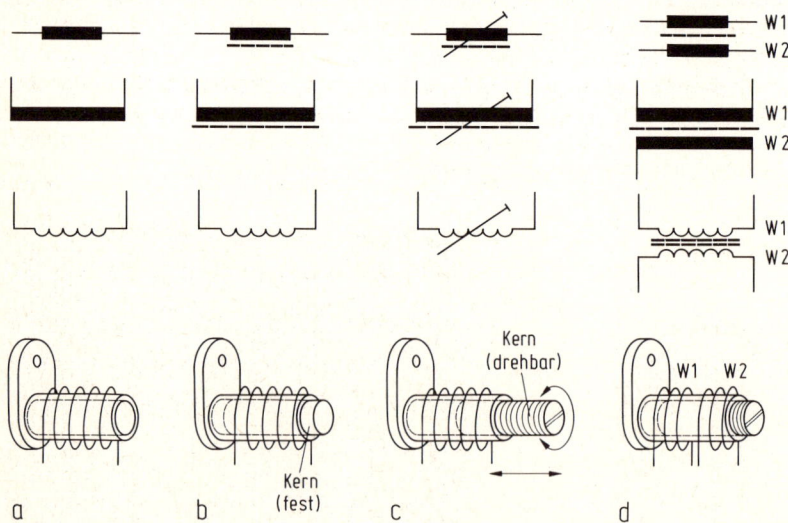

Abb. 7.1-1 Darstellung von Spulen und Transformator

meinsamen Eisenkern haben, wird dadurch ein Transformator gebildet. Es gibt auch Spulen mit einer Anzapfung. Wir können es uns auch so vorstellen, als wenn zwei Spulen in Serie und gleicher Wickelrichtung geschaltet und fortlaufend gewickelt sind.

7.1.1 Und was sagt der Praktiker dazu?

In der Niederfrequenztechnik, das sind Frequenzen von ca. 20 Hz...20 kHz, werden Spulen am häufigsten zu Transformatoren zusammengefügt. So z. B. der Netztransformator, der je nach Wicklungszahl aus zwei oder mehreren Spulen besteht. Spulen für die Frequenzen der Sprache oder Musikübertragung werden häufig mit Ferrit- oder Ferroxcube-Kernen ausgestattet. Die Anzahl der Windungen von Spulen in der Nf-Technik gehen von drei bis zu mehreren Tausend. In der Rundfunktechnik weisen Spulen Windungszahlen von fünf bis vielleicht 250 Windungen auf. Langwellenspulen haben die größte Windungszahl, Kurzwellenspulen die kleinste. In Fernsehempfangsteilen sind die Spulen sehr klein. Hier treffen wir häufig Windungszahlen zwischen einer bis zu fünf an. Hierfür sollen jetzt Beispiele angeführt werden.

Langwelle ≈ 200 Windungen
Mittelwelle ≈ 80 Windungen
Kurzwelle ≈ 15...30 Windungen
UKW-Rundfunk ≈ 3 Windungen
Fernsehen Kanal 11 ≈ 1...2 Windungen
Fernsehen UHF ... nur noch eine kleine Leitungslänge Draht.

Eine Spule kann auch auf einer Printplatte angeordnet sein. Das zeigt die *Abb. 7.1.1-1*. Es handelt sich dann um eine schneckenförmig „aufgewickelte" Leiterbahn. Die *Abb. 7.1.1-2* zeigt uns, wie es in der Praxis aussieht. Bei noch höheren Frequenzen stellt bereits ein Draht von 1 cm Länge ausgestreckt eine brauchbare Induktivität als Spule dar! Wer nun mehr über die Spulen wissen möchte, sollte sich in den beiden Büchern „Werkbuch Elektronik" oder RPB 162 „Vom einfachen Detektor bis zum Kurzwellenempfang" (Franzis-Verlag) informieren.

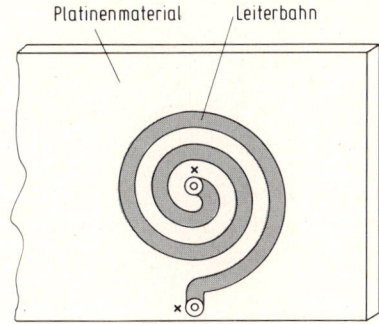

Platinenmaterial   Leiterbahn

× Spulenanschlüsse   Abb. 7.1.1-1

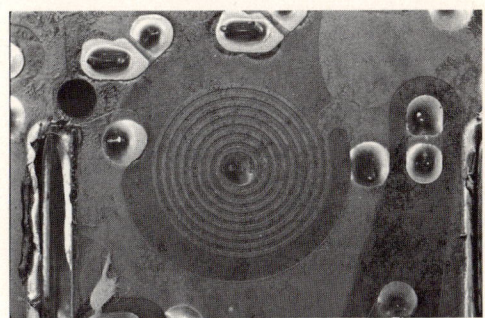

Abb. 7.1.1-2 ...und so sieht die Printspule in der Praxis aus. Die Größe dieser Induktivität ist z. B. brauchbar für einen Kurzwellenempfänger

157

7.2 Das eigenwillige Verhalten der Spule
– eine Gegenüberstellung von Kondensator und Spule –

Der Kondensator läßt, für Wechselstrom, seinen Widerstand durch die Formel $R_C = \dfrac{1}{\omega C}$ ermitteln. Die Spule weist bei Wechselstrom auch einen Widerstand auf, der mit $R_L = \omega L$ bezeichnet wird. Dabei ist L der Wert der Induktivität, gemessen in Henry, so, wie beim Kondensator C der Wert der Kapazität in Farad gemessen wird.

Wenn beim Kondensator die Frequenz steigt, dann wird, wie bekannt, der kapazitive Widerstand kleiner. Bei der Spule ist es umgekehrt. Steigt die Frequenz der Wechselspannung an ihren Anschlußdrähten, so steigt auch der Wechselstromwiderstand R_L.

Wird beim Kondensator eine größere Kapazität bei gleicher Frequenz der Wechselspannung benutzt, so sinkt der kapazitive Widerstand. Vergrößern wir jedoch bei der Spule die Induktivität, so steigt ihr Wechselstromwiderstand.

Wurde bei dem Kondensator die Zeitkonstante nach der Formel $\tau = R \cdot C$ bestimmt, so heißt sie bei der Induktivität $\tau = \dfrac{L}{R}$. Es gibt für die Spule ebenfalls das für den Kondensator bereits beschriebene Zeitdiagramm. Nur, wir müssen für die beim Kondensator kennengelernte Aufladekurve der Spannung bei der Spule den Strom einsetzen. War also nach 1 τ bei der Kondensatoraufladung die Spannung auf 63 % angestiegen, so ist bei 1 τ bei der Spule der Strom auf 63 % angestiegen. Bei dem Kondensator wird eine elektrische Spannung aufgeladen. Die Spule wird mit magnetischer Energie durch den Stromfluß aufgeladen. Wird der Stromfluß bei einer aufgeladenen Spule plötzlich unterbrochen, so „entlädt" sich das Magnetfeld sehr schnell. Der Elektroniker sagt: „es bricht zusammen". Dadurch entsteht zwischen den beiden Spulenanschlüssen eine sehr hohe Spannung. Je nach Ladestrom und Windungszahl kann die Spannung von einigen Volt bis zu mehreren tausend Volt betragen. Zündspulen im Auto für den Zündfunken erzeugen Spannungen bis zu 20 000 V.

7.3 Wir messen die Spule

Das ist leichter gesagt als getan. Um bei einer Spule den Wert ihrer Induktivität L in Henry zu bestimmen, benötigt der Elektroniker ein L-Meßgerät.

Es gibt auch noch eine andere Möglichkeit. Eine Spule wird oft mit einem Kondensator zu einem Schwingkreis ergänzt. Diese Kombination von L und C als Schwingkreis schwingt dann auf einer ganz bestimmten Frequenz. Diese Frequenz wiederum kann der Elektroniker oft leichter messen als den L-Wert der Spule. Deshalb interessiert oft der genaue L-Wert auch nicht. Die Induktivität L wird vielmehr durch den Kern dann genau abgeglichen, um die gewünschte leicht zu messende Resonanzfrequenz zu erhalten.

Größere Spulen lassen sich ähnlich wie bei dem Kondensator über die Gleichung

des Spulenwechselstromes bestimmen. Hier rechnen wir $R_L = \omega \cdot L$ und damit $L = \dfrac{R_L}{\omega}$.
Den Aufbau für die Messung zeigt *Abb. 7.3-1*. Zuerst wird der Wechselstromwiderstand der Spule ausgerechnet. Dazu werden die Werte I_L und U_L benutzt. Danach läßt sich die Induktivität L errechnen über

$$L = \frac{R_L}{2 \cdot \pi \cdot 50}$$

Als Spannungsquelle kann man am einfachsten einen 8-V-Klingeltransformator benutzen. Mit dieser Anordnung lassen sich jedoch nur Spulen großer Induktivitätswerte mit Eisenkern messen.

7.4 Wie viele Spulen hat ein Transformator?

Ein Transformator hat mindestens zwei Spulen. Eine Eingangsspule – die Primärspule – und eine Ausgangsspule – die Sekundärspule –. Bei einem Transformator ist eine Angabe sehr nützlich. Das Übersetzungsverhältnis der Primärspule zu der Sekundärspule. Darunter versteht der Elektroniker das Verhältnis der Windungszahlen beider Spulen zueinander. Nach *Abb. 7.4-1* können wir noch einmal die einzelnen Bezeichnungen feststellen.

Das dort ebenfalls gekennzeichnete Übersetzungsverhältnis Ü setzt der Elektroniker zu den beiden Spulen in folgende Beziehung:

$$\ddot{U} = \frac{N_P}{N_S}$$

Darin bedeutet dann N_P die Primärwindungszahl und N_S die Sekundärwindungszahl. Hat der Transformator auf der Primärwicklung 500 Windungen und auf der Sekundärwicklung 5 Windungen, so ist das Übersetzungsverhältnis

$$\ddot{U} = \frac{500}{5} = 100.$$

Mit dieser Angabe kann der Elektroniker jetzt viel anfangen. So z. B. kann er die Sekundärspannung an den beiden Ausgangsklemmen ausrechnen, wenn er die Primärspannung kennt, denn das Übersetzungsverhältnis, das wir aus der Windungszahl erhalten haben, gilt auch für die Spannungen der Primär- und der Sekundärseite zueinander. War also Ü = 100 und ist U_E = 220 V, so erhalten wir

$$U_A \text{ zu } \ddot{U} = \frac{U_E}{U_A} \text{ und } U_A = \frac{U_E}{\ddot{U}} = \frac{220 \text{ V}}{100} = 2{,}2 \text{ V}.$$

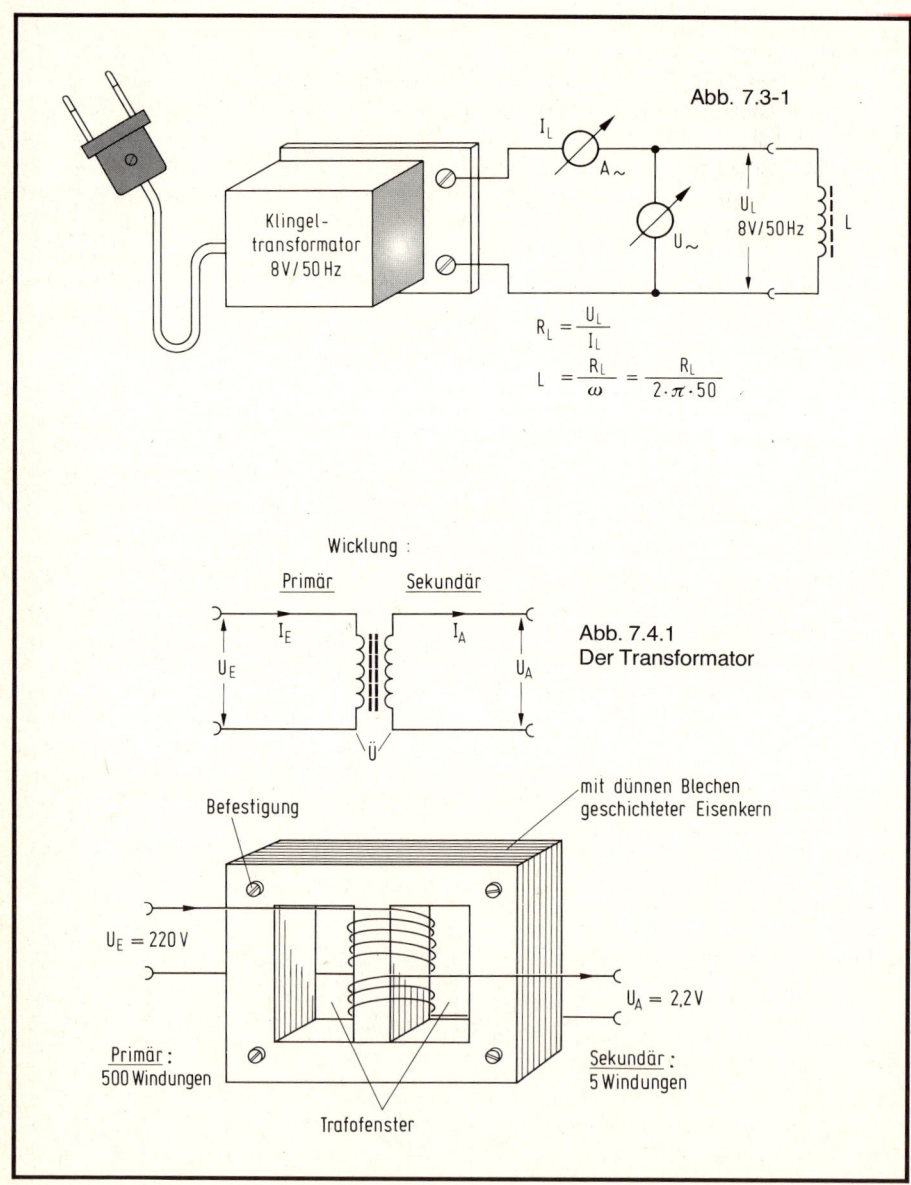

Abb. 7.3-1

I_L $A_\sim$

$U_\sim$

U_L
8V/50Hz

L

$R_L = \dfrac{U_L}{I_L}$

$L = \dfrac{R_L}{\omega} = \dfrac{R_L}{2 \cdot \pi \cdot 50}$

Klingel-
transformator
8V/50Hz

Wicklung :

Primär   Sekundär

I_E I_A

U_E U_A

Ü

Abb. 7.4.1
Der Transformator

Befestigung

mit dünnen Blechen
geschichteter Eisenkern

$U_E = 220\,V$

$U_A = 2,2\,V$

Primär :
500 Windungen

Sekundär :
5 Windungen

Trafofenster

160

7.4.1 Ein wenig zum Nachdenken über den Transformator

Wenn wir den Antrieb eines Fahrrades betrachten, dann stellen wir vorerst zweierlei fest. Da sind einmal die beiden unterschiedlich großen Kettenräder. Dann ist dort weiterhin zur Kraftübertragung von der Antriebsseite zur Lastseite die Kette als Kraftübermittler. Bei dem Transformator ist es ähnlich zu verstehen. Das Antriebsrad als ,,Primärrad" stellt die Primärwicklung dar. In diese Wicklung wird die Antriebsleistung ,,hineingedreht". Das Rad, auf welches die Kraft wirkt, das ,,Sekundärrad", wird durch die Sekundärwicklung dargestellt. Bleibt noch die Kraftübertragung – die Kette – beim Transformator ausfindig zu machen. Das sind bei dem Transformator magnetische Kraftlinien, die durch den Primärstrom, der durch die Primärwicklung fließt, erzeugt werden.

Die magnetischen Kraftlinien durchfließen auch die nahebei gelegene Sekundärwicklung. Wird in einer Spule das Magnetfeld geändert, so entsteht dort eine Spannung. Der Elektroniker sagt dazu: Die Spannung wird in einer Wicklung durch Änderung des Magnetfeldes induziert. Das ,,Kraftübertragungselement" bei dem Transformator von der Primärwicklung zu der Sekundärwicklung ist also die sich mit der Wechselstromfrequenz (z. B. 50 Hz) laufend ändernde Stärke des Magnetfeldes in beiden Spulen.

Und noch etwas zum Nachdenken. Ein Transformator kann durch das Übersetzungsverhältnis die Spannungsstärke und die Stromstärke ändern. Die Leistung der Primärseite zur Sekundärseite wird jedoch nicht geändert. Dazu noch einmal das Beispiel mit dem Übersetzungsverhältnis von Ü = 100 sowie der Primärspannung von 220 V und der Sekundärspannung von 2,2 V. Nehmen wir an, die Sekundärspannung von 2,2 V versorgt einen Elektromagneten, der bei 2,2 V einen Strom von 10 A fließen läßt. Dann ergibt sich eine Sekundärleistung von $P = U \cdot I = 2,2 \cdot 10 = 22$ W. In diesem Fall fließt jetzt durch die Primärspule ein Strom, der 100mal kleiner ist als 10 A, also 0,1 A. Das läßt sich über das Übersetzungsverhältnis ausrechnen, wenn wir schreiben

$$\ddot{U} = \frac{I_A}{I_E} \text{ und damit } I_E = \frac{I_A}{\ddot{U}} \text{ rechnen, also } I_E = \frac{10}{100} = 0,1 \text{ A.}$$

Dazu können wir für die benutzten Begriffe noch einmal die Abb. 7.4-1 betrachten.

Bei einem Transformator können Primärseite und Sekundärseite auch vertauscht werden. Wird in dem Beispiel nach Abb. 7.4-1 in die Sekundärseite eine Wechselspannung von 2,2 V eingespeist, so wird diese dann zur Primärseite (Einspeisung). Die ehemalige Primärseite wird jetzt die Sekundärseite. Das Übersetzungsverhältnis Ü = 100 bleibt bestehen. Die 2,2-V-Primärspannung wird jetzt auf 220-V-Sekundärspannung herauftransformiert.

7.4.2 Mit welchen Transformatoren arbeitet der Praktiker in der Elektronik?

Der Elektroniker benutzt einen Transformator immer dann, wenn er eine zu große Wechselspannung in eine gewünschte kleinere umwandeln will. Ebenfalls kann er mit dem Transformator eine kleine Wechselspannung in eine gewünschte größere umtransformieren.

Am häufigsten wird der Transformator dazu benutzt, um als sogenannter Netztransformator die Spannung des Lichtnetzes in eine Spannung solcher Größe umzuwandeln, wie er sie für seine Zwecke zur Versorgung einer Elektronikschaltung benötigt. Eine solche Schaltung ist in *Abb. 7.4.2-1* gezeigt. Dort bedeuten: Si = Sicherung, S = Einschalter, Tr = Transformator, L = Kontrolleuchte, Gl = Gleichrichter, C = Ladekondensator. Wir können erkennen, daß der Elektroniker hier im wesentlichen mit drei Bauelementen – dem Transformator, dem Gleichrichter und dem Kondensator – aus der 220-V/50 Hz-Wechselspannung des Lichtnetzes zunächst eine 10-V-Wechselspannung erzeugt, die anschließend nach dem Gleichrichter und dem Kondensator C dem Elektronikteil als Betriebsspannung zur Verfügung steht.

Häufig benötigt der Elektroniker auch für die Niederfrequenz Transformatoren. So z. B. für ein Mikrofon, um die vom Mikrofon erzeugte Sprechspannung auf eine für den Verstärker gewünschte Größe zu bringen.

Eine andere Art von Transformatoren sind diejenigen, die in der Impulstechnik benutzt werden. Auch Transformatoren, die Hochspannungsimpulse erzeugen, z. B. die Zündspule im Auto, sind nicht selten.

7.4.3 Und was nimmt der Transformator uns übel?

Ein Transformator ist ein sehr robustes Bauelement. Jedoch ist auch er gegenüber elektrischen Überlastungen empfindlich. Das heißt, wir sollten vermeiden, den Ausgang des Transformators zu überlasten. Der Transformator hat ein Typenschild, auf

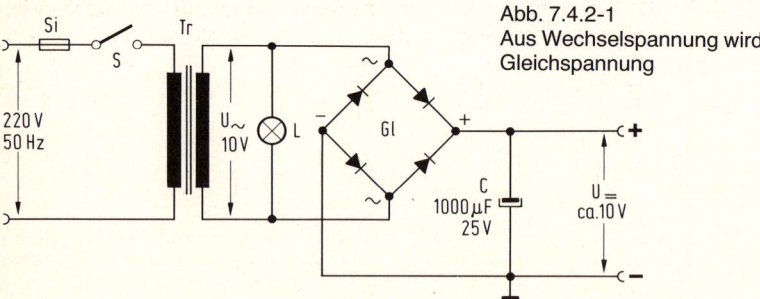

Abb. 7.4.2-1
Aus Wechselspannung wird
Gleichspannung

dem wir ablesen können, welche maximale Stromstärke er uns zur Verfügung stellt. Lesen wir dort z. B.: 10 V, 2 A, so heißt das, der Sekundärstrom darf 2 A nicht überschreiten. Wenn wir hierauf Rücksicht nehmen, passiert dem Transformator nichts. Ein Kurzschluß der Sekundärspannung von vielleicht 5 s Dauer wird noch keine Beschädigung hinterlassen. Wird der Transformator jedoch zu stark belastet, so steigt seine Betriebstemperatur schnell an – er brennt durch. Ein Transformator ohne Belastung wird nicht warm. Bei erlaubter Belastung werden z. B. Temperaturen von ca. 50 °C erreicht. Wird ein Transformator handwarm, so ist alles in Ordnung. Große Vorsicht ist geboten bei der Netzprimärseite. Hier haben wir es mit der gefährlichen 220-V-Netzspannung zu tun. Sämtliche Anschlüsse müssen hier gegen Berührungen sehr gut gesichert sein.

7.5 Was erwartet der Praktiker in der Elektronik von einer Spule?

Eine Spule oder deren Abwandlungen, z. B. der Transformator, sollen mechanisch gut montierbar sein. Weiterhin muß der elektrische Anschluß der Spulendrähte fest sein, z. B. an Lötösen oder Lötstiften, so daß die Drähte der Spule nicht reißen oder brechen können. Der Kern einer Hochfrequenzspule erhält meistens eine Drehbremse in Form eines sehr dünnen Gummibandes oder Steges, die zwischen das Gewinde gelegt werden. Trotz dieser Bremse, die ein Verdrehen bei Erschütterungen vermeiden soll, muß der Kern noch leicht gängig sein. Oft werden Spulen in Abschirmungen, sogenannten Bechern, geliefert. Auch hier ist es wichtig, daß die gesamte Einheit mechanisch und elektrisch eine gute Verbindung zur Platine erhält. Abschirmungen sind wichtig, weil Spulen, die nahe zueinander aufgebaut sind, sich gegenseitig beeinflussen. Eine Spule, die viele Windungen hat, wird häufig in einem Kammerkörper aufgebaut, durch den dann der Abstimmkern geführt wird. Solche Kammern lassen sich leicht bewickeln. Der Elektroniker wickelt oft mit der Hand den Draht in eine Spulenkammer. Häufig wickelt der Elektroniker aufgrund seiner Erfahrungen eine entsprechende Windungszahl auf den Körper. Dann wird die Spule eingebaut und festgestellt, ob die Schaltung richtig arbeitet oder nicht. Danach kann er die Windungszahl, wenn erforderlich, korrigieren.

7.6 ...und das sollten wir daraus gelernt haben

Der Elektroniker weiß, daß

● Spulen nur in der Wechselspannungstechnik Verwendung finden. Dazu gehören die Rundfunk- und Fernsehtechnik, Nachrichtentechnik, Computertechnik, Impulstechnik und weitere Gebiete

● Spulen elektrisch überlastet werden können durch zu hohe Spannungen oder zu hohe Ströme

● Spulen durch einen drehbaren Kern abgleichbar gemacht werden können

● schon ein 1 cm langer Draht eine Spule für die Hochfrequenztechnik darstellt

● Spulen für Wechselstrom einen Widerstand darstellen, der mit steigender Frequenz ebenfalls größer wird

● an Spulen, besonders auch an Transformatoren, lebensgefährliche Spannungen auftreten können

● ein Transformator mindestens 2 Spulen (Wicklungen) hat

● ein Transformator Spannungen vergrößern oder auch verringern kann

● fast jedes elektronische Gerät, das vom Lichtnetz betrieben wird, einen sogenannten Netztransformator erhält. Dieser Transformator erzeugt die niedrige Versorgungsspannung für die Elektronikschaltung

● auch ein Transformator als Spannungsquelle einen Innenwiderstand besitzt

● eine Spule klein (oder mehrere) Anzapfung(en) – also drei Anschlüsse – haben kann

● eine Spule kleiner als eine Erbse sein kann

● Transformatoren für die Energieversorgung so groß wie ein Haus sein können.

8 Die Halbleiterdiode

Die Halbleiterdiode ist, wie der Transistor, für den Elektroniker ein sehr wichtiges Bauelement. Sie wird für verschiedene Zwecke in der Elektronik eingesetzt. So z. B. zum Gleichrichten der Radiohochfrequenzsignale in die gewünschten Tonfrequenzsignale (Demodulationsvorgang). Sie wird sehr häufig auch als elektronischer Schalter benutzt, als Netzgleichrichter in der Computertechnik und für viele weitere Anwendungen. Es lohnt sich deshalb, daß wir uns mit diesem teilweise sehr kleinen Bauelement ausführlich beschäftigen und ihre Eigenarten verstehen lernen.

8.1 Ein paar Worte zu den Bauteilen

Wie bei jedem Versuch sind Typenbezeichnungen zu den Bauteilen angegeben. Da steht „Germaniumdiode z. B. AA 143". Wichtig ist hier vorerst nur die Bezeichnung Germaniumdiode. Der Typ AA 143 ist für unsere Versuche insofern zunächst bedeutungslos, als daß die Typenauswahl der Dioden sehr groß ist und wir nicht immer sofort den angegebenen Typ erhalten können. Für unsere Grundlagenversuche kommt es nur darauf an, daß wir eine Germaniumdiode ähnlich dem Typ AA 143 erhalten. Wenn wir später in der Elektronik zu Hause sind und dann für eine spezielle Schaltung ein bestimmtes Bauelement benötigen, so müssen wir allerdings überlegen, ob ein evtl. Ersatztyp die gleichen Daten aufweist. So ist z. B. eine Kapazitätsdiode für die Mittelwellenabstimmung nicht für die UKW-Abstimmung geeignet. Wir werden dann auch feststellen, daß eine Leistungsdiode eines Netzgleichrichters nicht geeignet ist, als schnelle Schaltdiode in einem Computer zu arbeiten. Für unsere Versuche des Kapitels 8.0 würden wir jedoch in beiden Fällen die gleichen Ergebnisse erhalten.

8.2 Etwas Einführung in die Praxis

Wir lesen einmal die Kapitel 5.1, 8.6.1 und 8.9 in dem Buch „Elektronik leichter als man denkt" nach und erinnern uns: Eine Diode hat zwei Anschlußpole, von denen der eine Katode und der andere Anode heißt. Ein Stromfluß kommt in der Diode nur dann zustande, wenn der positive Pol der Batterie an der Anode und der negative Pol der Batterie an der Katode angeschlossen ist. In diesem Fall sprechen wir von dem Durchlaßstrom der Diode. Werden die Anschlüsse vertauscht, so fließt kein Strom, die Diode arbeitet in Sperrichtung. Es fließt ein äußerst geringer, kaum meßbarer Sperrstrom.

Die Abb. *8.2-1a* zeigt den Anschluß einer Diode in Stromrichtung. Die Abb. 8.2-1*b* zeigt eine Diode, die in Sperrichtung angeschlossen ist. Der darüber gezeichnete Schalter zeigt symbolisch den Betriebszustand, den Schaltzustand, der Diode an.

Bei der Diode berücksichtigt der Praktiker noch den Begriff der Schwell- oder Flußspannung. Das ist in *Abb. 8.2-2* gezeigt. Die Diode verhält sich in Durchlaßrichtung so, als sei ihr eine Batterie gegenpolig zur treibenden Betriebsspannung mit der Spannung U_D eingebaut. Sie benötigt vorerst diese Spannung, um Strom fließen zu lassen. Diese Spannung heißt auch Durchlaßspannung und beträgt bei einer Germaniumdiode ca. 0,2 V und bei einer Siliziumdiode ca. 0,6 V. Um den Betrag dieser Spannung verringert sich die Hauptbatteriespannung. Demnach erhält die Glühlampe L also nicht mehr 4,5 V U_B, sondern bei einer Siliziumdiode 4,5 V − 0,6 V = 3,9 V. Diesen Spannungsverlust müssen wir bei den Arbeiten mit Dioden immer berücksichtigen.

Wir werden später noch etwas über die Leistung einer Diode aussagen. Wissen sollten wir jedoch schon einmal, daß eine Diode sehr kleiner Leistung, also für geringen Strom zugelassen, kleiner als ein Streichholzkopf sein kann. Hochleistungsdioden in der Industrieelektronik können die Größe einer „Bierflasche" annehmen. Leistungsdioden werden bei Betrieb über 100 °C heiß. Bei Kleinsignaldioden merken wir keine Erwärmung. Bei Kleinsignaldioden ist die Diode in einem kleinen Glaskörper (Glasrohr) untergebracht und hat seitlich die beiden Anschlüsse K—A. Eine Leistungsdiode besitzt Metall als Körper, das gleichzeitig der Wärmeabfuhr dient. Dort sind die Anschlüsse geschraubt. Leistungsdioden werden oft auf Blechen montiert, damit die entstehende schädliche Wärme besser abgeleitet werden kann.

8.2.1 Die Diode – eine Wasserleitung mit Rückschlagventil?

Dieser Vergleich kann uns die Funktion noch mehr verdeutlichen. In dem Kapitel 5.1 aus dem Buch „Elektronik leichter als man denkt" können wir nachlesen, daß es in der Wassertechnik Ventile gibt, die einen Wasserstrom nur dann hervorrufen, wenn das Wasser durch die Pumpe auf das Ventil in eine ganz bestimmte Richtung drückt. Dann öffnet sich das Ventil und Wasser kann hindurchfließen. Ändert der Wasserstrom jedoch seine Richtung, so sperrt das Ventil. Der Wasserdruck kann es nicht öffnen, ein

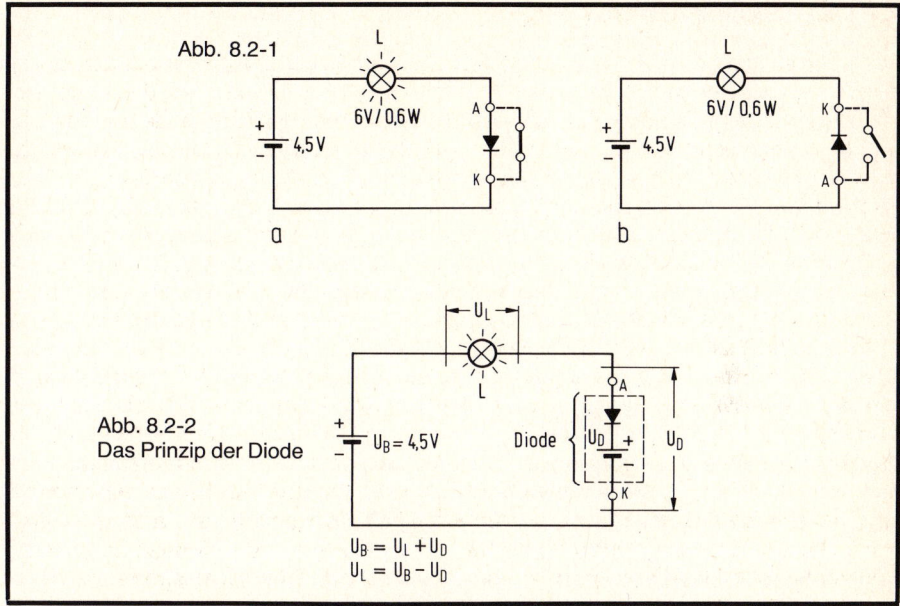

Abb. 8.2-1

Abb. 8.2-2
Das Prinzip der Diode

$$U_B = U_L + U_D$$
$$U_L = U_B - U_D$$

Wasserstrom kommt nicht zustande, der Wasserstrom wird gesperrt. Diesen Gedankengang können wir ebenfalls für den elektrischen Strom und die Diode benutzen. Die Diode verhält sich dem elektrischen Strom gegenüber wie ein Ventil. Je nach Stromrichtung – Polung – läßt sie den Strom fließen oder nicht. Wir erinnern uns noch einmal daran, daß ein Stromfluß nur zustandekommt, wenn der positive Batteriepol mit der Anode und der negative Batteriepol mit der Katode verbunden ist.

8.2.2 Eine leicht verständliche Einführung in die Elektronik der Diode

Wie sieht es nun im Innern der Diode aus? Der Hersteller montiert mit automatisch arbeitenden Maschinen in der Diode zwei kleine Metallplättchen, die sich flächenmäßig oder punktförmig an einer Stelle berühren. Das eine Metall besitzt in seinem Atomaufbau sehr viele (zuviele) Elektronen: Es heißt N-Zone oder N-Material. Demgegenüber steht das zweite Metall mit zu wenig (viel zu wenig) Elektronen im Atomverband: Es heißt P-Zone oder P-Material (P von positiv, N von negativ). Das N-Material mit vielen negativen Ladungsträgern verhält sich negativ. Das P-Material mit fehlenden negati-

167

ven Ladungsträgern verhält sich positiv. Zwischen diesen beiden Materialien ist eine äußerst dünne Sperrschicht gebildet. Diese kann ohne äußeres Zutun von den Elektronen nicht überwunden werden. Die Elektronen können also nicht von der N- in die P-Zone gelangen oder umgekehrt.

Dieser Zustand wird verstärkt, wenn nach *Abb. 8.2.2-1a* die Spannungsquelle so angeschlossen wird, daß der Pluspol an die Katode und der Minuspol an die Anode gelangt (Sperrichtung). Dann werden die Elektronen von der Sperrschicht weggezogen – sie wird „vergrößert". Es kommt kein Stromfluß zustande. Das ändert sich, wenn die Batterie umgepolt wird. Nach Abb. 8.2.2-1*b* kommt dann ein Stromfluß zustande. Die freien Elektroden der Katode werden von dem positiven Potential der Anode angezogen. Diese Spannung ist stark genug, um die Sperrschicht zu überwinden.

8.3 Jetzt wird es ernst – die Diode in der Elektronik

Die Diode wird von dem Elektroniker für sehr viele Zwecke in der Elektronik benutzt, und zwar für die unterschiedlichsten Anwendungen. Deshalb gibt es auch Dioden, die sich in ihren elektrischen Daten zum Teil sehr stark unterscheiden.

Ein Computer benötigt schnell schaltende Dioden. Wird also eine Spannung richtig gepolt an die Diode angeschlossen, so muß sofort ein Strom fließen. Der Elektroniker mißt hier mit sehr kleinen Zeiteinheiten, mit Nanosekunden, das sind 10^{-9} s oder 0,000000001 s. Diese Zeiten zum Umschalten sind kaum vorstellbar. Der Elektroniker kann sie jedoch messen – mit dem Oszilloskopen.

In der Hochfrequenztechnik werden Dioden benutzt, die kleinste Hochfrequenzspannungen gleichrichten müssen. Dabei dürfen zwischen Katode und Anode nur sehr kleine Kapazitäten wirksam werden.

In der Elektrotechnik wird die Diode parallel zu einer Relaisspule geschaltet, um beim Stromausschalten die hohen entstehenden Induktionsspannungen der Relaisspule zu „verbrauchen", also zu vernichten.

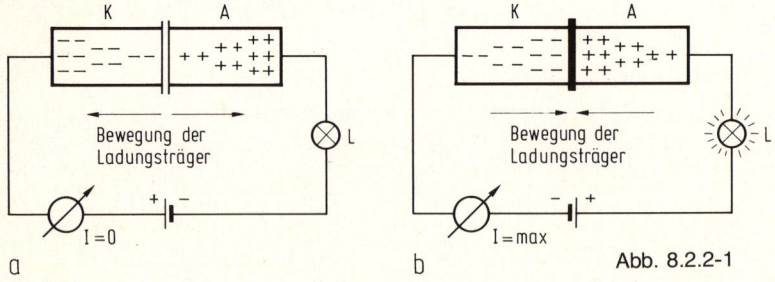

Abb. 8.2.2-1

168

In der Elektronik wird die Zenerdiode benutzt, um hochkonstante Spannungen zu erzeugen. Sie kann Spannungen stabilisieren.

In der Fahrzeugtechnik (E-Lok) werden Leistungsdioden benutzt, die sehr groß und schwer sind.

Der Elektroniker benutzt die Diode, um aus der Netzwechselspannung eine Gleichspannung zur Stromversorgung seiner Schaltung zu gewinnen.

In der Optoelektronik werden Dioden benutzt, um rotes Licht für Steuerzwecke zu erzeugen.

In der Computertechnik werden Dioden benutzt, um logische Befehle ausführen zu lassen.

8.3.1 Die elektrische Spannung, der Strom und die Diode

Die *Abb. 8.3.1-1* zeigt uns eine Prüfschaltung, in welcher Spannungs- und Stromverhalten in Durchlaßrichtung erläutert werden sollen. Wir gehen davon aus, daß wir eine sehr stabile 20-V-Batterie haben und mit dem Potentiometer die Spannung U_E von 0...20 V regeln können. Das Meßgerät I_D zeigt den fließenden Strom an und das Gerät U_D die Diodenspannung zwischen den Anschlüssen Anode und Katode. Im Versuch können wir die Schaltung auch aufbauen, wenn wir als Spannungsquelle das später beschriebene Regelnetzteil 0...18 V aufgebaut haben. Mit den beiden Anschlußklemmen wird die Versuchsschaltung dann direkt an das Netzteil angeschlossen. Benutzen wir die Diode Typ BA 170, so interessieren uns hier folgende Maximalwerte:

Sperrspannung 20 V,
Durchlaßstrom 150 mA,
Sperrstrom bei −15 V < 3 μA.

Das Potentiometer P regelt die Spannung U_E jetzt langsam von 0 V ausgehend hoch. Bei der Siliziumdiode passiert bis ca. 0,4 V nichts Aufregendes. Bei der Germanium-Diode gilt ein Wert von ca. 0,1 V, bis ein brauchbarer Stromfluß einsetzt. Ab der

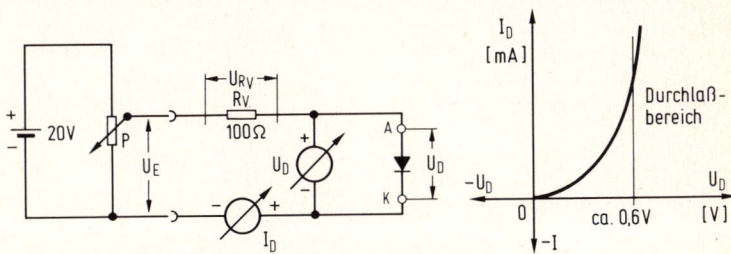

Abb. 8.3.1-1 So läßt sich die Kennlinie aufnehmen

sogenannten Schwellspannung setzt dann plötzlich ein Strom ein. Die Elektronen haben genügend Spannung, um die Sperrschicht zu überwinden. Diese Spannung zeigt das Gerät U_D an. Regeln wir die Spannung U_E jetzt höher, so bleibt die Spannung U_D mit 0,6 V bestehen, sie wird geringfügig höher und kann bis zum Überlastungsfall, der bei 1 V liegt, ansteigen. Nehmen wir das Beispiel $U_E = 5$ V. In diesem Falle werden wir eine Spannung von $U_{RV} = 5$ V $-$ 0,6 V $=$ 4,4 V messen. Beim Vergrößern der Spannung geschieht das gleiche. Die Diode behält praktisch ihre Flußspannung von 0,6 V $-$ ihr innerer Schalter ist geschlossen (siehe Abb. 8.2-2). Die restliche Spannung fällt an dem Vorwiderstand R_V (Schutzwiderstand) ab. Das heißt, ab 0,6 V $U_E = U_D$ wird sich beim Vergrößern von U_E die Spannung an der Diode mit 0,6 V kaum merklich erhöhen.

Wohl aber der Strom. In dem Stromkreis errechnet sich der Strom I_D $-$ wenn wir ihn nicht mit dem Meßgerät ablesen $-$ am einfachsten aus

$$I_D = \frac{U_{RV}}{R}$$

Nun hatten wir weiter vorn gelesen, daß der maximale Strom der Diode BA 170 den Wert von 150 mA nicht überschreiten darf. Bei welcher Spannung ist das nun erreicht? Aus der Gleichung $U_E = U_{RV} + U_D$ aus Abb. 8.3.1-1 ist die Spannung U_{RV} bei I = 150 mA an dem 100-Ω-Schutzwiderstand: mit $U_{RV} = I_D \cdot R_V = 100 \ \Omega \cdot 0,15$ A $= 15$ V. Somit wird dann $U_E = 15$ V $+ 0,6$ V $= 15,6$ V. Wir berücksichtigen hier die 0,6 V, die in dem Stromkreis an der Diode abfallen. Wird der Strom jetzt weiter vergrößert durch Erhöhen der Spannung, so wird die Diode sehr heiß und überlastet. Das führt zu einem Defekt. Meistens hat eine überlastete Diode dann in beiden Stromrichtungen einen Durchgang (Kurzschluß).

Die so gewonnene Strom-Spannungskennlinie der Diode in Durchlaßrichtung ist ebenfalls in Abb. 8.3.1-1 zu sehen. Bis 0,6 V Diodenspannung steigt der Strom nur langsam an. Ab ca. 0,6 V sehr stark, wobei die Diode die Spannung von ca. 0,6 V zwischen Anode und Katode „festhält".

Die Verlustleistung einer Diode errechnet sich wie folgt: Wir gehen davon aus, daß das Produkt $U_D \cdot I_D$ (Abb. 8.3.1-1) die Leistung bildet. Da die Spannung U_D mit 0,6 V

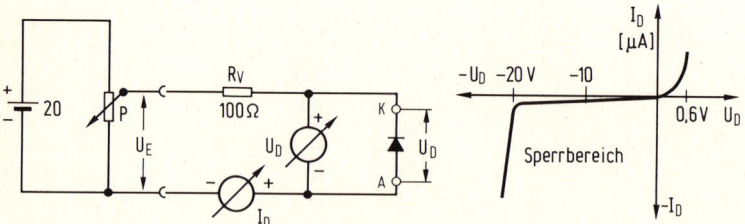

Abb. 8.3.1-2 Die Diode in Sperrrichtung

angenommen wird, ergibt sich hier bei dem maximalen Strom von 150 mA aus
$P = 0,6 \text{ V} \cdot 150 \text{ mA} = 0,09 \text{ W}$.

Wird nach *Abb. 8.3.1-2* die Spannungsquelle U_B umgepolt, so sperrt die Diode den
Strom. Das Potentiometer P vergrößert die Spannung. Können wir über −20 V regeln,
so wird der äußerst geringe Sperrstrom von 1...4 μA (Daten der BA 170) plötzlich sehr
viel größer. Das kann dazu führen, daß die Diode durch Überschreiten der höchstzulässigen Sperrspannung zerstört wird. Das Gebiet des hier ab −20 V auftretenden

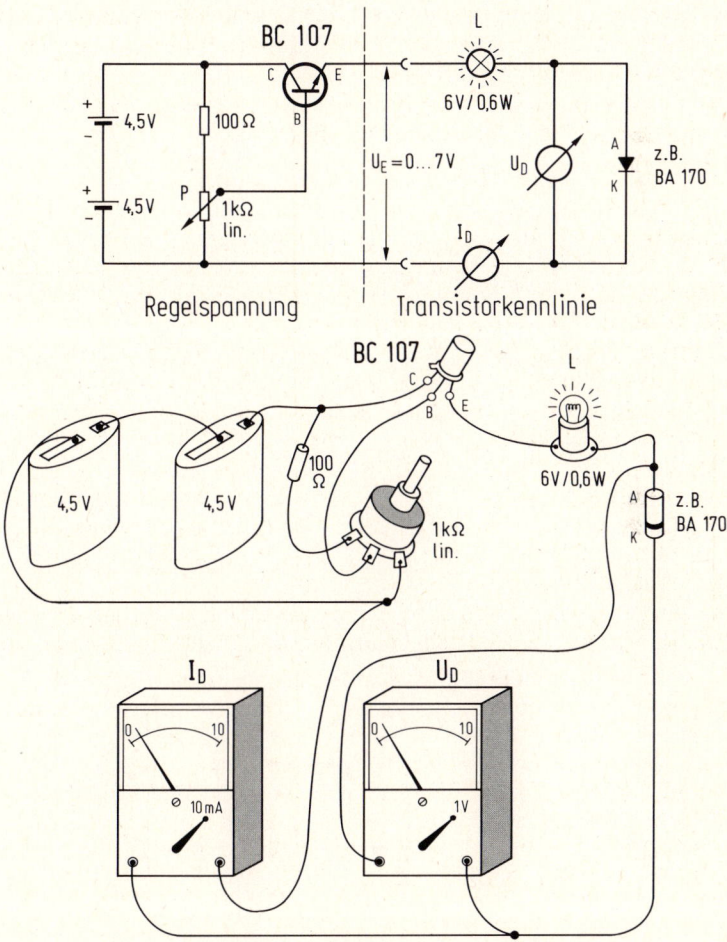

Abb. 8.3.1-3 So können wir im Versuch die Dioden-Kennlinie untersuchen

starken Stromanstieges wird auch häufig als Zenerknick bezeichnet. Dieser Begriff ist wichtig bei der Behandlung der Zenerdiode.

Die Diodenkennlinie im Durchlaßbereich können wir auch nach *Abb. 8.3.1-3* aufnehmen. Die beiden 4,5-V-Batterien bilden die Spannungsquelle. Mit dem Potentiometer P können wir eine Spannung von 0 V bis ca. 7 V über den Transistor BC 107 für die Prüfschaltung regeln. Eine 6-V/0,6-W-Lampe zeigt den Beginn des Stromflusses an. An dem Instrument U_D kann die Spannung abgelesen werden. Das Gerät I_D zeigt den fließenden Diodenstrom an. Anstelle der Diode BA 170 können auch andere Typen benutzt werden. Es genügt, wenn wir den Strom I_D bis ca. 50 mA ansteigen lassen. Diese Schaltung ist nicht kurzschlußsicher. Der Transistor soll mit Kühlkörper den 50-mA-Strom nur für ca. 30 Sekunden liefern.

8.3.2 Ein wenig aus der Praxis der Restströme und Spannungen

Wir können sie schlecht messen, da hier hochempfindliche Strommeßgeräte erforderlich sind. So müssen z. B. noch Sperrströme von wenigen Nanoampere (10^{-9} A) gemessen werden können. Ebenso ist es erforderlich, Spannungsgeneratoren zu haben, die zum Teil Spannungen von mehr als 1000 V erzeugen können.

Eine Allzweckdiode weist häufig nur eine Sperrspannung von 30...60 V auf. Das ist ausreichend für die meisten Anwendungsgebiete. Lediglich in der Gleichrichtertechnik werden Sperrspannungen benötigt, die weitaus höher sind. Wollen wir die 220-V-Lichtspannung gleichrichten, so muß die Diode eine Sperrspannung von mindestens 625 V aufweisen. Lesen Sie das bitte nach in dem Buch „Elektronik-Selbstbau für Profi-Bastler" (Nührmann – Franzis-Verlag). Siehe auch Kapitel 8.4 in diesem Buch.

Der Elektroniker versucht, Dioden einzusetzen, die einen möglichst geringen Sperr- oder Rückstrom haben. Das entspricht dem idealen Schalter. Nach *Abb. 8.3.2-1* ist der ideale mechanische Schalter ohne Stromfluß im ausgeschalteten Zustand. Anders bei der Diode als Schalter. Diese besitzt im gesperrten Zustand (geöffneter Schalter) einen Sperrwiderstand R_S, durch welchen der Sperrstrom fließt, der sich aus der Höhe der Sperrspannung und des Sperrwiderstandes errechnet. Die Diode ist also im gesperrten Zustand ein geöffneter Schalter mit schlechten Isoliereigenschaften. In der Abb. 8.3.2-1 erkennen wir noch mehr, und zwar außer dem Sperrwiderstand R_S noch den Durchlaßwiderstand R_D. Dieser ist wirksam, wenn die Diode in Durchlaßrichtung gepolt ist. Wie groß sind nun Sperr- und Durchlaßwiderstand? Wir können sie aus den Diodendaten errechnen. Sie sind nicht konstant, sondern im wesentlichen von dem Arbeitspunkt der Diode abhängig. Die Diode BA 170 hat bei 0,6 V U_D einen Diodenstrom von 0,1 mA zur Folge. Damit errechnet sich der Durchlaßwiderstand für diesen Arbeitspunkt zu

$$R_D = \frac{0,6 \text{ V}}{0,1 \text{ mA}} = 6000 \,\Omega \,.$$

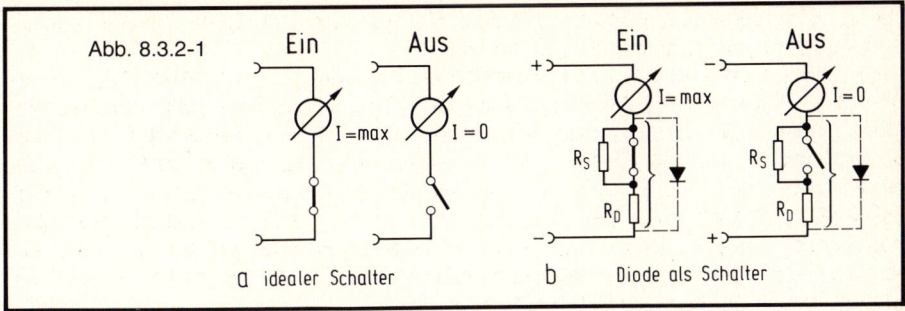

Abb. 8.3.2-1

Ein   Aus   Ein   Aus

a   idealer Schalter   b   Diode als Schalter

Bei $U_D = 0,8$ V z. B. ist der Strom bereits 10 mA groß und damit der Durchlaßwiderstand bereits 60 Ω. Je kleiner der Durchlaßwiderstand, je besser die Diodeneigenschaft.

Der Sperrwiderstand errechnet sich ähnlich. Aus den Angaben $U_S = 15$ V und $I_S = 2\ \mu A$ errechnen wir den Sperrwiderstand R_S zu:

$$R_S = \frac{15\ \text{V}}{2\ \mu A} = 7,5\ \text{M}\Omega.$$

Je größer der Sperrwiderstand, je besser die Diodeneigenschaft.

Das Verhältnis vom Durchlaßwiderstand zum Sperrwiderstand ist in diesem Falle:

$$\frac{60\ \Omega}{7,5\ \text{M}\Omega} = 1 : 125\,000.$$

8.3.3 Wie wird die Diode mit der Temperatur fertig?

Wird eine Diode z. B. nach Abb. 8.3.1-3 in Durchlaßrichtung betrieben, so zeigt das Instrument U_D die in Durchlaßrichtung zwischen der Anode und Katode der Diode liegende Spannung von z. B. 0,6 V an. Wenn wir die Diode erhitzen, also z. B. kurzzeitig mit dem Lötkolben berühren, so verringert sich die Durchlaßspannung, was gleichbedeutend ist mit einem Verkleinern des Durchlaßwiderstandes bei bleibendem Strom. Die *Abb. 8.3.3-1* zeigt die Abhängigkeit der Änderung der Durchlaßspannung (a) und des Sperrstromes (b) bei Erwärmung der Diode.

Der Elektroniker versucht, eine Diode nicht unnötigen Wärmebelastungen auszusetzen. Das Arbeiten bei Zimmertemperaturen zwischen 18...25 °C ist ihm am sympathischsten. Er baut Dioden an „kühlen Stellen" seiner Schaltung und Geräte ein. Das gilt auch für Transistoren und viele weitere elektronische Bauelemente. Wie diese Verschiebung nun in der Praxis aussieht, zeigt der Kennlinienschreiber in der *Abb. 8.3.3-2.*

173

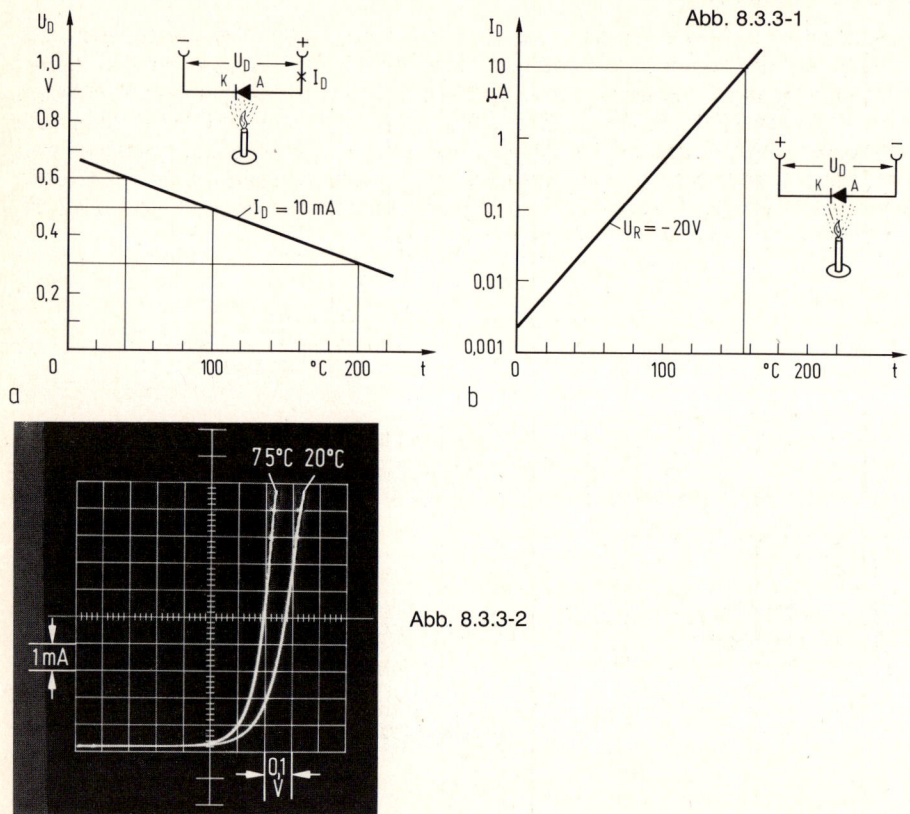

Abb. 8.3.3-1

a

b

Abb. 8.3.3-2

8.3.4 Was sagt uns eine Diodenkennlinie?

Das Kapitel 8.3.1 hat uns die ersten Erklärungen gegeben. Die wichtigste Diodenkennlinie ist die U_D-I_D-Kennlinie. Der Elektroniker kann hier fast alle Daten ablesen oder sich (Durchlaß- und Sperrwiderstände) errechnen. In der *Abb. 8.3.4-1* ist der Verlauf des Durchlaß- und Sperrbereiches noch einmal angegeben. Es ist der typische Verlauf einer Siliziumdiode. Die gestrichelte Linie gibt die Durchlaß- und Sperrlinie einer Germaniumdiode im Vergleich dazu an. Es ist zu erkennen, daß die Germaniumdiode nicht die ausgeprägten Knickstellen einer Siliziumdiode besitzt. Sie hat jedoch den Vorteil, bereits bei kleineren Durchlaßspannungen einen entsprechend großen Strom aufzuweisen. Das ist günstig in der Meßtechnik; denn dort muß der Elektroniker sehr häufig kleine Wechselspannungen gleichrichten.

174

8.3.5 Die Zenerdiode

Schaltsymbol und Kennlinie der Zenerdiode ist in *Abb. 8.3.5-1* wiedergegeben. Die Zenerdiode wird immer im Sperrgebiet betrieben mit ihrer entsprechenden Zenerspannung. Zenerdioden sind mit verschieden großen Zenerspannungen erhältlich. So z. B. die Typen ZPD 2,7; ZPD 3; ZPD 3,9; ZPD 4,7; ZPD 9,1; ZPD 20 – um nur ein paar Typen herauszugreifen. Die Abb. 8.3.5-1 soll das wiedergeben, gestrichelt sind die Kennlinien mehrerer Dioden eingezeichnet. Im positiven Spannungsbereich, wenn also der Pluspol der Spannungsquelle mit der Anode verbunden ist, finden wir die Kennlinie einer Diode in Durchlaßrichtung wieder.

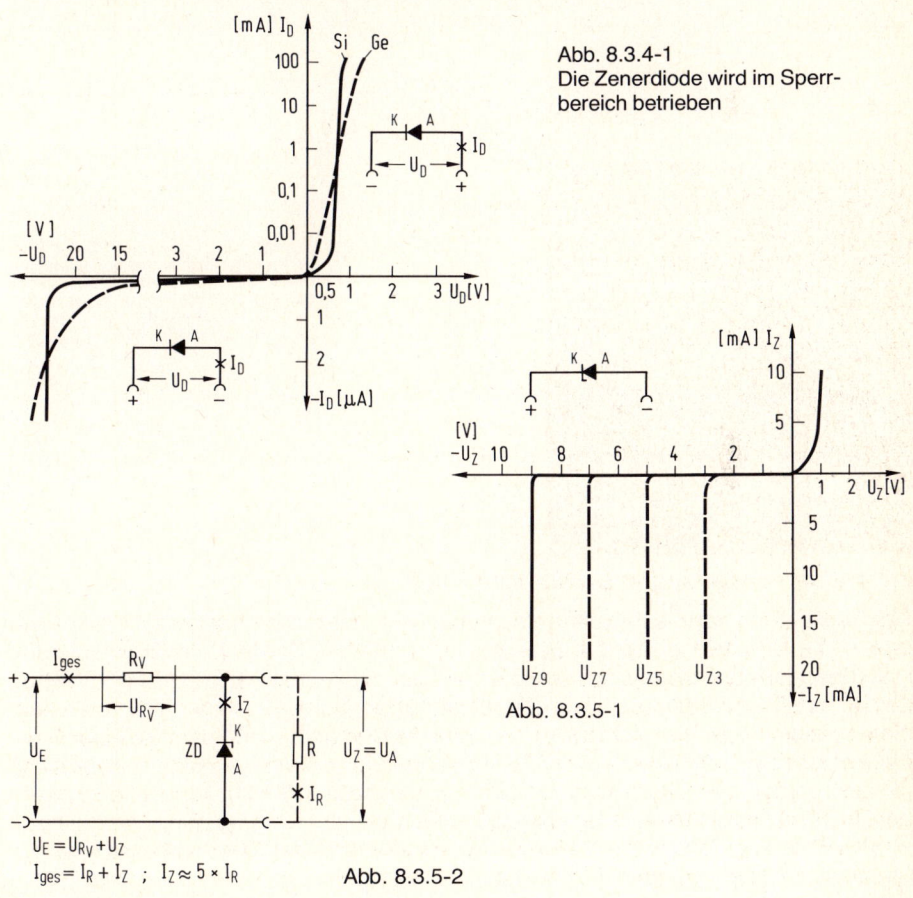

Abb. 8.3.4-1
Die Zenerdiode wird im Sperrbereich betrieben

Abb. 8.3.5-1

$U_E = U_{RV} + U_Z$
$I_{ges} = I_R + I_Z$; $I_Z \approx 5 \times I_R$

Abb. 8.3.5-2

175

Es ist wichtig zu wissen, daß bei einem geringen Überhöhen einer Zenerspannung, also z. B. 9 V um nur 0,1 V auf 9,1 V, der Zenerstrom extrem stark ansteigt. Das führt zur Zerstörung der Diode. Deshalb finden wir die Zenerdiode in der praktischen Anwendung immer in einer Schaltung, wie in *Abb. 8.3.5-2* gezeigt, mit einem Widerstand in Reihe geschaltet zur Strombegrenzung vor. Mit dieser Schaltung können wir aus einer beliebig größeren Spannung eine hochstabile Zenerspannung gewinnen. Also eine Spannung, die genau im Wert als Versorgungsspannung einer Elektronikschaltung bereitgehalten werden kann. Wichtig ist hier die richtige Bemessung des Vorwiderstandes R_V. Der Elektroniker berechnet ihn so, daß der Zenerstrom für kleine Ströme I_R ungefähr den fünf- bis zehnfachen Wert des Verbraucherstromes annimmt. Häufig ergeben Zenerströme ab 5 mA schon einen stabilen Arbeitspunkt. Das sieht an einem Beispiel gerechnet so aus:

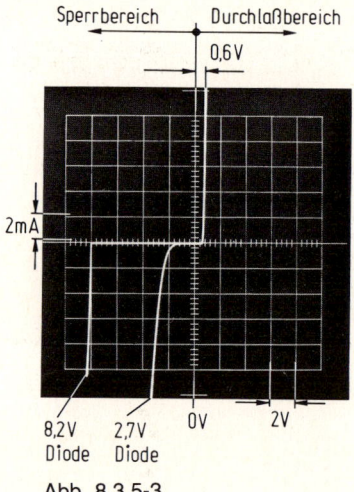

Abb. 8.3.5-3

Zenerdiode (Zenerspannung)= 9 V
Eingangsspannung (Batterie)= 24 V
Verbraucherstrom I_R= 3 mA
Zenerstrom 5 bis 10 x I_R= 15 mA

Damit ist die Spannung

$$U_{RV} = U_E - U_z = 24\ V - 9\ V = 15\ V$$

und der Strom

$$I_{ges} = I_z + I_R = 15\ mA + 3\ mA = 18\ mA.$$

Daraus errechnet sich der Widerstand R_V zu

$$R_V = \frac{U_{RV}}{I_{ges}} = \frac{15\ V}{18\ mA} = 830\ \Omega.$$

Der Elektroniker muß für jeden Betriebsfall den entsprechenden Vorwiderstand errechnen. Gute Stabilisierungseigenschaften ergeben sich, wenn die Eingangsspannung ca. zwei- bis dreimal größer sein kann als die gewünschte Zenerspannung.

Sehr stark ausgeprägte Zenerknickspannungen ergeben Zenerdioden mit einer Zenerspannung, die größer als 5 V ist. Wie schon gesagt, ergeben Zenerströme ab 5 mA bereits einen stabilen Arbeitspunkt. Der Widerstand R_V ist dann dahingehend zu überprüfen, ob bei maximalem Strom I_R – soweit sich dieser ändern kann – mindestens noch ein Zenerstrom von 5 mA fließt.

In unserem obigen Beispiel war I_{ges} = 18 mA. Demnach darf hier der Strom I_R nicht größer werden als ca. 13 mA, damit ein restlicher Zenerstrom von 5 mA verbleibt.

Für den Elektroniker ist es auch sehr wichtig, außer der gewünschten Zenerspannung bei einer Zenerdiode die benötigte Leistung für die Diode zu ermitteln. Zenerdioden gibt es außer für verschiedene Spannungen auch eingeteilt nach verschiedenen Leistungsstufen. Die Leistung der Zenerdiode ermittelt sich wie bei der Diode aus dem Zenerstrom I_z und der Zenerspannung U_z. In unserem Beispiel beträgt die Leistung

$$P_z = 9\ V \times 15\ mA = 0,135\ W.$$

In diesem Falle wählt der Elektroniker aus Sicherheitsgründen den nächsthöheren erhältlichen Wert z. B. 0,5 W. Das typische Kennlinienbild einer 8,2-V- und einer 2,7-V-Diode ist in der *Abb. 8.3.5-3* zu sehen.

8.4 Die Diode als Gleichrichterelement

Ein sehr häufiger Anwendungsfall in der Elektronik ist die Benutzung einer – oder mehrerer – Dioden als Gleichrichterelement. Der Elektroniker benutzt diese Technik, um aus einer Wechsel- oder Signalspannung eine Gleichspannung zu erzeugen. Dabei kann er diese Gleichspannung dann als Versorgungsspannung seiner Elektronikschaltung benutzen. Weiter kann die gleichgerichtete Spannung dazu herangezogen werden, um ein Gleichspannungsinstrument zum Ausschlag zu bringen. Es wird also eine Wechselspannung nach ihrer Gleichrichtung auf einem Gleichspannungsinstrument angezeigt. Schließlich ist noch ein wichtiger Anwendungsfall zu nennen: Die gleichgerichtete Wechselspannung zur Verstärkungsregelung. Das wird z. B. in der Rundfunktechnik bei dem automatischen Schwundausgleich benutzt.

8.4.1 Eine Wechselspannung wird mit einer Diode und einem Gleichstrominstrument angezeigt

Schließen wir unser Vielfachmeßgerät in einem Gleichspannungsbereich an die 8-V/50-Hz-Wechselspannung des Klingeltransformators an, so können wir höchstens ein Vibrieren des Zeigers im Nullpunkt feststellen. Der Zeiger mit der doch schweren Drehspule ist nicht in der Lage, der 50-Hz-Wechselspannungsschwingung zu folgen. Der Zeiger muß fünfzigmal in einer Sekunde um den Nullpunkt nach Plus- und Minus-Werten ausschlagen.
Anders wird es, wenn wir hinter dem Klingeltransformator einen Gleichrichter schalten und das Meßgerät mit der Spannung versorgen, die aus dem Gleichrichter kommt. Das zeigt die *Abb. 8.4.1-1a...d.* Der Klingeltransformator wird zuerst direkt an das Meßgerät angeschlossen, welches auf den 15-V-Wechselspannungsbereich oder den

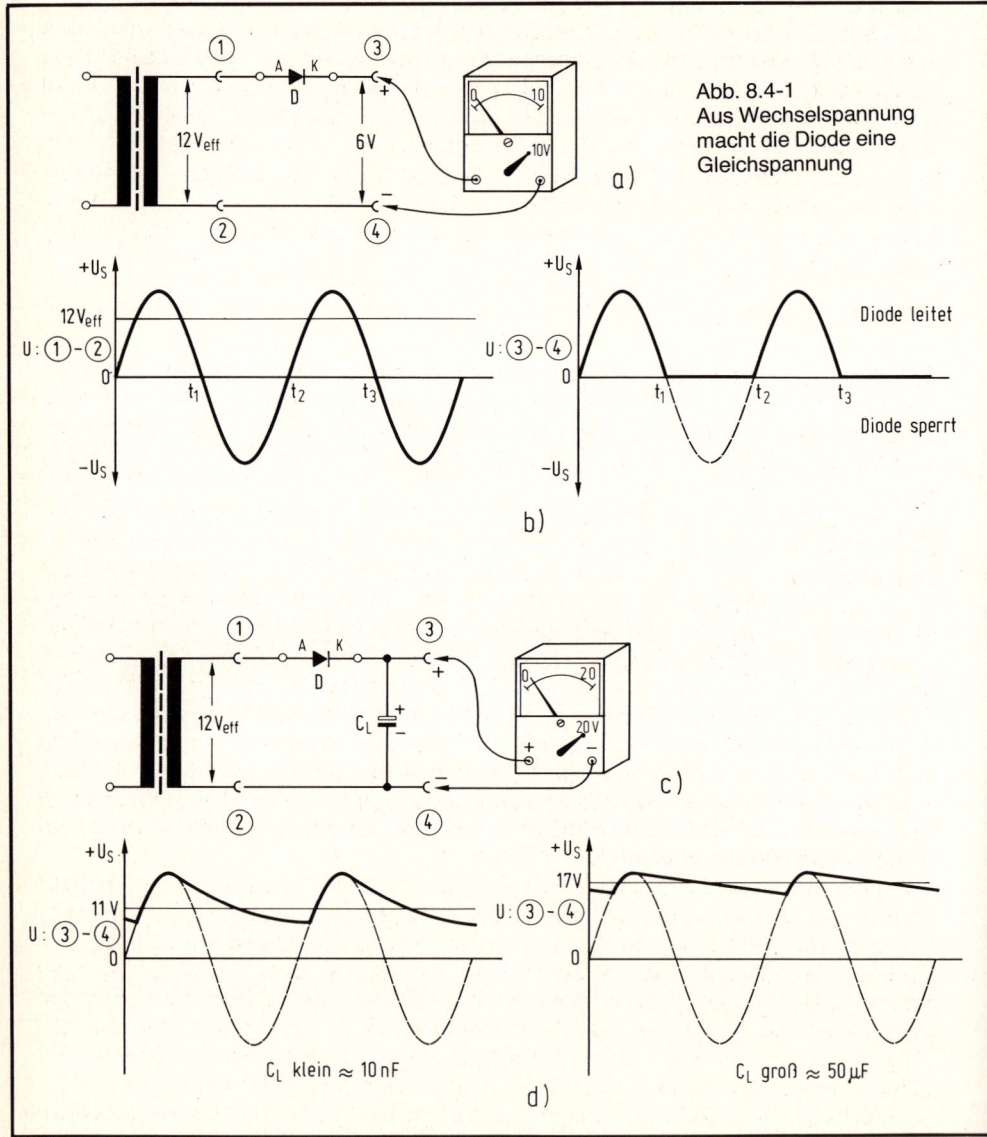

Abb. 8.4-1
Aus Wechselspannung
macht die Diode eine
Gleichspannung

a)

b)

c)

C_L klein $\approx$ 10 nF

C_L groß $\approx$ 50 µF

d)

nächst höheren gestellt wird. Da der Klingeltransformator ohne Belastung ist, werden wir eine höhere Spannung als z. B. an den 8-V-Buchsen messen. Das Instrument zeigt z. B. 12 V an. Demnach ist die Sinusspannung am Eingang des Gleichrichterkreises 12 U_{eff} oder 16,97 V − wir erhöhen auf 17 V − groß. Der Spitze-Spitze-Wert beträgt 34 V. Nachlesen können wir die Beziehung U_{eff} − U_s − U_{ss} in Kapitel 5.3, Abb. 5.3-1, sowie Kapitel 1.4.7, Abb. 1.4.7-1 der beiden Bücher: ,,Elektronik leichter als man denkt'' und ,,Elektronik-Selbstbau für Profi-Bastler'' − ebenfalls im Franzis-Verlag erschienen. Wir wissen jetzt wieder, daß der vom Meßgerät angezeigte Wert U_{eff} mit dem Faktor $\sqrt{2} = 1,414$ zu multiplizieren ist, um den Spitzenwert einer Sinushalbwelle wertmäßig zu errechnen. Also

$$U_{eff} \cdot \sqrt{2} = U_s.$$

Zurück zu Abb. 8.4.1-1*a*. Das Meßgerät zeigt am Transformator Punkt 1...2 angeschlossen 12 V (U_{eff}) an. Schließen wir jetzt das Meßgerät an den Ausgang Punkt 3...4 an, so messen wir im Gleichspannungsbereich nicht mehr 12 V, sondern nur noch ca. 6 V. Allerdings im Gleichspannungsbereich, was vor der Gleichrichtung nicht möglich war.

Den Grund finden wir in dem Diagramm Abb. 8.4.1-1*b*. Diese Kurvenform kann der Elektroniker nur mit dem Oszilloskopen messen. Wir erkennen die Sinusspannung an den Klemmen 1 und 2. Und dann überraschend − oder nicht? − an den Klemmen 3 und 4 nur noch die positiven Halbwellen. Da wir das Verhalten der Diode jedoch kennen, verstehen wir auch diese Kurvenform. Zwischen den Klemmen 3...4 kann nur dann eine Spannung entstehen, wenn die Diode einen Stromfluß zuläßt, also ihr ,,Schalter'' geschlossen ist. Das ist jedoch nur dann der Fall, wenn die Anode gegenüber der Katode eine positive − um 0,6 V höhere − Spannung führt. Eine positive Spannung an der Anode finden wir jedoch immer während der positiven Halbwelle vor, so daß die Diode in dieser Schaltung die positiven Halbwellen durchläßt. Nach dem Kurvenbild von 3...4 können wir noch nicht von einer Gleichspannung sprechen, obwohl das Meßgerät sich daraus einen positiven Mittelwert bildet. Der Elektroniker spricht von einer ungesiebten pulsierenden Gleichspannung.

Anders wird es in Abb. 8.4.1-1*c*. Dort wird zusätzlich ein Kondensator C − der Elektroniker spricht von einem Ladekondensator − eingeschaltet. Dieser Kondensator wird von dem Gleichrichter auf den höchsten Spitzenwert aufgeladen und entlädt sich bis zur nächsten Aufladung einer weiteren positiven Halbwelle über den Widerstand des Verbrauchers. Hier ist es der Innenwiderstand des Meßgerätes. Benutzen wir für den Versuch einmal z. B. einen 10-nF-Kondensator, so stellen wir fest, daß sich die Gleichspannung von 6 V auf ca. 9 V erhöht. Den noch sehr welligen Gleichspannungsverlauf finden wir in Abb. 8.4.1-1*d* wieder. Nehmen wir den Kondensator C jedoch sehr groß − z. B. 50 µF − so hat der Kondensator keine Zeit für eine genügend schnelle Entladung bis zur nächsten Halbwelle. Der Kondensator bleibt auf den Spitzenwert aufgeladen. Dieser wird jetzt mit 12 $U_{eff} \cdot \sqrt{2} = 17$ V angezeigt! Die Diode kann nur noch während ganz kurzer Zeiträume der höchsten (positivsten) Spitzen einen Ladestrom nachliefern. Also dann, wenn bei einer positiven Halbwelle die Kondensatorspannung so abgesunken ist, daß die Katode mindestens um 0,6 V negativer als die Anode ist. Oder die Spannung 3...4 (Abb. 8.4.1-1c) um 0,6 V kleiner als die Spannung 1...2 wird. Die Diode liefert nur noch Nachladeimpulse.

8.4.2 Die Wechselspannung, eine Diode und der Ladekondensator

Wir haben eben festgestellt, daß es recht einfach ist, mit einer Diode und einem Kondensator aus einer Wechselspannung eine Gleichspannung zu erzeugen. Wir wissen auch bereits, daß die Gleichspannung immer um den Faktor $\sqrt{2} = 1,414$ größer ist als die Wechselspannung. Je nach Polung der Diode können wir eine positive oder negative Gleichung an der Diode und dem Ladekondensator entstehen lassen. Die Spitzen der Sinusspannung werden von der Diode durchgelassen – gleichgerichtet. Der Elektroniker spricht von einer Spitzengleichrichtung.

Die Spannungsverhältnisse bei der Einweggleichrichtung wollen wir uns in der *Abb. 8.4.2-1a...e* noch einmal näher ansehen. Die Abb. 8.4.2-1a zeigt noch einmal die Schaltung. Die Wechselspannung an den Trafoklemmen 1...2 haben wir mit U_{eff} bezeichnet. Ihr Spitzenwert beträgt $12 \cdot \sqrt{2} = 17$ V (siehe dazu die Abb. 8.4.2-1b). In Reihe geschaltet zu der Ausgangsklemme 3 ist die Diode D. In Durchlaßrichtung – Zeit des Stromflusses – entsteht an dieser Diode die bekannte 0,6-V-Durchlaßspannung. Zwischen den Ausgangsklemmen 3...4 können wir die gleichgerichtete Wechselspannung entnehmen. Sie entsteht an dem Ladekondensator C_L und heißt U_{CL}. Somit ergibt sich folgende Spannungsaufteilung während der kurzen Aufladezeit des Ladekondensators C_L:

$$U_S = U_D + U_{CL}; \text{ in Werten: } 17 \text{ V} = 0,6 \text{ V} + 16,4 \text{ V}.$$

Die Ladespannung ist also um den Betrag der Diodenspannung gegenüber der Spitzenspannung kleiner. Diese Verhältnisse sind in der Abb. 8.4.2-1c näher gezeigt. Die Zeit des Diodenstromes ist zwischen t_1 und t'_2 gegeben. Während der Zeit $t_1...t'_1$ – das können bei der 50-Hz-Sinusschwingung schon Bruchteile einer Millisekunde sein – ist der Diodenstrom sehr stark. Der Diodenstrom und somit der Kondensatornachladestrom hört zur Zeit t_2 auf. Das ist der Fall, wenn die Sinusspannung an der Anode den Betrag der Gleichspannung an der Katode (Kondensatorspannung) unterschreitet.

Zur Zeit t_3, wenn die Sinusspannung ihren vollen negativen Wert erreicht hat, tritt die höchste negative Spannung zwischen Anode und Katode auf. Diese Spannung entspricht fast – sie ist nur um den kleinen Betrag von 0,6 V geringer – der doppelten Spitzenspannung. Wir erinnern uns, daß zu der gesamten Zeit der Kondensator C_L auf den

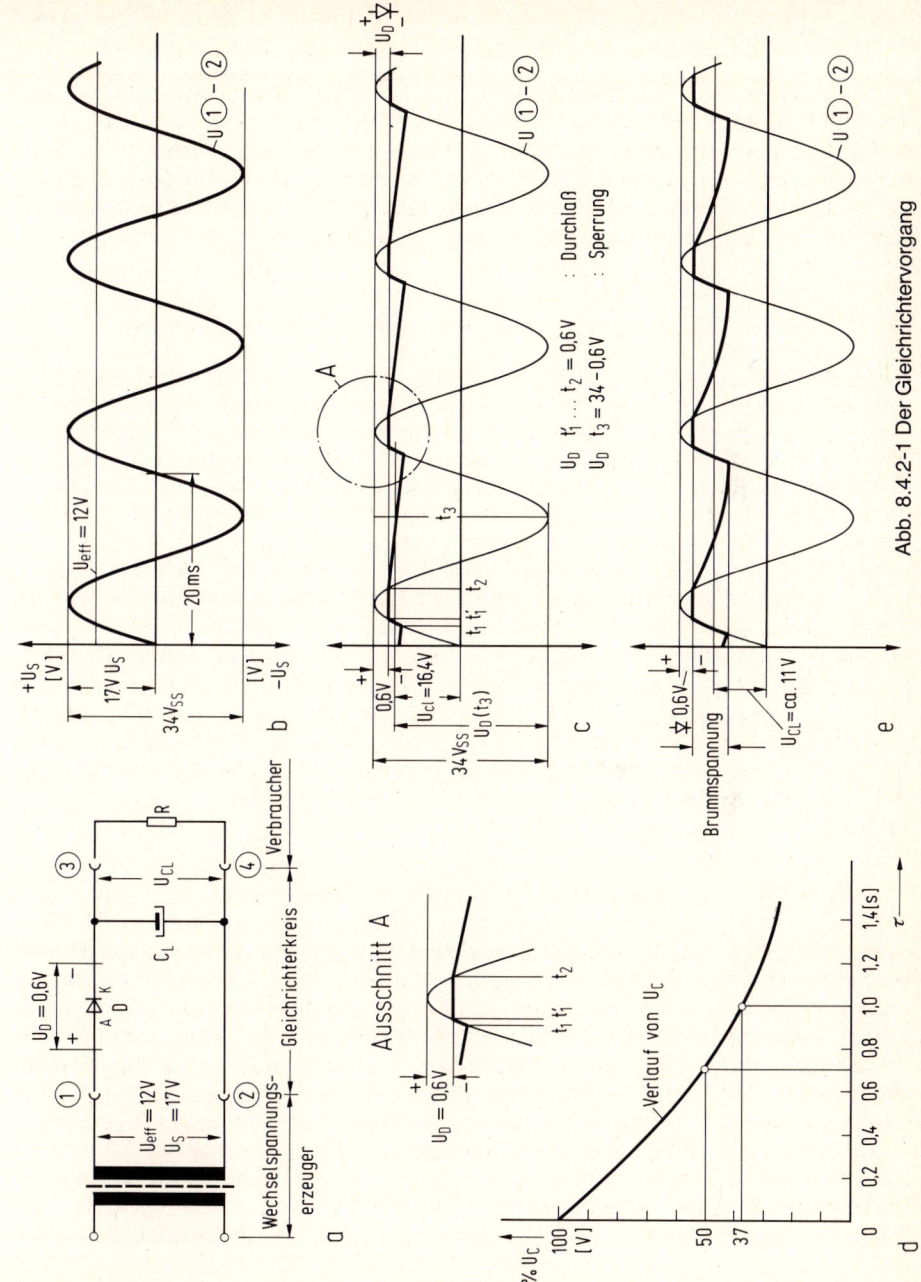

Abb. 8.4.2-1 Der Gleichrichtervorgang

181

Spitzenwert geladen sein kann und somit die Katode immer auf dem vollen Wert U_{CL} bleibt.

Lesen wir noch einmal in dem Kapitel 5.3.3 nach, so erinnern wir uns, daß die Spannung an einem Kondensator sich über einen Widerstand nach einer e-Funktion entlädt. Ist der Widerstand oder der Kondensator genügend groß, dann tritt bis zur nächsten Nachladung – nächste positive Halbwelle – kein merklicher Spannungsverlust am Ladekondensator auf. Das ändert sich, wenn der Verbraucherstrom zu groß, also der Widerstand R (Abb. 8.4.2-1a) zu klein wird und wir nach der Kurve (Abb. 8.4.2-1d) die Zeitkonstante $\tau = C_L \cdot R$ nur auf ca. $0,7\,\tau$ dimensioniert haben. Wie wir sehen, ist nach dieser Zeit die Spannung U_C nur noch 50 % groß. Die Gleichspannung hat dann den impulsförmigen, sehr welligen Verlauf nach Abb. 8.4.2-1e. Der Elektroniker sagt, sie ist verbrummt. Es ist eine 50-Hz-Wechselspannung mit Sägezahncharakter der Gleichspannung überlagert. Der Elektroniker spricht von der Welligkeit der Gleichspannung oder auch von der Brummfrequenz.

8.4.3 ...und was ist nun eine Zweiweggleichrichterschaltung?

Das Kapitel 8.4.2 hat uns die Einweggleichrichtung erläutert. Der Elektroniker benutzt für Gleichrichtungszwecke seiner Stromversorgungen fast ausschließlich die Zweiweggleichrichterschaltung. Das hat im wesentlichen den Grund, daß die Zweiweggleichrichterschaltung beide Halbwellen der Sinusspannung zur Gleichrichtung heranzieht und somit auch eine in der Frequenz doppelt so hohe (100 Hz) Brummspannung erhält. Das hat den Vorteil, daß die Siebmittel – der Ladekondensator – nur halb so groß sein müssen, da die Nachladezeit doppelt so schnell erfolgt (Einweggleichrichtung 50 Hz Welligkeit – Zweiweggleichrichtung 100 Hz Welligkeit).

Die Schaltung einer Zweiweggleichrichtung ist in *Abb. 8.4.3-1* zu sehen. Der Elektroniker benötigt dazu einen Transformator mit zwei gleich großen Wicklungen, so daß ihm zwei gleich große Wechselspannungen zur Verfügung stehen. Diese beiden Wicklungen verbindet er an einer Stelle so miteinander, daß von dem Verbindungspunkt 1 nach 2 und 1 nach 3 entgegengesetzt gerichtete Halbwellen auftreten. Es ist nichts anderes als die Reihenschaltung zweier Wicklungen. Denn messen wir die Spannung zwischen Punkt 3 und 2, so können wir eine Spannung von 24 V – also den doppelten Betrag einer einzelnen Wicklung – feststellen. Zur Zeit t_1 ist dort als Beispiel eingezeichnet von 1 nach 2 gesehen die positive Halbwelle, während in der gleichen Zeit von 1 nach 3 die negative Halbwelle festgestellt wird. Das ändert sich schnell, so daß zur Zeit t_2 an 2 die negative und an 3 die positive Halbwelle vorhanden ist.

An Punkt 2 und 3 sind die Dioden D_1 und D_2 angeschlossen. Beide Dioden sind mit den Katoden am Ladekondensator verbunden. Die Dioden laden jetzt abwechselnd den Kondensator nach. Die Diode D_1 während der positiven Halbwelle zur Zeit t_1 und

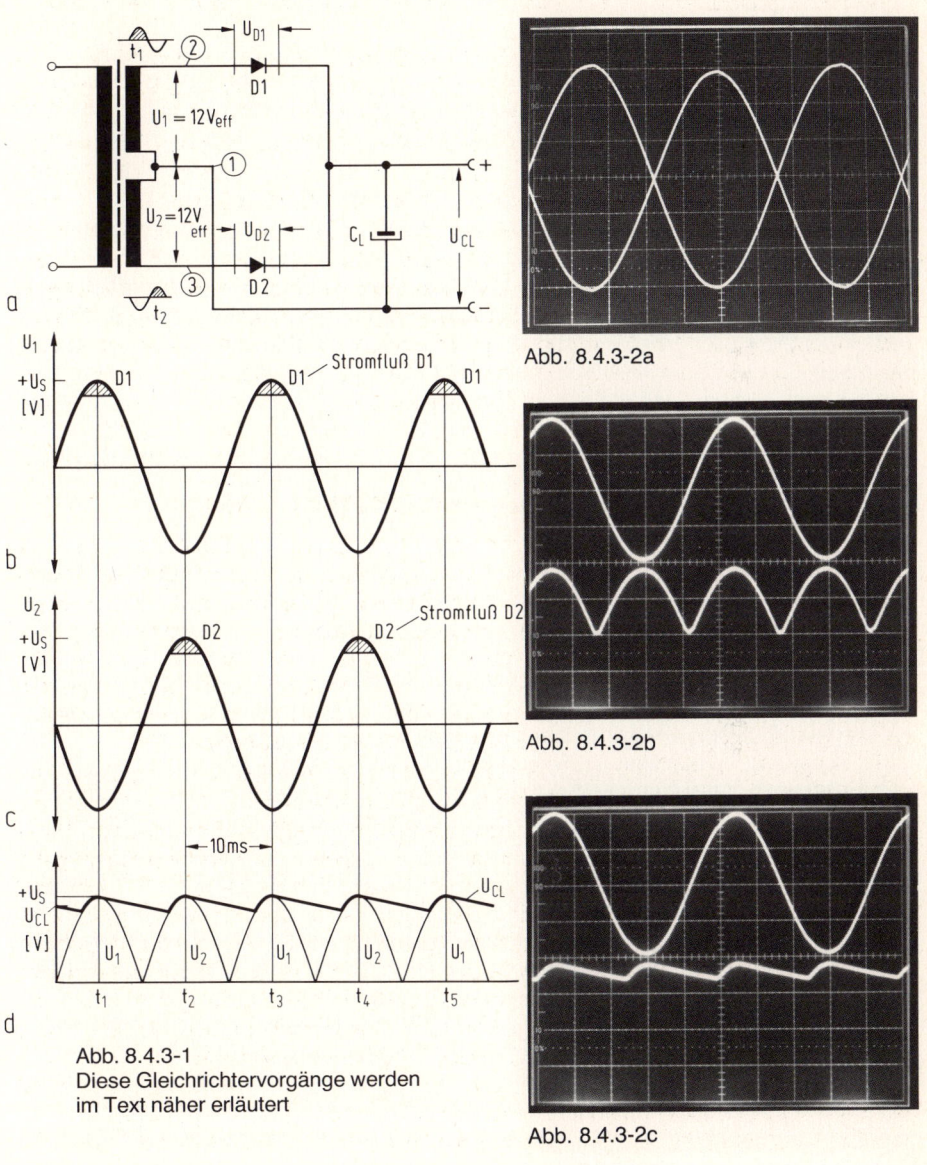

Abb. 8.4.3-2a

Abb. 8.4.3-2b

Abb. 8.4.3-1
Diese Gleichrichtervorgänge werden
im Text näher erläutert

Abb. 8.4.3-2c

183

die Diode D zur positiven Halbwelle während der Zeit t_2. Zur Kontrolle: Während t_2 ist D_1 und während t_1 ist D_2 gesperrt.

Diese Vorgänge verdeutlichen uns noch einmal die Abb. 8.4.3-1b und c. In der Abb. 8.4.3-1d sind beide „leitenden Halbwellen" zusammen gezeichnet. Dort ist der eigentliche Verlauf der Spannung an C_L zu erkennen. Würde der Kondensator C_L durch einen Widerstand ersetzt werden, so zeigte ein Oszilloskop den Verlauf beider Halbwellen in positiver Richtung! Darüber hatten wir uns bei der Abb. 8.4.1-1b bereits Gedanken gemacht während der Überlegungen zur Einweggleichrichtung.

In der Praxis werden derartige Kurven, so wie diese in der Abb. 8.4.3-1 zu erkennen sind, mit dem Oszilloskop gemessen. Die folgenden drei Schirmbilder möchte ich jetzt erläutern. In der Abb. 8.4.3-2a sind die beiden um 180° phasengedrehten Spannungen U_1 und U_2 der Abb. 8.4.3-1a zu erkennen. Die Abb. 8.4.3-2b ist ähnlich der Darstellung 8.4.3-1d zu sehen, wenn der Ladekondensator entfernt wird. Die obere 50-Hz-Sinuswelle läßt eindeutig erkennen, daß die Dioden alle 10 ms einen Strom ziehen – also 100 Hz Brummspannung. Schließlich ist in der Abb. 8.4.3-2c die gleichgerichtete Wechselspannung zu erkennen. Diese hat alle 10 ms den Ladeimpuls. Diese Kurve gilt auch für die Graetzgleichrichtung im folgenden Kapitel.

8.4.4 Auch eine Brücken- oder Graetzgleichrichterschaltung ist eine Zweiweggleichrichtung und damit sehr wichtig

Für die Erzeugung einer Gleichspannung zur Versorgung von elektronischen Schaltungen ist die Brückengleichrichterschaltung für den Elektroniker die wichtigste, wenn er zwischen Einweg-, Zweiweg- oder Brückengleichrichtung wählen kann.

Die Schaltung besitzt den Vorteil, ebenso wie die Zweiweggleichrichtung, beide Halbwellen der Sinusspannung auszunutzen, wodurch die günstige hohe „Brummfrequenz" von 100 Hz entsteht. Ein weiterer Vorteil dieser Schaltung ist, daß der Transformator nur eine Wicklung benötigt, allerdings sind vier Gleichrichter erforderlich.

Der mechanische Aufwand ist jedoch recht klein, da die Industrie diese vier Gleichrichter bereits in ein kleines Gehäuse montiert und fest vergießt. Somit ist der Brückengleichrichter mit vier Elementen und vier Anschlüssen – zwei für die Wechselspannung und zwei für die Gleichspannung – nicht viel größer als ein einfaches Gleichrichterelement.

Die Abb. 8.4.4-1a zeigt die Schaltung eines Brückengleichrichters mit Ladekondensator. Wir erkennen erst einmal die Zusammenschaltung von Transformatorenwicklung, Brückengleichrichter und Ladekondensator. Auch ist dort bereits als Ergebnis eingetragen, daß die Wechselspannung von 12 V durch die auch hier einsetzende Spitzengleichrichtung eine Gleichspannung von ca. 17 V erzeugt. Der Elektroniker

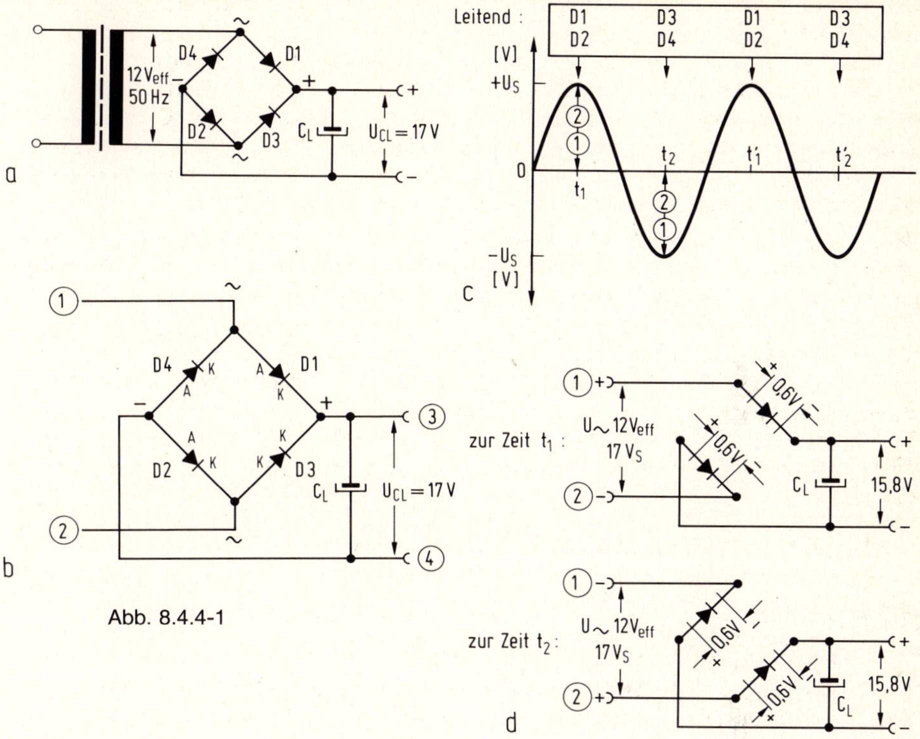

a

Leitend:

| D1 D2 | D3 D4 | D1 D2 | D3 D4 |

[V]
$+U_S$

$-U_S$
[V]

c

b

Abb. 8.4.4-1

zur Zeit t_1:

$U \sim 12 V_{eff}$
$17 V_S$

$+0,6V$
$+0,6V$

C_L

$15,8 V$

zur Zeit t_2:

$U \sim 12 V_{eff}$
$17 V_S$

$0,6V$
$0,6V$

C_L

$15,8 V$

d

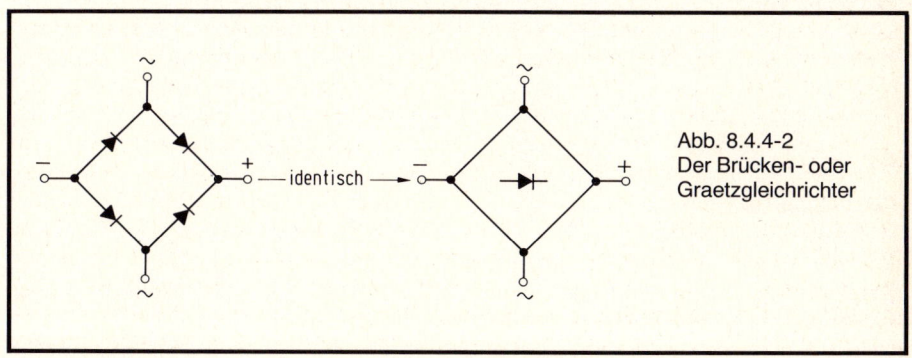

—identisch→

Abb. 8.4.4-2
Der Brücken- oder
Graetzgleichrichter

zeichnet oft die einzelnen Gleichrichterelemente nicht mit, sondern nur das Brückensymbol, einen Gleichrichter zur Darstellung und die Anschlußpolarität. Das zeigt die *Abb. 8.4.4-2*.

Zurück zum Brückengleichrichter. Die Abb. 8.4.4-1*b* erklärt uns seine Funktion im Zusammenhang mit dem Verlauf der Wechselspannungskurve in Abb. 8.4.4-1*c*. Erreicht die Spannung während der Zeit t_1 ihren Höchstwert, überschreitet also die Ladespannung U_{CL} 17 V, so tritt ein Nachladestrom ein. Zur Zeit t_1 (positive Halbwelle von U$\sim$) ist dann die Diode D_1 zum Kondensator C_L leitend. Der Rückstrom führt über D_2, da hier die Spannung an der Anode D_2 positiver ist als an der Katode. Wichtig ist es, daß beide Dioden in Durchlaßrichtung ihre Flußspannung von 0,6 V benötigen. Diese doppelte Spannung müssen wir von der Spitzenwechselspannung 17 V abziehen und erhalten so den rechnerischen Gleichspannungswert von 17 V − 1,2 V = 15,8 V.

Vereinfacht ist dieses zur Zeit t_1 der Abb. 8.4.4-1c in Abb. 8.4.4-1*d* dargestellt. Die Dioden D_3 und D_4 sind nicht mitgezeichnet. Beide Dioden sind durch die Polarität der Wechselspannung während der Zeit t_1 gesperrt – sie haben während t_1 keine Wirkung.

Nun zur Zeit t_2, der Zeit der negativen Halbwelle. Hier sind die Dioden D_1 und D_2 gesperrt, die negative Halbwelle liegt jedoch zur Zeit t_2 an D_4. Somit wird das negative Spitzenspannungspotential jetzt an den Minuspol des Ladekondensators C_L über diese Diode geschaltet (siehe dazu auch die Abb. 8.4.4-1d). Wenn der Punkt 1 jetzt das negativste Potential aufweist, muß dementsprechend von 1 auf 2 gesehen das Potential positiv sein. Durch diese Polaritäten werden ähnlich wie bei der Zeit t_1 die Dioden D_3 und D_4 geöffnet.

Vielleicht noch einmal anders: Während der Zeit t_1 (der Abb. 8.4.4-1c) wird der Ladekondensator (Abb. 8.4.4-1b) mit + 15,8 V über D_1 (Punkt 3) aufgeladen. Punkt 4 wird durch D_2 an 0 V gelegt. Während der Zeit t_2 wird der Ladekondensator mit −15,8 V über D_4 (Punkt 4) aufgeladen. Punkt 3 wird durch D_3 an 0 V gelegt.

Damit ist zur Zeit t_1 und t_2 eine gleich große Nachladung sichergestellt. Es entsteht das gleiche Ladebild wie in Abb. 8.4.2-1c. Lediglich ist die hier auftretende doppelte Flußspannung von 2 x 0,6 V = 1,2 V von dem Spitzenwert der Wechselspannung abzuziehen und zu bedenken, daß hier die doppelte Wechselspannungsfrequenz vorliegt.

8.4.5 ...und was sieht der Siebkondensator?

Der Siebkondensator „sieht" die restliche Brummspannung, die am Ladekondensator entstanden ist. Und das geschieht so: Der Elektroniker schaltet zwischen Ladekondensator und einem zweiten Kondensator – eben dem Siebkondensator – einen Widerstand. Oder, noch besser, eine Induktivität (Spule) mit Eisenkern, die einen großen Wechselstromwiderstand aufweist, jedoch aufgrund der Kupferwicklung nur einen kleinen Ohmschen Widerstand besitzt. Der Elektroniker nennt dieses Bauteil hier:

Drossel. Dann ergibt sich zwischen dem so eingeschalteten Widerstand (*Abb. 8.4.5-1*) und dem Siebkondensator C_S eine Wechselspannungsteilung, da C_L als kapazitiver Wechselstromwiderstand $R_c = \dfrac{1}{\omega C}$ mit R einen Spannungsteiler bildet. Das bedeutet, die restliche Brummspannung ist an C_S weitaus geringer als an C_L. (Wir können hierüber in dem Buch ,,Elektronik-Selbstbau für Profi-Bastler'' mehr nachlesen.)

Merken sollten wir uns jedoch auf jeden Fall, daß der fließende Strom durch den Verbraucher R_L auch durch R fließt. Damit tritt dort ein Spannungsabfall auf, der die Gleichspannung U um den Betrag $I \cdot R = U_R$ vermindert. Hier muß es jetzt genau heißen: Gleichspannung ist gleich Wechselspitzenspannung minus 2 x Diodenspannung minus Spannung am Siebwiderstand, also

$U = U_S - 2 \times 0{,}6\ V - U_R$.

Wird, als Beispiel, der Widerstand R mit 470 Ω gewählt und ist der fließende Gleichstrom 20 mA, so tritt der Spannungsabfall an R in Höhe von

$I \cdot R = 20\ mA \cdot 470\ \Omega = 9{,}4\ V$

auf. Damit ist die Gleichspannung nur noch

$U = 17\ V - 1{,}2\ V - 9{,}4\ V = 6{,}4\ V$.

Dieser recht ungünstig dimensionierte Fall tritt in der Praxis selten auf. Oftmals schaltet der Elektroniker als Widerstand R eine elektronische Stabilisierung mit mehreren Transistoren ein. Die elektronische Stabilisierung unterdrückt die Brummspannung ganz erheblich. Ein Spannungsverlust ist dann bei guter Auslegung dieser Schaltung nicht größer als z. B. 3 V.

Zum Abschluß ein kleiner Rückblick für das Kapital 8.4.2. In dem Oszillogramm *8.4.5-2* ist das Ladebild der Einweggleichrichtung zu sehen. Oben die 50-Hz-Wechselspannung und im unteren Oszillogramm die sägezahnförmig sich ändernde Gleichspannung. Der Profi sagt, sie ist mit 50 Hz verbrummt.

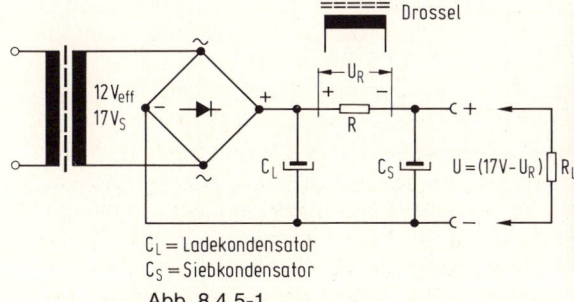

C_L = Ladekondensator
C_S = Siebkondensator

Abb. 8.4.5-1

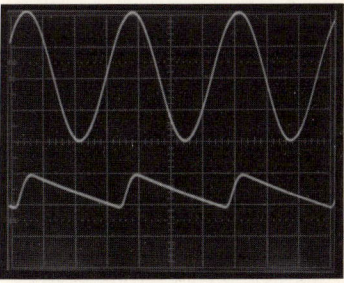

Abb. 8.4.5-2
Die ,,Brummspannung''

8.5 Die Diode in der Elektronik – ein Puzzlespiel für Jung und Alt

Die *Abb. 8.5-1* ist gewiß dazu angetan, selbst einen erfahrenen Elektroniker darüber nachdenken zu lassen, welche Strom- und Lampenkreise in Funktion sind. Wir wollen die Antwort finden.

a) Die Diode D_1 ist in Durchlaßrichtung. Die Lampe L_1 leuchtet auf. Ihre Betriebsspannung ist $4,5\,V - 0,6\,V = 3,9\,V$.

b) Hier gilt das gleiche wie unter a). Lediglich die Diode ist an anderer Stelle des Stromkreises angeordnet.

c) Die Diode D_1 und die Diode D_2 sind beide in Durchlaßrichtung. Die Lampe L_1 leuchtet auf. Ihre Betriebsspannung ist $4,5\,V - 2 \times 0,6\,V = 3,3\,V$.

d) Die Diode D_1 ist in Durchlaßrichtung, die Diode D_2 jedoch in Sperrichtung geschaltet. Ein Stromfluß kommt nicht zustande. Die Lampe bleibt dunkel.

e) Die Dioden D_1 und D_2 sind beide in Durchlaßrichtung. Die Lampe L_1 erhält eine Betriebsspannung von $3,3\,V$. Die Lampe L_2 liegt parallel zu D_2. Sie erhält eine Betriebsspannung von $0,6\,V$ (Diodenspannung). Diese reicht nicht aus, um sie glimmen zu lassen.

f) Die Diode D_1 ist in Durchlaßrichtung geschaltet. Die Lampen L_1 und L_2 müssen sich die Spannung von $4,5\,V - 0,6\,V = 3,9\,V$ teilen. Die Diode D_2 ist in Sperrichtung geschaltet ($1,95\,V$ Sperrspannung aus $3,9\,V$ geteilt durch 2) und hat keine Wirkung.

g) Die Dioden D_1 und D_2 sind in Durchlaßrichtung, die Diode D_3 jedoch in Sperrichtung geschaltet. Es fließt kein Lampenstrom.

h) Die Diode D_3 ist in Durchlaßrichtung geschaltet. Die Lampen L_1 und L_2 leuchten. Die Dioden D_1 und D_2 liegen jeweils in Sperrichtung geschaltet. Sie haben keine Wirkung.

i) Beide Batterien sind in Serie geschaltet. Die Dioden D_1 und D_3 sind für diesen 9-V-Stromkreis in Durchlaßrichtung geschaltet. Die Lampen L_1 und L_3 leuchten auf. Sie teilen sich die $9\,V - 2 \times 0,6\,V$ Diodenspannung $= 7,8\,V$ auf, so daß die Spannung an L_1 und D_1 sowie L_3 und D_3 je $4,5\,V$ groß ist. Damit ist zwischen Punkt 1 und 2 der Schaltung $0\,V$. Die Lampe L_2 kann mit oder ohne Diode D_2 nicht leuchten (abgeglichene Brückenschaltung).

k) Die Diode D ist für den unteren Stromkreis in Sperrichtung geschaltet. Die Lampe L_2 leuchtet nicht. Im oberen Stromkreis teilen sich die Lampen L_1 und L_2 die $4,5\,V$ Spannung U_1 auf.

Was passiert hier, wenn die Diode umgepolt wird? Die Diode D ist dann für den unteren Stromkreis in Durchlaßrichtung geschaltet. Damit erhält die Lampe L_2 eine Span-

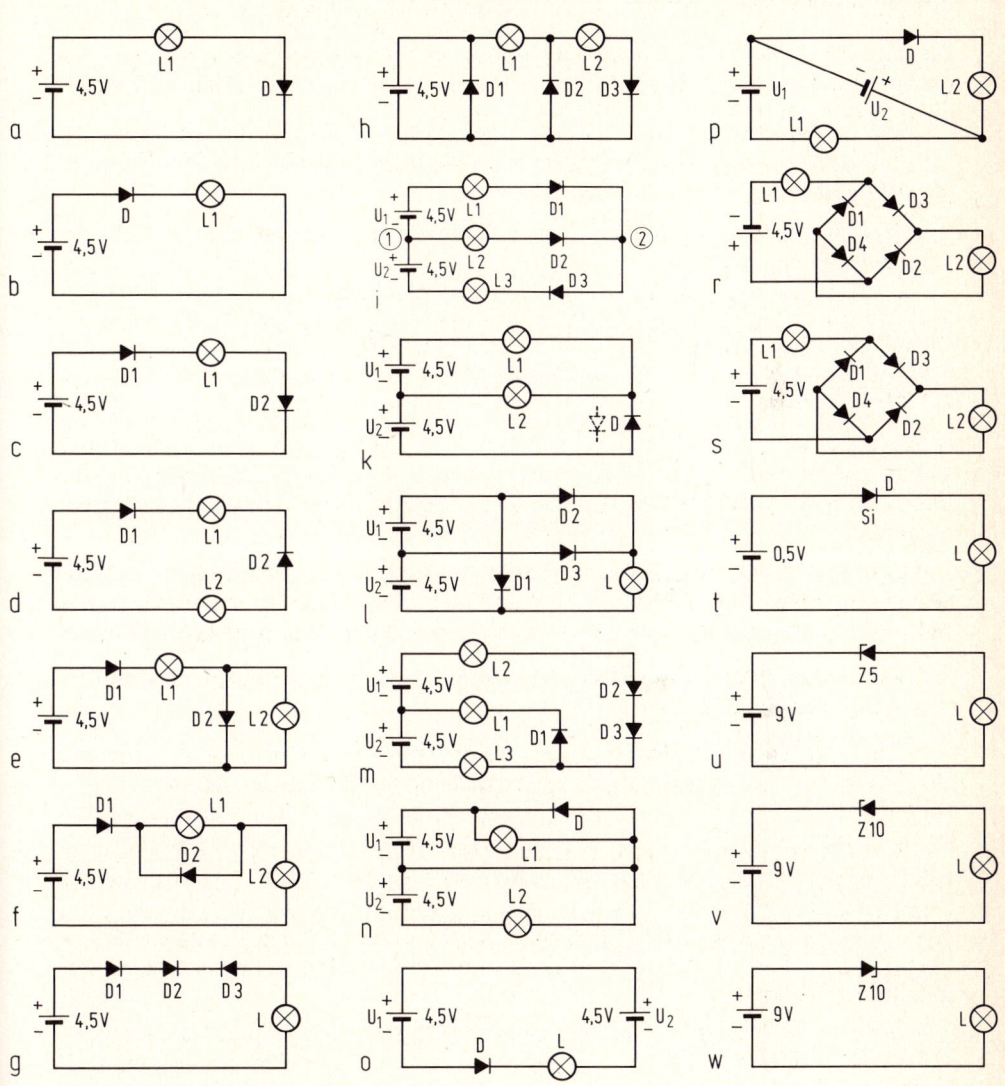

Abb. 8.5-1 Nun Puzzlen Sie mal

nung von 4,5 V. Der Strom von L_1 und L_2 fließt durch die Diode 2 hindurch. Damit erhält die Lampe L_1 die hohe Betriebsspannung von 9 V und die Lampe L_2 die des unteren Stromkreises von 4,5 V. In beiden Fällen ist die Diodenspannung von 0,6 V abzuziehen.

l) Hier qualmt es! Die Diode D_1 ist in Durchlaßrichtung und schließt die in Serie geschalteten Batteriespannungen kurz. Ist sie zu schwach dimensioniert, so verträgt sie den hohen Strom der Batterie nicht und wird sofort zerstört.

m) Die in Serie geschalteten Dioden D_2 und D_3 führen Strom. Die Lampen L_2 und L_3 leuchten. Die Diode D_1 ist in Sperrichtung geschaltet. Die Lampe L_1 ist dunkel.

n) Die Lampe L_2 erhält die volle Betriebsspannung U_2. Die Lampe L_1 erhält die volle Betriebsspannung U_1. Die Diode D ist in Sperrichtung geschaltet und hat keinen Einfluß.

o) Hier passiert gar nichts. Die Batteriespannungen sind gegenpolig geschaltet. Sie heben sich auf.

p) Die Lampe L_1 erhält die volle in Serie geschaltete Spannung $U_1 + U_2$. Die Lampe L_2 leuchtet nicht, die Diode D ist in Sperrichtung geschaltet.

r) Hier haben wir die Brückengleichrichterschaltung vor uns. Die Dioden D_2 und D_1 sind in Durchlaßrichtung geschaltet. Die Lampen L_1 und L_2 leuchten auf. D_3 und D_4 sind in Sperrichtung geschaltet.

s) Die Dioden D_3 und D_4 sind in Durchlaßrichtung geschaltet. Beide Lampen leuchten auf. In den Fällen r) und s) sind jedesmal 2 x 0,6 V für die in Durchlaßrichtung geschalteten Dioden abzuziehen. Die dann verbleibende Betriebsspannung teilt sich zu gleichen Teilen auf.

t) Obwohl die 2,5-V-Birne an einer 0,5-V-Spannungsquelle schwach glimmen würde, geschieht nichts. Die in Durchlaßrichtung geschaltete Siliziumdiode erhält eine Spannung kleiner als 0,6 V. Sie ist nicht leitend.

u) Die Zenerdiode Typ Z 5 ist in Sperrichtung geschaltet. Ab 5 V kann ein Strom fließen. Hier leuchtet die Lampe also auf. Sie erhält $U_B - U_Z = U_L$; das heißt 9 V −5 V = 4 V Brennspannung.

v) Die Zenerdiode Typ Z 10 sperrt. Es sind mindestens 10 V erforderlich, damit ein Strom fließt. Die Lampe bleibt dunkel.

w) Die Zenerdiode ist als Diode in Durchlaßrichtung geschaltet. An ihr fallen ca. 0,6 V Spannung ab. Die Lampe leuchtet. Sie erhält 9 V − 0,6 V = 8,4 V Brennspannung

8.5.1 Die Diode als Schalter

Denken wir noch einmal an das Kapitel 8.5 mit den Abb. 8.5-1a...w zurück, so stellen wir fest, daß in allen Fällen die Diode als Schalter eingesetzt war. Je nach Polarität der Spannungsquelle war dieser Diodenschalter auf ,,ein'' oder ,,aus'' geschaltet. Auch Serien- oder Parallelschaltungen dieser Dioden gehorchen den gleichen Gesetzen. Man muß allerdings wissen, daß dieser elektronische Schalter für den Zustand ,,ein'' immer eine Spannung von ca. 0,6 V erfordert, die dem Verbraucher verlorengeht. Wichtig ist auch die Tatsache, daß ein derartiger ,,Schalter'' unter ca. 0,6 V nicht einschaltet. Bei einer Germaniumdiode sind es, wie bekannt, ca. 0,2 V. Wie ein mechanischer Schalter kann auch der Diodenschalter überlastet werden. In Durchlaßrichtung durch zu hohen Strom und in Sperrichtung durch zu hohe Spannung.

8.5.2 Was hat die Diode mit komplizierten Schaltersystemen zu tun?

Auch hier bewährt sich die Diode, wie wir in Abb. 8.5-1 gesehen haben. Auch hier wird jedoch der ,,ein'' oder ,,aus''-Zustand durch die angelegte Polarität der Diodenspannung bestimmt. Nun könnte man denken, die Diode schaltet nur Gleichspannungen. Weit gefehlt! In *Abb. 8.5.2-1* ist gezeigt, wie die Diode mit einem mechanischen Schalter ferngesteuert ein Mikrofon ein- und ausschaltet. Die Mikrofonspannung ist mit Sicherheit kleiner als 0,6 V. Damit kann die Sprechspannung die Diode D nicht leitend machen. Erst wenn der Schalter S eingeschaltet ist, wird die Diode in Durchlaßrichtung geschaltet. Die Widerstände R_1 und R_2 entkoppeln die Sprechspannung von der niederohmigen Gleichspannungsquelle. Die Kondensatoren C_1 und C_2 trennen Mikrofon und Verstärker von der Gleichspannung. Sie lassen mit ihrem Wechselstromwiderstand nur die Sprechspannung durch.

Abb. 8.5.2-1
Der Mikrofon-Verstärker

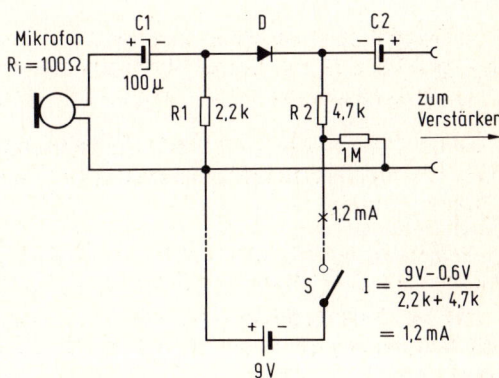

$$I = \frac{9\,V - 0,6\,V}{2,2\,k + 4,7\,k}$$

$$= 1,2\,mA$$

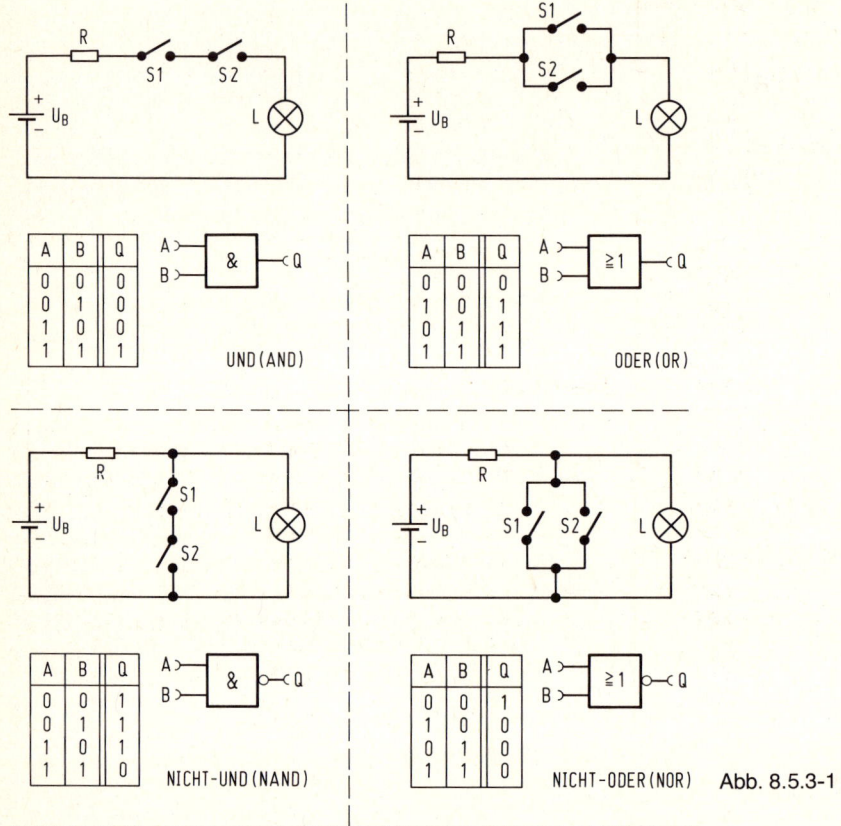

Abb. 8.5.3-1

8.5.3 Für ganz Schlaue... ein Streifzug mit der Diode durch die elektronische Digitallogik

Nach dem Kapitel 8.5.2 fehlt uns dieses Thema. In der digitalen Elektronik sind zwei Schaltungen sehr wichtig: Die UND- sowie die ODER-Schaltung, sowie die Negation der beiden. Also ,,nicht und" (NAND) und ,,nicht oder" (NOR).

Die vier wichtigen Grundschaltungen sollen Aufgabe unserer Betrachtung sein. Dazu noch einige aufklärende Worte mit den Wahrheitstabellen der Abb. 8.5.3-1 der folgenden Schaltungen:

UND	= Die Lampe L brennt, wenn S 1 und S 2 geschlossen sind;
NICHT–UND	= Die Lampe L erlischt, wenn S 1 und S 2 geschlossen sind;
ODER	= Die Lampe L brennt, wenn S 1 oder S 2 geschlossen sind;
NICHT–ODER	= Die Lampe L erlischt, wenn S 1 oder S 2 geschlossen sind.

Dabei wollen wir die Analogie so verstehen, daß die Signalspannungen an E 1, E 2 und A die (digitalen) Werte 0 (Null – Low) und 1 (U_B – High) annehmen können. Dabei entspricht U_B dem Wert der Betriebsspannung. Die Prüfung ist nun recht einfach und als Beispiel für das NAND-Glied gezeigt. Dazu noch einmal die entsprechende Wahrheitstabelle in Abb. 8.5.3-1. Demnach leuchtet die Lampe L in allen Stellungen von S 1 und S 2 auf, lediglich, wenn S 1 und S 2 gleichzeitig geschlossen sind, ist $U_A = 0$. Die Lampe erlischt. Der Widerstand R ist als Schutzwiderstand zu verstehen.

Nähere Angaben zur Digitaltechnik lesen Sie in dem Buch der gleichen Reihe vom Franzis-Verlag „Digitaltechnik in der Hobbypraxis".

8.6 Wie verträgt sich der Praktiker mit der Diode?

Recht gut, wenn der Elektroniker berücksichtigt, daß die Diode weder mechanisch, thermisch noch elektrisch überlastet werden darf. Dazu gehört nicht nur praktisches Wissen, sondern auch die Kenntnis der speziellen Diodendaten derjenigen Diode, mit welcher der Elektroniker gerade arbeitet.

8.6.1 Der Kampf zwischen Diode und Lötkolben

Der Lötkolben kann der Diode einiges anhaben. Sowohl die Wärme als auch die Spannung des Lötkolbens können eine Diode zerstören. Deshalb sollte nicht vergessen werden, mit der Kolbenspitze nicht zu nahe an dem Diodenkörper kleinerer Dioden zu löten. Wenn wir weiter als 1 cm entfernt vom Diodenkörper löten, passiert nichts, wenn die Lötung nicht zu lange dauert. Eine Hilfsmaßnahme kann so aussehen. Wir benutzen eine kleine Flachzange und setzen diese an den Anschlußdraht zwischen Lötstelle und Diode an. Die Zange führt die gefährliche Wärme ab (siehe hierzu *Abb. 8.6.1-1*).

Ein Lötkolben, der am 220-V-Netz betrieben wird, führt häufig eine für uns zwar ungefährliche, aber doch hohe Körperspannung. Das liegt an der Kapazität, die sich zwischen Netz-Heizschleife des Kolbens und Metall-Außenmantel bildet. So kann es vorkommen, daß der Kolben beim Antippen an eine Diode, die einseitig bereits angelötet ist, diese durch eine zu hohe Sperrspannung zerstört. Abhilfe ist gegeben, wenn beide Pole der Diode, z. B. über einen Draht, miteinander verbunden werden.

8.6.2 Nicht alles, was sich Diode nennt, ist auch eine – die Leuchtdiode LED

Die Bezeichnung LED kommt aus dem Englischen und bedeutet: L = Light (Licht), E = Emitting (ausstrahlende), D = Diode (Diode). Derartige Dioden benutzt der Elektroniker, um elektrische Signale in sichtbares Licht umzuwandeln. Damit kann er z. B. Betriebszustände einer Schaltung anzeigen. Also wird sie als Signal- oder Kontrollampe eingesetzt.

Nun ist es auch möglich, die Diode mit Wechselspannung, z. B. Musik oder sonstigen, sich ändernden Informationen zu speisen. Dieses für uns kaum sichtbare Flakkern kann von einem Lichtempfänger wieder in elektrische Signale zurückgewandelt werden. Damit erhalten wir einen Lichtsender. Den Versuch bauen wir übrigens in dem Buch „Elektronik-Selbstbau für Profi-Bastler" auf. Die Lichtdioden oder auch Lumineszenz-Dioden gibt es in verschiedenen Größen und Farben. Am meisten verbreitet ist die rote Leuchtfarbe. Es gibt sie z. B. auch in grün und gelb.

Von der Größe abhängig ist auch ihr maximaler Diodenstrom. Dieser beträgt zwischen 20 ...100 mA.

Für alle Dioden dieses Typs liegt die Durchlaßspannung zwischen 1,4 ...1,7 V. Der dabei auftretende Strom beträgt: 1,4 V (Glimmen) ca. 0,5 mA; 1,7 V (helles Leuchten) ca. 20...100 mA.

Der Elektroniker muß nun aufpassen, daß er die Sperrspannung dieser Dioden nicht überschreitet. Diese ist sehr niedrig und liegt je nach Typ schon bei ca. 3 V. Also etwa doppelte Durchlaßspannung. Deshalb müssen wir aufpassen, wenn wir eine Lumineszenz-Diode anschließen. Die Batteriespannung sollte bei den Versuchen nicht höher als 3 V sein – zwei in Serie geschaltete Monozellen –, damit die höchste Sperrspannung mit Sicherheit nicht überschritten wird.

Nach *Abb. 8.6.2-1* ist es sinnvoll, gleich einen Strombegrenzungswiderstand auszurechnen und einzusetzen. Für eine Batteriespannung von 3 V sowie eine Diodenleuchtspannung von 1,5 V bei einem Strom von 20 mA ist dieser Widerstand

$$R_B = \frac{1,5\ V}{20\ mA} = 75\ \Omega\ \text{groß.}$$

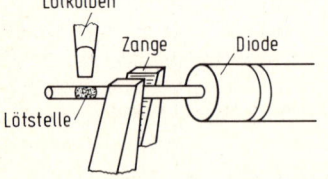

Abb. 8.6.1-1 Vorsicht beim Löten

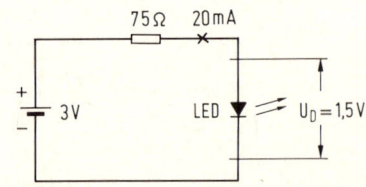

Abb. 8.6.2-1 Die LED in der Schaltung

Derartige Dioden eignen sich jedoch auch als Lichtempfänger. Wird die Diode einer hellen Strahlungsquelle – auch Sonnenlicht – ausgesetzt, so entsteht an ihren Anschlüssen eine Spannung von 0...1,5 V je nach Helligkeit. Nun kann diese Spannung natürlich nur mit einem geringen Strom belastet werden, so daß eine hochohmige Eingangsschaltung erforderlich ist. Ein einfaches Lichtmeßgerät, auch als Lichtempfänger geeignet, zeigt *Abb. 8.6.2-2*. Hier wird der hochohmige Eingang eines Feldeffekttransistors ausgenutzt. Im Dunkelzustand ist die Spannung zwischen Source und Masse ca. 1,7 V. Mit dem Regler P_1 stellen wir den Nullpunkt des Instrumentes ein. Bei Lichteinfall wird die Spannung am Gate positiver und damit auch die Sourcespannung, und zwar um den gleichen Betrag. Die Empfindlichkeit, d. h. der maximale Zeigerausschlag, kann dann mit dem Regler P_2 eingestellt werden.

Mit der Leuchtdiode hatten wir auch schon im Kapitel 5.4 (siehe auch dazu die Abb. 5.4-10) in dem Buch „Elektronik leichter als man denkt" gearbeitet.

8.6.3 Was nimmt uns die Diode sonst noch übel?

Wir dürfen in Durchlaßrichtung den höchstzulässigen Strom nicht überschreiten. Damit eng verknüpft ist die höchstzulässige Leistung, die sich aus dem Produkt des Stromes und der Spannung der Diode ergibt.

Ebenso wichtig ist es, daß die höchstzulässige Sperrspannung nicht überschritten wird.

Um eine Zerstörung zu vermeiden, liest der Elektroniker vor dem praktischen Einsatz einer Diode die Betriebsdaten des betreffenden Typs durch. Er dimensioniert rechnerisch die Schaltung, baut sie auf und setzt erst dann die Diode ein.

Die Diode darf mechanisch nicht überlastet werden. Sie darf weder zu heiß werden (Lötvorgang), noch dürfen die Anschlußdrähte direkt an dem Diodenkörper umgebogen werden. Es sollten mindestens 5 mm Abstand gewahrt werden (*siehe Abb. 8.6.3-1*).

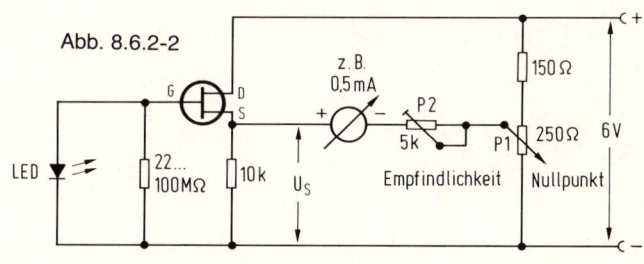

Abb. 8.6.2-2 Die LED als Lichtmesser

8.7 ...und das sollten wir daraus gelernt haben

Für den Elektroniker ist die Diode ein wichtiges Bauelement. Die Diode
● wird eingesetzt als elektronischer Schalter, die Polarität der Spannung „betätigt" diesen Schalter

● wird eingesetzt zum Gleichrichten einer Wechselspannung
● wird in der Digitaltechnik für logische Schaltungen eingesetzt
● schaltet sehr viel schneller als ein mechanischer Schalter
● wird auch als Leuchtdiode gebaut
● darf mit höherer Verlustleistung als zulässig nicht überlastet werden
● darf in Sperrichtung nicht mit einer Spannung, die höher als die zulässige Sperrspannung ist, überlastet werden

● ist empfindlich gegen zu hohe Wärme
● ist empfindlich gegen mechanische Beschädigung
● hat eine Durchlaßspannung von ca. 0,6 V (Silizium) und ca. 0,2 V (Germanium),
● lädt bei der Gleichrichtung den Ladekondensator während der positiven Halbwellen (Katode am Pluspol des Kondensators) auf. Die Ladestrom fließt bei einer Spitzengleichrichtung nur sehr kurzzeitig (Impulsstrom)

● gibt es als Zenerdiode in Abstufungen mit verschiedenen Zenerspannungen. Der Elektroniker weiß auch hier, daß er die angegebenen Verlustleistungen nicht überschreiten darf

● als LED hat eine Brennspannung von ca. 1,4...1,7 V und eine sehr niedrige (Achtung!) Sperrspannung.

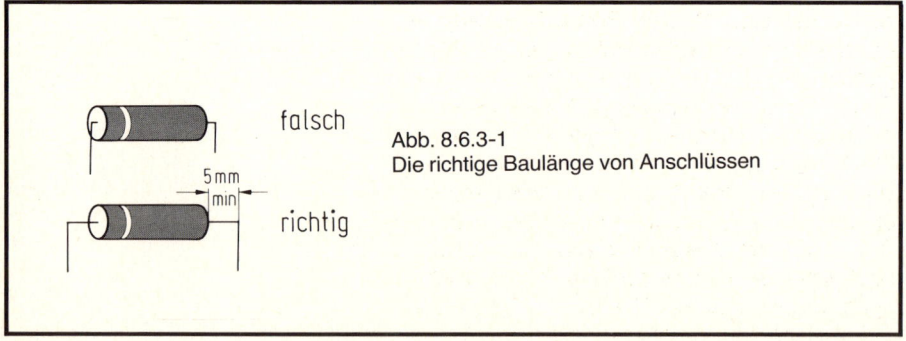

falsch

richtig

5 mm min

Abb. 8.6.3-1
Die richtige Baulänge von Anschlüssen

Der Transistor ist eines der wichtigsten Bauelemente in der Elektronik, so daß er unsere ganz besondere Beachtung verdient. Wir hatten in früheren Kapiteln bereits mit dem Transistor gearbeitet. So ist es an dieser Stelle auch ganz besonders wichtig, die Kapitel 3.10, 7.1.3 und 7.3...7.4 in dem Buch „Elektronik leichter als man denkt" nachzulesen. Mit diesem Wissen können wir uns jetzt auch hier weiter mit der Materie beschäftigen, wobei wir uns im wesentlichen auf die praktische Anwendung des Transistors beschränken wollen, aus den vorgenannten Kapiteln etwas wiederholen und viel Neues hinzulernen werden.

9.1 Einmal zurück in die Steinzeit der Radioröhre – kann der Transistor es besser?

Der Transistor wurde in großer Stückzahl zuerst Ende der 50er Jahre produziert. Bis dahin galt die Radioröhre oder Elektronenröhre ungeschlagen in der Verstärkertechnik. Wenn wir uns die Gegenüberstellung der Schaltungstechnik der Radioröhre, *Abb. 9.1-1a*, und des Transistors, Abb. 9.1-1*b*, ansehen, dann sind keine wesentlichen Unterschiede – außer bei dem Bauteil Röhre-Transistor – festzustellen. In beiden Fällen gibt es einen gemeinsamen Anschlußpunkt für die Eingangs- und die verstärkte Ausgangsspannung. Bei der Röhre ist es der Anschluß K (Katode) und bei dem Transistor der Anschluß E (Emitter). Die Eingangs- und Ausgangsspannung ist jeweils durch einen Kondensator C von der Betriebsgleichspannung getrennt, so daß nur die uns interessierenden Wechselspannungen, z. B. die Tonspannungen einer Schallplatte, zur Steuerung gelangen.

Abs. 9.1-1 . . . was haben Radioröhre
und Transistor gemeinsam?

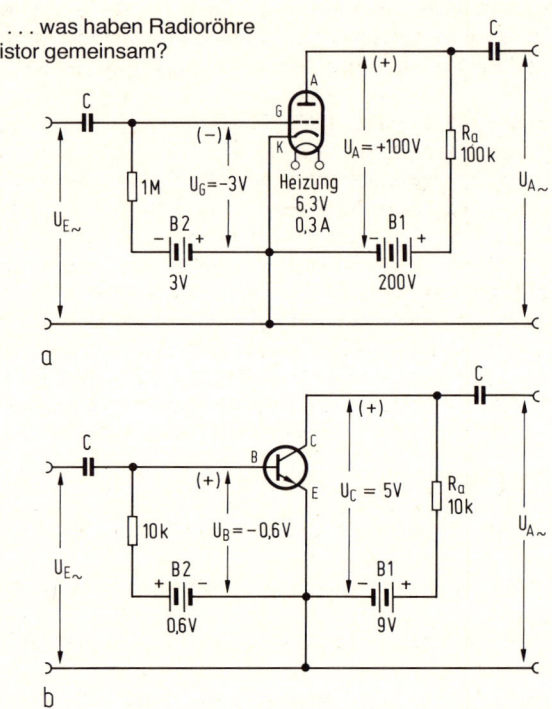

In der Abb. 9.1-1a erhält der Anschluß G (Gitter) der Röhre über die Batterie B_2 die sogenannte negative Gittervorspannung, ohne welche die Röhre nicht oder nur mit einer stark verzerrten Verstärkung arbeitet. Das Eingangssignal wird auf das Gitter der Röhre gekoppelt.

Nach Abb. 9.1-1b sieht es ähnlich wie beim Transistor aus, nur daß hier eine positive Vorspannung für den Eingangsanschluß B (Basis) des Transistors benötigt wird.

Bei der Röhre übernimmt allerdings – und das ist absolut unterschiedlich gegenüber dem Transistor – die Heizung über zwei Heizungsanschlüsse (Hzg) die Bildung von freien Elektronen auf der durch die Heizleistung (0,3 A; 6 V = 1,8 W) erzeugten rotglühenden Katode. Diese Elektronen werden im Rhythmus der durch die Tonspannung sich ändernden Gitterspannung mehr oder weniger durch das Gitter zum Ausgangsanschluß A (Anode) gelangen. Erhält das Gitter gerade eine positive Halbwelle, so verstärkt sich der Anodenstrom I_a und verkleinert sich bei negativ werdender Gittervorspannung. Dieser Wechselstrom läßt über den Arbeitswiderstand R_a eine Wechsel-

198

spannung entstehen (Ohmsches Gesetz: $I_{a\sim} \cdot R_a = U_{a\sim}$), die gegenüber der Eingangsspannung, also der Gitterspannung, weitaus größer ist. Demnach hat der durch das Gitter gesteuerte Elektronenstrom eine verstärkte Ausgangsspannung entstehen lassen.

Der Transistor benötigt keine Heizung, um die freien Elektronen für die Steuerung durch die Eingangsspannung zu erhalten. Das ist übrigens ein wesentlicher Vorteil des Transistors gegenüber der Röhre, abgesehen davon, daß der Transistor weitaus kleiner ist als die mit einem Glaskolben versehene Röhre, in welcher sich unter Vakuum (luftleer gepumpt) das Elektronensystem Heizung – Katode – Gitter – Anode befindet. Bei dem Transistor ist der steuernde Basisemitterstrom, der durch die Eingangswechselspannung entsteht und wie eben erklärt, seinen Stromkreis zwischen dem Basis- und Emitteranschluß findet, in der Lage, einen gegenüber dem Basisstrom weitaus stärkeren Kollektorstrom, ebenfalls vom Emitter, fließen zu lassen. Dieser verstärkte Elektronenstrom läßt nun wieder wie bei der Röhre über den Arbeitswiderstand R_a einen Spannungsabfall $U_{A\sim}$ entstehen, der entsprechend größer ist als die Eingangsspannung $U_{E\sim}$.

Vergleichen wir noch einmal kurz:

● Bei der Röhre steuert die Gitterwechselspannung den Elektronenstrom am Ausgang.

● Bei dem Transistor steuert der Basiswechselstrom den Elektronenstrom am Ausgang.

● Bei der Röhre wird demnach ohne Strom nur mit der Eingangswechselspannung angesteuert.

● Bei dem Transistor erzeugt die Eingangswechselspannung einen Strom bei der Steuerung des Transistors. Es wird hier gegenüber der Röhre eine – wenn für uns auch vorerst unbedeutende – Steuerleistung benötigt.

Wenn wir von der erforderlichen geringen Steuerleistung des Transistors einmal absehen, die der Elektroniker leicht berücksichtigen kann, so ist der Transistor der Röhre durch die geringen Abmessungen, das sehr niedrige Gewicht und den Fortfall der Heizleistung, und der somit bei der Röhre entstehenden Wärme, dieser weit überlegen.

9.2 Etwas über die wichtigsten Daten des Transistors

Der Elektroniker hat für das Arbeiten mit Transistoren aus der Praxis gelernt, daß bestimmte Daten, Formeln, Kenntnisse und Schaltungen immer wiederkehren. Diese Kenntnisse benötigt er deshalb ständig, wenn er Schaltungen aufbaut. Die wichtigsten Daten und ein paar Tips wollen wir in diesem Kapitel kennenlernen.

9.2.1 Die Anschlüsse des Transistors

Es gibt sehr viele Firmen, welche Transistoren herstellen. So ist es dann auch nicht verwunderlich, daß die Zahl der Transistortypen weit über eintausend Exemplare beträgt. Häufig gibt es von mehreren Herstellern die gleichen Standardtypen, so daß der Elektroniker für diese wichtigen Transistoren die Anschlüsse bereits kennt.

In *Abb. 9.2-1a* ist ein NPN-Tansistor gezeigt mit seinen Anschlüssen E = Emitter, B = Basis, C = Kollektor. Die *Abb. 9.2-1b* erklärt das Symbol des PNP-Transistors. Je nach erforderlicher Leistung für den betreffenden Einsatz eines Transistors erhält dieser ein kleines oder großes Gehäuse. In *Abb. 9.2-1c* sind die wichtigsten Gehäusetypen mit ihren Standardanschlüssen angegeben.

Wir können erkennen, daß bei den Gehäusetypen TO-18, TO-92, TO-39 bei Standardtransistoren eine gleiche Anschlußbelegung vorgesehen ist. Blicken wir auf die Anschlußdrähte, so finden wir links den Emitteranschluß, in der Mitte den Basisanschluß und rechts den Kollektoranschluß. Zwischen Kollektor und Emitter ist ein Zwischenraum, welcher bei der Betrachtung nach unten gelegt wird. Bei den Gehäusen TO-18 und TO-39 zeigt die Metallnase des Gehäuses die Lage des Emitteranschlusses an. Bei unbekannten Transistoren ist es für den Elektroniker erforderlich, sich in einem Datenbuch die Sockelschaltung des Transistors anzusehen. Das erspart Ärger – ein falscher Anschluß kann den Transistor zerstören!

9.2.2 Der PNP- und der NPN-Transistor und seine Anschlußpolung

Sehen wir uns dazu vorerst die *Abb. 9.2.2-1a* und *b* an. Die Abb. 9.2.2-1a zeigt einen PNP-Transistor in seiner typischen Verstärkerschaltung. Betrachten wir darauf die Abb. 9.2.2-1b, so erkennen wir den Unterschied zwischen dem Schaltsymbol des PNP- und NPN-Transistors sofort. Der NPN-Transistor hat an seinem Emitteranschluß die Pfeilspitze herausgekehrt, während der PNP-Transistor eine in das Transistorsymbol führende Pfeilspitze aufweist.

Der wichtigste Unterschied zwischen dem PNP- und NPN-Transistor besteht nun in der Anschlußpolarität der Betriebsspannung. Der PNP-Transistor erhält am Emitter den positiven Pol der Batteriespannung. Also sind der Kollektor und die Basis mit dem negativen Pol der Batterie verbunden. Das können wir erkennen, denn der negative Anschlußpol der Batterie U_B führt über den Arbeitswiderstand R_a an den Kollektor.

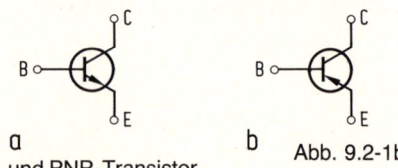

a   b   Abb. 9.2-1b

Abb. 9.2-1 Der NPN- und PNP-Transistor

Gehäuse **TO –18** (Metall)
z.B. BC 107

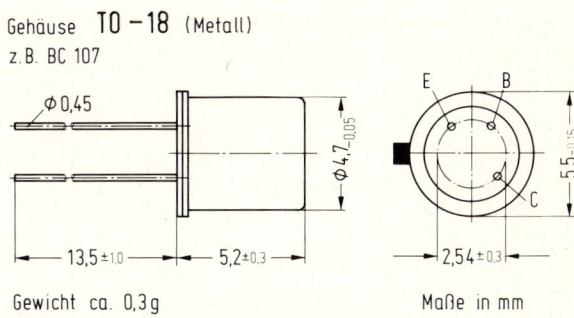

Gewicht ca. 0,3g   Maße in mm

Gehäuse **TO – 92** (Kunststoff)
z.B. BC 170

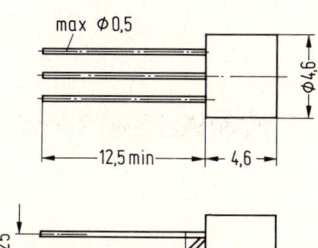
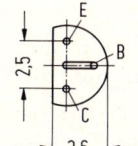

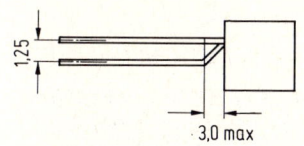

Gewicht ca. 0,18g

Gehäuse **TO – 39** (Metall)
z.B. BC 360

Abb. 9.2-1c
Der Transistor und sein
(Haus) Gehäuse

Gewicht ca. 1g

201

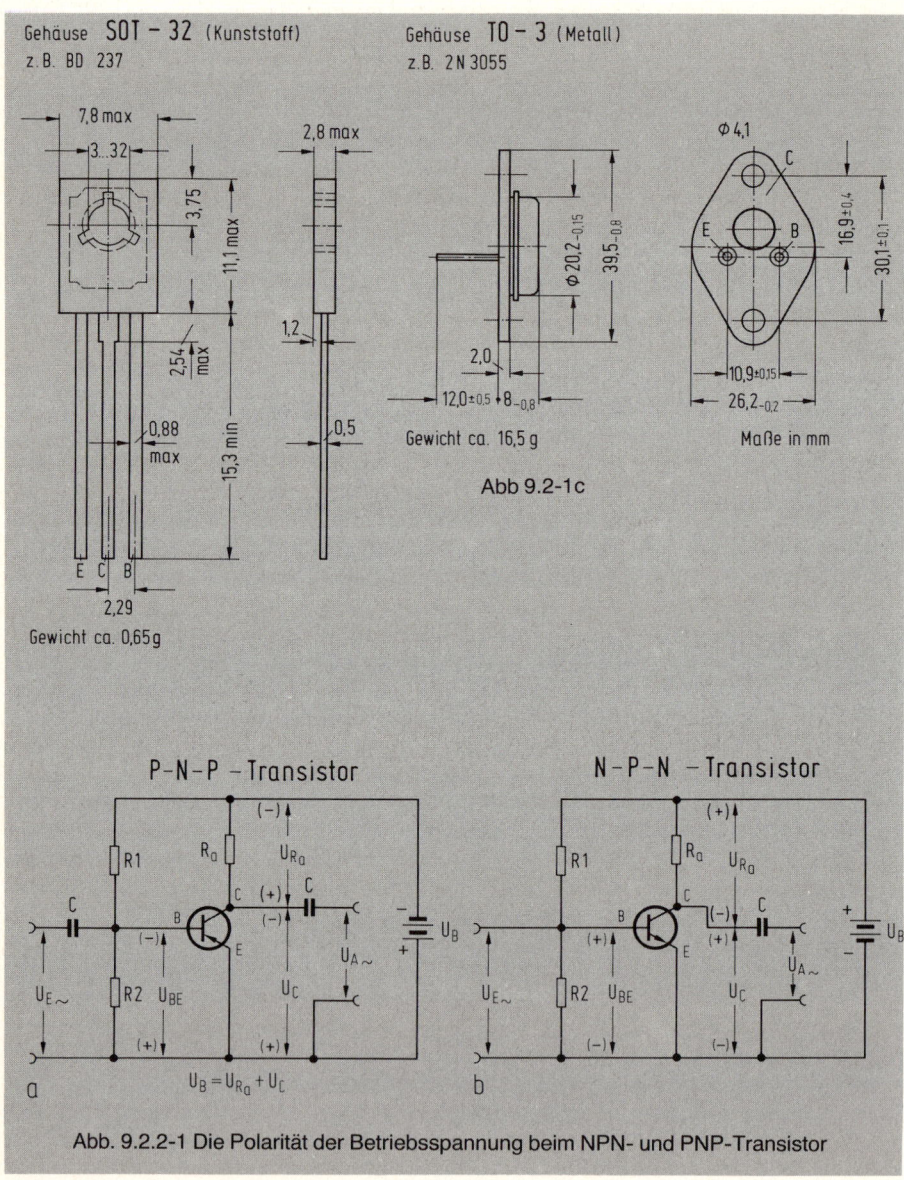

Gehäuse SOT-32 (Kunststoff)
z.B. BD 237

Gehäuse TO-3 (Metall)
z.B. 2N 3055

7,8 max
3..32
3,75
11,1 max
2,54 max
2,8 max
1,2
0,5
0,88 max
15,3 min
E C B
2,29
Gewicht ca. 0,65g

2,0
12,0±0,5
8−0,8
Φ 20,2−0,15
39,5−0,8
Gewicht ca. 16,5 g

Abb 9.2-1c

Φ 4,1
C
E B
16,9±0,4
30,1±0,1
10,9±0,15
26,2−0,2
Maße in mm

P-N-P-Transistor

N-P-N-Transistor

$U_B = U_{R_a} + U_C$

Abb. 9.2.2-1 Die Polarität der Betriebsspannung beim NPN- und PNP-Transistor

Ebenso wird über den Basisspannungsteiler, der aus den Widerständen R_1 und R_2 besteht, ein kleiner Teil der Batteriespannung – es sind ca. 0,6 V bei einem Siliziumtransistor und ca. 0,2 V bei einem Germaniumtransistor – der Basis zugeführt. Also, der PNP-Transistor erhält den positiven Pol der Batterie an seinen Emitter angeschlossen.

Umgekehrt bei dem NPN-Transistor, mit dem wir übrigens häufiger als mit dem PNP-Typ arbeiten werden. Wir erkennen in Abb. 9.2.2-1b, daß der Emitteranschluß den negativen Pol der Batterie als Anschluß erhält. Demgemäß sind Basisspannung und Kollektorspannung mit dem positiven Pol – meistens über Widerstände – verbunden.

Noch ein kleiner Hinweis zu den Spannungen in Abb. 9.2.2-1a und b. Es sind dort die Bezeichnungen $U_{E\sim}$ und $U_{A\sim}$ zu erkennen. Hier handelt es sich bei der Bezeichnung $U_{E\sim}$ um die Eingangsspannung, die der Transistor verstärken soll, während $U_{A\sim}$ bereits die verstärkte Ausgangsspannung darstellt. In beiden Fällen trennt ein Kondensator C die Wechselspannung von der jeweiligen Betriebsgleichspannung des Transistors auf. Die Bezeichnung U_{BE} bedeutet Basisgleichspannung. Sie wird von dem Emitteranschluß zum Basisanschluß gemessen. Der Spannungsteiler R_1 und R_2 stellt den erforderlichen Wert, z. B. 0,6 V ein. Die Spannung U_C ist die Kollektorspannung. Auch sie wird von dem Emitter ausgehend zum Kollektor gemessen. Bei den Standardtransistoren darf sie 2...35 V betragen. Es gibt jedoch auch Transistoren, bei denen die Kollektorspannung für spezielle Anwendungen, z. B. Fernsehgeräten, bis 300 V oder sogar 1000 V betragen darf.

Natürlich können wir noch die Frage stellen, warum überhaupt PNP- und NPN-Transistoren, genügt nicht ein Typ? Der Grund ist einmal darin zu sehen, daß es vorkommen kann, daß eine Betriebsspannung vorgegebener Polarität besteht, wobei zum Beispiel der Massepunkt der Schaltung den positiven Pol führt, also müssen wir hier den PNP-Transistor einsetzen. Eine sehr häufige und oft angewandte Methode ist die Zusammenschaltung eines PNP- und NPN-Transistors als sogenannte Komplementärstufe. Das zeigt die *Abb. 9.2.2-2*. Dort steuern als Lautsprecherendstufe ein NPN- und ein PNP-Transistor den Lautsprecher mit großer Leistung an. Dabei wird die Verstärkung der positiven Halbwelle der Sinusspannung von dem NPN- und die der negativen Halbwelle von dem PNP-Transistor übernommen. Beide Transistoren teilen sich die Arbeit auf. Sie sind also je zur Hälfte an der „Lautstärke" beteiligt.

Eine weitere Zusammenschaltung eines NPN- und PNP-Transistors zeigt *Abb. 9.2.2-3*. Der Transistor T_1, ein NPN-Typ, steuert an seinem Ausgang mit dem Kollektor die Basis des Transistors T_2, ein PNP-Typ, an. Die Ausgangsspannung wird an dem Arbeitswiderstand R_{a2} des Transistors T_2 als $U_{A\sim}$ abgenommen. Eine derartige Schaltung hat eine sehr große Verstärkung – die Verstärkungen der beiden Transistoren T_1 und T_2 multiplizieren sich. Sie wird vorwiegend z. B. als Mikrofonverstärker benutzt.

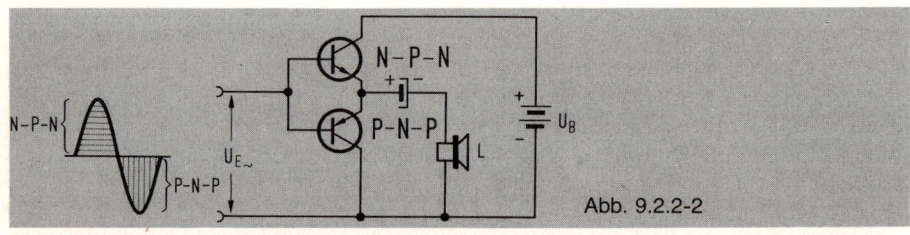

Abb. 9.2.2-2

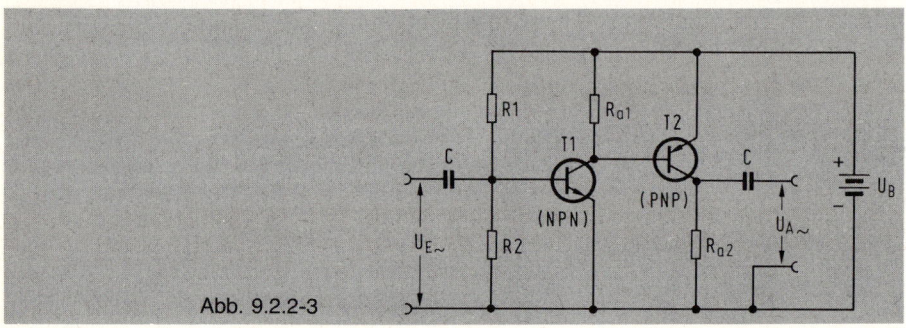

Abb. 9.2.2-3

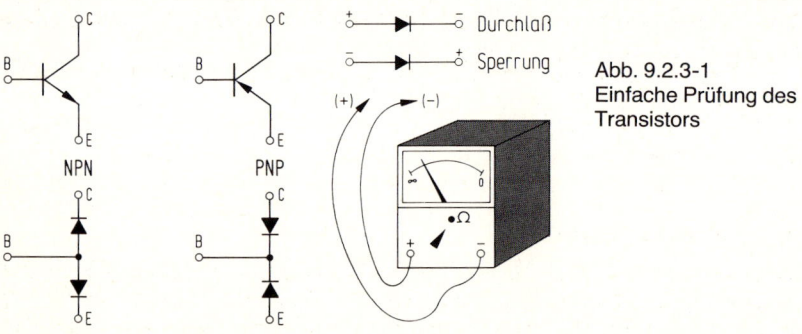

Abb. 9.2.3-1
Einfache Prüfung des
Transistors

9.2.3 Wir prüfen den PNP- und den NPN-Transistor mit dem Ohmmeter

Der Transistor verhält sich zwischen den Anschlüssen Basis-Emitter und Basis-Kollektor wie eine oder besser wie zwei Dioden. Das zeigt uns noch einmal die *Abb. 9.2.3-1*. Dabei müssen wir einen Unterschied machen, je nachdem, ob wir es mit einem NPN- oder einem PNP-Transistor zu tun haben. Auch dieses ist in der Abb. gezeigt. Wir erkennen dort, daß der NPN-Transistor zwischen Emitter und Basis eine Diodenstrecke aufweist, die in Durchlaßrichtung betrieben wird, wenn der positive Pol mit der Basis verbunden wird. Ähnlich verhält es sich mit der Basis-Kollektor-Diodenstrecke. Im Falle des PNP- oder NPN-Transistors ist zu erkennen, daß durch die Serienschaltung beider Dioden immer ein Sperrverhalten erreicht wird. Unser Ohmmeter darf also in dieser Prüfschaltung keinen Wert anzeigen!

Wir schalten das Vielfachinstrument jetzt auf den niedrigsten Ohmbereich – den x-1-Ω-Bereich –. Jede Diode zeigt uns in Durchlaßrichtung jetzt einen Durchlaßwiderstand von ca. 40...150 Ω. Das ist nicht nur vom Transistor abhängig, sondern auch von der Höhe des Meßstromes. Das wiederum liegt nun an unserem Meßgerät, und zwar ob es für den Ohmbereich mit 2 x 1,5 V = 3 V Batteriespannung oder 1 x 1,5 V Batteriespannung arbeitet. Schalten wir nun auf den höchsten Ohmbereich, so darf in Sperrrichtung kein Ausschlag des Zeigers bei beiden Dioden erfolgen.

Sperrichtung heißt: Positiver Spannungspol der Ohmmeßschaltung an die Katode der Diode und negativer Spannungspol der Ohmmeßschaltung an die Anode der Diode.

Durchlaßrichtung heißt: Positiver Spannungspol der Ohmmeßschaltung an die Anode der Diode und negativer Spannungspol der Ohmmeßschaltung an die Katode der Diode.

Nun kommt noch etwas Eigenartiges (es liegt an der Innenschaltung unseres Vielfachmeßgerätes). Der mit + (positiv) gekennzeichnete Anschlußpol am Meßgerätegehäuse führt bei Widerstandsmessungen oft den – (negativen) Spannungsanschluß der Batterie. Somit ist dann der mit – (negativ) gekennzeichnete Anschlußpol am Gehäuse der Anschluß der + (positiv) Spannungsquelle.

So läßt sich also der Transistor doch recht einfach, mit sechs Widerstandsmessungen, einer Prüfung unterziehen.

9.2.4 Was sind Grenzdaten?

Ein Transistor bekommt von seinem Hersteller ein Kennblatt, in dem alle wichtigen elektrischen Daten des Transistors angegeben sind. Diese Daten sind unterteilt als Betriebsdaten und Grenzdaten. Betriebsdaten sind solche, mit denen der Transistor im Normalbetrieb arbeiten soll. Grenzdaten sind solche, die keinesfalls überschritten werden dürfen, um ein Zerstören des Transistors mit Sicherheit zu verhindern. Dafür gleich Beispiele für den Transistor BC 107 (s. 204).

Wir merken uns: Der Elektroniker betreibt einen Transistor im Normalbetrieb aus Sicherheitsgründen weit von den Grenzwerten entfernt. Er baut die Elektronikschaltung so auf – Strombegrenzung durch die eingeschalteten Widerstände –, daß der Transistor die Grenzdaten nicht erreicht.

	Betriebsdaten	Grenzwerte
Kollektor-Emitterspannung	z. B. 15 V	45 V
Kollektorstrom	z. B. 10 mA	100 mA
Basisstrom	z. B. 0,2 mA	5 mA
Temperatur	z. B. 40 °C	175 °C
Verlustleistung	z. B. 20 mW	300 mW

9.2.5 Die Basis-Emitterspannung – der Basisstrom

Aus dem Denkmodell der Abb. 9.2.3-1 haben wir bereits ersehen können, daß sich im Innern des Transistors zwischen dem Emitter-Basis- und dem Kollektoranschluß zwei ineinander übergehende Halbleiterdiodenstrecken „befinden". Somit verhält sich auch die Basis-Emitterstrecke wie eine Diode, wobei ihre Anschlußpolarität je nach Typ des Transistors – PNP oder NPN – verschieden ist. Wird ein Transistor als Verstärker betrieben, so muß die Basis-Emitterdiode durch eine von außen angelegte Gleichspannung leitend gemacht werden. Das übernimmt die Betriebsspannung, die über den Basisspannungsteiler die Betriebsspannung auf die benötigte Basisspannung herabteilt. Wir hatten schon erläutert, daß ein NPN- oder PNP-Siliziumtransistor eine Basisspannung von ca. 0,6 V benötigt.

Dabei wollen wir uns gleich etwas sehr Wichtiges merken: Die Basisspannung wird mit unserem Vielfachmeßgerät für Kontrollzwecke immer vom Emitteranschluß zum Basisanschluß gemessen. Das gilt auch, wenn am Emitter- oder Basisanschluß noch Widerstände in Serie geschaltet sind. Also noch einmal: Als Basisspannung wird die Spannung bezeichnet, welche direkt an dem Basis-Emitteranschluß des Transistors gemessen wird. Sehen wir uns dazu die *Abb. 9.2.5-1* an.

Wenn wir eben erklärt haben, daß sich die Basis-Emitterstrecke wie eine leitende (in Durchlaßrichtung betriebene) Diode verhält, so gilt selbstverständlich hierfür auch eine Diodenkennlinie. Wir könnten nach Abb. 9.2.5-2*a* eine Meßschaltung aufbauen, welche die in der Kennlinie Abb. 9.2.5-2*b* angegebenen Werte erreicht. Nun erkennen wir allerdings in der *Abb. 9.2.5-2* zwei „Diodenkurven". Eine Kurve ist als $U_c = 0$, die andere mit $U_c = 5$ V gekennzeichnet. Die erstere Kurve gibt das reine Diodenverhalten der Basis-Emitterstrecke wieder. Die Kollektorspannung U_c ist dann 0 V. Der zweite Fall mit $U_c = 5$ V – es müssen nicht 5 V sein, es genügt eine Spannung U_c von mehr als ca. 1 V – ist für uns interessant. Diese Kennlinie ergibt sich, wenn der Transistor „eingeschaltet" ist und seine Betriebsspannung U_c an dem Kollektor erhält. Wir können somit feststellen, daß der Arbeitsbereich zwischen ca. 0,6 ...0,75 V liegt. Ab einer bestimmten Spannung U_{BE} ist diese Kurve recht linear, das ist für die unverzerrte Über-

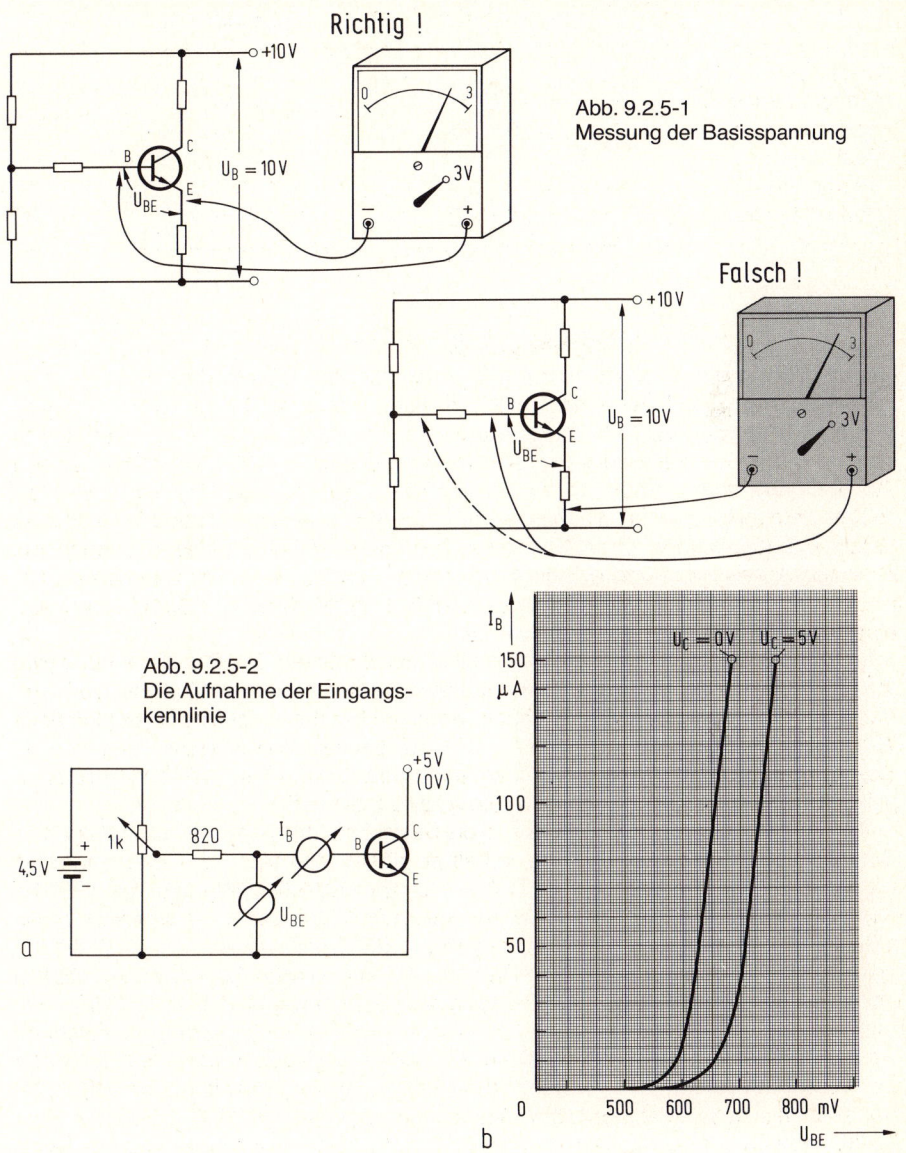

Richtig !

Abb. 9.2.5-1
Messung der Basisspannung

Falsch !

Abb. 9.2.5-2
Die Aufnahme der Eingangs-
kennlinie

tragung von Signalen wichtig, denn wir haben bereits kennengelernt, daß der geringe Basisstrom die Steuerung des starken Kollektorstromes im Transistor übernimmt. Diese Betrachtung gilt sowohl für den NPN- als auch für den PNP-Transistor. In beiden Fällen liegt ein gleicher Basisspannungs-/Basisstromverlauf vor, nur, daß zwischen dem PNP- und dem NPN-Transistor, wie bereits erklärt, die Polarität der Basisspannung – und damit des Stromes – unterschiedlich ist.

9.2.6 Die Kollektor-Emitterspannung – der Kollektorstrom

Die Schaltung in der Abb. 9.2.5-2a erweitern wir. Der Kollektor erhält eine regelbare Gleichspannung aus einer Batterie, das zeigt *Abb. 9.2.6-1a*. Mit dem Potentiometer P_1 kann in gewohnter Weise der Basisstrom I_B geregelt werden, während das Potentiometer P_2 die Kollektorspannung zwischen 0 ...9 V einstellt. Nun können wir uns selbstverständlich die Schaltung nach Abb. 9.2.6-1a aufbauen und das Verhalten bei verändertem Basisstrom oder Kollektorspannung studieren. Wenn wir nicht immer die Instrumente umklemmen wollen, benötigen wir allerdings zwei Strommeßgeräte und ein Voltmeßgerät dazu.

Nach Abb. 9.2.6-1b ist eine sehr wichtige Kennlinie gezeigt, die der Elektroniker als ,,I_C-U_C-Kennlinie bei verschiedenen Basisströmen" sehr häufig zu Rate zieht. Was ist passiert?

In einem U_{CE}-I_C-Diagramm sind unten nach rechts verschiedene Kollektorspannungswerte und nach oben eine Skala für Kollektorstrom aufgetragen. In der Abb. sind nun sechs Kennlinien (Datenkurven) des Transistors eingetragen. Jede Datenkurve hat als Kennzeichnung ihre ,,Hausnummer", es ist hier der Basisstrom. Nach Abb. 9.2.6-1a ist folgendes gemacht worden. Das Potentiometer P_1 ist auf einen bestimmten Basisstrom, den das Instrument I_B anzeigt, eingestellt worden. So z. B. 15 µA (es ist die dritte Kennlinie von unten). Für diesen Basisstrom wurde nun der Kollektorstrom I_C mit dem Instrument I_C abgelesen. Er beträgt für den Fall $I_B = 15$ µA ca. 4,5 mA. Mit dem Potentiometer P_2 können nun verschiedene Kollektorspannungen eingestellt werden, welche das Instrument U_{CE} anzeigt.

Wichtig ist nun, zu erkennen, daß der Kollektorstrom auch bei Änderung der Kollektorspannung bestehen bleibt – sich also bei einer Erhöhung der Kollektorspannung kaum merklich vergrößert.

Das trifft allerdings in dieser Schaltung nur für kleine Basis- und dementsprechend kleine Kollektorströme zu. Sehen wir uns die Abb. 9.2.6-1c und d an, so erkennen wir, daß der Kollektorstrom sich bei steigender Kollektorspannung auch erhöht. Zusätzlich ist interessant, wir sehen es in Abb. 9.2.6-1d, daß auch bei Erhöhung der Kollektorspannung U_{CE} über 2 V, so wie es in Abb. 9.2.6-1b und 9.2.6-1c gezeigt ist, der Kollektorstrom sich nicht wesentlich ändert.

Würden wir in Abb. 9.2.6-1b den Spannungsmaßstab bis 50 V erweitern, so könnten die sechs Kennlinien fast waagerecht weiter gezeichnet werden. Diese sechs Kennlinien liegen dann z. B. im unteren Teil (0...10 mA – I_C) der Abb. 9.2.6-1d.

Der Elektroniker ist nun bemüht, einen möglichst linearen Teil einer Transistorkennlinie auszunutzen. Das ist der Teil von Kurven, der einen geraden Verlauf aufweist, wobei das Grenzgebiet dadurch gekennzeichnet ist, daß bei irgendeinem Strom- oder Spannungswert eine steigende Unlinearität beginnt. Nach Abb. 9.2.6-1b setzt der Elektroniker das ganze Gebiet von $I_B = 0\ \mu A$ bis $I_B = 30\ \mu A$ als hinreichend linear ein. Sechs Kurven sind nur gezeigt, in Wirklichkeit können unendlich viele I_B-Werte eine derartige Kurve bilden, je nach Einstellung von P_1 in Abb. 9.2.6-1a. Diese Kurven liegen alle parallel zwischen sechs in Abb. 9.2.6-1b gezeigten.

Durch geeignete Schaltmaßnahmen kann der Elektroniker die Kurven in Abb.

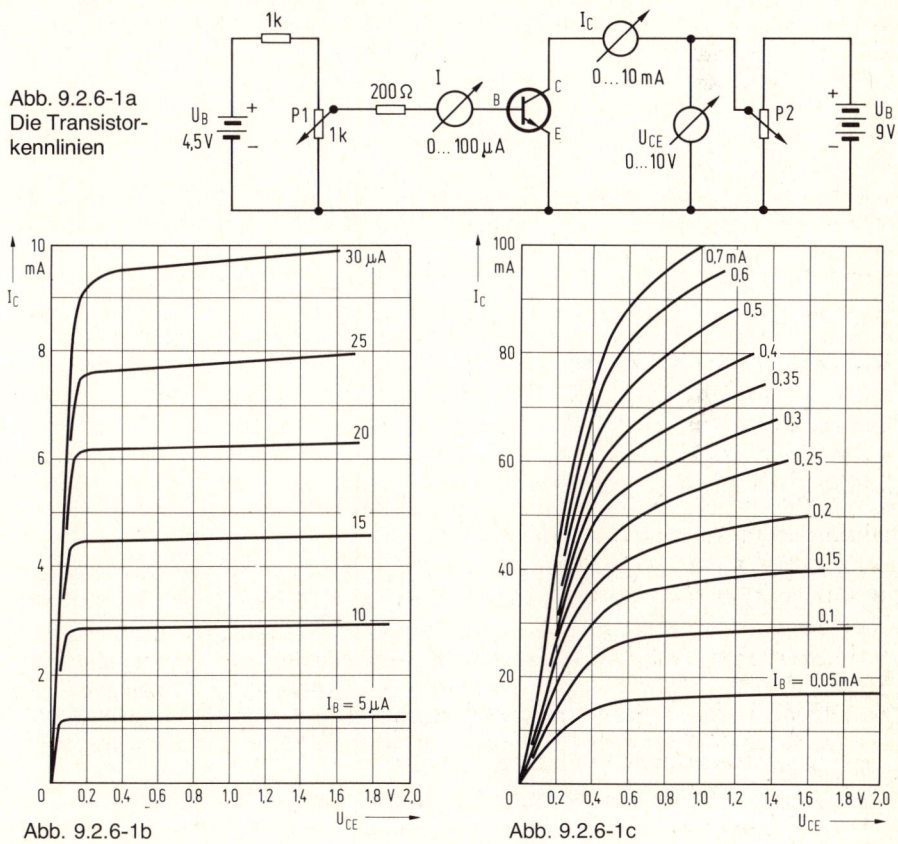

Abb. 9.2.6-1a
Die Transistor-
kennlinien

Abb. 9.2.6-1b

Abb. 9.2.6-1c

9.2.6-1c und d „gerade biegen". Dazu genügt oft schon ein Widerstand, der in dem Emitterzweig in Serie geschaltet wird.

Ähnlich wie in Abb. 9.2.5-1 wird die Kollektorspannung nur richtig an den direkten Anschlußpunkten des Kollektors und Emitters gemessen. Es ist wichtig, das zu wissen.

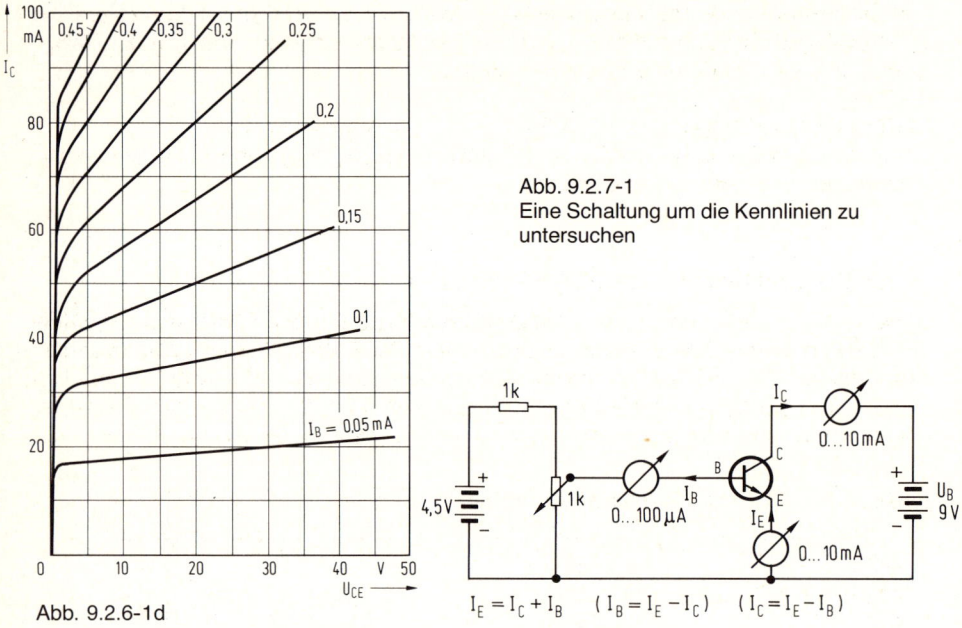

Abb. 9.2.7-1
Eine Schaltung um die Kennlinien zu untersuchen

Abb. 9.2.6-1d

$I_E = I_C + I_B$ ($I_B = I_E - I_C$)   ($I_C = I_E - I_B$)

9.2.7 ...und wie verträgt sich nun der Emitterstrom mit dem Basis- und Kollektorstrom?

In den vorangegangenen Kapiteln haben wir uns mit dem Basis- und dem Kollektorstrom beschäftigt. Dafür haben wir auch bereits die wichtigsten Kennlinien kennengelernt. Wie wir jedoch wissen, hat der Transistor drei Anschlüsse, Basis–Kollektor–Emitter, so daß wir uns jetzt mit dem noch unbekannten Emitterstrom beschäftigen müssen.

Das ist sehr einfach. Nach *Abb. 9.2.7-1* ist eine Meßschaltung gezeigt, die ähnlich der Abb. 9.2.6-1 ist. Wir können hier jedoch den wichtigen Zusammenhang zwischen den einzelnen Strömen I_C, I_B und I_E erkennen.

Der Strom I_E teilt sich auf in die Ströme I_B und I_C. Demnach ist I_E immer größer als I_B oder I_C. Die Summe aus I_C und I_B ergibt den Strom I_E. Wir schreiben also $I_E = I_C + I_B$.

Dafür ein Beispiel: Aus der Abb. 9.2.6-1b können wir entnehmen, daß ein Basisstrom von 20 μA einen Kollektorstrom von 6,2 mA hervorruft. Demnach zeigt das Instrument I_E im Emitterkreis jetzt die Summe dieser beiden Ströme an, also $I_E = I_C + I_B = 6,2$ mA + 20 μA = 6,2 mA + 0,02 mA = 6,22 mA. Der Strom I_E ist hier also 6,22 mA groß.

Nun erkennen wir bereits eine wichtige Tatsache: Gegenüber dem Kollektorstrom ist der Basisstrom fast vernachlässigbar klein. Das ist richtig. Der Elektroniker rechnet bei Überschlagsrechnungen immer $I_E \cong I_C$. Er vernachlässigt also den kleinen Basisstrom. Aus der Praxis heraus merken wir uns:

Der Kollektorstrom ist ca. 40...800mal größer als der Basisstrom.

Dieser Multiplikationsfaktor ist vom Transistortyp abhängig und heißt Stromverstärkungsfaktor des Transistors.

9.2.8 Die Stromverstärkung des Transistors

Das Kapitel 9.2.7 hat uns bereits den Zusammenhang zwischen Basisstrom und Kollektorstrom erklärt. Das Verhältnis beider erklärt der Elektroniker als ,,Stromverstärkungsfaktor". Er kennzeichnet ihn mit dem Buchstaben B. Bei Kleinsignaltransistoren ist der Wert der Stromverstärkung meistens größer als 100. Transistoren werden oft nach Stromverstärkungsgruppen unterteilt. So gibt es z. B. die Typen

Typ	Stromverstärkung
BC 107 A	125...260
BC 107 B	240...500
BC 107 C	450...900

Der Elektroniker kann sich also bei dem Typ BC 107 Transistoren mit drei verschiedenen Stromverstärkungen heraussuchen. Die Transistoren erhalten vom Hersteller die Bezeichnung A oder B oder C aufgestempelt. Somit ist es für die Auslegung einer Schaltung auch recht einfach festzustellen, welcher Kollektorstrom sich bei einem bestimmten Basisstrom einstellt. Der Basisstrom wird lediglich mit dem Wert der Stromverstärkung multipliziert.

Beispiel: Transistortyp BC 107 B, gewählter Basisstrom 20 μA, Stromverstärkung ca. 300 ergibt den Kollektorstrom mit 6 mA.

Nun ist die Stromverstärkung – wohl mit die wichtigste Kenngröße des Elektronikers – nicht konstant. Sie ist abhängig von der Größe des eingestellten Arbeitspunktes, also des Kollektorstromes. Diesen Zusammenhang zeigt uns die *Abb. 9.2.8-1*. Wir erkennen, daß bei dem gewählten Transistor (BC 107) die größte Stromverstärkung bei einem Kollektorstrom um 10 mA auftritt. Auch die Temperatur spielt noch eine Rolle, wie

211

wir aus den Kennlinien ersehen können. Der Elektroniker wählt nun meistens einen Arbeitspunkt für den Kollektorstrom I_C, der unterhalb des optimalen Wertes liegt. Nach Abb. 9.2.8-1 würde er also einen Wert zwischen 500 µA bis 5 mA (10 mA) wählen.

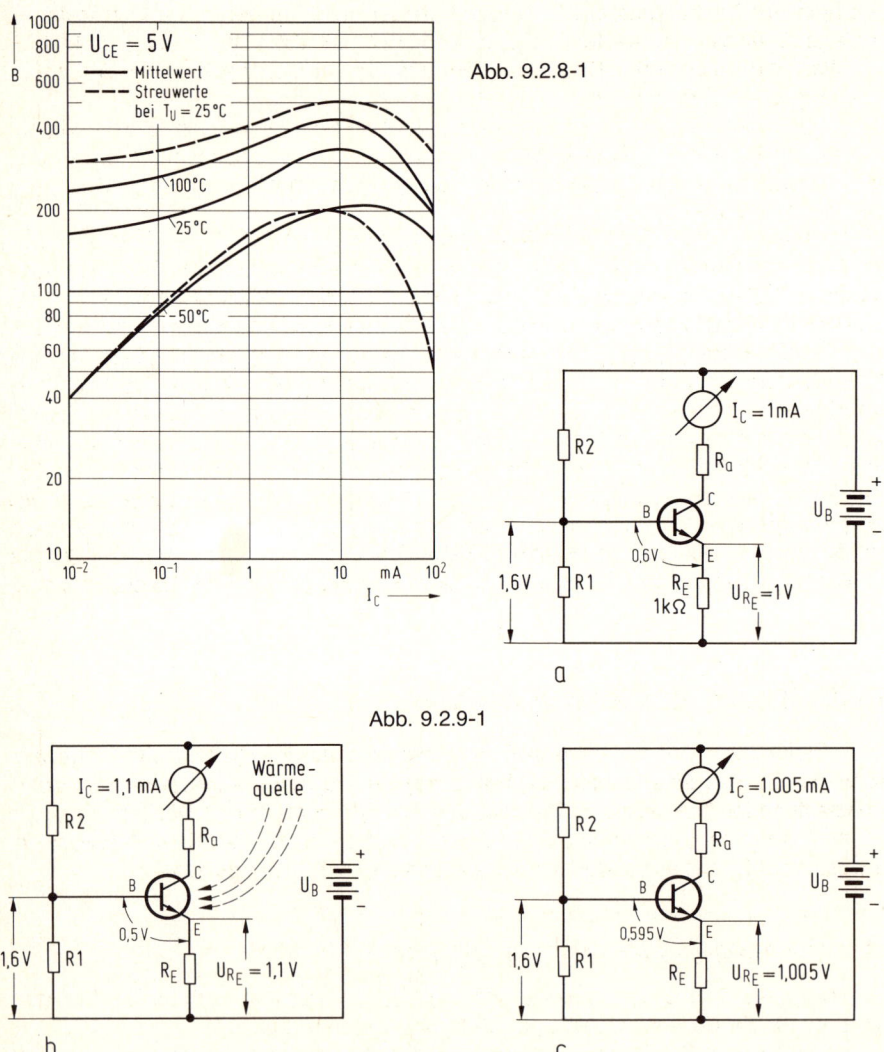

Abb. 9.2.8-1

Abb. 9.2.9-1

9.2.9 Die Daten des Transistors, wenn er wärmer wird

Ein Kleinsignaltransistor, so z. B. der Typ BC 107, wird mit so geringen Strömen und Spannungen betrieben, daß die in ihm entstehende Wärmeleistung ihn nicht merklich oberhalb der Zimmertemperatur erwärmt. Anders wird es bei Leistungstransistoren ohne genügende Wärmeableitung, oder wenn der Transistor BC 107 z. B. in der Nähe von Wärme entwickelnden Bauteilen (Widerstände) angeordnet ist, oder die Sonnenstrahlung ihn erwärmen kann.

Grundsätzlich werden dann bei Erwärmung alle Ströme des Transistors ansteigen. Es verschiebt sich der Arbeitspunkt, es können Verzerrungen eintreten, durch zu große Erwärmung $> 100\,°C$ Gehäusetemperatur kann der Transistor bereits zerstört werden.

Der Versuch in *Abb. 9.2.9-1* beweist es uns. Wir wählen den Widerstand $R_E = 1\ k\Omega$ und den Spannungsteiler R_2 und R_1 so, daß über den Widerstand R_1 eine Spannung von ca. 1,6 V abfällt. Beispiel: $R_1 =$ ca. $150\,\Omega$, $R_2 =$ ca. $750\,\Omega$. Als Batterie wird eine 9-V-Zelle benutzt. Wir werden nach Abb. 9.2.9-1*a* einen Kollektorstrom messen, der z. B. 1 mA betragen kann. Erwärmen wir den Transistor nach Abb. 9.2.9-1*b*, so steigt der Kollektorstrom auf z. B. 1,1 mA an. Die Spannung U_{BE} wird kleiner. Durch den großen Kollektorstrom wird die Spannung U_{RE} größer. Lassen wir den Transistor wieder auf Zimmertemperatur abkühlen, so sinkt der Strom wieder langsam auf den ersten Wert. Abb. 9.2.9-1c zeigt z. B. einen Zwischenwert mit entsprechenden Spannungs- und Stromdaten bei geringer Erwärmung. Wir merken uns noch einmal: Bei Erwärmung steigen alle Stromwerte eines Transistors an – das kann unter Umständen zu einer Zerstörung des Transistors führen. Sehen wir uns hier auch noch einmal die Abb. 9.2.8-1 an, welche die Abhängigkeit der Stromverstärkung von der Temperatur zeigt.

9.3 Der Transistor als elektronischer Schalter

In der Elektronik wird der Transistor sehr häufig als elektronischer Schalter eingesetzt. So wird z. B. über eine Lichtsonde (Fotozelle) ein Transistor angesteuert, der bei einem bestimmten Lichtwert eine Beleuchtung ein- oder ausschaltet. Der Transistor wird an der Basis mit dem Schaltbefehl „ein" oder „aus" gesteuert. Der Kollektorstrom führt den Befehl aus. Er ist es, der den eigentlichen Schaltvorgang einleitet.

9.3.1 Der Transistor ist „AUS"-geschaltet

Die *Abb. 9.3.1-1* zeigt den ausgeschalteten Zustand des Transistors. Zur Erklärung nehmen wir die Kurven der Abb. 9.2.5-2b und 9.2.6-1d zur Hilfe.

In der Abb. 9.3.1-1, die wir uns gleich einmal aufbauen – dazu genügt ein „gelöteter

Drahtigel" –, ist der Schalter S geschlossen und damit die Basis mit dem Emitter verbunden. Die Spannung zwischen Basis und Emitter ist somit 0 V. Sehen wir uns dazu die Abb. 9.2.5-2b an, so erkennen wir, daß eine Basisspannung von 0 V mit Sicherheit einen Basisstrom von 0 μA nach sich zieht. Nach Abb. 9.2.6-1d ist bei einem Basisstrom von 0 μA – das kann dort als Kennlinie nicht eingezeichnet werden – der Kollektorstrom ebenfalls Null. Der Transistor ist also bei Basisspannung Null „ausgeschaltet", er erzeugt keinen verstärkten Kollektorstrom. Nach Abb. 9.2.5-2b wird er erst ab Spannungen von ca. 0,5 V an „schwach" leitend. Im ausgeschalteten Zustand ist also der Punkt A in der Kennlinie Abb. 9.3.1-1 maßgebend. Wir entnehmen daraus:

Basisstrom = Null, Kollektorstrom = Null, Kollektorspannung U_{CE} = 4,5 V, Lampenspannung = Null (denn es fließt ja kein Strom).

9.3.2 Der Transistor ist „EIN"-geschaltet

Anders im eingeschalteten Zustand nach *Abb. 9.3.2-1*. Der Schalter S ist dort ausgeschaltet. Die Basis erhält über den Widerstand R = 12 kΩ einen Basisstrom I_B. Diesen können wir uns überschlägig ausrechnen aus:

$$I_B = \frac{U_R}{R} = \frac{3,9 \text{ V}}{22 \text{ k}\Omega} = 177 \text{ μA}.$$

Wieso U_R = 3,9 V? Nun, wir wissen, daß die Basisspannung im leitenden Zustand der Emitter-Basisdiode ca. 0,6 V beträgt. Somit verbleibt von den 4,5 V der Batteriespannung die Teilspannung von 4,5 V – 0,6 V an dem Widerstand R = 22 kΩ.

In der Kennlinie von Abb. 9.3.2-1 ist dann bei dem Basisstrom von ca. 180 μA der maximale Kollektorstrom von ca. 45 mA erreicht. Die Kollektorrestspannung U_{CE} beträgt hiermit ca. 1 V. Die Lampenspannung demnach 4,5 V (U_B) – 1 V (U_{CE}) = 3,5 V. Bei maximal möglichem Kollektorstrom eines vorgegebenen Basisstromes spricht der Elektroniker dann von dem „eingeschalteten" Zustand des Transistors.

Die *Abb. 9.3.2-2* gibt noch einmal das Prinzip der Ein- und Ausschaltung mit dem Transistor wieder. Im Zustand „AUS" liegt der Arbeitspunkt A nach Abb. 9.3.1-1 irgendwo auf der Spannungsachse U_{CE}. Dieses „Irgendwo" wird durch die Höhe der Batterie(Betriebs)spannung bestimmt. Der Strom I_C ist Null. Im Zustand „EIN" liegt der Arbeitspunkt nach Abb. 9.3.2-1 irgendwo auf der I_C-Stromachse. Dieses „Irgendwo" wird durch die Höhe des gewählten Basisstromes bestimmt. Die Spannung U_{CE} ist fast Null!

In der Kfz-Technik wird der Transistor als Schalter bei der Zündanlage Abb. 9.3.2-3 benutzt. Hohe Schaltströme und große induktive Sperrspannung muß er verarbeiten können.

Abb. 9.3.1-1 Transistor AUS

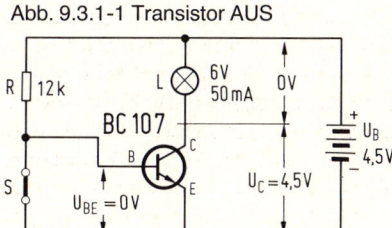

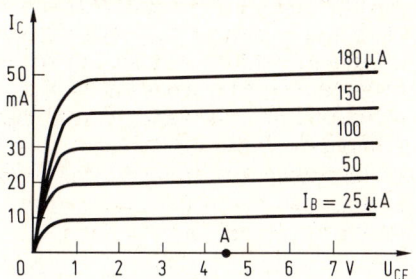

Abb. 9.3.2-1 Transistor EIN

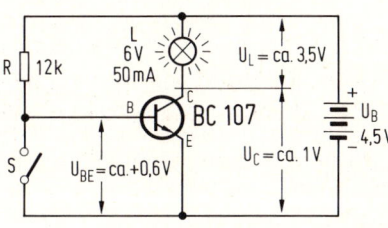

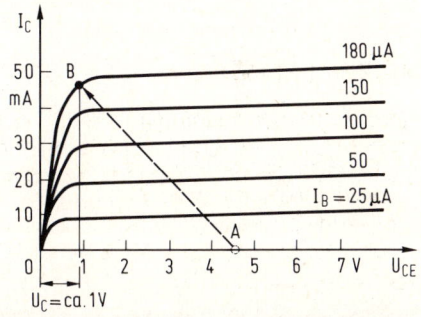

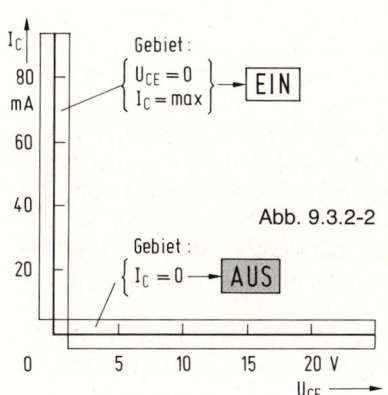

Abb. 9.3.2-3 Ein Darlington-Schalttransistor im Einsatz der Zündanlage in der Kfz-Technik. (Telefunken-electronic)

215

9.4 Der Transistor als Verstärker

Den Transistor als Schalter zu verstehen, war nicht schwierig. Es ist nur zwischen zwei Schaltzuständen zu unterscheiden.
Wird der Transistor jedoch als Verstärker eingesetzt, so müssen wir schon etwas mehr nachdenken.

9.4.1 Die Basisteilerwiderstände und der Arbeitspunkt

Wir hatten in den vorherigen Kapiteln kennengelernt, daß der Transistor zum Arbeiten als Voraussetzung für den Basisanschluß einen Basisstrom benötigt. Auch haben wir festgestellt, daß dieser Basisstrom bei dem NPN-Transistor vom Emitter über die Basis fließt. Dazu sehen wir uns jetzt die *Abb. 9.4.1-1* an. Wir erkennen dort, daß in dem Emitter die Summe aus Basisstrom I_B und Kollektorstrom I_C fließt. Vor der Basis sind jetzt zwei Widerstände R_1 und R_2 angeordnet, die den eigentlichen Basisspannungsteiler bilden. Der Praktiker berechnet diese Widerstände jetzt folgendermaßen:
Zunächst denkt er sich die Basis nicht angeschlossen und wählt den Basisteilerstrom I_{R1} mindestens zehnmal größer als den gewünschten Basisstrom. Bei einem Basisstrom von 10 µA ist demnach der Strom $I_{R1} \cong 100$ µA. Setzen wir weiter die Spannung U_{BE}, die über den Widerstand R_1 durch den Strom I_{R1} entstehen muß, mit ca. 0,6 V (U_{BE}) an, so ergibt sich die Größe von R_1 zu

$$R_1 = \frac{U_{BE}}{I_{R1}} = \frac{0{,}6\ V}{100\ \mu A} = 6\ k\Omega.$$

Der Widerstand R_2 errechnet sich aus seiner Spannung und seinem Strom. Seine Spannung ist hier:

$U_B - U_{BE} = 9\ V - 0{,}6\ V = 8{,}4\ V.$ Sein Strom beträgt

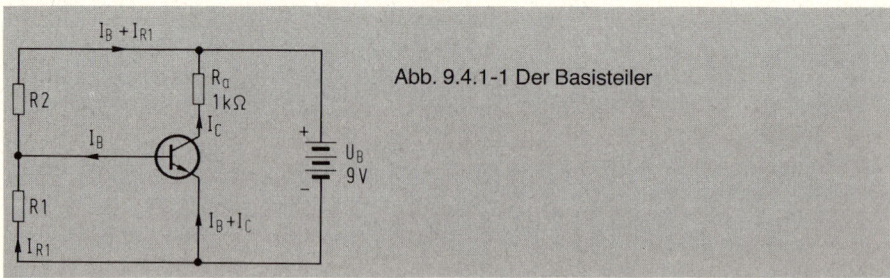

Abb. 9.4.1-1 Der Basisteiler

$I_B + I_{R1}$, also 10 µA + 100 µA. So wird er dann

$$R_2 = \frac{8,4\ V}{110\ \mu A} = 76,4\ k\Omega;\ \text{wir wählen 75 k}\Omega,\ \text{groß.}$$

Der Elektroniker kontrolliert jetzt allerdings die Rechnung durch einen praktischen Versuch, denn der Basisstrom ist bestimmend für den gewünschten Arbeitspunkt des Transistors. Wird der Transistor als Verstärker eingesetzt, so ist der günstigste Arbeitspunkt dann erhalten, wenn der Spannungsabfall an dem Widerstand R_a genau so groß ist wie die halbe Batteriespannung, also hier 4,5 V. Das bedeutet, die Kollektorspannung U_{CE} hat dann den gleichen Wert, also 4,5 V. Wird ein Widerstand von 1 kΩ eingesetzt, Abb. 9.4.1-1, so ist dementsprechend ein Kollektorstrom von 4,5 mA erforderlich, um den gewünschten Spannungsabfall zu erreichen. Wird das durch die Wahl von R_1 und R_2 nicht sofort erzielt, so macht der Elektroniker den Widerstand R_1 oder R_2 oder einen Teil dieser Widerstände regelbar. So z. B. setzt er anstelle von R_1 einen 3,3-kΩ-Widerstand ein und schaltet einen 10-kΩ-Trimmwiderstand in Serie. Damit erhält er eine Widerstandsänderung von R_1, die von 3,3...13,3 kΩ reicht. Nun wird ein Voltmeter zwischen Kollektor und Emitter geschaltet und die gewünschte Spannung U_{CE} mit dem 10-kΩ-Trimmpotentiometer eingestellt.

Wir merken uns: Der Elektroniker stellt durch den regelbaren Basisteiler den gewünschten Arbeitspunkt des Transistors ein, indem er die dafür erforderliche Spannung U_{CE} mit einem Voltmeter feststellt.

9.4.2 Was bewirkt nun der Arbeitswiderstand R_a im Ausgangskreis?

Der Basisstrom, welcher z. B. durch die Steuerwirkung eines Mikrofones ständig geändert wird, hat eine um den Faktor der Stromverstärkung des Transistors größeren Kollektorstrom zur Folge. Dieser Kollektorstrom fließt durch den Arbeitswiderstand R_a. Durch die vom Mikrofon gesteuerte, verstärkte Stromänderung I_C tritt am Arbeitswiderstand R_a ein Spannungsabfall auf, der einen entsprechend großen Spannungsabfall an diesem entstehen läßt. So hat die Basisstromänderung eine Kollektorspannungsänderung zur Folge.

Beispiel: Ist der Kollektorstrom in der Abb. 9.4.1-1 $I_C = 4{,}5$ mA groß (Ruhestrom für den Arbeitspunkt), so ist der Betrag der Kollektorspannung 4,5 V. Ändert sich nun der Kollektorstrom um ± 2 mA auf 6,5 mA und 2,5 mA durch entsprechende Basisstromänderung z. B. eines Mikrofones als Steuerelement, so erhalten wir eine Sprechspannung von 6,5 mA · 1 kΩ = 6,5 V bis 2,5 mA · 1 kΩ = 2,5 V, also als Differenz hat der Transistor eine Sprechspannung von 4 V erzeugt.

Noch etwas Wichtiges zum Nachdenken. Dazu betrachten wir die Abb. 9.4.1-1. Beträgt der Kollektorstrom I_C, der durch den Widerstand R_a fließt, wie oben erwähnt

6,5 mA, so ist der Spannungsabfall (die Spannung) am Widerstand R_a 6,5 V groß. Die Kollektorspannung U_{CE} jedoch in diesem Falle nur $U_B - U_{Ra} = 9\ V - 6,5\ V = 2,5\ V$. Bei einem Strom I_C von 2,5 mA ist demnach die Kollektorspannung U_{CE} $9 - 2,5\ V = 6,5\ V$ groß. Die Summe aus Kollektorspannung U_{CE} und U_{Ra} ergibt immer die Batteriespannung U_B. Das ist wichtig zu wissen!

9.4.3 Wie groß wählen wir den Arbeitswiderstand?

Der Elektroniker muß hier viele Faktoren berücksichtigen ... die obere Grenzfrequenz, die Rauscheigenschaften, den Eingangswiderstand der nächsten Stufe usf. Wir beschränken uns auf das wichtigste Problem. Es ist die verzerrungsfreie Übertragung von Signalen bei möglichst großer, verstärkter Ausgangsspannung.

Nach *Abb. 9.4.3-1a* stellen wir folgende Überlegung an. Zuerst müssen wir aus den Transistordaten den Kollektorruhestrom bestimmen, z. B. 2,5 mA. Dann ist es erforderlich, die Batteriespannung zu wissen, z. B. 9 V und dem Transistor eine Spannung U_{CE} von mindestens 1 V (Restspannung) zu belassen. Nach Abb. 9.4.3-1a ist dann

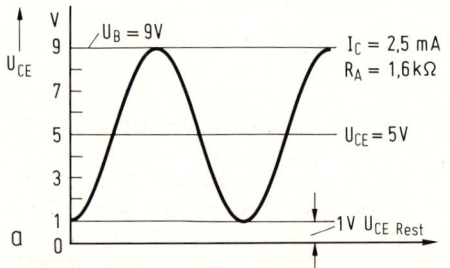
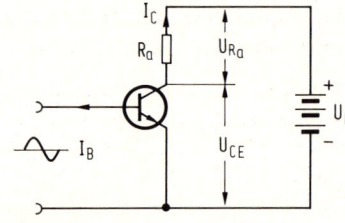

Abb. 9.4.3-1 Der richtige Arbeitspunkt

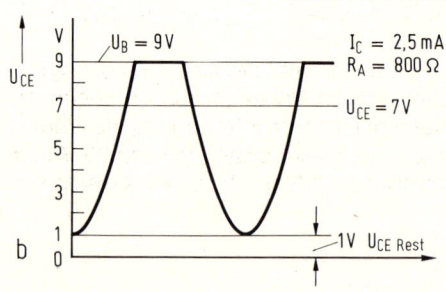
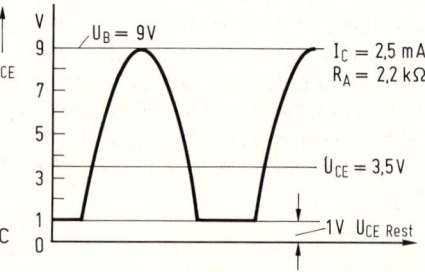

eine Aussteuerung von 9...1 V also 8 V_{ss} gegeben. Ohne Ansteuerung muß die Kollektorspannung 5 V betragen, wie wir sehen.

Mit diesem Wissen läßt sich der Arbeitswiderstand R_a leicht ausrechnen. Bei einem Ruhestrom von 2,5 mA müssen an ihm 4 V abfallen, also

$$R_a = \frac{U_{Ra}}{I_c} = \frac{4\ V}{2,5\ mA} = 1,6\ k\Omega\,.$$

Was passiert, wenn der Widerstand R_a falsch mit z. B. 800 Ω eingesetzt wird? Nach Abb. 9.4.3-1*b* erkennen wir, daß die Ruhespannung U_{CE} jetzt 7 V groß ist. Aus $I_c = $ 2,5 mA sowie $R_a = 800\ \Omega$ ergibt sich $U_{Ra} = 2$ V. Diese ziehen wir von der Batteriespannung in gewohnter Weise ab und erhalten 7 V. Eine Sinusspannung bei voller Ansteuerung zeigt das in Abb. 9.4.3-1b verzerrte Signal. Die positiven Halbwellen werden abgeschnitten (verzerrt). Eine unverzerrte Ansteuerung ist hier nur mit 4 V_{ss} möglich – in Abb. 9.4.3-1a waren es bei richtiger Wahl von R_a 8 V_{ss}!

Ähnlich verhält es sich mit Abb. 9.4.3-1*c*. Der Widerstand R_a wurde zu groß gewählt. Die negativen Halbwellen werden stark beschnitten. Es tritt wieder eine Verzerrung ein. Eine unverzerrte Ansteuerung ist hier nur mit 5 V_{ss} möglich aus: 3,5...1 V = 2,5 V ins Negative und auch verzerrungsfrei 2,5 V von 3,5 V U_{CE} ins Positive = 5 V_{ss}.

9.4.4 Eine Kennlinie des Transistors und eine Widerstandskennlinie sind sehr wichtig

In der *Abb. 9.4.4-1* ist die Darstellung des Ohmschen Widerstandes in Abhängigkeit von der Spannung und dem Strom dargestellt. Wir sprechen auch von der Widerstandsgeraden, oder der grafischen Darstellung des Ohmschen Gesetzes. In der Schaltung rechts neben der Widerstandskurve in Abb. 9.4.4-1 ist zu erkennen, daß die Batteriespannung von 0...9 V regelbar ist. Außerdem ist zu sehen, daß diese Spannung in der Schaltung direkt an den Widerstandsanschlüssen liegt. Ferner wird in einem Milliamperemeter der Strom gemessen. In der Darstellung wird auf der horizontalen, der sogenannten X-Achse der grafischen Darstellung, die Spannung von 0...9 V, also bis zur Batteriespannung, eingetragen.

Auf der vertikalen Achse, der sogenannten Y-Achse, wird der Strom eingetragen. Die Größenordnung der Stromdarstellung läßt sich im Vorwege aus der kleinsten Größe des betrachteten Widerstandes und der maximalen zur Verfügung stehenden Spannung ermitteln. Arbeiten wir z. B. mit einer maximalen Spannung von 20 V und einem kleinsten Widerstand von 500 Ω, so fließt nach dem Ohmschen Gesetz ein Strom von

$$I = \frac{U}{R}, \text{ also } I = \frac{20\ V}{500\ \Omega} = 0,04\ A = 40\ mA.$$

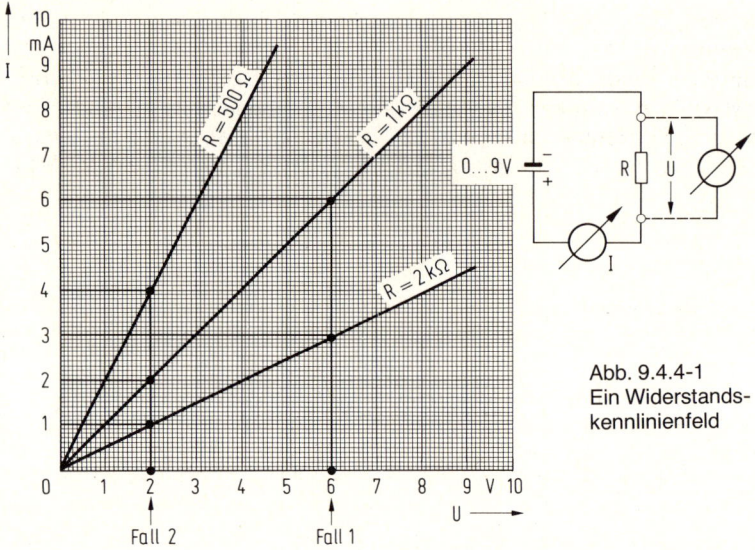

Abb. 9.4.4-1
Ein Widerstands-
kennlinienfeld

In diesem Falle würden wir also als größten Stromwert 40 mA (evtl. 50 mA) für die Y-Achse dimensionieren. Daß wir die Achsen dann linear, d. h. gleichmäßig, unterteilen, versteht sich von selbst.

Nun jedoch zurück zu der Abb. 9.4.4-1. Es sind dort für die Batteriespannung von 9 V drei Widerstandsgerade als Beispiele für die Größe R gewählt worden. Da ist einmal ein Widerstand von 1 kΩ, dann ein kleinerer von 500 Ω und ein größerer von 2 kΩ. Wir können nun ohne weitere Ausrechnungen, nach dem Ohmschen Gesetz, sehr schnell ablesen, bei welchen Spannungen welche Ströme fließen. Oder aber auch, welche Ströme welche Spannungen am Widerstand entstehen lassen. Wie gesagt, sind als Beispiel für drei verschiedene Widerstände drei Widerstandsgerade eingezeichnet. Für einen willkürlich als Beispiel herausgegriffenen Fall 1 in Abb. 9.4.4-1 erkennen wir, daß bei einer Spannung von 6 V an der 1-kΩ-Widerstandsgeraden ein Strom von 6 mA auf der Stromachse abzulesen ist. Um das deutlich zu machen, sind Hilfslinien eingezeichnet.

Um das Erlernte zu vertiefen, betrachten wir gleich den Fall 2 in unserer Abb. 9.4.4-1. Für eine angenommene Spannung von sagen wir 2 V lesen wir an der 500-Ω-Widerstandsgeraden einen Strom von 4 mA ab. Die 1-kΩ-Widerstandsgerade ergibt einen Strom von 2 mA und die 2-kΩ-Widerstandsgerade einen solchen von 1 mA. Wir erkennen daraus:

Je steiler in einem Widerstandsdiagramm die Widerstandskurve zur Stromkurve gezeigt ist, je kleiner ist auch der Widerstand. Verläuft die Kurve flacher, so wird der Widerstand automatisch größer.

Diese Darstellung eines Widerstandes ist nicht uninteressant. Der Elektroniker benutzt sie sehr häufig. Nun können wir dieses Wissen benutzen und eine Widerstandsgerade in ein Transistorkennlinienfeld eintragen. Wer hier mehr wissen möchte: die Anfänge sind in dem Franzis-Buch „Elektronik, leichter als man denkt" beschrieben.

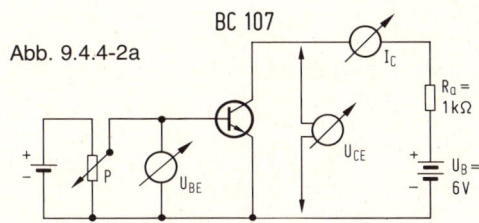

Abb. 9.4.4-2a

Abb. 9.4.4-2b Der Arbeitswiderstand beim Transistor

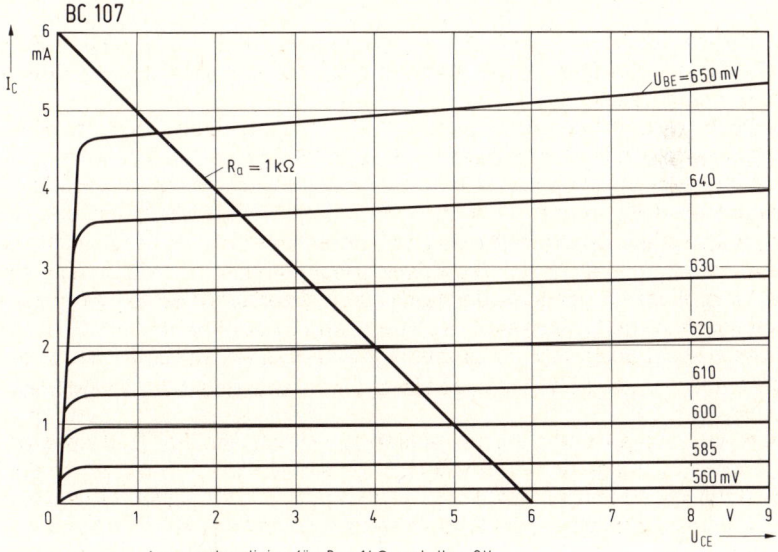

Ausgangskennlinien für $R_a = 1 k\Omega$ und $U_B = 6 V$

Sehen wir uns dazu die *Abb. 9.4.4-2a* und *b* und *9.4.4-3a* und *b* an und stören uns nicht daran, daß in der Abb, 9.4.4-2b anstelle des bekannten Basisstromes die Basisspannung einmal die Kennlinien bestimmt. Gehen wir davon aus, daß uns die Transistorkennlinien kein Geheimnis mehr sind, so können wir jetzt jederzeit eine beliebige Widerstandsgerade einzeichnen und sofort für einen bestimmten Kollektorstrom die dazugehörige Kollektorspannung als Ausgangsspannung ablesen. Dieser Vorgang ist wichtig bei der Betrachtung von Aussteuereigenschaften eines Transistors.

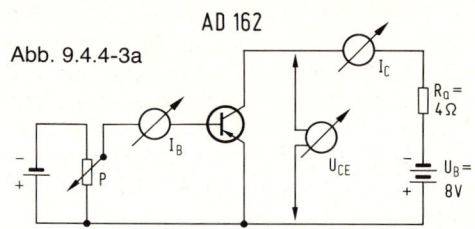

Abb. 9.4.4-3a

Abb. 9.4.4-3b Kennlinienaufnahme mit $R_a = 4\,\Omega$

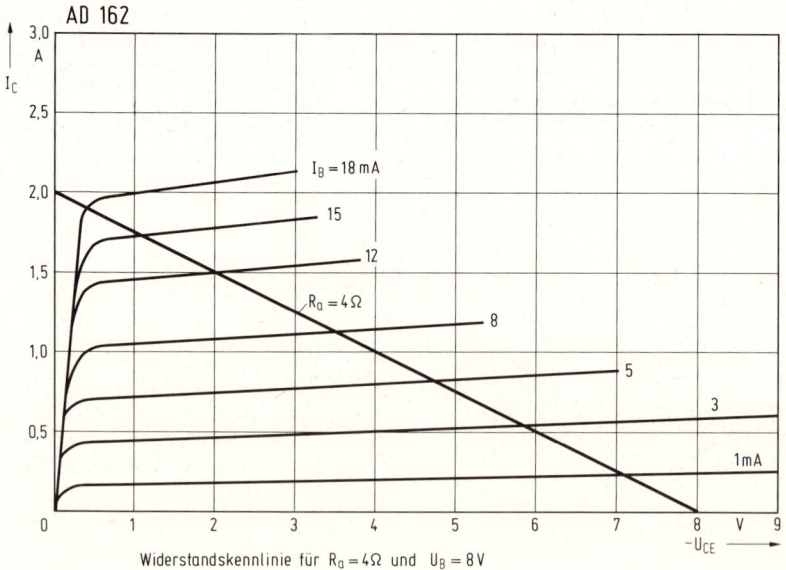

Widerstandskennlinie für $R_a = 4\,\Omega$ und $U_B = 8\,V$

9.4.5 Etwas über die Polarität der Ausgangsspannung U_{CE}
...die Phasenlage

Betrachten wir dazu die Abb. 9.4.4-2a und b noch einmal. Wird bei dem dort gezeigten Transistor BC 107 über das Potentiometer P die Basisspannung und somit der Basisstrom erhöht, also positiver, so steigt der Kollektorstrom I_C. Aus der Abb. 9.4.4-2b geht nun hervor, daß bei steigendem Kollektorstrom die Spannung U_{CE} kleiner wird, da über den Widerstand R_a sich ein größerer Spannungsabfall bildet.

Wird also das Eingangssignal positiver, so fließt ein größerer Ausgangsstrom I_C. Dadurch wird die Spannung U_{Ra} – aus $I_C \cdot R_a$ – größer. Da diese aber am Potential $+ U_B$ im positiven Bereich festlegt, wird die Kollektorspannung U_{CE} kleiner. Diese Spannung U_{CE} ist aber in Abb. 9.4.5-1 als $U_{A\sim}$ definiert. Somit noch einmal in Kurzform: wird $U_{E\sim}$ positiv, so wird $U_{A\sim}$ negativer. Denken wir daran $U_{RA\sim} = I_{C\sim} \cdot R_a$. Der Elektroniker spricht von einer Phasenverschiebung zwischen Eingangs- und Ausgangssignal von 180°. Umgekehrt, liefert das Mikrofon z. B. gerade eine negative Halbwelle, so entsteht an dem Kollektor eine positive Halbwelle.

...Denken wir noch einmal darüber nach und sehen uns dazu abschließend die *Abb. 9.4.5-1* an.

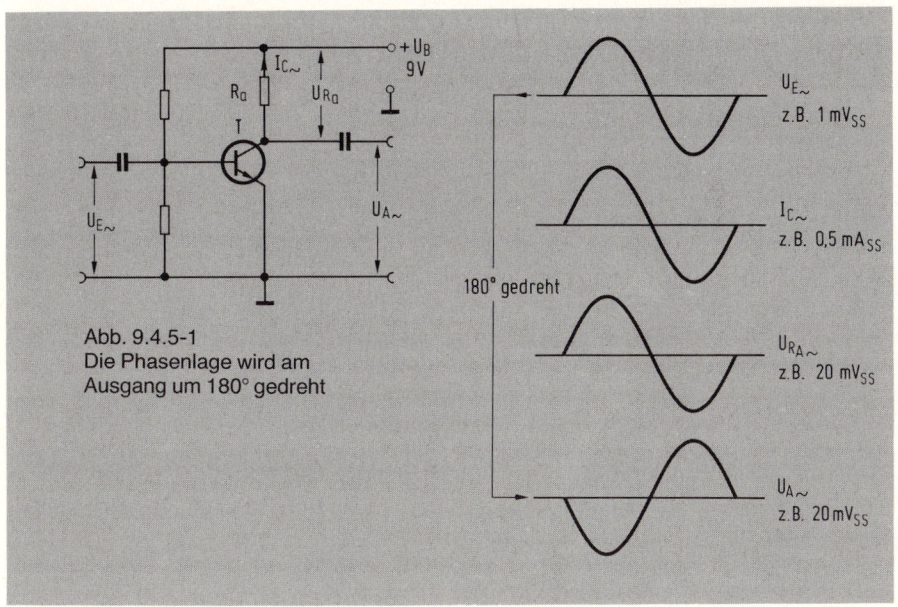

Abb. 9.4.5-1
Die Phasenlage wird am
Ausgang um 180° gedreht

9.4.6 Die drei wichtigen Schaltungen mit dem Transistor

Diese Schaltungen sind in *Abb. 9.4.6-1* gezeigt und heißen Emitterschaltung – Kollektorschaltung (oder auch Emitterfolger) – Basisschaltung. Davon sind die Emitterschaltung und Kollektorschaltung (Emitterfolger) die wichtigsten. Die Basisschaltung wird in Sonderfällen in der Hochfrequenztechnik benutzt. Ihre wichtigsten Eigenschaften sind folgende:

	Emitterschaltung	Kollektorschaltung (Emitterfolger)	Basisschaltung
Eingangs-widerstand	mittel 100 Ω...50 kΩ	groß ≙ Basisteiler-widerstände z. B. 100 kΩ...1 MΩ	klein 10 Ω...1 kΩ
Ausgangs-widerstand	mittel, bestimmt mit durch R_a z. B. 1...180 kΩ	klein, bestimmt mit durch R_E z. B. 1...500 Ω	groß, bestimmt mit durch R_a z. B. 100 kΩ
Stromverstärkung	B ca. 40...800 je nach Typ	groß ≙ B ca. 40...800	kleiner als 1
Spannungs-verstärkung	ca. 1...200 je nach Schaltung	kleiner 1	ca. 1...200 je nach Schaltung
Leistungs-verstärkung	mittel	groß	mittel
Phasenumkehr	$U_E \rightleftarrows U_A$ je 180°	nein	nein

Die Emitterschaltung ist die Standardschaltung mit dem Transistor. Die Kollektorschaltung oder häufig auch Emitterfolgerschaltung nach Abb. 9.4.6-1b wird oft angewandt, wenn der Signalgeber, z. B. das Mikrofon oder ein Lichtsensor (Selenzelle) nur sehr geringe Ströme abgibt und so gut wie nicht durch einen Transistoreingangswiderstand belastet werden darf. Der Emitterfolger hat einen sehr hohen Eingangswiderstand, der praktisch nur aus den Basisteilerwiderständen gebildet wird. Benutzen wir z. B. 2 Stück 1-MΩ-Widerstände, dann ist der Eingangswiderstand ca. 500 kΩ groß. Der Ausgangswiderstand eines Emitterfolgers ist sehr niederohmig und bestens geeignet, um eine nachfolgende Transistorstufe mit Leistung anzusteuern (siehe *Abb. 9.4.6-2*). Der Emitterfolger hat allerdings keine Spannungsverstärkung. Im Gegenteil, die Ausgangsspannung U_A ist ca. um den Faktor 0,9 kleiner als die Eingangsspannung. Gibt das Mikrofon also 1-mV-Sprechspannung an den hochohmigen Eingang als Spannung U_E ab, so erscheint am Ausgang nur eine solche von 1 mV · 0,9 = 0,9 mV (U_A). Über die Arbeitsweise lesen wir in dem folgenden Kapitel nach.

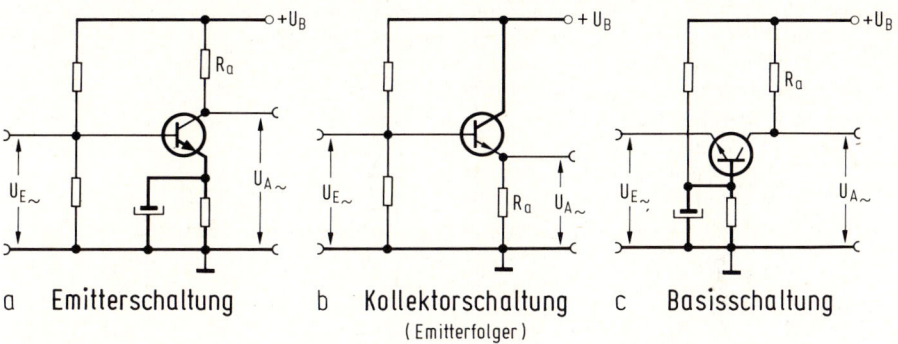

a Emitterschaltung   b Kollektorschaltung   c Basisschaltung
                           (Emitterfolger)

Abb. 9.4.6-1

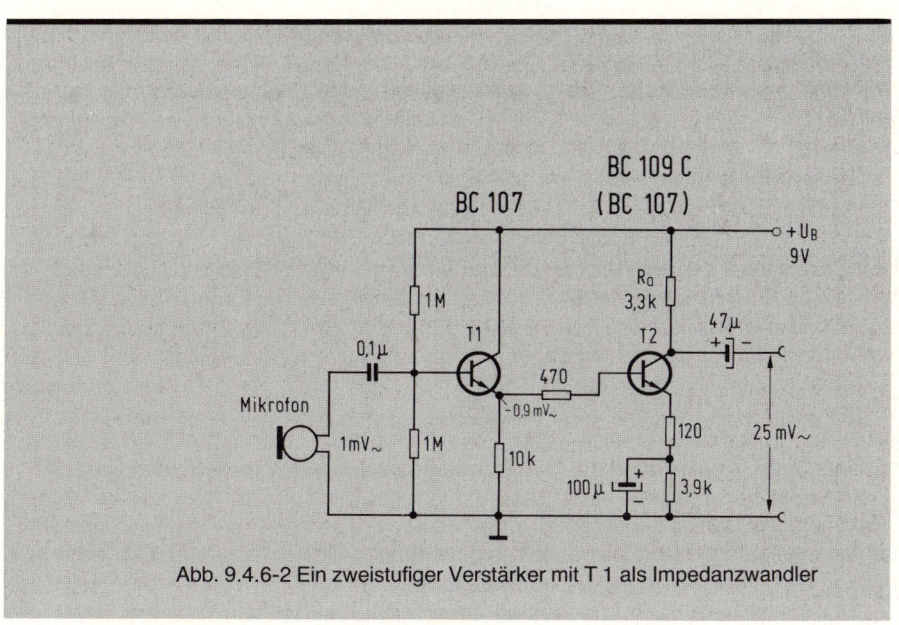

Abb. 9.4.6-2 Ein zweistufiger Verstärker mit T 1 als Impedanzwandler

Die praktische Schaltung eines Emitterfolgers in der Anwendung als Mikrofonvorverstärker oder Vorverstärker für einen Telefonadapter zeigt die Abb. 9.4.6-2. Diese Schaltung können wir uns nachbauen. Der Transistor T_1 arbeitet als Emitterfolger und T_2 als nachfolgend geschalteter Verstärker. Wie wir später nachlesen werden, weist ein Emitterfolger eine Spannungsverstärkung von ca. 0,9fach auf. Wenn das Mikrofon also eine Sprechspannung von 1 mV erzeugt, so wird diese über den Kondensator 0,1 µF auf die Basis von T_1 gekoppelt. Der Eingang ist sehr hochohmig. Das Mikrofon sieht auf die beiden 1-MΩ-Basisteilerwiderstände, die für die Eingangsspannung gesehen eine Parallelschaltung darstellen. Demnach wird das Mikrofon lediglich mit nur etwa 500 kΩ belastet. Das ist unbedeutend, so daß die volle Mikrofonspannung zur Ansteuerung der Basis von T_1 gelangt. Am Emitter wird die Sprechspannung um den Faktor 0,9 kleiner sein, also ca. 0,9 mV~. Der Transistor T_2 wird jetzt leistungsstark vom Emitter des Transistors T_1 angesteuert. Die Spannungsverstärkung von T_2 errechnet sich – auch das lesen wir später nach – aus dem Verhältnis des Kollektorwiderstandes zu dem überbrückten Emitterwiderstand. Der Elektroniker sagt zur Spannungsverstärkung V_U. Demnach ist

$$V_U = \frac{3300\ \Omega}{120\ \Omega} = 27{,}5.$$

Multiplizieren wir die Spannung von 0,9 mV mit dem Verstärkungsfaktor 27,5, so erhalten wir am Ausgang eine verstärkte Mikrofonspannung von 0,9 mV · 27,5 = 24,75 mV. Diese Rechnung gibt in grober Annäherung eine Übersicht über die Spannungsverhältnisse.

Der Emitterfolger wird von dem Elektroniker auch oft als Impedanzwandler (Widerstandswandler) bezeichnet. Das insofern, als daß er unter Inkaufnahme einer Signalspannungsabschwächung von ca. 0,9fach einen hochohmigen Eingangswiderstand in einen niederohmigen Ausgangswiderstand „umwandelt". Niederohmige Widerstände von Signalquellen werden benötigt, um die Signale störungsfrei über längere Leitungen zu übertragen.

9.4.7 Der Emitterwiderstand und sein Kondensator

Sehr häufig werden wir Verstärkerschaltungen mit Transistoren vorfinden, welche nach der Abb. 9.4.7-1d aufgebaut sind. Es ist schon beinahe die Standardschaltung eines Transistorverstärkers. Für uns gibt es jetzt zwei Möglichkeiten. Über die erste und sicher bequemste wollen wir nicht sprechen. Wollen wir jedoch die Schaltungstechnik des Emitterwiderstandes verstehen, so müssen wir uns durch die nachfolgende Beschreibung hindurchbeißen. Also? Gut, lesen wir.

In der *Abb. 9.4.7-1a...d* ist der schrittweise Aufbau der Schaltung gezeigt. Die

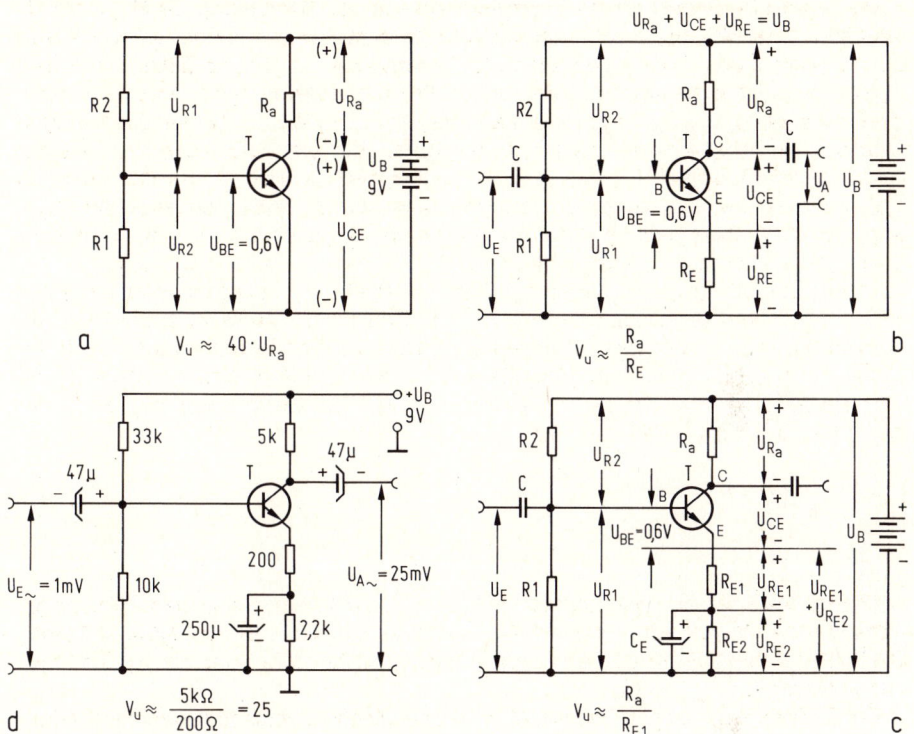

Abb. 9.4.7-1 Der Transistor als Verstärker

Abb. 9.4.7-1a zeigt die bekannte Transistorschaltung ohne Emitterwiderstand. In der Abb. 9.4.7-1*b* finden wir zum ersten Mal den Emitterwiderstand R_E. In der Abb. 9.4.7-1*c* ist dieser unterteilt in R_{E1} und R_{E2}, der Widerstand R_{E2} erhält zusätzlich parallel einen Elko (Elektrolytkondensator) geschaltet. Schließlich ist in der Abb. 9.4.7-1*d* eine Schaltung aus der Praxis zu finden, z. B. als Mikrofonverstärker.

Zurück zur Abb. 9.4.7-1a. Wir wollen uns dort noch einmal die Spannungsaufteilung vergegenwärtigen, so, wie wir sie aus früheren Kapiteln bereits kennengelernt haben. Der Basisteiler R_1 und R_2 bestimmt die Spannung U_{BE}. Diese Spannung soll ca. 0,6 V groß sein. Die Spannungen U_{R1} und U_{R2} ergeben als Summe die Betriebsspannung U_B, also $U_{R1} + U_{R2} = U_B$. Das gleiche gilt für die Spannungen U_{Ra} und U_{CE}, also $U_{Ra} + U_{CE} = U_B$. Übrigens ist in dieser Schaltung zufällig $U_{R2} = U_{BE}$. Dieses alles war uns bekannt – nun kommt's.

227

In der Abb. 9.4.7-1b ist zum ersten Mal ein Emitterwiderstand R_E eingeschaltet. Durch ihn fließt die Summe von Kollektor- und Basisstrom. Wird R_E ebenso groß gemacht wie R_a, so ist auch die Spannung U_{RE} fast genau so groß wie U_{Ra}. „Fast" genauso insofern, als daß die Spannung U_{RE} geringfügig größer ist – kaum meßbar –, da der sehr kleine Basisstrom den Spannungsabfall mit beeinflußt. Also merken wir uns:
In der Abb. 9.4.7-1b wird der Arbeitspunkt des Transistors, also z. B. der wichtige Kollektorstrom, aus den Transistordaten (siehe dazu die vorherigen Kapitel) bestimmt. Der Kollektorstrom entspricht praktisch dem Emitterstrom. Damit wird die Spannung U_{RE} leicht auszurechnen sein. Sie ist $U_{RE} = I_E \cdot R_E$ groß.

Beispiel: Ist der Kollektorstrom 5 mA groß, so nehmen wir den Emitterstrom auch mit 5 mA an. Ist der Emitterwiderstand R_E 220 Ω, so ergibt sich die Spannung U_{RE} zu U_{RE} = 5 mA x 220 Ω = 1,1 V. Das ist einfach!
Auch leicht einzusehen ist, daß die Addition der Spannungen $U_{RE} + U_{CE} + U_{Ra} = U_B$ ist. Das können wir direkt aus der Abb. 9.4.7-1b entnehmen. Ist U_B z. B. 9 V, so kann folgende Aufteilung möglich sein:

$$U_B = U_{RE} + U_{CE} + U_{Ra} = 1,1\,V + 5\,V + 2,9\,V = 9\,V.$$

Die Emitterspannung „folgt" immer um den Betrag von 0,6 V niedriger der Basisspannung. Deshalb nennt der Elektroniker eine Schaltung, welche am Emitter den Signalausgang hat, auch Emitterfolger. Ist also die Basisspannung 2,3 V groß, so messen wir am Emitterwiderstand die Spannung U_{RE} mit 1,7 V; aus 2,3 V – 0,6 V!
Der Basisspannungsteiler R_1 und R_2 wird nun wie folgt dimensioniert:

● Zuerst wird der Widerstand R_E bestimmt. Bei einem Kleinsignaltransistor liegt er aus praktischen Erwägungen zwischen 100...750 Ω.

● Dann wird aus der Kennlinie des Transistors (siehe dazu auch die vorherigen Kapitel) der Kollektorstrom gewählt.

● Daraus erhalten wir die Emitterspannung aus $U_{RE} = I_E \cdot R_E$.

● Auch hier soll die Spannung U_{CE} den Wert 1 V nicht unterschreiten, also liegt jetzt der Wert U_{Ra} fest aus $U_B - (U_{RE} + U_{CE}) = U_{Ra}$.

● Der Widerstand R_a wird jetzt so dimensioniert, daß bei vorgegebenem Kollektorstrom an ihm die Hälfte U_{Ra} abfällt.

Beispiel:

R_E = 470 Ω; $I_C = I_E$ = 1,5 mA; U_{CE} Rest = 1 V; U_B = 9 V.

228

1. $U_{RE} = I_E \cdot R_E = 1,5$ mA $\cdot$ 470 Ω = 0,7 V.

2. $U_{Ra} = U_B - (U_{RE} + U_{CE}) = 9$ V $- (1$ V $+ 0,7$ V$) = 7,3$ V.

3. $R_a = \dfrac{7,3}{2}$ V : 1,5 mA $= \dfrac{3,65 \text{ V}}{1,5 \text{ mA}} = 2,4$ kΩ (2,5 kΩ gewählt).

Aus dem Wert von $U_{RE} + U_{BE} = 0,7$ V $+ 0,6$ V $= 1,3$ V $= U_{R1}$ können wir leicht den Basisspannungsteiler bestimmen. Wir wissen, daß an dem Widerstand R_1 die Spannung $U_{R1} = 1,3$ V abfallen muß und daß sein Strom den etwa 10fachen Wert des Basisstromes besitzen muß (wir lesen in Kapitel 9.4.1 nach).

Für die meisten unserer Versuche genügt es bei einem Kleinsignaltransistor, wenn wir den Teilerstrom mit z. B. 750 µA annehmen. Dann ist

$$R_1 = \frac{U_{R1}}{750 \text{ µA}} = \frac{1,3 \text{ V}}{750 \text{ µA}} = 1,73 \text{ k}\Omega \ (1,8 \text{ k}\Omega) \text{ groß und}$$

$$R_2 = \frac{U_B - U_{R1}}{750 \text{ µA}} = \frac{9 \text{ V} - 1,3 \text{ V}}{750 \text{ µA}} = 10,26 \text{ k}\Omega \ (10 \text{ k}\Omega) \text{ groß.}$$

Die entscheidende Frage: Wozu dient denn nun der Emitterwiderstand? Er erfüllt zwei stabilisierende Aufgaben in der Abb. 9.4.7-1b.

● Einmal verringert er sehr stark die im Transistorverstärker immer entstehenden Tonverzerrungen, so daß wir sie nicht mehr hören, sondern nur noch mit aufwendigen Methoden messen können.

● Zum anderen stabilisiert er den Arbeitspunkt des Transistors bei Erwärmung.

Das funktioniert nun folgendermaßen: Wir entnehmen aus unserem Beispiel, daß die Widerstände R_1 und R_2 eine feste Basisvorspannung von 1,3 V bilden. Am Emitter entsteht eine Spannung von 0,7 V bei einem Emitterstrom von 1,5 mA an einem Widerstand R_E von 470 Ω. Jetzt erwärmen wir den Transistor und wissen, daß dann sein Kollektorstrom steigt. Das tut er auch, es steigt jedoch auch sein Emitterstrom und damit die Spannung U_{RE}, die ehemals 0,7 V groß war, auf vielleicht 0,71 V. Damit ist die Differenz zwischen U_{R1} und U_{RE} nur noch 1,3 V $- 0,71$ V $= 0,59$ V $= U_{BE}$! Eine kleinere Basisspannung erzeugt einen kleineren Basisstrom und damit einen kleineren Kollektorstrom. Also wird der durch Erwärmen stärker gewordene Kollektorstrom automatisch von seinem hohen Wert „heruntergeholt" durch kleiner werdende Spannung U_{BE} ...nachdenken und noch zweimal lesen!

229

Nun hatten wir weiter vorn davon gesprochen, daß die Spannung U_{RE} der Basissteuerspannung an den Eingangsklemmen der Schaltung Abb. 9.4.7-1b „folgt". Damit, daß der Emitter des Transistors keinen elektrisch festen Bezug mehr hat – also der Basisspannung in positiven und negativen Änderungen folgt – wird für den Transistor die Steuerung ($U_{BE\sim}$) automatisch geringer. Damit sinkt die Verstärkung. Ist $R_E = R_a$ gewählt, so ist die Spannungsverstärkung = 1. An Punkt C und E des Transistors ist eine gleich große Spannung vorhanden, die in der Amplitude nicht größer ist als die der Eingangsspannung. Dem können wir abhelfen, indem wir nach Abb. 9.4.7-1c einen Kondensator parallel zu R_E schalten oder R_E aufteilen und den Kondensator z. B. parallel zu R_{E2} schalten. Die Widerstände R_{E1} und R_{E2} bleiben für den Stabilisierungseffekt bei Temperaturänderungen voll erhalten – der Elektroniker spricht von einer Gleichstromgegenkopplung. Lediglich für die Wechselspannung ist jetzt ein kleiner Widerstand R_{E1} vorhanden – der Elektroniker spricht von der Wechselspannungsgegenkopplung. Dadurch wird die Steuerwirkung des Transistors wieder erhöht, er verstärkt wieder mehr. Ein guter Anhaltspunkt ist, wenn $R_{E1} = 0,02 \times R_a$ gemacht wird. Haben wir also R_a zu 10 kΩ ermittelt, so machen wir $R_{E1} = 200\,\Omega$ groß. Damit wird $R_{E2} = 270\,\Omega$, um den vorher im Beispiel gefundenen Wert von 470 Ω zu erhalten.

Die praktische Schaltung zeigt Abb. 9.4.7-1. Übrigens läßt sich mit hinreichender Genauigkeit die Spannungsverstärkung einer solchen Stufe, also das Verhältnis der Ausgangs- zur Eingangsspannung, berechnen zu

$$V_U = \frac{U_{A\sim}}{U_{E\sim}}$$

V_U wird als Spannungsverstärkung bezeichnet. Zur Berechnung von V_U benutzen wir den Arbeitswiderstand R_a und den unüberbrückten Emitterwiderstand R_{E1} und rechnen in unserem Beispiel nach Abb. 9.4.7-1d

$$V_U = \frac{R_a}{R_{E1}} = \frac{5\ \mathrm{k\Omega}}{200\ \Omega} = 25.$$

Das bedeutet, eine Mikrofonspannung $U_{E\sim}$ von 1 mV am Eingang wird 25fach verstärkt und erscheint am Ausgang mit 25 mV ($U_{A\sim}$).

9.4.8 Der Transistor als Spannungsregler im Netzteil

Der Elektroniker benutzt sehr häufig den Transistor, um eine Betriebsspannung zu stabilisieren. Die Betriebsspannung soll konstant und unabhängig sein gegenüber Belastungsschwankungen. Das kann nur erreicht werden, wenn der Transistor den Innenwiderstand der Batterie elektronisch „verkleinert".

Daß so etwas mit dem Emitterfolger (Impedanzwandler) möglich ist, haben wir in Kapitel 9.4.6 und 9.4.7 bereits gelesen. Wie eine derartige Stabilisierungsschaltung aussieht, zeigt *Abb. 9.4.8-1a* und *b*. Die Batteriespannung von 9 V wird durch zwei Stück 4,5-V-Flachbatterien gebildet. Die Ausgangsspannung ist um den Betrag U_{CE} des Transistors T_2 geringer. Der Elektroniker schreibt $U_B = U_{CE} + U_A$ oder $U_A = U_B - U_{CE}$. Nun wissen wir aus den Kapiteln 9.4.7 und 9.4.6, daß bei einem Emitterfolger – und als solcher ist der Transistor T_2 geschaltet, wobei der Lastwiderstand (die Lampe) den Emitterwiderstand darstellt – die Emitterspannung immer um ca. 0,6 V niedriger ist als die Basisspannung. Hat der Transistor T_2 nun eine Stromverstärkung von B = 100, so ist ein Basisstrom von nur

$$\frac{50\ mA}{100} = 500\ \mu A$$

erforderlich. Nun arbeitet T_1 noch einmal als Emitterfolger. Sein Emitterwiderstand ist 2,2 kΩ groß. Ist die Emitterspannung von T_1 demnach 6,6 V entsprechend der Basisspannung von T_2 – die Emitterspannung ist auf 6 V eingestellt – so fließt durch T_1 ein Strom von

$$\frac{6,6\ V}{2,2\ k\Omega} = 3\ mA.$$

Der Transistor T_1 muß somit den Strom 3 mA und den 500-μA-Basisstrom von T_2 aufbringen, also 3,5 mA.

Der Transistor T_1 (BC 107) erreicht leicht eine Stromverstärkung von B = 300. Somit ist sein Basisstrom nur noch

$$I_{B1} = \frac{3,5\ mA}{300} = 12\ \mu A.$$

Hiermit steuern wir mit dem Potentiometer P einen Basisstrom, der seinerseits in T_2 einen Regelstrom von 50 mA erzeugt. Die Stromverstärkung von T_2 und T_1 ist dann

$$B_{T1\ T2} = \frac{50\ mA}{12\ \mu A} = 4160!$$

Die Schaltung lt. Abb. 9.4.8-1a wird als regelbares Netzteil benutzt. Sie stabilisiert erst, wenn die Spannung am Potentiometer stabilisiert ist. Das zeigt Abb. 9.4.8-1a. Zusätzlich ist dort eine 100-mA-Sicherung Si und ein Schalter S angefügt. Die Schaltung wird durch die Sicherung gegen Überlastung geschützt. Die Zenerdiode mit einer gewählten Spannung $U_Z = 7,2$ V, die gleichzeitig zur Basis von T_1 geführt wird, sorgt wie in der Abb. 9.4.8-1b jetzt für eine konstante Ausgangsspannung, unabhängig von Batteriespannungsschwankungen, die jedoch 8 V nicht unterschreiten sollten.

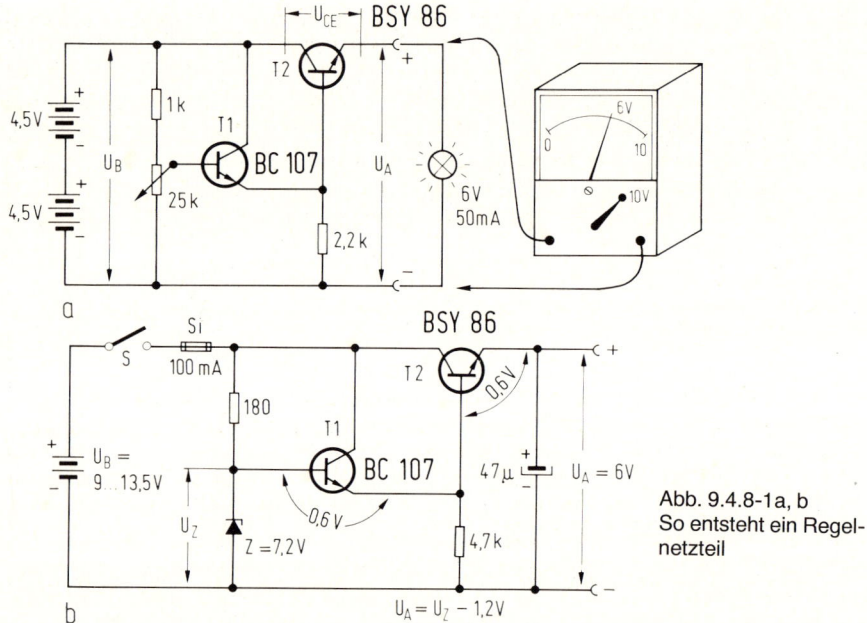

Abb. 9.4.8-1a, b
So entsteht ein Regel-
netzteil

Wollen wir die Ausgangsspannung stabil halten und trotzdem regelbar machen, so schalten wir parallel zur Zenerdiode ein 25-kΩ-Potentiometer wie in Abb. 9.4.8-1b und führen den Schleifer zur Basis von T_1. Die Schaltung arbeitet über lange Zeit stabil, wenn wir drei Stück 4,5-V-Batterien in Serie schalten und somit eine Batteriespannung von 13,5 V zur Verfügung steht. Es kann dann z. B. eine 10-V- oder 9,1-V-Zenerdiode benutzt werden. Die Ausgangsspannung ist dann bis ca. 9 V regelbar.

9.4.9 Etwas über Schutzschaltungen des Transistors

Der Elektroniker weiß, daß bei Überlastungen ein Transistor sehr schnell kaputtgeht. Deshalb nutzt er Schutzschaltungen aus. Wir wollen uns diese in der *Abb. 9.4.9-1a...e* einmal ansehen.

● Die Abb. 9.4.9-1a zeigt vor der Basis einen Widerstand R geschaltet. Dieser wird sehr kurz (ca. 10 mm) direkt an die Basis geschaltet. Sein Wert liegt zwischen 10 Ω und 1000 Ω. Für unsere Schaltungen ist ein Wert von ca. 220 Ω richtig. Dieser Widerstand verhindert störende Hf-Schwingungen des Transistors, die sich aus den Lei-

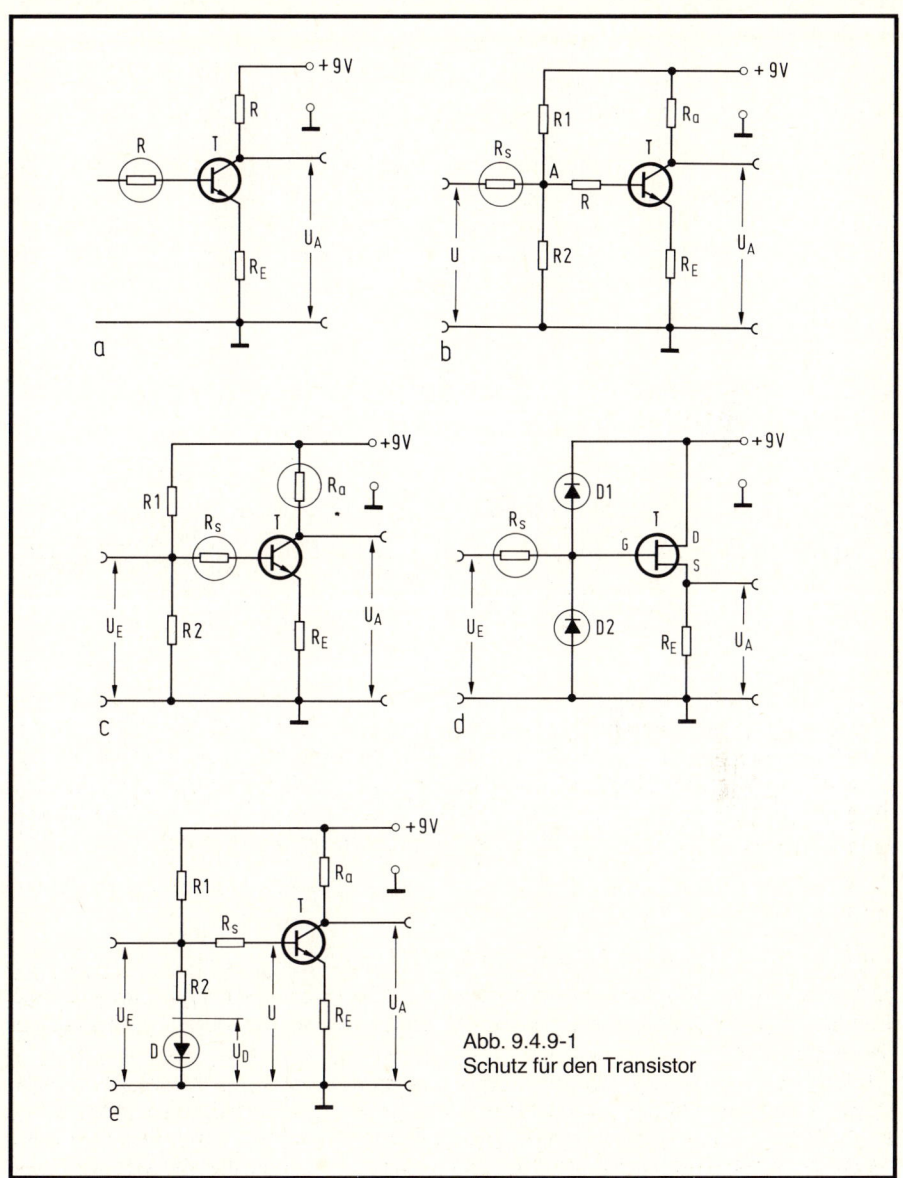

Abb. 9.4.9-1
Schutz für den Transistor

tunqsinduktivitäten und deren Kapazitäten bilden können. So ist es ohne weiteres möglich, daß ein Transistor, der von einer Fotozelle gesteuert wird, Störschwingungen mit ca. 100-MHz-Frequenz aussendet. Der Praktiker merkt es daran, wenn er den betreffenden Transistor mit dem Finger berührt und sich dann das Verhalten der Schaltung ändert. Ist das der Fall, so hilft der Widerstand R in der Abb. 9.4.9-1a.

● In Abb. 9.4.9-1b ist der Basisteiler gezeigt. In Serie mit den Eingangsklemmen liegt ein Widerstand R_S. Dieser Widerstand wird so dimensioniert, daß der höchstzulässige Basisstrom z. B. 5 mA keinesfalls überschritten wird. Der Einfachheit halber wird angenommen, daß der Punkt A auf Masse liegt. Kann es z. B. vorkommen, daß die Eingangsspannung bis auf − nicht gewollte − + 10 V ansteigt, so wird

$$R_S = \frac{10 \text{ V}}{5 \text{ m A}} = 2000 \ \Omega$$

groß. Der Widerstand R_S kann auch von Punkt A zur Basis geschaltet werden. So kann er den Widerstand R ersetzen.

● Das vorstehend Erklärte zeigt Abb. 9.4.9-1c. Hier soll aber noch von einem anderen Schutz die Rede sein. Der Elektroniker versucht, den Widerstand R_a nicht zu klein zu halten, auch so ist eine Strombegrenzung möglich, die, wie oben gesagt, hier den Kollektorstrom auf einen vorgegebenen zulässigen Wert beschränkt. Ist die Betriebsspannung z. B. 9 V groß, so wählen wir R_a nicht kleiner als:

$$\frac{9 \text{ V}}{100 \text{ mA}} = 90 \ \Omega.$$

● Die Abb. 9.4.8-1d zeigt einen − uns noch unbekannten − Feldeffekttransistor. Seine Anschlüsse heißen G = Gate, S = Source, D = Drain. Der Eingang G des Feldeffekttransistors ist durch den Widerstand R_S und die Dioden D_1 und D_2 geschützt. Die Spannung am Gate kann nicht negativer werden als 0,6 V. Dann leitet die Siliziumdiode D_1 und die erhöhte Spannung fällt über R_S ab. Ähnlich bei zu positiver Spannung. Wird die Spannung U_E höher als 9 V + 0,6 V = 9,6 V, so leitet die Diode D_2. Auch hier fällt die erhöhte Spannung dann über R_S ab.

● Schließlich ist in Abb. 9.4.9-1e noch eine Schutzschaltung zur Stabilisierung des Arbeitspunktes gezeigt. Wir wissen aus vorherigen Kapiteln, daß der Transistor bei Erwärmung stärkeren Strom als durch den gewählten Arbeitspunkt verursacht. Um dem zu begegnen, kann außer dem Emitterwiderstand in den Basisteiler eine Diode D eingeschaltet werden. Bei Erwärmung durch die Umgebungstemperatur wird auch der Diodenwiderstand kleiner und somit die Spannung U_D. So z. B. von 0,61 V auf 0,59 V. Das genügt, um ebenfalls die Spannung U (Abb. 9.4.9-1e) dementsprechend zu verringern, wodurch sich der Transistorstrom wieder verkleinert. Also hat die Wirkung der

234

Diode D bei Erwärmung die Basisspannung des Transistors verringert und somit seinen durch Wärme erhöhten Strom ebenfalls.

9.5 Die Sache mit den FETs, also den Feldeffekttransistoren.

Wer sich mit Transistoren beschäftigt, stößt unweigerlich irgendwann auf den Feldeffekttransistor... von dem es viele Familien mit unterschiedlichem Stammbaum gibt. Diese sogenannten unipolaren Transistoren haben gegenüber den uns bekannten bipolaren Transistoren einen ganz wesentlichen Unterschied. Und zwar die leistungslose (Spannungs-)Ansteuerung. Während der bipolare Transistor einen Strom (Leistung) an der Basis braucht, arbeitet der FET (Feldeffekttransistor) mit einer Spannung – ohne merkbaren Strom am Steuerelement, dem Gate (= Tor).

Und so ergeben sich für den FET dann auch besondere Anwendungsgebiete, d. h. solche, die eben eine leistungslose Ansteuerung benötigen. Davon soll jetzt die Rede sein.

Erinnern wir uns, daß der Eingangswiderstand des Basiskreises eines bipolaren Transistors so Größen bis 10 kΩ in der Praxis aufweist. Mit diesen – kleinen – Widerständen müssen oft erhebliche Anpassungsschwierigkeiten überwunden werden, die beim FET entfallen. Nun lassen sich aber viele gute Eigenschaften des bipolaren Transistors – wie wir gleich erkennen werden – nicht immer so ohne weiteres durch den FET ersetzen. Damit ist die Zweigleisigkeit bipolarer und unipolarer Transistoren gerechtfertigt. Übrigens, so auf der Zunge lag mir der Begriff „unipolar" auch nicht; das läßt sich aber nachlesen in dem Buch „Begriffe der Elektronik" (Rentzsch, Franzis-Verlag München).

Grenzen des einfachen FETs sind auf folgenden Gebieten zu sehen: Hochfrequenztüchtigkeit im GHz-Gebiet, Linearität der Aussteuerung (er benötigt eine höhere Betriebsspannung), bestimmte Typen sind sehr empfindlich am Gate bei Überspannungen (Zerstörung). Aus der Vielzahl der Typen der sogenannten Sperrschicht-FETs und Isolierschicht-FETs wollen wir einmal den universellen Sperrschicht-N-Kanal-FET BF 256 untersuchen. – Wer dazu mehr wissen will, muß wieder Literatur wälzen; so z. B. „FETs und VMOS" (Wirsum, Franzis-Verlag) oder „Werkbuch Elektronik" (Nührmann, Franzis-Verlag). – Um nun eine Gegenüberstellung zu dem bekannten Transistor BC 107 zu machen, wollen wir einmal die Kennlinien vergleichen.

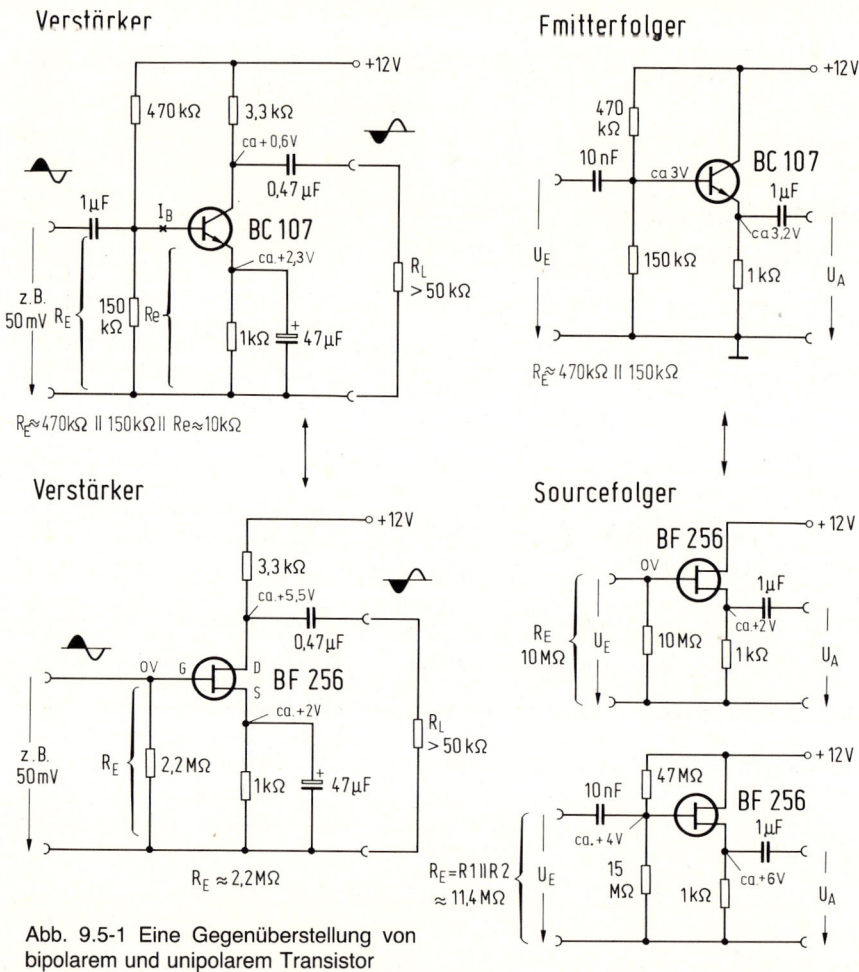

Abb. 9.5-1 Eine Gegenüberstellung von bipolarem und unipolarem Transistor

Der Vergleich – unipolar gegen bipolar

Zunächst einmal der praktische Anschluß des FET. Auch dieser hat wieder drei Anschlüsse, wobei als gemeinsamer Bezugspunkt für Eingangs- und Ausgangsspannung der Sourceanschluß gilt. Die Gegenüberstellung zeigt *Abb. 9.5-1*. Damit sind wir schon mitten in die Praxis gestolpert; dabei fehlen uns noch folgende

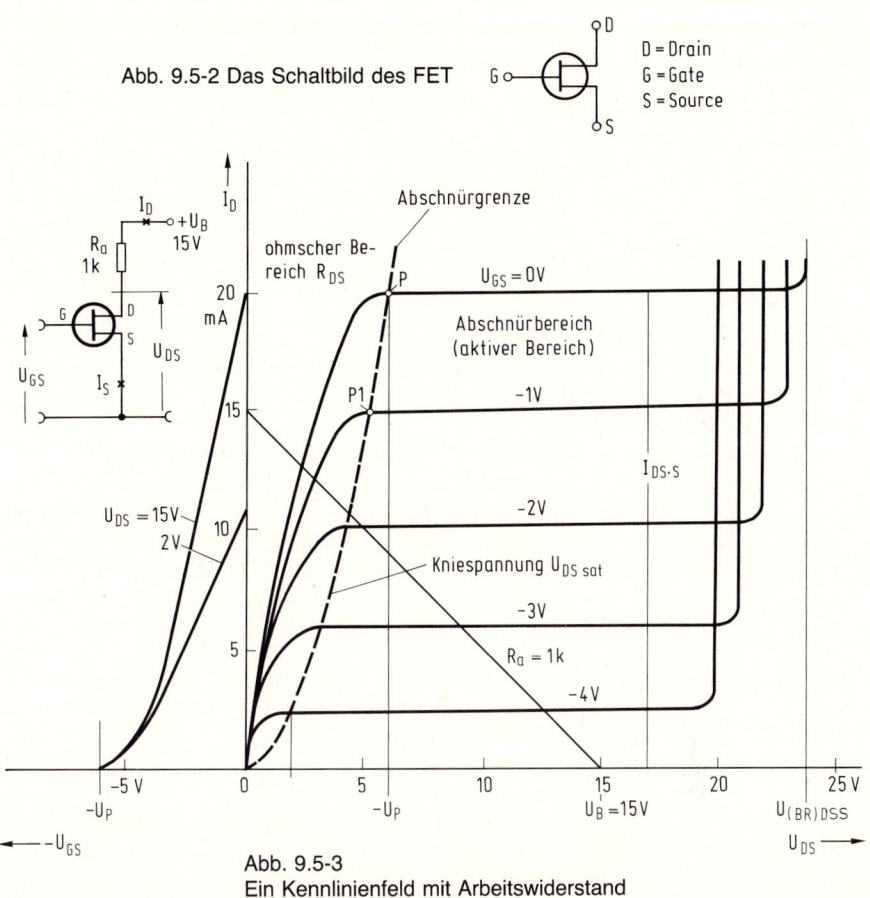

Abb. 9.5-2 Das Schaltbild des FET

D = Drain
G = Gate
S = Source

Abb. 9.5-3
Ein Kennlinienfeld mit Arbeitswiderstand

Begriffe. In *Abb. 9.5-2* ist das Symbol des Sperrschicht-FETs gezeigt. Oftmals erhält der Gateanschluß noch einen Pfeil (ähnlich Emitteranschluß) in Richtung Gatestrich. Das bedeutet N-Kanal-I-FET, also so einer, der eine positive Betriebsspannung erhält – ähnlich dem NPN-Transistor. Der BF 256 ist ein N-Typ. Schlagen Sie bitte noch einmal die Kennlinie Abb. 9.2.6-1 auf. So etwas Ähnliches gibt es nun auch für den FET BF 256. Das ist in *Abb. 9.5-3* zu sehen.

Der Arbeitsbereich ist von der sogenannten Abschnürgrenze bis ca. 18 V zu finden. Bei der Spannung $U_{GS} = 0$ V fließt ein hoher Drainstrom (selbstleitender

237

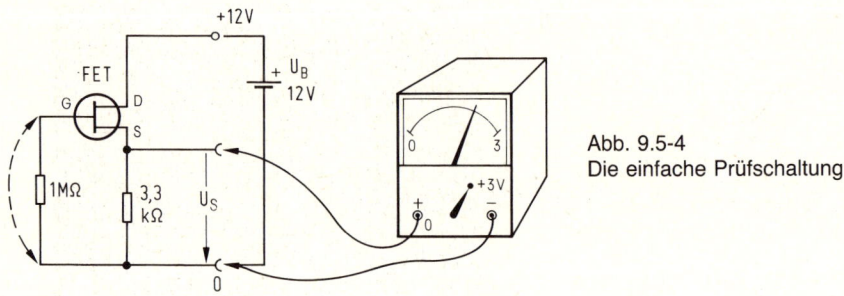

Abb. 9.5-4
Die einfache Prüfschaltung

FET), der durch positive Gate-Spannung noch erhöht und durch negative Gate-Spannung verkleinert werden kann.

Diese Sache können Sie in der FET-Prüfschaltung (N-Kanal-Sperrschicht-FET) *Abb. 9.5-4* selbst untersuchen. Schließen Sie den Transistor nach dem Bild an, dann können Sie je nach Transistortyp mit einem Vielfachmeßgerät eine Spannung zwischen ca. +1,3 V und +2,5 V messen. Werden diese Werte angezeigt, so ist der FET für Sie o. k. – so einfach ist das. Schließen Sie den 1-MΩ-Widerstand kurz, so darf sich die Anzeige nicht ändern; denn es fließt ja kein Gatestrom. Damit ist auch die Spannung, am Gate gemessen, gegen Masse = 0 V... mit oder ohne Gate-Widerstand.

Sie können sich mal den Spaß erlauben und nach *Abb. 9.5-5* eine LED im Gatekreis anordnen. Evtl. auch zwei in Serie, das ergibt eine höhere Spannung. Im dunklen Zustand messen Sie die vorher diskutierte Sourcespannung von z. B. 1,6 V bei U_{GS} = 0 V. Wird die LED mit einer Taschenlampe angestrahlt, so erzeugen die Photonen in der LED eine Spannung, die am Gate des FET positiv wird. Der FET wird dadurch weiter aufgesteuert. Die Spannung des Meßgerätes zeigt es Ihnen an. Machen Sie den Versuch, das Vielfachmeßgerät im 3-V-Bereich direkt an die LED anzuschließen, so werden Sie kaum etwas messen. Denn der Kurzschlußstrom der

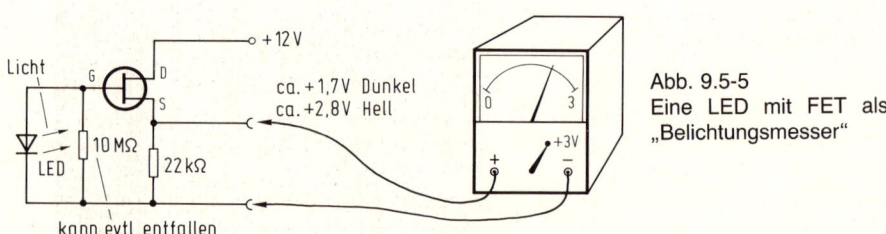

Abb. 9.5-5
Eine LED mit FET als „Belichtungsmesser"

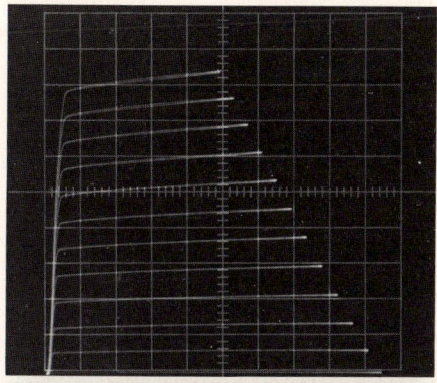

Abb. 9.5-6
Das Kennlinienfeld des BC 107,
also kein FET!

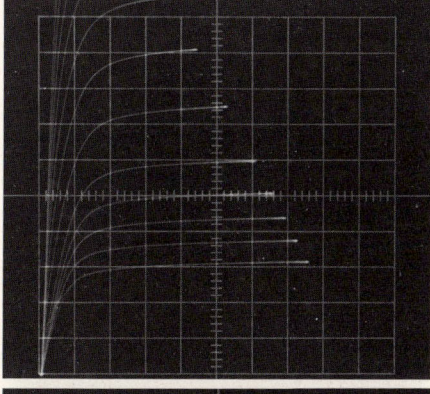

Abb. 9.5-7
Das FET-Kennlinienfeld mit positiven Gatespannungen

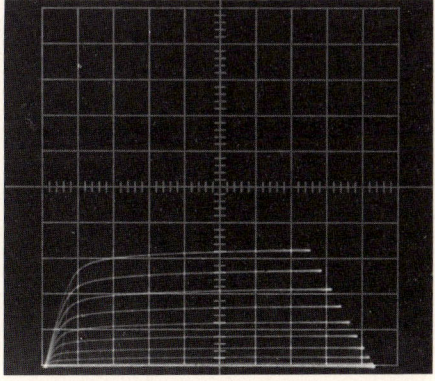

Abb. 9.5-8
Das FET-Kennlinienfeld mit negativen Gatespannungen

LED beträgt nur einige µA. Im 3-V-Bereich, bei 50 kΩ/V sind es 150 kΩ, ist die Belastung für die LED einfach zu hoch. Der FET mit R_E = 10 MΩ ist dom Versuch mehr zugeneigt. Sogar dann noch mehr, wenn der 10 MΩ (der Versuch ist es wert) fortgelassen wird und der physikalisch bedingte Eingangswiderstand R_E (R_{GS}) von ca. 10^{13} Ω wirksam wird (10^7 Ω = 10 MΩ!).

Also, das war doch wohl genug an Beweisen für die Hochohmigkeit des FET. Nun noch einmal kurz zur Kennlinienübersicht. Betrachten wir die Abb. 9.5-3 als graue Theorie, so wie der Lehrer in der Schule es braucht, und befragen mal den Kennlinienschreiber nach der Praxis.

Den Kennlinien liegen folgende Daten zugrunde (*Abb. 9.5-6*):
Transistor BC 107 B:
Vertikaler Maßstab 2 mA/Teil (Mitte 10 mA, Ende 20 mA),
Horizontaler Maßstab 2 V/Teil (Mitte 10 V, Ende 20 V),
Kennlinien-Basisstromsprünge 5 µA pro Schritt, unten mit Null beginnend, Arbeitswiderstand R_a = 500 Ω,
Betriebsspannung 19 V.

Wenn Sie's im Oszillogramm nachrechnen, werden Sie mit dem 500-Ω-Widerstand kleine Abweichungen erleben, das liegt – siehe Oszillogramm – an dem nicht genau zentrierten Nullpunkt links unten im Koordinatenkreuz. Daß die Kennlinien in einer diagonalen Linie aufhören, ist mit R_a = 500 Ω rechnerisch zu begründen. (Siehe dazu die Erklärungen für die Abb. 9.4.4-2b).

Im Gegensatz zu den recht linearen Kennlinien des BC 107 (*Abb. 9.5-6* und *Abb. 9.4.4-2b*) steht der FET mit seinen Kennlinien (*Abb. 9.5-7* und der Fortsetzung *Abb. 9.5-8*) insofern, als im ersten Fall von der Gatespannung Null ausgehend – es ist das die unterste Kennlinie – Schritte in Abständen von 200 mV pro Kennlinie gewählt sind. Im zweiten Fall ist die oberste Kennlinie 0 V. Die Gatespannung wurde in 0,2-V-Schritten davon ausgehend negativ gewählt. Beide Bilder zusammen ergeben die kompletten Kennlinien. In der Praxis wird die negative Ansteuerung gewählt mit dem positiven Bereich bis ca. 0,5 V. Haben Sie also eine Wechselspannung von 1 V_{ss} vorliegen, so wählen Sie die Schaltung *Abb. 9.5-9*.

Zurück zur FET-Kennlinie. Zur Betrachtung nehmen Sie bitte die gleichen Daten wie bei Abb. 9.5-7. Lediglich der Basisstrom entfällt; denn in Abb. 9.5-7 wird das Gate in Schritten von 0 V (unten) mit +0,2 V pro Kennlinie angesteuert. In Abb. 9.5-9 sind es, wie gesagt, von 0 V (obere Linie) je −0,2 V pro Kennlinie. Auch für die diagonale Begrenzung der beiden Bilder gilt die Frage des 500-Ω-Arbeitswiderstandes lt. Abb. 9.5-3, in dem ein 1-kΩ-Widerstand eingezeichnet ist. Oder die Erläuterung der Abb. 9.4.4-2b für den 5,6-kΩ-Widerstand.

Wenn Sie nun die Abb. 9.5-6 den Abbildungen 9.5-7 und 9.5-8 gegenüberhalten, so fallen zwei Dinge zu Lasten des FET auf:

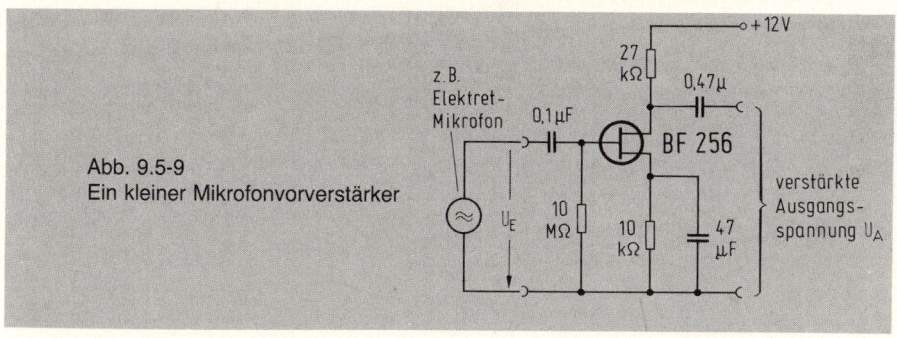

Abb. 9.5-9
Ein kleiner Mikrofonvorverstärker

1. Beim bipolaren Transistor beginnen die Kennlinien linear bereits ab ca. +1 V, beim FET je nach Drainstrom ab ca. +1 V...+6 V.

2. Beim bipolaren Transistor führen die gleich großen Basissprünge zu gleich großen Kollektorstromänderungen, die Kennlinien verlaufen fast waagerecht. Der FET ist bei gleich großen Gatespannungssprüngen unlinear in einer Drainstromantwort. Auch verlaufen die Kennlinien nicht ganz so waagerecht.

Die Probleme verwischen sich etwas, wenn der FET mit kleinen Spannungen angesteuert wird, also z. B. $\Delta U_G < 200$ mV$_{ss}$. Deshalb ist der FET sinnvoll in Vorverstärkern angeordnet... der bipolare kommt „danach".

Mit FETs lassen sich ein Hochohm-Meßzusatz und ein vollständiges Multimeter selbst bauen. Lesen Sie das nach in dem Buch „Das Hobby-Labor für den Profi-Bastler" vom Franzis-Verlag.

9.6 Der Operationsverstärker in der Hobbypraxis

Sein Name ist nicht mehr ganz zeitgemäß. Integrierter Verstärker wäre besser, denn als „Operationsverstärker" wird er im Sinne seines Erfinders heute selten benutzt. Er sollte einmal Rechenoperationen ausführen. Aber man kann ihn drehen und wenden, und von allen runden – TO-100-Gehäuse – oder eckigen – Dual-in-line-Gehäuse – Seiten betrachten. Er, der OP-Amp, vereinfacht die Elektronik, auch besonders auf dem Hobbygebiet, ganz erheblich. Das *Foto Abb. 9.6-1* zeigt, wie's aussehen kann. Also ein TO-100-Gehäuse oder der In-line-look... jeweils mit Sockel.

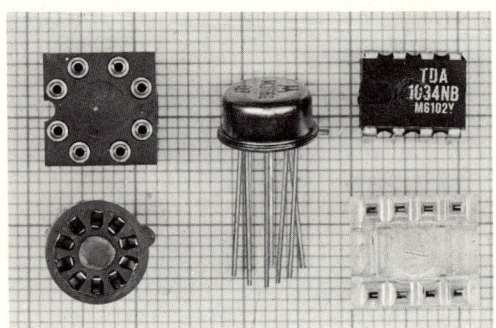

Abb. 9.6-1
Bauformen bei Operationsverstärkern
und ihre Sockel

Die Typen, was er soll und ein paar Daten

Es gibt da sehr viele Typen – abgesehen von den Gehäuseformen. Beziehen wir uns zunächst auf den Begriff „Verstärker", dann ist der OP-Amp ein solcher mit Verstärkungsreserven – das ist vom Typ abhängig – bis zu 100 000fach. Daß hier etwas nicht so ganz stimmen mag, soll die folgende Rechnung zeigen. Wenn der OP-Amp mit einer Betriebsspannung von 20 V läuft und die Plattenspielerspannung 10 mV beträgt, so kann die verstärkte Ausgangsspannung sicher nicht 10 mV · 100 000 = 1000 V groß sein. So, das ist schon ein Punkt, den wir uns merken wollen, der da heißt: Die verstärkte maximale Ausgangsspannung ist immer kleiner als die Betriebsspannung. Genaugenommen können Sie sagen, daß die Ausgangsspannung, also das verstärkte Signal, bis zu 90 % der Betriebsspannung groß sein darf. Also bei 20 V rund 18 V.

Nun zu der Betriebsspannung. Davon brauchen Sie leider zwei, eine positive und eine negative. Der OP-Amp arbeitet also mit einer symmetrischen Betriebsspannung. Oftmals wird ihm jedoch nur eine Spannung zugeführt... dann wird durch einen schaltungstechnischen Trick dennoch eine symmetrische Spannung erzeugt.

Der normale OP-Amp benötigt nur einen geringen Strom von 5 mA. Leistungstypen brauchen entsprechend mehr. Der dynamische Ausgangswiderstand liegt bei 100 Ω. Sein Eingangswiderstand erreicht Werte von 500 kΩ und mehr. Operationsverstärker mit FET-Eingang liegen bei 10^9 Ω. Alles in allem, ein ziemliches Kunterbunt von Daten. Daten, die ich aus Platzgründen in diesem Buch nicht alle unterbringen kann. Wer da dennoch genauer einsteigen will, in dem RPB 151 „Operationsverstärker in der Hobbypraxis" steht's auf 111 Seiten beschrieben (Franzis-Verlag, München).

Symbole – und die Anschlußtechnik ist leicht zu verstehen

Das Symbol ist hier in *Abb. 9.6-2* zu sehen. Hieran fällt also auf, daß wir's mit fünf Anschlüssen zu tun haben. Ein $+U_B$- und ein $-U_B$-Anschluß für z. B. eine positive 12-V-Spannung und eine negative 12-V-Betriebsspannung. Des weiteren der Anschluß für die Ausgangsspannung U_A... und zwei Anschlüsse für die Eingangsspannung U_{E1} und U_{E2}. Hier können wir uns jedoch merken, daß in den meisten Verstärkerschaltungen der Anschluß U_{E1} (+), sogenannter nichtinvertierender Eingang, weil Eingangs- und Ausgangsphasenlage gleich sind, benutzt wird. Das Signal am Eingang U_{E2} – ein invertierender Eingang – dreht die Phasenlage des Eingangssignales um 180°. Er wird dazu benutzt, die enorme Verstärkung von 100 000 – im Leerlauf – zu bändigen, und auf einen vernünftigen Wert von z. B. 100fach zu reduzieren. Zur Kennzeichnung hat dieser Eingang ein Minuszeichen ($-$) im Symbol.

Sehen wir uns das in einer kleinen Schaltung an. Die *Abb. 9.6-3* enthält einen kleinen Mikrofonverstärker mit Kopfhörerausgang. Die Spannungsverstärkung ist

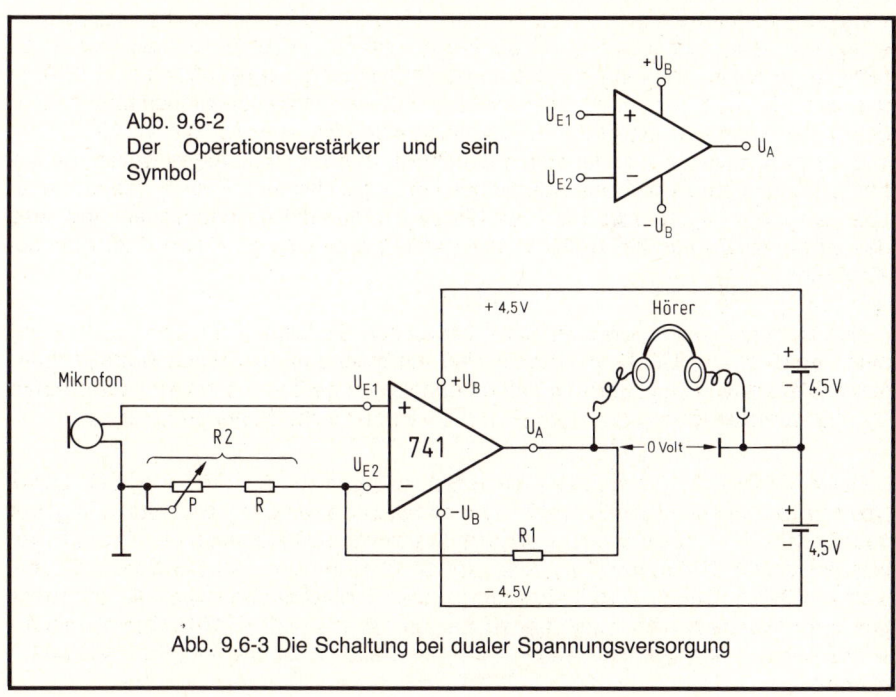

Abb. 9.6-2
Der Operationsverstärker und sein Symbol

Abb. 9.6-3 Die Schaltung bei dualer Spannungsversorgung

(Formel 82) $V_u \sim \dfrac{R_1}{R_2}$ Wird also $R_1 = 470$ kΩ und $R_2 = 4,7$ kΩ, so ist die Ausgangsspannung U_A demnach 100mal größer als die Eingangsspannung U_E.

Der Widerstand R_2 kann aufgeteilt werden in einen Teil R und einen Teil P. Dabei dient das Potentiometer P dann der Lautstärkenreglung – veränderliche Verstärkung durch Ändern von R_2. Sinnvoll wählt man R mit ca. 1 kΩ und P mit rund 50 kΩ. Dann lassen sich nach der ersten Formel folgende Verstärkungen einstellen. Mit P auf 0 Ω gestellt ergibt sich

$V_U \approx \dfrac{470 \text{ k}\Omega}{1 \text{ k}\Omega} \approx 470$fach. Mit P auf 50 k$\Omega$ gestellt, ergibt sich eine Verstärkung von

$V_U \approx \dfrac{470 \text{ k}\Omega}{50 \text{ k}\Omega + 1 \text{ k}\Omega} = 9,2$fach. Durch Wahl von P lassen sich je nach Bedarf optimale Verhältnisse einstellen. Wer mit nur einer Betriebsspannung arbeiten will, oder muß, kann die etwas umfangreichere Schaltung lt. *Abb. 9.6-4* nutzen. Wie zu sehen ist, werden zwei Kondensatoren und zwei Widerstände mehr benötigt. Die beiden Widerstände teilen die Batteriespannung auf ca. +4,5 V für den Eingang E1. Zu dem unteren 470-kΩ-Widerstand gesellt sich noch die Parallelschaltung des hochohmigen Eingangswiderstandes von ca. 1 MΩ, wodurch dieser als Spannungsteiler dann tatsächlich mit ca. 330 kΩ wirkt. Also, am Eingang ist mit einem

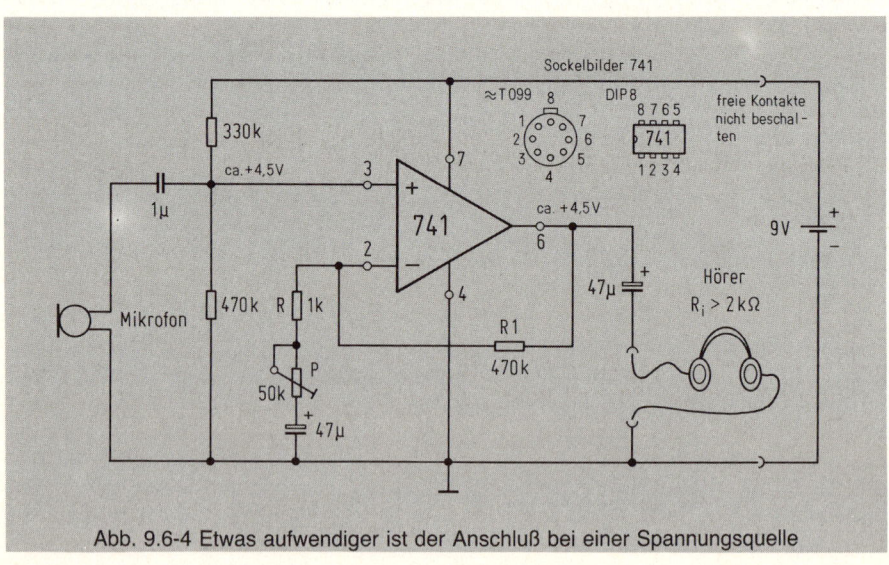

Abb. 9.6-4 Etwas aufwendiger ist der Anschluß bei einer Spannungsquelle

hochohmigen Voltmeter eine Spannung von $\frac{U_B}{2}$, also rund 4,5 V zu messen. Diese gleiche Spannung ist auch am Ausgang festzustellen, und das ist schon ein Prüfkriterium des OP-Amps als Verstärker, denn die Höhe der Ausgangsspannung ist immer gleich der Größe der Eingangsspannung. Abweichende Ergebnisse deuten auf einen Fehler hin. Ein weiteres Kriterium der Arbeitspunkteinstellung ist die Tatsache, daß $U_E = U_A \approx \frac{U_B}{2}$ sein soll. Das ist mit zwei gleich großen Batterien – duale Spannungsversorgung – immer erreicht. Ist bei einer einzigen Batterie die Spannung $U_E = U_A \neq \frac{U_B}{2}$, so kann am Eingang ($U_E$) der Spannungsteiler (470 kΩ, 330 kΩ) entsprechend geändert werden.

Mögliche Fehler bei der Arbeitspunkteinstellung

Ich möchte Ihnen dazu vier Oszillogramme vorlegen. Diese Bilder sagen mehr aus als viele Sätze. Der OP-Amp hat in seinem Innern eine geordnete Ansammlung mehrerer Transistoren. Wie wir wissen („böswillige" Unterstellung lt. Abb. 9.6-4), kann die Ausgangsspannung U_A innerhalb des Bereiches von $+U_B$ bis fast Null schwanken, ohne begrenzt zu werden. Die folgenden Fotos zeigen nun bei einer Betriebsspannung von 8 V und einer Eingangsspannung von 10 mV Sinus (1 kHz) die entsprechenden Ergebnisse, wobei unterschiedliche Verstärkung eingestellt wurde.

1. *Abb. 9.6-5*
Sinusausgangsspannung mit 7,6 V_{ss} unverzerrt.

2. *Abb. 9.6-6*
Sinusausgangsspannung beidseitig begrenzt. Verstärkung zu hoch eingestellt oder Eingangsspannung zu groß gewählt.

3. *Abb. 9.6-7*
Nur die positiven Sinushalbwellen werden begrenzt (verzerrt). Das passiert, wenn die duale Spannungsversorgung unsymmetrisch wird. In diesem Fall ist $-U_B > +U_B$. Oder der obere Teilerwiderstand in Abb. 9.6-4 ist kleiner als sein unterer Partner.

4. *Abb. 9.6-8*
Das gleiche Problem wie in 3., nur ist hier $-U_B < +U_B$, resp. der Teilerwiderstand unten kleiner als der obere, zur $+U_B$-Spannung führende Widerstand.

245

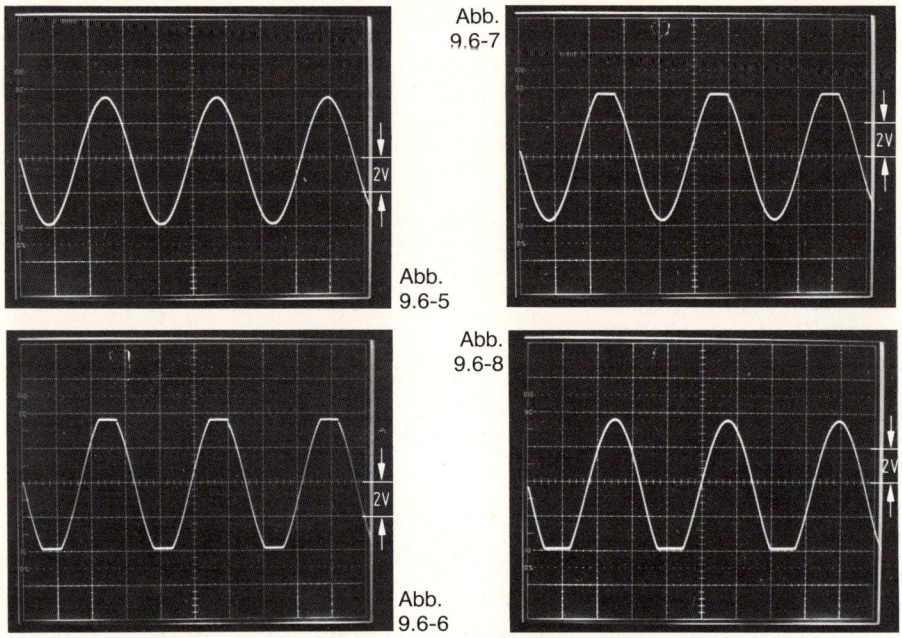

Abb.
9.6-7

Abb.
9.6-5

Abb.
9.6-8

Abb.
9.6-6

Abb. 9.6-5 bis 9.6-8 Die Arbeitspunkteinstellung. Erläuterungen siehe Text

Selbstgebaut – der kleine NF-Verstärker

Den kleinen NF-Verstärker, den ich jetzt beschreiben möchte, können Sie für viele Zwecke benutzen, so z. B. auch als Meßgerät, nämlich als Signalverfolger in der Analog- oder Digitaltechnik. So lassen sich damit auch die NF-Teile von Radiogeräten untersuchen – doch das soll nicht unser Thema sein. Die Schaltung ist jetzt in *Abb. 9.6-9* zu sehen. (Übrigens ist diese Schaltung auch mit einer Gehäusebauanleitung und dem Aufbau auf eine Universalrasterplatine in dem RPB 162 „Vom einfachen Detektor bis zu Kurzwellenempfang" [Franzis-Verlag] beschrieben.)

Denken Sie sich bitte zunächst einmal die Instrumenten-output-Schaltung, also den Anzeigekreis mit den beiden Dioden, dem Instrument und dem 2,2-μF-Kondensator fort. Dann passiert in der Schaltung folgendes. Der Op-Amp, Typ 741 im TO-100-Gehäuse oder im 8poligen-Dual-in-line-Gehäuse, verstärkt die am Eingang A anliegende Signalspannung. Also z. B. die Musik eines empfangenen Senders. Das verstärkte Signal wird am Ausgang – Punkt 6 – abgenommen und einem Emitterfol-

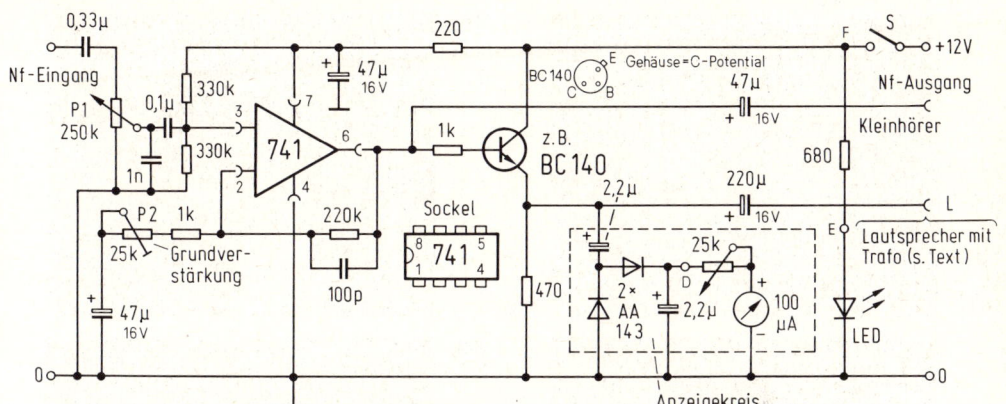

Abb. 9.6-9 Das ist die Schaltung des kleinen NF-Verstärkers

ger (BC 140) zugeführt. Diese Maßnahme ist sinnvoll, wenn mit niederohmigen Hörern oder Lautsprechern gearbeitet wird. Ebenso zur Ansteuerung der Instrumentenschaltung. Benutzen Sie einen Hörer mit Innenwiderstand $R_i > 2$ kΩ, so läßt sich ohne Bedenken dieser an Punkt B und O anschließen. In diesem Fall können Sie auf den BC 140 mit seiner Schaltung verzichten. Möchten Sie ohne Hörer, also mit Lautsprecher arbeiten, dann schließen Sie nach *Abb. 9.6.10* diesen über einen Trafo an den Ausgang O–C an. Der Lautsprechertrafo ist als Impedanzwandler notwendig. Sehen Sie, der Lautsprecher hat einen Widerstand von 4 Ω oder 8 Ω. Der Emitterausgang des BC 140 hat am liebsten Belastungswiderstände von mehr als 200 Ω. Diese sogenannte Widerstandswandlung oder Impedanzwandlung wird nach folgender Gleichung mit dem Trafo der Abb. 9.6.10 vorgenommen.

$$\ddot{u} = \frac{n_P}{n_S} = \sqrt{\frac{R_P}{R_S}}$$

$\ddot{u}$ = Übersetzungsverhältnis
n_P = Primärwindungszahl
n_S = Sekundärwindungszahl

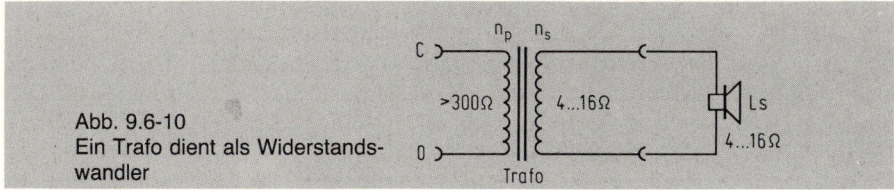

Abb. 9.6-10
Ein Trafo dient als Widerstandswandler

247

Beispiel: Der benutzte Lautsprecher hat einen Widerstand von 8 Ω, also R_S = Widerstand der Sekundärseite des Trafos, und der Widerstand R_P (Primärseite) soll mindestens 200 Ω sein. Dann ist

$$\ddot{u} = \sqrt{\frac{200}{8}} = 5,$$

also muß der benutzte Trafo ein Übersetzungsverhältnis von mindestens 1 : 5 aufweisen. Werte von mehr als ca. 1 : 10 werden die Musik leiser machen, da gemäß der Trafogleichung auch

$$\ddot{u} = \frac{U_P}{U_S} \quad (U_P = \text{Primärspannung}; U_S = \text{Sekundärspannung}) \text{ ist.}$$

Setzen Sie die Ausgangsspannung des Verstärkers an Punkt C einmal mit 5 V~ an. Dann ist bei $\ddot{u}$ = 1 : 3 die Ausgangsspannung am Trafo

$$\frac{U_P}{U_S} = \quad , U_S = \frac{U_P}{3} \text{ ; also z. B. 1,67 V groß.}$$

Ist ein Trafo mit $\ddot{u}$ = 1 : 5 im Gebrauch, so ist U_S demzufolge nur noch 1 V groß – wie Sie leicht nachrechnen können. Diese Darlegung muß die „Musik nicht leiser machen"; denn, wenn der Trafoausgang mit seiner Impedanz der Lautsprecherimpedanz entspricht, dann ist der Fall der Leistungsanpassung erreicht. Die volle Musikleistung erreicht den Lautsprecher. Derartige Lautsprechertrafos erhalten Sie im Elektronikfachgeschäft – passend zum Lautsprecher, der vielleicht eine Nennbelastung von 1 W haben kann.

Mit dem Regler P 1 wird in Abb. 9.6-9 die Lautstärke eingestellt. Das Potentiometer P 2 bestimmt die Grundverstärkung und wird nach Wahl beim Senderempfang mit dem Regler P 1 so eingestellt, daß dieser bei starken Sendern den Verstärker nicht übersteuert (siehe Abb. 9.6-6). Das macht sich als Verzerrung im Lautsprecher bemerkbar. Eine gewisse Sorgfalt sollten Sie auf den Eingang verwenden. Die Leitungen von Punkt A bis Anschluß 3 des OP-Amp sollen kurz sein, da sich sonst Brummeinstreuungen einschleichen können.

Im übrigen ist der Aufbau nicht kritisch. Entscheiden Sie sich für den Aufbau auf eine Universalplatine mit kleiner Bauanleitung für das selbstgebaute Gehäuse, so hilft Ihnen der erwähnte RPB 162 „Vom einfachen Detektor bis zum Kurzwellenempfang" weiter. Hier möchte ich Ihnen nun den Vorschlag mit dem Bau einer selbstgeätzten Platine machen.

Wir entwerfen und bauen die Platine

Der Entwurf ist in *Abb. 9.6-11* zu sehen. Diese Abbildung zeigt Ihnen den Lageplan der Bauelemente und die Leiterbahn. Der Leiterbahnverlauf ist der *Abb. 9.6-12* zu entnehmen. Schließlich ist auf dem Foto *Abb. 9.6-13* die geätzte Platine zu erkennen und auf der *Abb. 9.6-14* die bestückte Platine von der Rückseite. Weiter zeigt die *Abb. 9.6-15* die bestückte Platine. Noch nicht eingelötet sind hier die beiden NF-Platinenbuchsen sowie das 25-kΩ-Potentiometer zur Einstellung der Empfindlichkeit des Meßwerkes. Ebenfalls sind bei dieser Platine, abweichend von Abb. 9.6-10, nur zwei seitliche Befestigungsbohrungen vorgesehen. Nach alldem, was hier über den Platinenbau gesagt wurde, kann ich Ihnen leider die Frage, wie Sie die Platine herstellen können, in diesem Kapitel aus Platzgründen nicht beantworten. Sie finden aber genügend Unterlagen und Hinweise dafür in dem kleinen Band RPB 56 vom Franzis-Verlag „Der Hobbyelektroniker ätzt seine Platinen selbst". Dort bin ich auf die Fragen der Platinen-Selbstherstellung eingegangen, so daß der Nachbau nach dieser Lektüre keine Schwierigkeiten bereiten dürfte. So können Sie dann den Plan

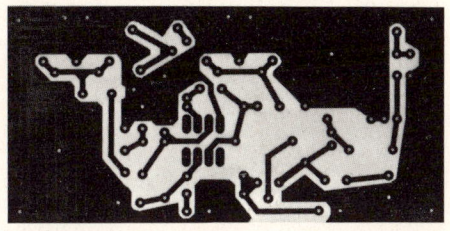

Abb. 9.6-11
Einer von vielen möglichen Entwürfen der Platine

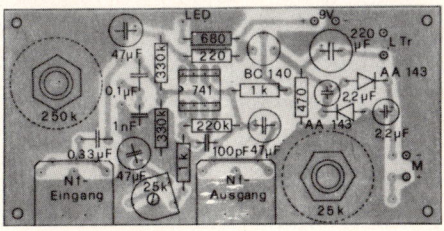

Abb. 9.6-12
So kann das Layout aussehen – eine Frage der Bauteilegröße

249

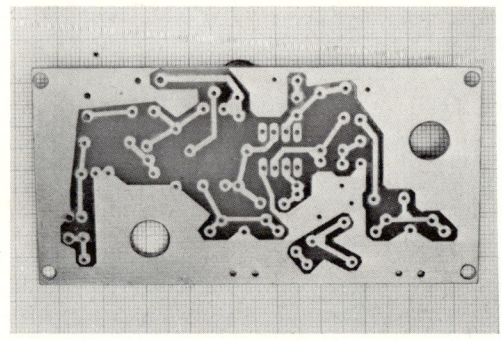

Abb. 9.6-13
Das ist die fertig geätzte Platine

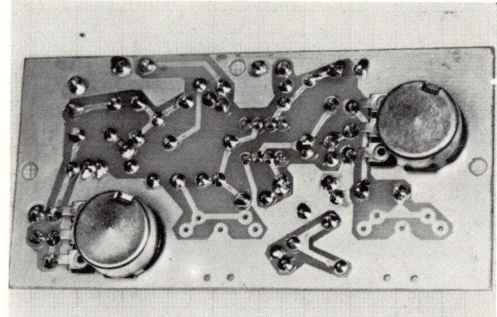

Abb. 9.6-14
Die Potentiometer werden auf die Platine montiert

Abb. 9.6-15
Die Bauteileseite... Der Transistor erhält einen Kühlstern

nach Abb. 9.6-10 auch entsprechend abweichend auslegen, wenn Ihnen andere Bauteile vorliegen. So z. B. einen Operationsverstärker im TO-100-Gehäuse, andere Bauformen von Potentiometern, Kondensatoren und NF-Anschlußbuchsen.

Auf dem Foto Abb. 9.6-12 ist auch erkennbar, daß der Transistor BC 140 einen Kühlstern hat. Das ist dann angebracht, wenn längere Zeit mit größerer Lautstärke gearbeitet werden soll. Dem Transistor also warm ums Herz wird.

Zum Schluß noch ein paar Worte zu den Spannungsangaben. Zunächst einmal sollten Sie mit einer Betriebsspannung von ca. 12 V (9...15 V) arbeiten. Dieser Wert ist mit drei Stück 4,5-V-Taschenlampenbatterien leicht erreichbar, die in Serie geschaltet ca. 13,5 V erreichen. Andererseits läßt sich selbstredend auch ein 12-V-Netzteil benutzen.

Von der Größe der Betriebsspannung sind die angegebenen Spannungswerte der Schaltung abhängig. Diese sind auf $U_B = 12$ V bezogen. Für Prüfungen des Verstärkers ist ein Voltmeter an den Punkt 6 des Op-Amp (Ausgang) anzuschließen.

Die dort gemessene Spannung soll ca. $\dfrac{U_B}{2}$ groß sein. Ist diese zu niedrig, so kann der untere 330-kΩ-Widerstand vergrößert werden, z. B auf 390 kΩ oder sogar 470 kΩ. Eine weitere Prüfung muß ergeben, daß die Spannung am Emitter des BC 140 ca. 0,6 V niedriger ist, als die an Punkt 6 gemessene Spannung.

Sinnvoll ist es, den Operationsverstärker über einen passenden Sockel zu betreiben. Im Zweifelsfall läßt er sich so leicht auswechseln. Die Anzeigeschaltung in der Abb. 9.6-9 gibt Ihnen die Möglichkeit, bei konstanten Meßsignalen eines Senders die Veränderungen der Antenne und Erde so zu gestalten, daß gemäß Zeigerausschlag die besten Empfangsverhältnisse erreicht werden.

9.7 Einfache Schaltungen mit dem Transistor

Der Elektroniker kann mit einfachen Transistorschaltungen viel erreichen. Eine sehr kleine Auswahl von Möglichkeiten zeigen die Abb. 9.7-1...9.7-9. Darin bedeuten die Abbildungen

Abb. 9.7-1 Elektronisches Metronom (Zeitgeber)
Abb. 9.7-2 Leckdetektor
Abb. 9.7-3 Lügendetektor
Abb. 9.7-4 Warnblinker
Abb. 9.7-5 Raumüberwachung
Abb. 9.7-6 Fernthermometer
Abb. 9.7-7 Regelnetzteil
Abb. 9.7-8 Morseübungsgerät
Abb. 9.7-9 Radioempfangsteil

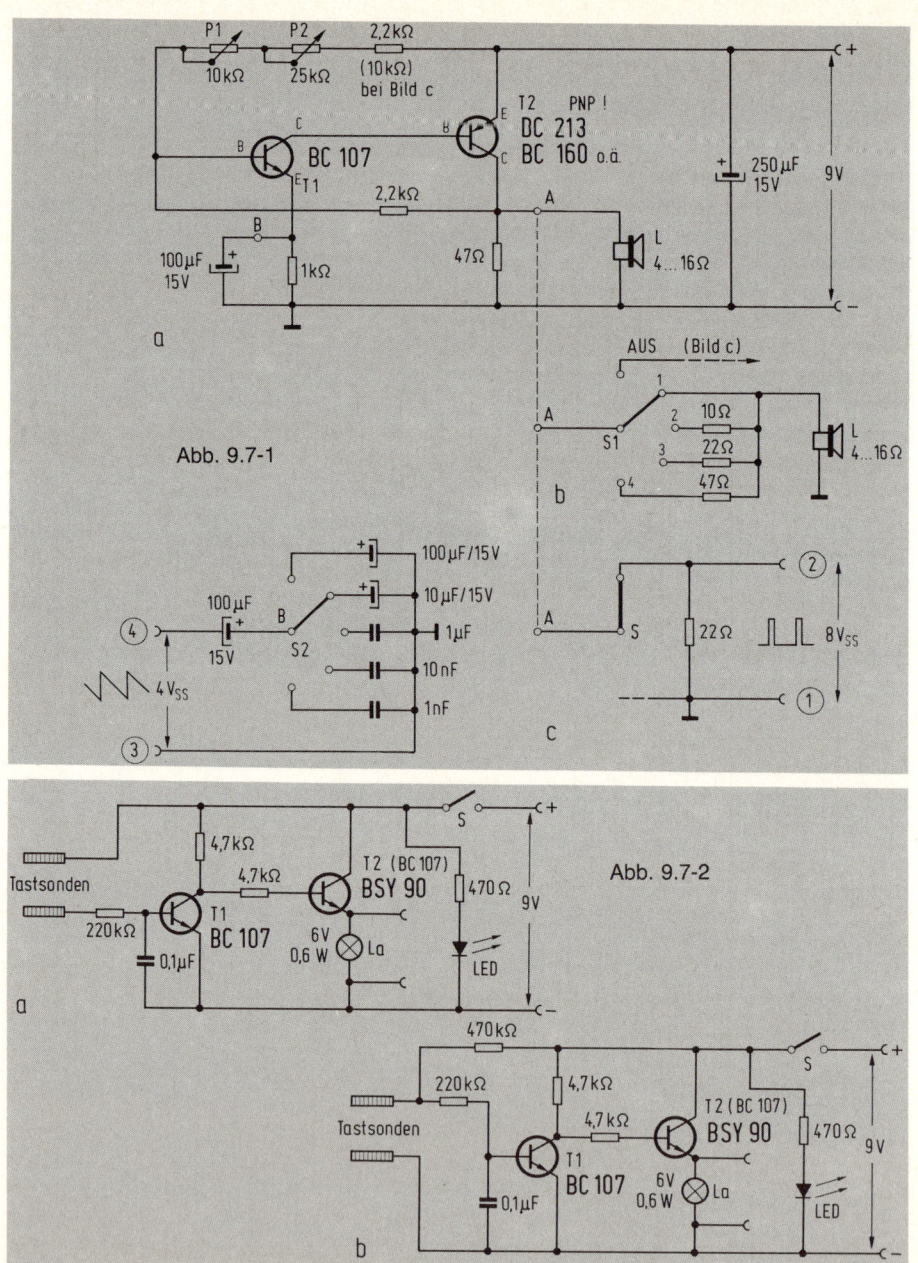

Abb. 9.7-1

Abb. 9.7-2

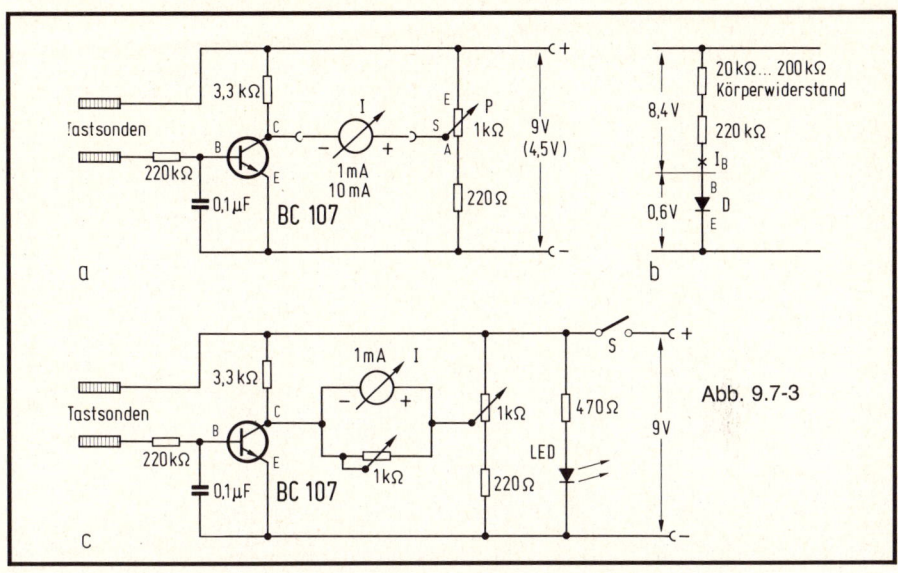

Abb. 9.7-3

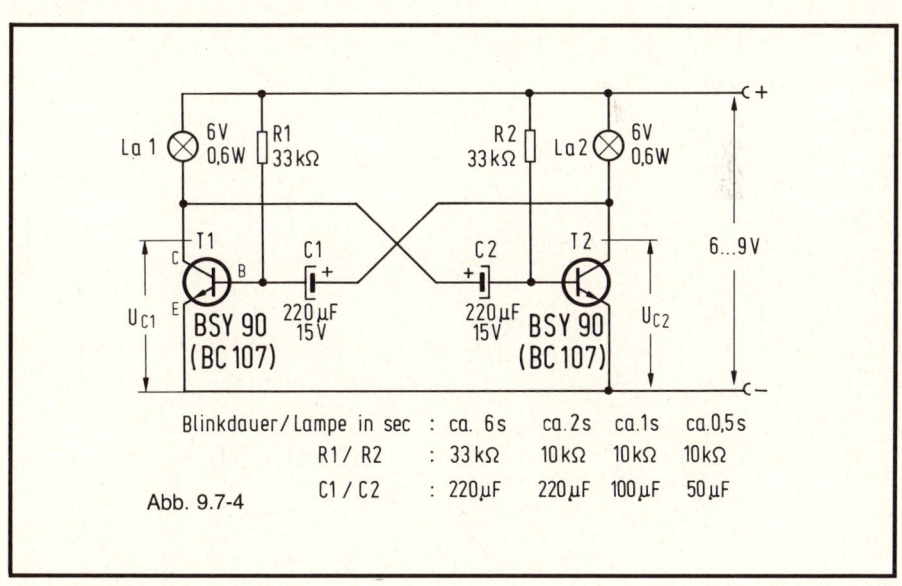

Blinkdauer/Lampe in sec	:	ca. 6s	ca. 2s	ca. 1s	ca. 0,5s
R1 / R2	:	33 kΩ	10 kΩ	10 kΩ	10 kΩ
C1 / C2	:	220 µF	220 µF	100 µF	50 µF

Abb. 9.7-4

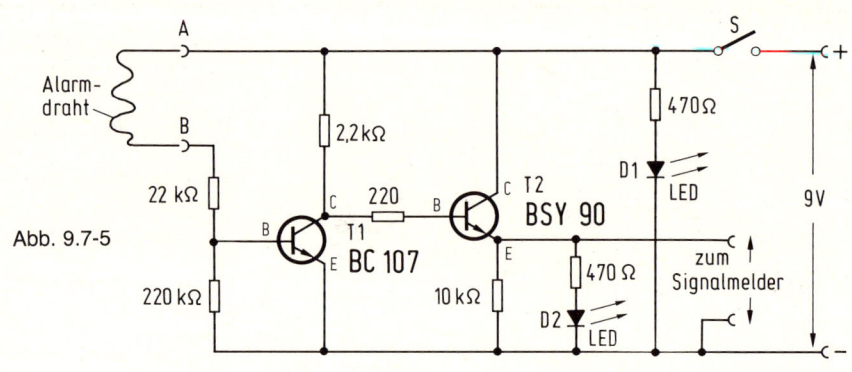

Abb. 9.7-5

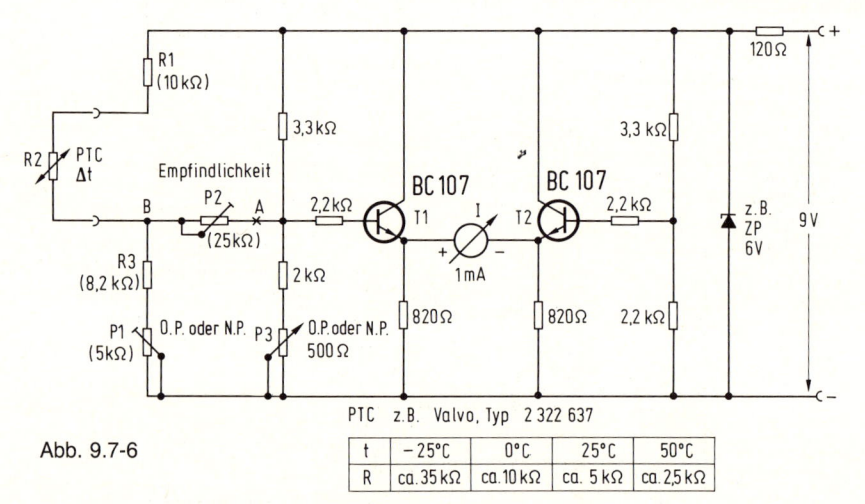

Abb. 9.7-6

PTC z.B. Valvo, Typ 2 322 637

t	−25°C	0°C	25°C	50°C
R	ca. 35 kΩ	ca. 10 kΩ	ca. 5 kΩ	ca. 2,5 kΩ

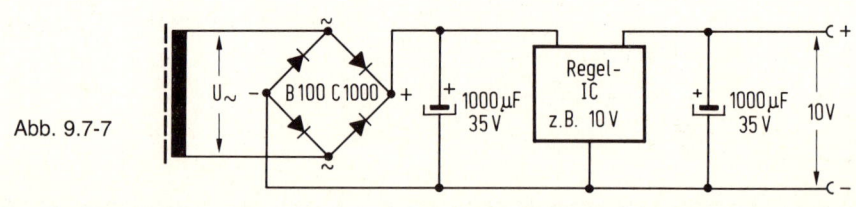

Abb. 9.7-7

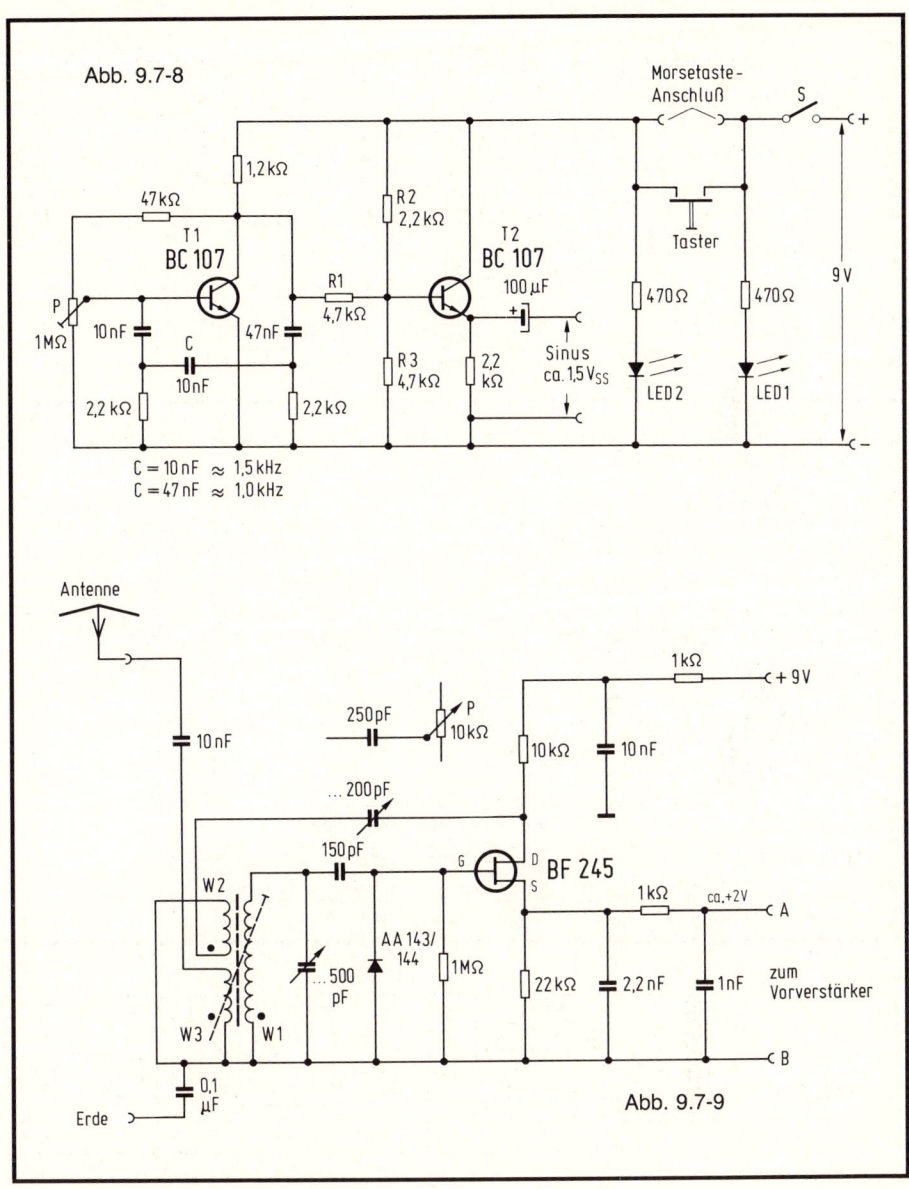

Abb. 9.7-8

$C = 10\,nF \approx 1,5\,kHz$
$C = 47\,nF \approx 1,0\,kHz$

Abb. 9.7-9

Übrigens finden wir eine genaue Bauanleitung mit einer ausreichenden elektrischen Beschreibung dieser und vieler weiterer interessanter Schaltungen in dem Buch „Elektronik-Selbstbau für Profi-Bastler", das in demselben Verlag erschienen ist. Aus den vorliegenden Abb. 9.6-1...9 können wir schon erkennen, daß mit recht wenig Aufwand und Bauteilen verschiedene Schaltungen möglich sind. Schaltungen und Geräte, die uns viel erkennen lassen und aus denen wir viel über angewandte Elektronik lernen können. Schaltungen mit ausführlichen Bauanleitungen aus dem Gebiet der Funktechnik sind in dem RPB 162 „Vom einfachen Detektor bis zum Kurzwellenempfang" enthalten.

9.8 Wir schalten zwei Transistoren zusammen – wie groß wird die Verstärkung?

Betrachten wir dazu einmal die *Abb. 9.8-1*, die uns aus der Abb. 9.4.7-1d schon teilweise bekannt ist. Hier sind zwei Transistorendstufen T_1 und T_2 in Serie geschaltet (hintereinander). Dabei sind sie über den Koppelkondensator C miteinander verbunden. In dem Kapitel 9.4.7 haben wir bereits ermittelt, daß eine Stufe eine Spannungsverstärkung von 25 aufweist. Werden beiden Stufen in Serie geschaltet, so entspricht die gesamte Spannungsverstärkung der Schaltung einer Multiplikation der einzelnen Stufenverstärkungen. In unserem Falle also $V_{U1} \times V_{U2} = V_U$ gesamt. Also rechnen wir $25 \times 25 = 625$ und erhalten somit bei einer Eingangsspannung von 1 mV eine Ausgangsspannung von 625 mV. Diese Schaltung ist damit gut geeignet, eine kleine Mikrofonspannung zu verstärken, um sie anschließend einem Lautsprecherverstärker zuzuführen. Der Elektroniker benutzt diese Schaltung, um Spannungen zu verstärken.

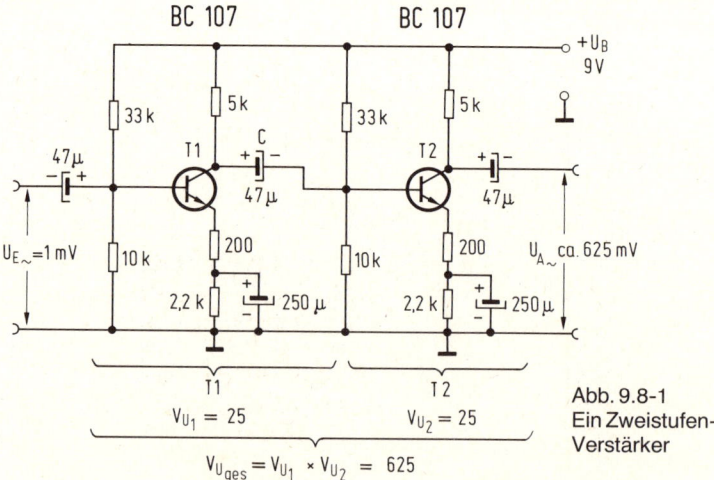

Abb. 9.8-1
Ein Zweistufen-Verstärker

$$V_{U_{ges}} = V_{U_1} \times V_{U_2} = 625$$

Häufig müssen in der Elektronik auch kleine Steuerströme verstärkt werden. Das ist immer dann der Fall, wenn der Signalgeber, z. B. das Mikrofon oder die Fotozelle, nur sehr wenig mit Strom belastet werden darf. Dann benutzt der Elektroniker eine Schaltung nach *Abb. 9.8-2.* Dort sind zwei Emitterfolger in Reihe geschaltet. Diese Schaltung wird als Darlingtonschaltung bezeichnet, wobei dann häufig der Emitterwiderstand des ersten Transistors T_1 fehlt. Aus dem Kapitel über Emitterfolger wissen wir bereits, daß dieser eine Spannungsverstärkung von ca. 0,9 hat. Schalten wir nun zwei Emitterfolger in Serie, wie in Abb. 9.8-2, so ist die Spannungsverstärkung ca. 0,9 × 0,9 = 0,81. Das heißt, die Eingangsspannung wird um den Faktor 0,81 abgeschwächt. Der Elektroniker benutzt häufig die Bezeichnung Spannungsverstärkung, auch wenn diese unter 1 liegt.

Anders mit der Stromverstärkung in Abb. 9.8-2. Der Transistor T_1 hat, aus seinen Kenndaten entnommen, eine Stromverstärkung von B = 400 und der Transistor T_2 eine solche von 100. Die gesamte Stromverstärkung

$$\frac{J_A}{J_E} = B_{ges}$$

ist demnach $B_1 \times B_2 = B_{ges}$, also 400 × 100 = 40 000.

Unterstellen wir in der Schaltung nach Abb. 9.8-2 einmal, daß bei einer Eingangsspannung von 100 mV ein Basisstrom $I_{E\sim}$ von 10 µA fließt, dann kann aufgrund der Stromverstärkung von 40 000 der gesamten Schaltung der Ausgangsstrom einen solchen Wert von 0,4 A annehmen. Das setzt bei einer Ausgangsspannung von 81 mV einen Belastungswiderstand von

$$R_L = \frac{81 \text{ mV}}{0,4 \text{ A}} = 0,2 \ \Omega$$

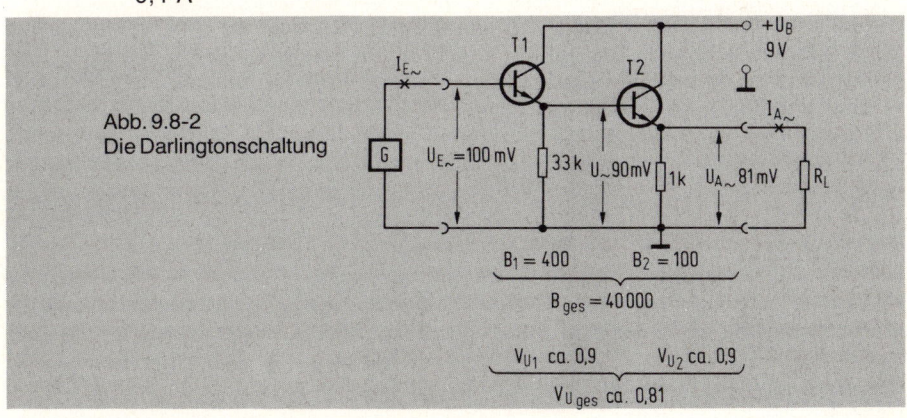

Abb. 9.8-2
Die Darlingtonschaltung

voraus. Schließen wir z. B. an den Ausgang einen 4-Ω-Lautsprecher in Serie mit einem 1000-μF-Elektrolytkondensator an, so bringt diese Schaltung schon eine ausreichende Lautstärke.

9.9 ...und das sollten wir daraus gelernt haben

Für den Elektroniker ist der Transistor zu einem unentbehrlichen, sehr wichtigen Bauelement geworden. Der Elektroniker hat viele Kenntnisse über das Verhalten des Transistors erworben. Der Transistor

- hat die „Radioröhre" völlig verdrängt
- wird als Spannungsverstärker benutzt
- wird als Stromverstärker (Emitterfolger) benutzt
- wird als elektronischer Schalter benutzt
- hat drei Anschlüsse (Emitter-Kollektor-Basis), von denen der Emitter sowohl für die Eingangs- als auch für die Ausgangsspannung einen gemeinsamen Bezugspunkt bildet
- besitzt eine Stromverstärkung B, die als $\dfrac{J_C}{J_B}$ für Verstärkungszwecke herangezogen wird
- belastet den Ausgang einer Steuerspannungsquelle durch seinen Basisstrom und den des Basisspannungsteilers
- verstärkt ein großes Signal unverzerrt, wenn seine Kollektorspannung etwa den Wert der halben Betriebsspannung beträgt
- benötigt zwei Spannungen, die Basis- und die Kollektorspannung. Beide werden vom Emitter aus gemessen
- benötigt den Basis- und Kollektorstrom zum Betrieb. Die Summe beider Ströme fließt durch den Emitter
- vergrößert seine Ströme bei Erwärmung
- darf nicht zu warm werden. Temperaturen über 40 °C verschieben stark den Arbeitspunkt
- erhält ein Kühlblech oder Kühlstern bei zu hoher Leistung
- läßt sich mit einem Ohmmeter prüfen. Dabei wird die Basis-Emitterdiodenstrecke und die Basis-Kollektordiodenstrecke in Durchlaß- und Sperrichtung geprüft
- läßt sich in seinen Verstärkungsdaten am einfachsten beschreiben, wenn sein U_C-I_C-Diagramm bekannt ist und eine gewünschte Widerstandsgerade dort eingezeichnet wird

● kann in seinem Arbeitspunkt besonders bei Temperaturänderungen stark stabilisiert werden, wenn er einen Emitterwiderstand erhält

● kann durch Einschalten von Widerständen, besonders in der Basisleitung gegen Überlastung geschützt werden

● Ein Feldeffekttransistor hat einen sehr hohen Eingangswiderstand – er belastet die Spannungsquelle kaum

● benötigt zum Arbeiten zwischen der Basis und dem Emitter eine Spannung von ca. 0,6 V (Siliziumtransistor), welche die Basis-Emitterdiode in Durchlaßrichtung betreibt

● erhält als NPN-Ausführung eine positive Betriebsspannung an Kollektor und Basis

● erhält als PNP-Ausführung eine negative Betriebsspannung an Kollektor und Basis

● ist sehr stoßunempfindlich, er sollte beim Lötvorgang nicht zu heiß werden – auch sollten seine Anschlußdrähte nicht unnötig gekürzt werden

● benötigt die Basisvorspannung von ca. 0,6 V, die häufig über einen Spannungsteiler aus zwei Widerständen von der Betriebsspannung gewonnen wird. Der Teilerstrom sollte dabei mindestens den zehnfachen Wert des Basisstromes erhalten

● dreht das verstärkte Ausgangssignal gegenüber dem Steuersignal an der Basis um 180° um. Das bedeutet z. B. eine positiver werdende Basisspannung hat eine negativer werdende Kollektorspannung zur Folge

● erhält einen durch Kondensator überbrückten Emitterwiderstand. Dadurch bleibt die Arbeitspunktstabilisierung durch den Emitterwiderstand und gleichzeitig auch die Spannungsverstärkung erhalten

10 Das Mikrofon und der Lautsprecher

Das Mikrofon und der Lautsprecher sind zwei sehr interessante Bauteile, die wir in der Elektronik für viele Versuche benutzen können. Dazu sollten wir erst einmal wissen, wie die Schaltzeichen dieser Bauelemente aussehen. Wir sehen sie in der *Abb. 10.0-1*. Die beiden Abb. 10.0-1*a* und *b* zeigen die Bauteile mit direktem Anschluß für die vorgesehenen Verstärker. Die Abb. 10.0-1*c* und *d* zeigen Lautsprecher und Mikrofon mit sogenannten Übertragern (Transformatoren). Das ist häufig erforderlich, um die Sprechströme auf die für den Verstärker gewünschte Größe zu bringen.

10.0.1 Und das brauchen wir an Teilen für die Versuche des Kapitels 10.0

Zunächst ist es wichtig, einen Lautsprecher zu erhalten, der einen möglichst hohen „Ohmwert" − z. B. 20 Ω − aufweist. Es gibt Lautsprecher in 4, 6, 8, 16, 20 Ω und noch höher. Unser Rundfunkgerät hat Ohmwerte des Lautsprechers zwischen 4...8 Ω. Eine Gegensprechanlage oftmals 20 Ω. Mit einem Übertrager läßt sich jeder gewünschte Ohmwert erreichen. Sehen wir dazu noch einmal die Kapitel 7.0 und 8.4, 9.5.1 und 3.13 in dem Buch „Elektronik leichter als man denkt" an.

Weiterhin ist es für unsere Versuche wichtig, ein Mikrofon oder eine Mikrofonkapsel zu benutzen. Eine Mikrofonkapsel ist das „Innenleben" eines Mikrofones.

Unterscheiden müssen wir zwischen zwei wichtigen unterschiedlichen Bauformen, und zwar dem dynamischen Mikrofon und dem Kristallmikrofon. Für unsere Versuche ist das dynamische Mikrofon besser. Es weist Ohmwerte bei einem direkten Anschluß bis 200 Ω auf.

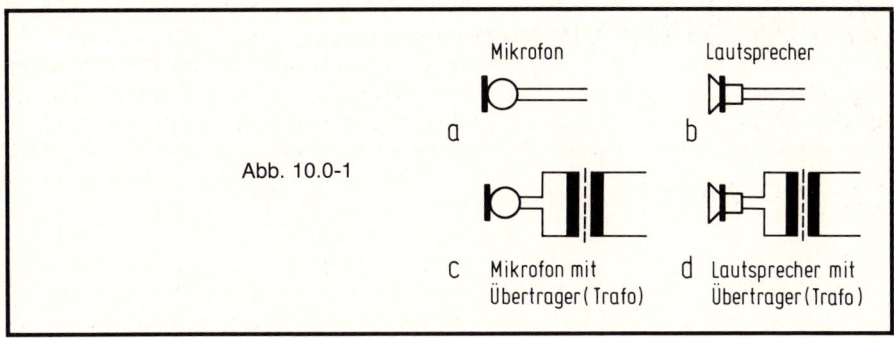

Abb. 10.0-1

Mikrofon   Lautsprecher

a   b

c Mikrofon mit   d Lautsprecher mit
     Übertrager (Trafo)   Übertrager (Trafo)

Ein Kristallmikrofon hat oft Ohmwerte von mehreren 10 kΩ. Diese benötigen hochohmige Eingänge eines Verstärkers; das ist für uns noch etwas kompliziert. Also ist ein niederohmiges Mikrofon wichtig für uns. Übrigens werden niederohmige Mikrofone hoher Preisklassen für Studio(Rundfunk)zwecke benutzt. Auch hier läßt sich mit einem Übertrager jeder gewünschte Ohmwert erreichen. Das ist oft wichtig für Anpassungszwecke an den Verstärker oder bei Benutzung von sehr langen Leitungswegen bis zum Verstärker. Ein Lautsprecher oder ein Mikrofon ist für unsere Zwecke für unter fünf DM zu erhalten.

Übrigens: Ein Lautsprecher ist auch ein dynamisches Mikrofon. Demnach kann das Mikrofon auch als Lautsprecher benutzt werden? Diese Frage klärt uns das Kapitel 10.1.

10.1 Wer war zuerst da – Mikrofon oder Lautsprecher?

Ein Lautsprecher besteht aus einer starken Papier-, Papp- oder Kunststoffmembrane, die an ihrem konischen Ende eine Spule aufweist, welche sich wiederum in einem starken permanenten Magnetfeld befindet. Das zeigt die *Abb. 10.1-1*. Wir können dort erkennen, daß die Sprechströme die Spule durchfließen, die sich in dem Magnetfeld befindet. Diese Sprechströme erzeugen in der Spule neue Magnetfelder, die dem permanenten Magnetfeld gleichgerichtet oder entgegengesetzt sind. Durch das Zusammenwirken beider Magnetfelder wird die bewegliche Membrane im Rhythmus der Sprechströme hin- und herbewegt. Die Membrane bewegt die Luftteilchen, es entstehen Schallwellen, die wir hören können.

Nun läßt sich dieser Vorgang auch umgekehrt betrachten. Sprechen wir in der Nähe der Lautsprechermembrane, so werden die bewegten Luftteilchen die Membrane ebenfalls zu einer Bewegung (Schwingung) bringen. Das bedeutet nun, daß Schall-

261

wellen durch die Membranbewegung die Spule ebenfalls bewegen und dadurch jetzt eine Spannung in der Spule entsteht, die Sprechspannung. Unser Lautsprecher ist hier zu einem Mikrofon geworden. Das wird z. B. bei einer Gegensprechanlage ausgenutzt. Dort ist der „Lautsprecher" sowohl Lautsprecher als auch Mikrofon.

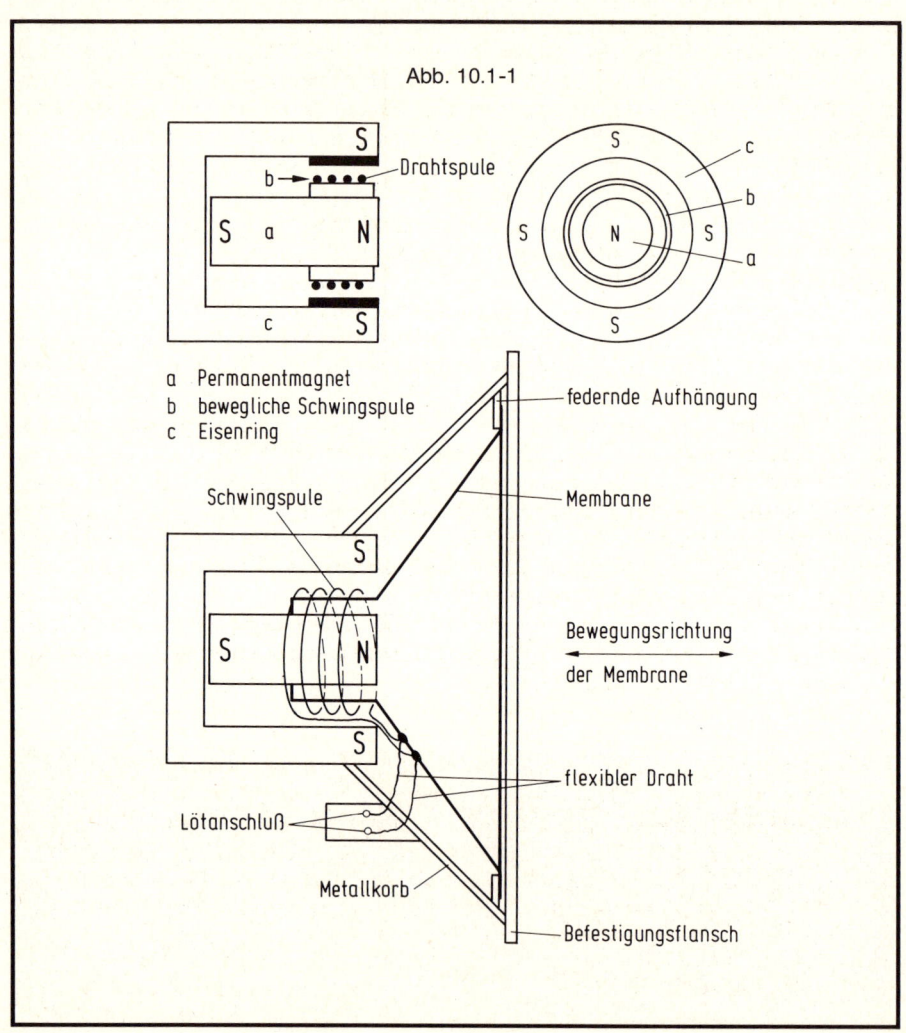

Abb. 10.1-1

a Permanentmagnet
b bewegliche Schwingspule
c Eisenring

10.2 Und wie funktioniert das nun?

Nun, wir haben eben schon erklärt, daß zwei Magnetfelder zueinander eine Kraftwirkung ausüben können. Das kennen wir nicht nur vom elektrischen Motor, sondern auch aus der Praxis mit zwei Permanentmagneten. Benutzen wir zwei Magnete, so wissen wir, daß sie so gehalten werden können, daß sie sich anziehen oder abstoßen. Nach *Abb. 10.2-1* ziehen sich ungleichnamige Felder an (Nord-Süd) und gleichnamige stoßen sich ab (Nord-Nord oder Süd-Süd). Der Lautsprecher oder das dynamische Mikrofon besitzen nun einen permanenten Magneten mit festem Magnetfeld und einer Spule, die sich in diesem Magnetfeld frei bewegen kann. Wie gesagt, ist diese Spule fest mit der Membrane verbunden und nimmt im Ruhezustand eine bestimmte mechanische Lage zum Magneten ein.

Wird nun der Spule eines Lautsprechers ein Sprechstrom zugeführt, so bewegt sich die Membrane, weil der Sprechstrom ein Magnetfeld erzeugt, das je nach Polarität (siehe Abb. 10.2-2) die Spule nach links oder nach rechts auslenkt. Je nach Stärke des Stromes ergibt sich eine entsprechend starke (Weglänge) Auslenkung der Spule und der damit fest verbundenen Membrane. Dabei wird z. B. ein positiver Strom an einem Anschluß die Lautsprechermembrane herauslenken und ein negativer Strom diese hineinziehen.

Die Membrane des Mikrofones wird nun nicht von einem Strom, sondern von den Schallwellen bewegt. In der Abb. 10.2-2 sind die Schallwellen demnach in der Lage, die Spulen in dem permanenten Magnetfeld zu bewegen. Wird ein Draht in einem Magnetfeld bewegt, so entsteht durch die sogenannte Induktionswirkung eines bewegten Leiters in einem festen Magnetfeld eine Spannung. Diese Spannung ist in ihrer Polarität und ihrer Höhe identisch mit der Größe der Schallwellen. Die Erzeugung der Spannung erfolgt nach dem oben erklärten elektrodynamischen Prinzip. Bei unserem Fahrraddynamo z. B. wird diese Eigenschaft auch angewendet. Dort rotiert durch die Drehbewegung ein Magnetfeld um eine Spulenwicklung, in der die Spannung entsteht, welche die Lampe aufleuchten läßt.

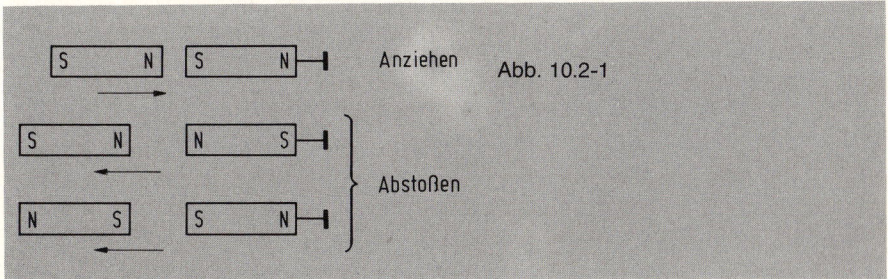

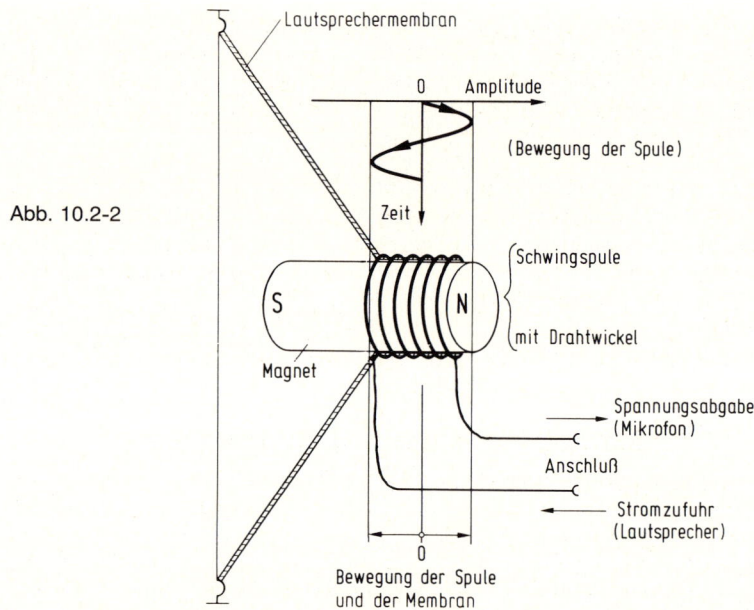

Abb. 10.2-2

10.2.1 Ein paar Gedanken für den Theoretiker

Sicher wird man versucht sein, sowohl in dem Lautsprecher als auch in dem Mikrofon sehr viel Leistung zu erzeugen. Ein großer, starker Lautsprecher hat eine großflächige, starke Membrane. Die Spule – der Praktiker sagt dazu Schwingungsspule – weist eine starke Drahtstärke auf, z. B. 100 Windungen eines 1-mm-Drahtes. Ein Lautsprecher unseres Rundfunkgerätes hat eine weitaus geringere Drahtstärke. Bei starken Lautsprechern, also solchen mit großflächigen Membranen, hat die Membrane bereits ein derartiges Gewicht, daß sie sehr schnellen Schwingungen – also hohen Tonlagen – nicht mehr folgen kann. Das sind die sogenannten Baßlautsprecher, die oft schon ab einer Frequenz von 2 kHz merklich in der Lautstärke nachlassen. Diese haben jedoch die Eigenschaft, die sehr tiefen Frequenzen – Brummtöne – gut wiederzugeben. Sie heißen auch Tieftöner. Kleine Lautsprecher, so z. B. solche mit einer Membranfläche von nur 8 cm oder geringer, geben die höheren Töne besonders stark wieder. Sie heißen Hochtöner. So findet man in guten Rundfunkgeräten auch oft zwei oder noch mehr Lautsprecher, um eine gute Wiedergabe der hohen und der tiefen Töne zu gewährleisten.

10.2.2 Und was sagt der Praktiker dazu?

Der Praktiker setzt schon aus Kostengründen bestimmte Arten von Mikrofonen und Lautsprechern gezielt ein. Für reine Sprachübertragungen – so z. B. im Telefonverkehr – werden einfache Mikrofonkapseln und kleine Lautsprecher eingesetzt. Bei höheren Ansprüchen wird eine solche Anlage sehr teuer. Eine Mikrofonkapsel kann 200 DM kosten und ein Lautsprecher 150 DM.

Für unsere Versuche benutzen wir Lautsprecher mit einer Sprechleistung von 0,5...4 W. Die Schwingungsspule eines derartigen Lautsprechers weist einen Ohmschen Widerstand von 4...25 Ω auf. Genormt sind Werte von 4, 8 und 16 Ω. Oftmals wird durch einen Übertrager der elektrische Widerstandswert der Schwingungsspule geändert. Er wird dem Verstärkereingang (Mikrofon) oder dem Verstärkerausgang (Lautsprecher) angepaßt. Hierzu können wir in Kapitel 6.5 über Innenwiderstand und Anpassung in dem Buch ,,Elektronik leichter als man denkt" noch einmal nachlesen.

10.2.3 Ein paar Kenndaten und Kniffe aus der Praxis

Einen Lautsprecherwiderstand können wir in seinem Ohmwert mit einem Ohmmeter hinreichend genau nachmessen. Dabei messen wir den Kupferwiderstand der Schwingungsspule an ihren Anschlüssen nach Abb. 10.1-1. Auch die Schwingungsspule eines Mikrofones ist so noch leicht zu bestimmen. Je höher der Ohmwert vergleichsweise zu einer anderen Spule ist, je größer ist bei einem Lautsprecher die erforderliche Spannung. Ein Mikrofon mit einem großen Ohmschen Widerstand gibt eine größere Sprechspannung ab als ein solches mit einem kleinen Ohmwert. Noch einmal als Faustregel:

	Schwingungsspulen:	
	Strom	Spannung
großer Ohmwert	klein	groß
kleiner Ohmwert	groß	klein

Soll ein Lautsprecher eine gute Wiedergabe erzeugen, so wird er hinter einer Holzplatte eingebaut, die ein entsprechendes Loch als Schallaustritt erhält. Dadurch wird die Schalleigenschaft verbessert. Ein Lautsprecher mit einem kleinen Ohmwert – z. B. 4 Ω – muß auf jeden Fall mit einem starken Zuleitungsdraht verbunden werden. Sonst fällt ein Teil der Sprechleistung über den Ohmschen Widerstand der Zuleitung ab. Um diesen Betrag verringert sich die Lautsprecherleistung.

265

10.2.4 Was nehmen uns der Lautsprecher und das Mikrofon übel?

Mikrofone und Lautsprecher sind empfindlich. Sie vertragen keine mechanischen Stöße. Auch Feuchtigkeit greift die empfindlichen Membranen an. Daß wir sie elektrisch nicht überlasten dürfen, ist selbstverständlich.

Schließen wir eine Batterie an einen Lautsprecher an, so wird die Schwingspule schnell überlastet und kann durchbrennen. Anschlußdrähte der Schwingungsspule müssen leicht und frei beweglich an den festen Lötösen befestigt sein. Reißen sie einmal ab, so müssen sie sehr vorsichtig an der Membrane wieder angelötet werden. Die Membran und ihre Aufhängung sind die empfindlichsten Teile. Ein Druck kann sie aus ihrer richtigen Lage bringen. Dann scheuert die Spule an dem Magneten. Die Folge ist, daß Sprache und Musik sich verzerrt anhören mit kratzenden Nebengeräuschen. Kleine Eisenteilchen (Feilspäne) können leicht zwischen Schwingungsspule und Magneten gelangen. Auch so ergeben sich Verzerrungen in der Wiedergabe. Die Spule kann sich nicht mehr frei bewegen. Die Eisenspänchen schaben zwischen Spule und Magneten.

10.3 Wir sprechen miteinander

Das geht – wenn auch nicht sehr laut, aber doch gut verständlich – mit zwei Paar elektrodynamischen Kopfhörern, deren Spulenwiderstand zwischen 600...2000 Ω liegt. Nach *Abb. 10.3-1* ist es nur noch erforderlich, die beiden Anschlüsse der Kopfhörer miteinander zu verbinden. Die Leitung kann über 100 m lang sein, die Verständigung leidet nicht darunter. Sprechen wir nun in eine Muschel hinein, so bewegt sich die Membrane und damit tritt eine Veränderung des Magnetfeldes in der Spule auf. Es wird eine Spannung induziert, die in dem geschlossenen Stromkreis beider Hörer einen Sprechstrom erzeugt. Dieser unverstärkte Strom ist stark genug, die Sprache von der Station 1 in der Station 2 zu hören oder umgekehrt.

10.3.1 Eine lange Leitung – der Transistor schafft es

Wird die Drahtverbindung zwischen beiden Stationen zu lang oder ist uns die Sprache zu leise, so muß ein kleiner Verstärker zwischengeschaltet werden, wie es in *Abb. 10.3.1-1* gezeigt ist. Dieser Verstärker besteht aus zwei Transistoren vom Typ BC 107. Eine 9-V-Batterie genügt als Betriebsspannung. Sieben Widerstände sowie vier Kondensatoren ergänzen den Aufbau. Der Lautsprechertransformator Tr ist von der Leistung her betrachtet ein sehr kleiner Typ. Eine Leistung von 0,2 W ist ausreichend. Weitere Einzelheiten hierzu erfahren wir später noch.

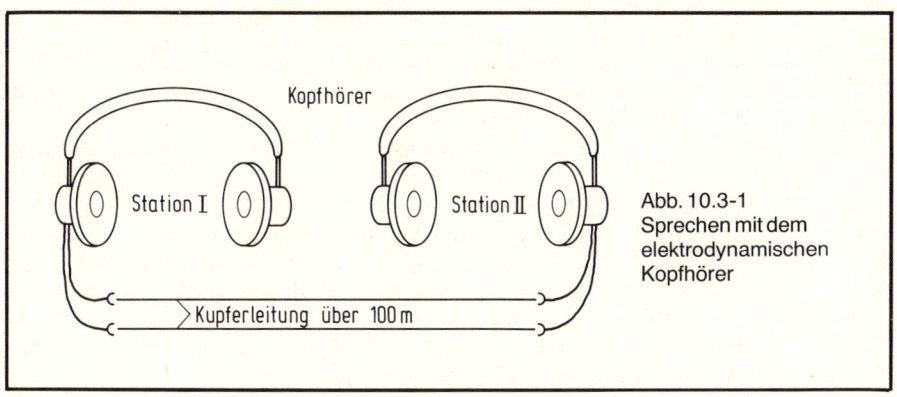

Abb. 10.3-1
Sprechen mit dem
elektrodynamischen
Kopfhörer

Das Potentiometer P_1 wird so eingestellt, daß die Spannung U_{C1} ca. 5 V beträgt. Ähnlich verfahren wir mit dem Potentiometer P_2. Beim Betrieb mit Lautsprechertransformator stellen wir mit P_2 eine Spannung U_{C2} von ca. 7 V ein. Wird zwischen den Anschlüssen C und D ein 10-kΩ-Widerstand eingefügt, und somit ein zweistufiger Verstärker ohne Transformatorausgang geschaffen, so stellen wir die Spannung U_{C2} ebenfalls auf ca. 5 V ein.

Das ist in Abb. 10.3.1-1*b* gezeigt. Es ist lediglich erforderlich, den 10-kΩ-Widerstand einzufügen und einen 50-μF-Niedervoltelektrolytkondensator. Die verstärkte Spannung kann dann an den Klemmen E und F (Masse) abgenommen werden. In diesem Falle erhalten wir eine maximale Sprechausgangsspannung von 2 V bei einer Eingangsspannung von nur 2 mV. Das bedeutet, der Verstärker vergrößert die Spannung um das Tausendfache, bei einem recht niederohmigen Ausgangswiderstand.

Für den Fall, daß ein Lautsprechertransformator mit Lautsprecher benutzt wird, sollte der Sekundärwiderstand des Transformators dem Lautsprecherwiderstand entsprechen. Bei einem 20-Ω-Lautsprecher also 20-Ω-Sekundärwiderstand als Angabe auf dem Transformator. Auf der Primärseite darf der Widerstand zwischen 2000 Ω und 10 000 Ω liegen. Das Potentiometer P_2 wird dann auf verzerrungsfreie Sprachwiedergabe eingestellt.

Bei einer langen Leitungsverbindung ist es wichtig, daß diese am Ausgang zwischen 3 – A' und 4 – B' eingefügt wird. Der Verstärker soll möglichst über eine kurze Leitung mit dem Mikrofon verbunden werden, da sonst Störgeräusche entstehen.

Diese Anlage läßt sich leicht als Wechselsprechanlage ausbauen. Dafür ist es erforderlich, wie in *Abb. 10.3.1-2* gezeigt, am Ausgang und Eingang des Verstärkers einen 2poligen Umschalter einzufügen.

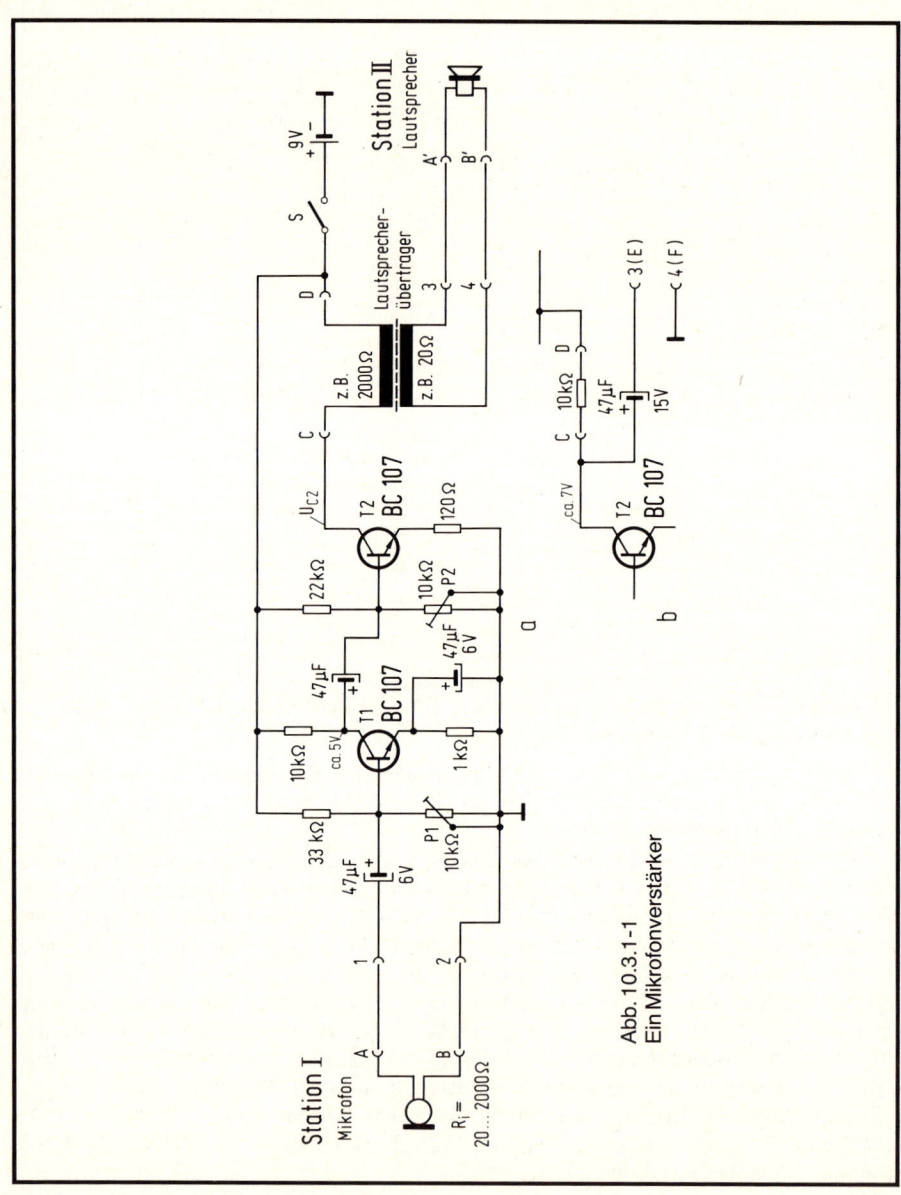

Abb. 10.3.1-1
Ein Mikrofonverstärker

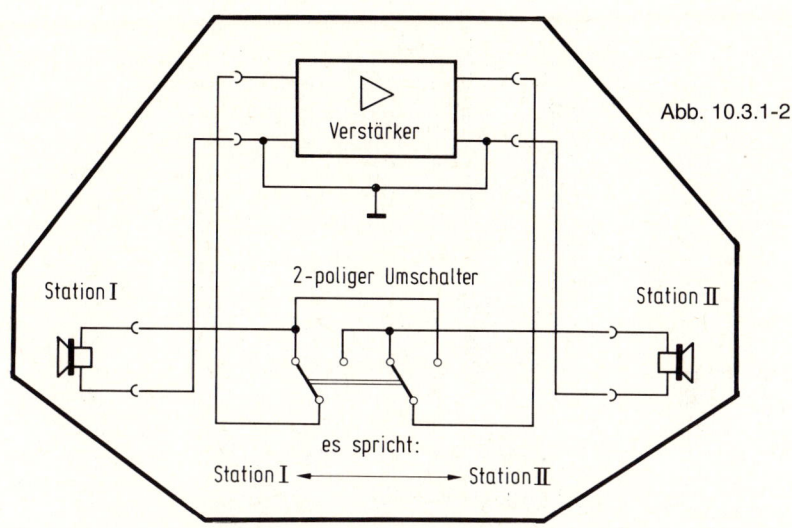

Abb. 10.3.1-2

10.3.2 Wir hören Musik aus dem Rundfunk- und Fernsehgerät, ohne die Geräte zu öffnen

Es ist oft interessant, eine Schallquelle zu überwachen, auch wenn sie weit entfernt liegt. Es ist auch leicht möglich, ein Rundfunk- oder Fernsehgerät von einem anderen Raum aus „abzuhören".

Wenn wir hierzu das Mikrofon – auch wenn wir als Mikrofon einen Lautsprecher benutzen – direkt vor den Lautsprecher des Rundfunk- oder Fernsehgerätes setzen können, so ist die Schaltung nach Abb. 10.3.1-1 völlig ausreichend. Wir können dann von unserem räumlich entfernten Platz hören, was das Gerät gerade an Sprache oder Musik bringt. Wir haben einen Schallspion gebaut.

Kann das Mikrofon von der Schallquelle, die abgehört werden soll, nur sehr weit entfernt angebracht werden, so reicht die Verstärkung nach der Abb. 10.3.1-1 nicht aus, um den Schall lautstark zu hören. Abhilfe schafft hier ein Vorverstärker nach *Abb. 10.3.2-1*, der zwischen den Anschlußklemmen A-B-1-2 der Abb. 10.3.1-1 angeschlossen wird. Dieser Vorverstärker enthält einen Lautstärkeregler L, mit dem wir die Lautstärke der Schallquelle von Station 1 an die gewünschte Lautstärke des Lautsprechers in der Station 2 anpassen können.

10.4 Was man sonst noch wissen sollte

Werden ein Mikrofon und ein Lautsprecher über einen Verstärker miteinander verbunden, so kann es passieren, daß ein Heulen oder Pfeifen auftritt, wenn Lautsprecher und Mikrofon zu nahe aneinanderstehen. Sie erregen sich gegenseitig durch den Schall. Der Elektroniker bezeichnet es als: Akustische Rückkopplung. Das funktioniert folgendermaßen. Ein kleines Geräusch im Raum wird vom Mikrofon aufgenommen und verstärkt im Lautsprecher wiedergegeben. Der so verstärkte Schall gelangt zum Mikrofon und erneut verstärkt zum Lautsprecher, von dort wieder zum Mikrofon. Der Schallkreis ist geschlossen. Das Heulgeräusch endet erst, wenn das Mikrofon weit genug entfernt vom Lautsprecher angeschlossen ist.

Wird ein derartiger Verstärker in der Nähe eines Rundfunksenders betrieben, so kann es vorkommen, daß die große Spannung der Sendeantenne ausreichend ist, um in unserem Verstärker das Programm zu „empfangen". In solchen Fällen schalten wir zwischen die Anschlüsse 1 und 2 in Abb. 10.3.1-1 oder A und B der Abb. 10.3.2-1 einen Kondensator von 1...10 nF. Dieser Kondensator schließt die Wechselspannung des Rundfunksenders kurz. Der kapazitive Wechselstromwiderstand eines Kondensators von 10 nF bei einem Mittelwellensender mit einer Sendefrequenz von z. B. 1 MHz beträgt nur noch 16 Ω!

Möglichst sollte der Verstärker über eine kurze Leitung mit dem Mikrofon verbunden sein. Die Leitung vom Verstärker zum Lautsprecher kann eine jeweils gewünschte Länge aufweisen. Muß jedoch in besonderen Fällen das Mikrofon über eine längere Leitung mit dem Verstärker verbunden werden, so „fängt" diese Leitung Störungen auf, die verstärkt im Lautsprecher zu hören sind. Das können einmal die bereits erwähnten Störungen eines Rundfunksenders sein. Viel kritischer sind jedoch Brummstörungen, die hierdurch ebenfalls vom Lichtnetz (50-Hz-Sinusschwingung) in die Mikrofonleitung gelangen können. Abhilfe schafft eine abgeschirmte Leitung, die eine Einstrahlung verhindert. Das zeigt uns das nächste Kapitel.

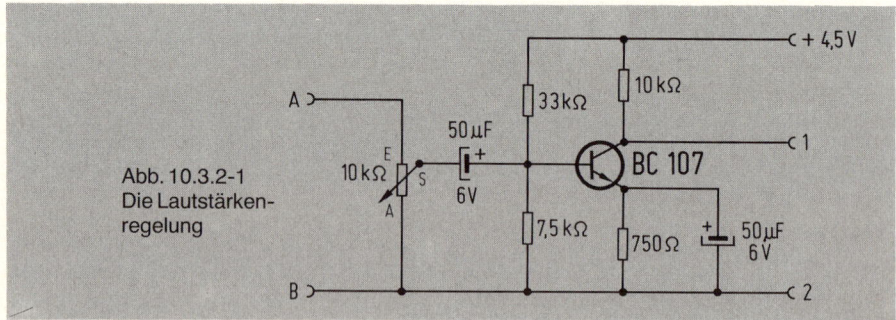

Abb. 10.3.2-1
Die Lautstärken-
regelung

10.4.1 Was ist eine abgeschirmte Leitung?

Soll eine Störspannung von einer empfindlichen Leitungsverbindung eines Verstärkers ferngehalten werden, z. B. der Verbindungsleitung zwischen Mikrofon und Verstärker, so benutzen wir eine abgeschirmte Leitung. Der Elektroniker muß in Sonderfällen sogar Leitungen abschirmen, die kürzer als 2 cm sind.

Eine abgeschirmte Leitung können wir uns im einfachsten Fall so vorstellen, daß wir ein langes Metallrohr nehmen und die empfindliche Leitung dort hindurchführen. Störspannungen können so nicht auf die Leitung gelangen. Das Metallrohr „schirmt" die Störungen „ab". Daher der Name: „abgeschirmte Leitung". In der Praxis benutzt der Elektroniker eine abgeschirmte Leitung, deren eine – in Ausnahmefällen mehrere – Leiter über ein außen liegendes Drahtgeflecht, welches um den Innenleiter geführt ist, abgeschirmt wird. Eine solche Leitung kann sehr dünn sein und unterscheidet sich nur durch das außen liegende Drahtgeflecht von einem einfachen Leiter. Abgeschirmt in Abb. 10.3.1-1 wird die Leitung von A nach 1 oder in Abb. 10.3.2-1 die Leitung von A, also vom Mikrofon, bis zum Punkt E des Lautstärkereglers L. Das Abschirmgeflecht wird in allen Fällen mit dem Massepunkt des Verstärkers verbunden, also z. B. mit dem Punkt B oder 2 in der Abb. 10.3.1-1. Die Abschirmung kann in diesem Fall gleichzeitig als Leiter von B nach 2 benutzt werden.

Das Schaltbild einer abgeschirmten Leitung zeigt die *Abb. 10.4.1-1a*. In der Abb. 10.4.1-1*b* sehen wir den Anschluß der Mikrofonzuleitung der Abb. 10.3.1-1.

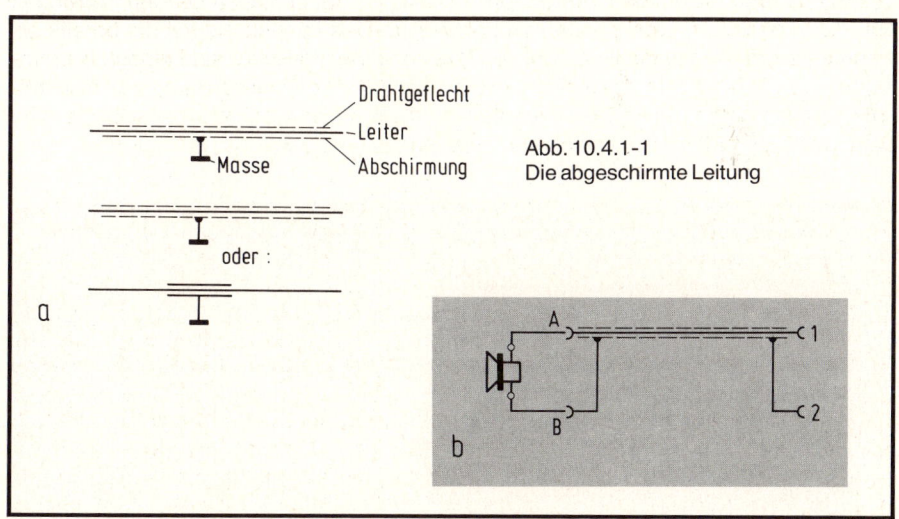

Abb. 10.4.1-1
Die abgeschirmte Leitung

10.4.2 Ein paar Gedanken zum Tontransformator

Ein Tontransformator dor Elektroniker sagt Nf-Transformator dazu – wird oft benutzt. In vielen Fällen macht der Elektroniker dann von ihm Gebrauch, wenn er das Mikrofon oder den Lautsprecher an den Verstärker anschließt. Es wird dann von „Anpassung" gesprochen. Über den Transformator haben wir uns in vorherigen Kapiteln, so z. B. auch in dem Kapitel 7.4, unterhalten. Wir wissen, daß der Transformator Spannungen vergrößern und verkleinern kann und daß sich dabei gleichzeitig der Innenwiderstand der Spule ändert. Eine Spannung, die hochtransformiert wird, besitzt dann häufig auch einen „großen Innenwiderstand". Eine herabtransformierte Spannung weist einen kleinen Innenwiderstand auf. Deshalb wird auch viel die niederohmige Schwingspule eines dynamischen Mikrofones, die eine kleine Sprechspannung erzeugt, an einen Mikrofontransformator angeschlossen, an dessen zweiter Spule – der Sekundärspule – dann eine höhere Spannung entsteht – bei jedoch auch gleichzeitig vergrößertem Innenwiderstand. Der Verstärkereingang wirkt dann elektrisch nicht mehr auf die niederohmige Schwingungsspule und die kleine Sprechspannung eines Mikrofones, sondern auf ein Mikrofon mit einer höheren Sprechspannung bei gleichzeitig größerem Innenwiderstand. Das kann Vorteile haben.

Lautsprecherschwingungsspulen sind niederohmig. Sie weisen meistens keine höheren Werte als 30 Ω auf. Der Verstärkerausgang eines Musikverstärkers ist jedoch oftmals hochohmiger, der niederohmige Lautsprecher würde ihn bei direktem Anschluß zu stark belasten. Auch hier hilft ein Nf-Transformator, der sogenannte Ton-Lautsprechertransformator. Zwischen den hochohmigen Ausgang des Verstärkers und den niederohmigen Eingang des Lautsprechers geschaltet erreicht der Elektroniker mit einem richtig eingesetzten Tontrafo eine richtige Anpassung. Der Elektroniker spricht hier von „Leistungsanpassung".

Auch innerhalb eines Verstärkers werden oftmals Tontransformatoren, der Elektroniker nennt sie „Nf-Treibertransformatoren", eingesetzt. Von dieser Möglichkeit wird immer dann Gebrauch gemacht, wenn innerhalb eines Verstärkers zwei Verstärkerstufen miteinander verkoppelt werden sollen, von denen die eine Stufe – meist die Ausgangsstufe – hochohmiger ist als der Eingang der zweiten Stufe. Auch hier hilft der richtig dimensionierte Tontransformator mit seiner Widerstandstransformation.

10.4.3 Musikverzerrungen und was dahintersteckt

Musikverzerrungen entstehen vorwiegend durch einen falsch eingestellten Arbeitspunkt einer Verstärkerstufe. Wird die Spannung an dem Eingang eines Transistors zu groß, oder ist sein Arbeitspunkt nicht symmetrisch eingestellt, so ergeben sich mehr oder weniger starke Übersteuerungen. Die Musik hört sich stark verzerrt an. Die *Abb. 10.4.3-1* zeigt das Prinzip von drei möglichen Verzerrungen bei einem Ton-Sinus-Signal von z. B. 1000 Hz.

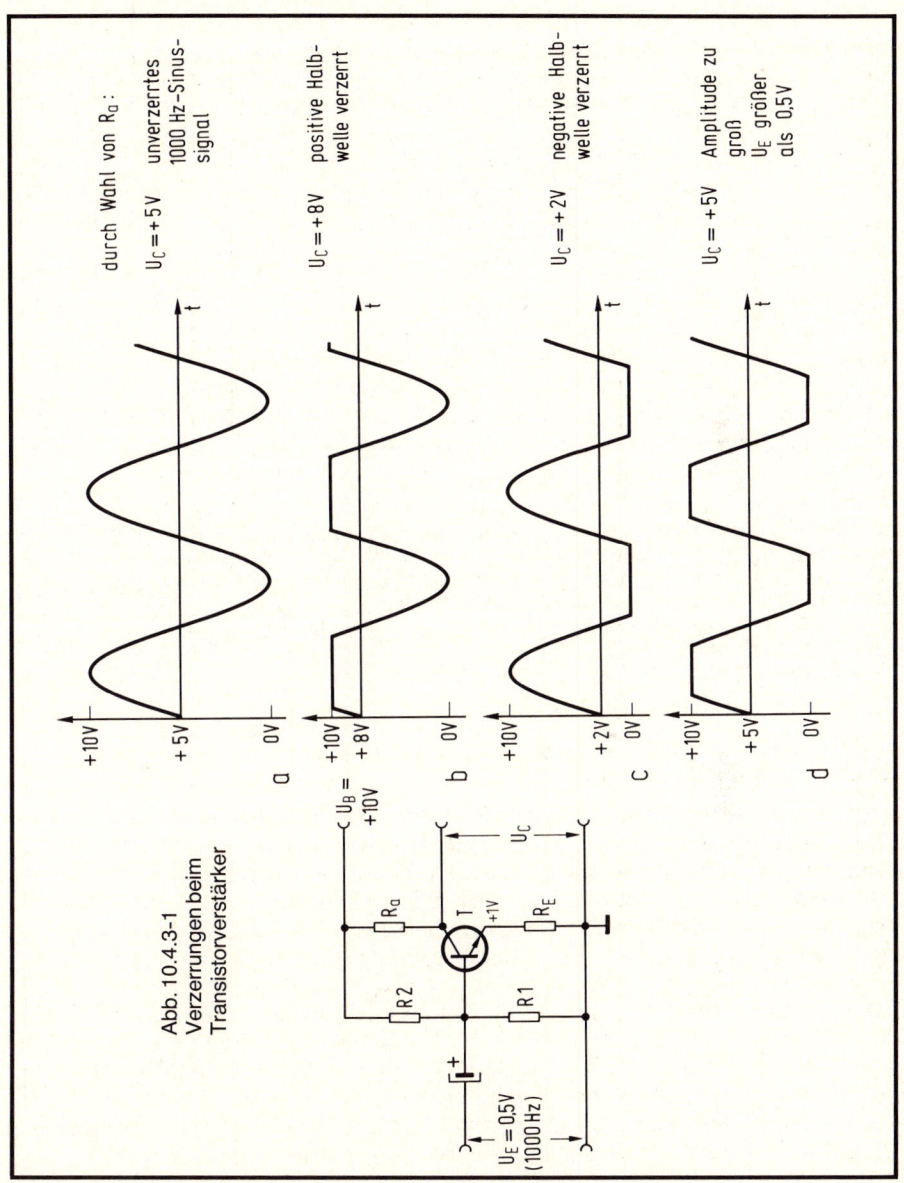

durch Wahl von R_a:

$U_C = +5V$ unverzerrtes 1000 Hz-Sinus-signal

$U_C = +8V$ positive Halb-welle verzerrt

$U_C = +2V$ negative Halb-welle verzerrt

$U_C = +5V$ Amplitude zu groß U_E größer als 0,5V

Abb. 10.4.3-1
Verzerrungen beim Transistorverstärker

$U_B = +10V$

U_C

R_a

R_E

R2

R1

T

+1V

$U_E = 0.5V$ (1000 Hz)

Wichtig ist es, eine Verstärkerstufe so einzustellen, daß bei größer werdender Eingangsspannung die Ausgangsspannung symmetrisch an der positiven und negativen Halbwelle anfängt, zu verzerren (zu begrenzen). Das kann man jedoch leider nur mit einem teuren Oszilloskopen feststellen, welches die Kurvenform auf dem Bildschirm direkt sichtbar macht.

Für uns gilt jedoch ein heißer Tip: Die Spannung U_C in Abb. 10.4.3-1 soll als Faustregel so groß sein, daß sie der halben Speisespannung U_B entspricht. Bei 10 V U_B also 5 V U_C. Das kann durch Ändern von R_a oder R_1, R_2 oder R_E erreicht werden. Dazu wird meistens der Widerstand R_a oder z. B. R_1 benutzt.

Es gibt aber auch noch weitere Möglichkeiten einer Verzerrung. Die Frequenz des Lichtnetzes (220 V) beträgt 50 Hz, also 50 Schwingungen pro Sekunde. Machen wir diese Frequenz hörbar, indem wir z. B. einen Lautsprecher an eine kleine Spannung, z. B. 1 V, eines Transformators anschließen, so hören wir einen Brummton.

Wird nun ein Verstärker benutzt, so kann es passieren, daß sowohl über die Eingangsleitung als auch über die Stromversorgung eine Brummspannung eingestreut wird. Dann hört sich die Musik oder die Sprache verbrummt an. Abhilfe ist nur dadurch gegeben, daß die Eingangsleitung zum Mikrofon oder zum Plattenspieler gut abgeschirmt wird. Das haben wir uns in Kapitel 10.4.1 näher angesehen. Will der Elektroniker genau wissen, ob das verbrummte Signal zum Eingang des Verstärkers gelangt, so schließt er ihn kurz. Also in Abb. 10.3.1-1 müßte man die Anschlüsse 1 und 2 mit dem Schraubenzieher verbinden. Ändert sich das Brummen im Lautsprecher nicht, so ist mit Sicherheit das Netzteil defekt; die Betriebsspannung muß über einen größeren Elektrolytkondensator besser gesiebt werden. Hierzu können wir in dem Buch „Elektronik-Selbstbau für Profi-Bastler" Näheres nachlesen.

10.4.4 Schaltungen aus der Praxis

Einen einfachen Verstärker, der gegebenenfalls sogar vor den Verstärker lt. Abb. 10.3.1-1 geschaltet werden kann, zeigt die *Abb. 10.4.4-1*. Dieser Verstärker besitzt drei Eingänge für die Spannungen U_{E1}, U_{E2} und U_{E3}. Somit könnten drei elektrische Signale angeschlossen werden. Z. B. ein Mikrofon, ein Plattenspieler und ein Cassettenrecorder. Mit den drei Potentiometern P_1, P_2 und P_3 kann die Lautstärke wahlweise geregelt werden. Die ganze Anordnung arbeitet als Mischpult, so wie ein Disc-Jockey es benutzt. Die Ausgangsspannung kann, wie schon erwähnt, zusammen mit dem Verstärker in Abb. 10.3.1-1 benutzt werden. Dazu werden die Klemmen A und B (Abb. 10.4.4-1) mit den Klemmen 1 und 2 (Abb. 10.3.1-1) verbunden. Es kann jedoch an den Klemmen A und B ein hochohmiger Ohrhörer angeschlossen werden. Hörer mit einem Innenwiderstand zwischen 200...2000 Ω sind hier vorteilhaft.

Wird über eine längere Leitung telefoniert und ist darüber hinaus das Mikrofon sehr hochohmig – so z. B. ein Kristallmikrofon mit einem Widerstand von ca. 50 kΩ – so

Abb. 10.4.4-1 Ein NF-Mischpult

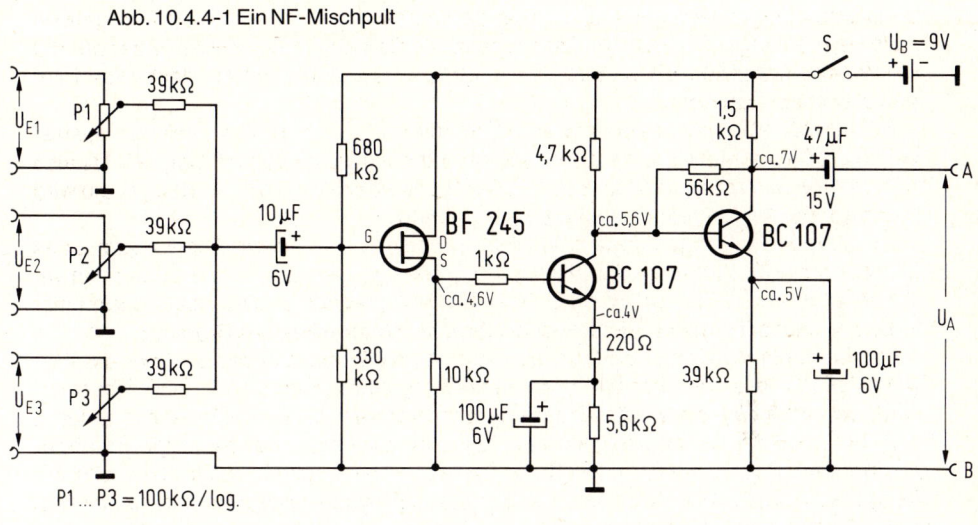

P1 ... P3 = 100 kΩ / log.

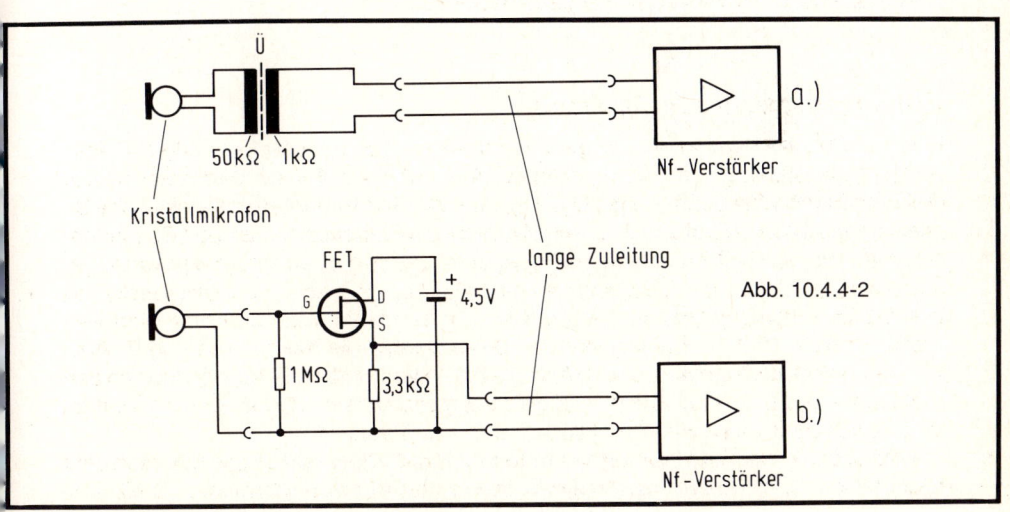

Abb. 10.4.4-2

275

kann nach Abb. 10.4.4-2a entweder ein Tontransformator eingeschaltet werden, oder nach Abb. 10.4.4-2b ein Feldeffekttransistor. Dieser arbeitet hier in der sogenannten Sourcefolgerschaltung. Er verstärkt nicht, sondern hat lediglich die Aufgabe, ein Signal einer Spannungsquelle (Mikrofon) mit einem hochohmigen Innenwiderstand in ein solches mit einem niederohmigen Innenwiderstand zu wandeln. Der Elektroniker sagt zu dieser Schaltung: Impedanzwandler.

10.5 ...und das sollten wir daraus gelernt haben

Der Elektroniker benutzt Mikrofon und Lautsprecher in der Akustik.
- Das Mikrofon wandelt Schallwellen in elektrische Signale – elektrische Spannungen – um.

- Der Lautsprecher wandelt elektrische Signale – elektrische Spannungen – in Schallwellen um.

- Mikrofone besitzen einen Innenwiderstand.
Magnetisch-dynamische Systeme $\approx$ 20...2000 Ω,
Kristallmikrofone $\approx$ 10 000...50 000 Ω.
Für den Elektroniker eignen sich beide Systeme. Es müssen jedoch die Innenwiderstände berücksichtigt werden. Sie müssen richtig an den Verstärkereingang angepaßt werden.

- Musikverzerrungen entstehen, wenn ein Transistor als Verstärker die positiven und negativen Halbwellen unterschiedlich groß verstärkt. Der Arbeitspunkt muß so eingestellt werden, daß beide Halbwellen mit gleichen Werten verstärkt werden. Das wird am einfachsten dadurch erreicht, daß die Kollektorspannung eines Transistors auf die halbe Betriebsspannung eingestellt wird.

- Brummen aus dem Lichtnetz wird über lange, unabgeschirmte Mikrofonkabel störend bemerkbar. Abhilfe schafft die abgeschirmte Leitung.

- Lautsprecher besitzen Innenwiderstände zwischen 4...30 Ω. Genormte Werte sind 4, 8, 16 (25) Ω. Über Tonausgangstransformatoren müssen diese niederohmigen Werte an den hochohmigen Ausgang eines Transistorverstärkers angeschlossen werden.

- Mikrofon und Lautsprecher müssen vorsichtig behandelt werden. Sie vertragen keine Feuchtigkeit, Stöße oder elektrische Überlastung.

- Lautsprecher gibt es in verschiedenen Leistungen (Wattangabe). Ein zu klein bemessener Lautsprecher wird durch einen starken Endverstärker zerstört.

Nun hat dieses Buch uns sicherlich einen beachtlichen Schritt unserem Elektronik-Hobby nähergebracht. Aber alles können wir auch jetzt noch nicht wissen. Ganz abgesehen davon, daß sich die Elektronik auf 280 Seiten nicht unterbringen läßt. Dafür gibt es nun weitere Sachbücher von mir.

Zunächst einmal ist in dieser Reihe als Start sozusagen das Buch „Elektronik – leichter als man denkt" gedacht. Sind die Kenntnisse aus dem vorliegenden Band nun so richtig verarbeitet worden, dann geht's weiter mit dem Buch „Elektronik-Selbstbau für Profi-Bastler". Damit hört's aber noch nicht auf, denn das Buch „Der Hobby-Elektroniker greift zum IC" wird Sie in die interessante Technik der integrierten Schaltkreise einführen. Zwei weitere Bücher in dieser Reihe bauen Ihr eigenes Labor auf mit dem Titel: „Das Hobby-Labor für Profi-Bastler" und führen Sie in die Digitaltechnik mit „Digitaltechnik in der Hobbypraxis" ein.

Nun aber einmal zu den Randthemen – die jedoch für Sie ebenso wichtig sind. Dazu halte ich folgende RPB-Bände im Franzis-Verlag für Sie bereit:

11 Noch etwas zum Nachdenken am Schluß

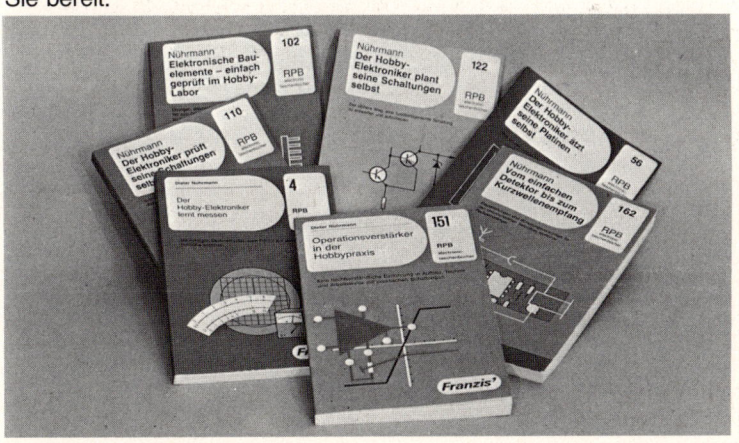

Der Hobby-Elektroniker lernt messen   RPB 4
Dor Hobby-Elektroniker ätzt seine Platten selbst   RPB 56
Elektronische Bauelemente – einfach geprüft im Hobby-Labor   RPB 102
Der Hobby-Elektroniker prüft seine Schaltungen selbst   RPB 110
Der Hobby-Elektroniker plant seine Schaltungen selbst   RPB 122
Die Mechanik für die Hobby-Elektronik   RPB 125
Tips und Schliche für den Hobby-Praktiker   RPB 129
Vom einfachen Detektor bis zum Kurzwellenempfang   RPB 162

Wer nun das ganze Gebiet einmal in „einem Guß" haben möchte, sollte mal ins „Werkbuch Elektronik" schauen. Das Sachgebiet der Operationsverstärker ist in dem Buch „Operationsverstärker-Praxis" beschrieben.

Sie sollten sich jetzt einmal in Ruhe überlegen, was nun so an Fragen in Ihrer Elektronik-Praxis offengeblieben sind. Suchen Sie sich Ihr Sachthema heraus und sehen sich dann in einer Fachbuchhandlung Ihr Elektronikbuch vom Franzis-Verlag an.

Viel Spaß bei der Lektüre.

Dieter Nührmann

Sachverzeichnis

Henry 155
Hochzahl 19, 20

Induktiver Widerstand 159
Induktivität 155
Integrierter Schaltkreis 71, 72

Kapazitätsdiode 133
Kapazitiver Widerstand 123
Keramik-Kondensator 119
Kohleschichtwiderstand 82
Kollektor|spannung 208
−strom 208
Komplementärstufe 203
Kondensator 14, 58, 59, 116
−messung 122
−trimmer 60, 61
Kontaktspray 141
Kopfhörer 266

Ladekondensator 180
Lautsprecher 80, 261, 262
LDR-Widerstand 44, 45, 77, 106

Leckdetektor 251
LED 52, 74, 194
Leistung 25
Lichtmeßgerät 195
Lügendetektor 251

Mehr|ebenenschalter 145
−stufenschalter 144
Membrane 261
Meßinstrument 78
Metronom 251
Mikrofon 80, 260, 270, 276
−verstärker 225, 241, 243, 268
Morseübungsgerät 251

Nf-Verstärker 247, 275
NTC-Widerstand 44, 45, 108

ODER-Schaltung 154, 192
Ohmmeter 88, 90
Ohmsches Gesetz 18
Optokoppler 75, 76
Oszillografenröhre 73
Operationsverstärker 241
− -Spannungsversorgung 243
− -Arbeitspunkteinstellung 245